U0735069

2019年
注册消防工程师
资格考试辅导用书

消防安全案例分析

主编 孙长征

副主编 徐毅 周明哲

山东人民出版社·济南

国家一级出版社 全国百佳图书出版单位

图书在版编目（CIP）数据

消防安全案例分析/孙长征主编.--济南：山东人民
出版社，2019.1
注册消防工程师资格考试辅导用书
ISBN 978-7-209-11908-5

Ⅰ．①消… Ⅱ．①孙… Ⅲ．①消防－安全技术－
案例－资格考试－自学参考资料 Ⅳ．①TU998.1

中国版本图书馆CIP数据核字(2019)第012555号

消防安全案例分析

孙长征　主编

主管部门　山东出版传媒股份有限公司
出版发行　山东人民出版社
出 版 人　胡长青
社　　址　济南市英雄山路165号
邮　　编　250002
电　　话　总编室（0531）82098914
　　　　　市场部（0531）82098027
网　　址　http://www.sd-book.com.cn
印　　装　潍坊云印网联文化科技有限公司
经　　销　新华书店

规　　格　16开（210mm×285mm）
印　　张　19
字　　数　600千字
版　　次　2019年1月第1版
印　　次　2019年1月第1次
印　　数　1—5000
ISBN 978-7-209-11908-5
定　　价　55.00元
　　　　　　如有印装质量问题，请与出版社总编室联系调换。

再版说明

　　2018年5月，山东人民出版社出版发行了"2018年注册消防工程师资格考试辅导用书"：《消防安全技术实务》《消防安全技术综合能力》《消防安全案例分析》《历年真题精解一本通》。这套辅导用书以其选材简练、重点突出、针对性强、考点覆盖率高，受到读者的好评。

　　2018年考试试题题量大、难度高，针对这一情况，编者重点研究了2018年考试试题的分布范围，结合2015—2017年考点分布情况，根据考试大纲，对2018年版辅导书进行了改编。本书改动情况如下。

一、内容变化情况

1. 将2018年第4题列为第一篇案例8，并进行解析。
2. 将2018年第6题列为第一篇案例9，并进行解析。
3. 将2018年第1题列为第二篇案例9，并进行解析。
4. 将2018年第3题列为第二篇案例10，并进行解析。
5. 将2018年第5题列为第二篇案例11，并进行解析。
6. 将2018年第2题列为第四篇案例4，并进行解析。
7. 对原有案例分析内容作了调整。

二、学习建议

希望读者能够认真研读规范，每天坚持学习。

如有疑问，可扫码本书所附微信二维码，在"注册消防工程师考试动态交流"进行探讨。

需要参加培训的读者，可关注网站：www.bnsrxf.com。

本书再版过程中已多次校稿，但由于时间仓促、能力有限，难免存在不足之处，望广大读者批评指正。

编　者
2019年1月

前　言

　　随着新时代的到来,有关安全管理的法律、法规越来越健全。"不要带血的GDP",对安全管理提出了更高要求。消防安全关系人民群众的生命财产安全,社会需要足够数量的消防专业从业人员来提高消防安全管理水平。

　　2015年开考的注册消防工程师资格考试,通过率极低,广大考生亟需高质量的辅导用书。本套丛书以现行的国家消防规范为基础,紧扣考试大纲,可作为注册消防工程师资格考试的辅导用书。

　　本套丛书包括《消防安全技术实务》《消防安全技术综合能力》《消防安全案例分析》《历年真题精解一本通》四册,具有以下特点:

1. 紧扣考试大纲

　　注册消防工程师考试已进行了三次,每年的考试大纲基本没有变化。本书作为注册消防工程师资格考试辅导用书,紧扣考试大纲,将2018年实施的新规范进行整理,以现行的国家消防规范、标准、图示为基础,对大纲知识点进行详细梳理,考点覆盖全面。

2. 突出重点难点

　　注册消防工程师考试所涉及的主要规范、标准、图示有30多册,内容繁多。本套丛书根据考试大纲要求,将规范、标准的内容进行提炼,删繁就简,突出重点,有利于应试者把握重点考点、高频考点。在形式上,该丛书采用双色印刷,对规范、标准和考点进行了特别标注,形成直观对比,便于考生快速抓住重点。

3. 点拨答题技巧

　　本套丛书在重点章节后附有历年考试真题,方便考生快速了解历年考试的出题范围、与考试大纲的结合程度,通过对考试真题的解析让应试者掌握应试技巧。

　　此外,随书附赠编者根据考纲精心编写的两套模拟试题,并提供有考试重点、难点的详细解题方法和步骤,以期考生能够领会考试的出题形式,做到触类旁通。

4. 记忆事半功倍

　　依据百度指数搜索数据显示,在报考一级注册消防工程师的考生中,30岁~39岁的人群占比为56%,40岁~49岁的考生占比为31%,也就是说,30岁~49岁的考生占比高达87%,是考试的主力军。这些考生虽有工作经验、具有一定的知识储备,但考试需要掌握的内容太多,知识点较为繁细,加上日常工作繁忙、学习时间相对较少,疲于应付考试。

本套丛书对需要记忆的知识点进行了精简,变换部分规范内容的编排方式,运用表格的形式对考点进行梳理,加以记忆方法指导,以期方便考生抓住重点、掌握考点,能较为轻松地进行强化记忆。

5. 注重强化训练

考试题目编制有其科学性,且难度很高,通过资格考试的前提是正确作答,这就要求考生平时多学多练,真正进入考试角色,拿着练习当考试、拿着考试当练习,才有把握通过考试。考生应运用本套丛书的知识点来独立解答历年真题,对比编者所编写的解析进行分析总结,找出自身的薄弱环节,配合模拟试题加以强化训练,确保训练效果。

本书在编写过程中已多次校稿,但由于时间仓促、能力有限,难免存在不足之处,望广大读者批评指正。

编 者

2019 年 1 月

2019年注册消防工程师资格考试考情分析

根据《注册消防工程师制度暂行规定》，一级注册消防工程师资格考试实行全国统一大纲、统一命题、统一组织的考试制度。考试原则上每年举行一次。

公安部组织成立注册消防工程师资格考试专家委员会，负责拟定一级和二级注册消防工程师资格考试科目、考试大纲，组织一级注册消防工程师资格考试的命题工作，研究建立并管理考试题库，提出一级注册消防工程师资格考试合格标准建议。

人力资源和社会保障部组织专家审定一级和二级注册消防工程师资格考试科目、考试大纲和一级注册消防工程师资格考试试题，会同公安部确定一级注册消防工程师资格考试合格标准，并对考试工作进行指导、监督和检查。

省、自治区、直辖市人力资源和社会保障行政主管部门会同公安机关消防机构，按照全国统一的考试大纲和相关规定组织实施二级注册消防工程师资格考试，并研究确定本地区二级注册消防工程师资格考试的合格标准。

一、考试时间

注册消防工程师执业资格考试方式为闭卷考试。

一级注册消防工程师资格考试分3个半天进行：第一天上午进行《消防安全技术实务》科目考试，考试时间为150分钟；下午进行《消防安全技术综合能力》科目考试，考试时间为150分钟；第二天上午进行《消防安全案例分析》科目考试，考试时间为180分钟。

二级注册消防工程师资格考试分2个半天进行：第一天下午进行《消防安全技术综合能力》科目考试，考试时间为150分钟；第二天上午进行《消防安全案例分析》科目考试，考试时间为180分钟。

2019年考试时间为11月9日、10日。

二、考试题型

《消防安全技术综合能力》《消防安全技术实务》考题类型均为客观题：80道单项选择题，每题1分；20道多项选择题，每题2分。

《消防安全案例分析》考题类型包括客观题、主观题：客观题2道，为多项选择题，满分36分；主观题4道，为消防案例分析题，满分84分。

单项选择题要求从4个备选项中选择1个最符合题意的选项。多项选择题每题的备选项中有两个或两个以上符合题意的选项，错选不得分，漏选时所选的每个选项得0.5分。

《消防安全技术综合能力》《消防安全技术实务》《消防安全案例分析》试卷总分均为120分，72分为合格。

三、成绩管理

注册消防工程师资格考试的考试成绩实行3年为1个周期的滚动管理，参加3个科目考试的考生必须在连续的3个考试年度内通过全部科目，方可取得注册消防工程师执业资格证书，证书在全国范围内有效。

四、社会需求

第一年开考过后，一级注册消防工程师执业职格证书就成了热门证书。据统计，全国消防技术服务企业约

1.5 万家,从事消防专业的技术人员约 20 万人,消防行业市场规模超过 4 000 亿元。据测算,未来 3—5 年我国将需要近 50 万注册消防工程师,现有执业的消防工程师远远不能满足社会需求。

五、考试趋势

2015 年 12 月 19 日、20 日,一级注册消防工程师资格考试开考,全国共有 32 万余名消防从业人员报名参加了此次考试,全国仅通过了 3 433 人,通过率不到 1.2%。2016 年一级注册消防工程师资格考试报考人数约 41 万人,通过率 1.5% 左右。2017 年约有 46.4 万人报考一级注册消防工程师资格考试,通过率会有提升。2018 年报考人数接近 90 万人,短短 4 年,注册消防工程师资格考试增加 50 多万人,报考热情很高。

预计 2019 年报考注册消防工程师资格考试的人数将进一步上升,有可能突破 100 万人,通过率预计与 2018 年持平。但因这一职业涉及人身财产安全,考试难度不会大幅降低。主要通过各类社会培训机构的强化培训,各类培训教材质量的提升来提高通过率。即使这样,每年通过的人数也不会有大的跃升。

《消防安全案例分析》考试大纲

一、考试目的

考查消防专业技术人员根据消防法律法规和消防技术标准规范,运用《消防安全技术实务》和《消防安全技术综合能力》科目涉及的理论知识和专业技术,在实际应用时体现的综合分析能力和实际执业能力。

二、考试内容及要求

本科目考试内容和要求参照《消防安全技术实务》和《消防安全技术综合能力》两个科目的考试大纲,考试试题的模式参见考试样题。

三、考试要求

已经具体分解到本书的每个案例中,此处不再赘述。

四、情况说明

此考试大纲为 2018 年版,2018 年有部分规范修订后陆续实施:

1. 2018 年 1 月 1 日开始实施的有:《自动喷水灭火系统设计规范》GB 50084—2017;《自动喷水灭火系统施工及验收规范》GB 50261—2017;《数据中心设计规范》GB 50174—2017。

2. 2018 年 4 月 1 日开始实施《建筑内部装修设计防火规范》GB 50222—2017。

3. 2018 年 8 月 1 日开始实施《建筑防烟排烟系统技术标准》GB 51251—2017。

4. 2018 年 10 月 1 日开始实施《建筑设计防火规范》GB 50016—2014(2018 年版)。

消防安全案例分析应试技巧点拨

注册消防工程师考试教材是以现行的国家消防类规范为基础,结合考试大纲编写的,从 2015—2018 年的考试试题看,考试所涉及的规范较多,理解记忆难度大。本丛书根据考试大纲的要求,结合历年考试试题,从众多规范中摘录重点条款,能节约考生复习时间、提高学习效率,达到通关的目的。

一、及时更新规范图示

国家规范的一大特点是不断修订、及时更新。随着经济的发展和技术的进步,在实践和实验的基础上,规范制定部门会不定期更新规范。注册消防工程师资格考试的依据就是现行国家规范、标准、图示内容,这就要求应试者应及时更新规范、标准、图示,按照现行版本进行学习。

2019 年编写、修订的新规范有:

1. 制订《建筑防火通用规范》;
2. 制订《消防灭火系统通用规范》;
3. 局部修订《建筑设计防火规范》GB 50016－2014(2018 年版);
4. 局部修订《细水雾灭火系统技术规范》GB 50898－2013;
5. 局部修订《建筑灭火器配置验收及检查规范》GB 50444－2008;
6. 局部修订《城市消防远程监控系统技术规范》GB 50440－2007;
7. 局部修订《建设工程施工现场消防安全技术规范》GB 50720－2011。

二、把握重点融会贯通

历年考试真题的分析结果显示,《消防安全案例分析》考试的重点如下:

1.《技术实务》第二篇的第 3～5 章,关于建筑总平面布局和平面布置、防火防烟分区与分隔、安全疏散等方面的内容。

2.《技术实务》第三篇的第 1、2、6、8、10、11 章,关于建筑室内外消防给水系统、自动喷水灭火系统、气体灭火系统、火灾自动报警系统等方面的内容。

3.《综合能力》第一篇有关消防法规的知识。

4.《综合能力》第二篇的第 1～4 章,关于建筑分类和耐火等级检查、建筑总平面布局和平面布置、防火防烟分区与分隔、安全疏散等防火检查方面的内容。

5.《综合能力》第三篇的第 2、3、4、7、10、11、12、14 章,关于消防给水、消火栓系统、自动喷水灭火系统、气体灭火系统、建筑灭火器配置、防烟排烟系统、消防用电设备的供配电与电气防火、火灾自动报警系统等安装检测与维护管理方面的问题。

6.《综合能力》第五篇的第 1、3、4 章,关于社会单位消防安全管理、应急预案编制与演练、施工消防安全管理等方面的内容。

对于考试重点、难点方面的解题方法、步骤,应试者要深刻领会考试出题形式,做到触类旁通。

三、对比记忆重要数据

在日常的学习中,对于重要考点、高频考点所涉及的表格,应试者要画出(使用 Excel、Word 软件或手工绘制)空白表格进行填空,与本书提供的表格对比,查漏补缺,直至熟练掌握。

四、强化训练提高速度

在日常学习过程中,应试者应"动口""动手"。"动口"是指在条件允许的时间、空间内朗读(或默读)相关知识,使比较拗口的专业术语、规范标准能"顺理成章"地脱口而出。"动手"是指对于专业术语要书写几遍,应规范书写,做到清晰可见,这对于《案例分析》科目考试很有益处。

通过充分调动眼、口、手、脑,以强化记忆,结合心理学中的艾宾浩斯记忆曲线,合理分配复习时长和时间间隔,以提高学习效率。

五、做好准备顺利通关

1. 做好考试前的准备工作

及时登录中国人事考试网(网址:www.cpta.com.cn)及考生所在省、市、自治区的人事考试信息网站,了解报名时间及要求,在规定的时间按照要求报名、审核、缴费。

关注上述人事考试网,在规定的时间打印准考证。

考试前一天应到准考证安排的考点查看现场,一般在考试前一天下午17:00后张贴相关的考场信息,应实地查看每科的考试场地。条件允许的宜在考场附近住宿,以免舟车劳顿影响考试。

考试前应调节好状态,注意饮食安全。考试时原则上不允许中途去卫生间,掌握好考试时水源补充的节奏。

2. 考试时的准备工作

考生必须提前入场,开考后5分钟不再允许入场,考试期间不允许提前交卷结束考试。入场后注意签到,将手机关机,与文具、资料存放在指定位置。

收到答题卡、试卷、草稿纸后认真填涂个人信息并核对至少两遍。

3. 答题要点

开始答题后,宜按照试题顺序答题。对于不能确定或不会的试题,做好标记,等全部答完后检查时再作答或斟酌修改答案。

部分单项选择题或多项选择题的题干较长,应先明确问题及备选选项,能直接判断的可不再阅读题干;不能直接判断作答的试题应以问题为导向,在题干中挑选答题条件。这样能够提高速度、节省时间,便于检查。

六、成绩查询考后审核

1. 成绩查询

考试成绩一般在第二年的2月下旬公布,考生登录中国人事考试网(网址:www.cpta.com.cn),凭本人身份证、考生姓名登录查询。

2. 成绩审核

考试成绩全部合格后,及时关注考生所在省、市、自治区的人事考试中心网站,下载填写表格,携带相关证件、材料,在规定的时间内到人事考试中心进行成绩审核。

目 录 | CONTENTS

第一篇　建筑防火案例分析

第二篇　消防设施应用案例分析

第三篇　消防安全评估案例分析

第四篇　消防安全管理案例分析

第一篇　建筑防火案例分析

案例 1 购物中心建筑防火案例分析

（2015年消防安全案例分析考试第2题）

>> **情景描述**

某购物中心地下 2 层,地上 4 层,建筑高度 24 m,耐火等级二级。地下二层室内地面与室外出入口地坪高差为 11.5 m,地下每层建筑面积 15 200 m²。地下二层设置汽车库和变配电房、消防水泵房等设备用房以及建筑面积 5 820 m² 的建材商场(经营五金、洁具、瓷砖、桶装油漆、香蕉水等);地下一层为家具、灯饰商场,设有多部自动扶梯与建材商场连通,自动扶梯上下层相连通的开口部位设置防火卷帘。地下商场部分的每个防火区面积不大于 2 000 m²,采用耐火极限为 1.5 h 的不燃性楼板、防火墙及符合规定的防火卷帘进行分隔,在相邻防火分区的防火墙上均设有向疏散方向开启的甲级防火门。

地上一至三层为商场,每层建筑面积 12 000 m²,主要经营服装、鞋类、箱包和电器等商品。地上 4 层建筑面积 5 600 m²,主要功能为餐厅、游艺厅、儿童游乐厅和电影院。电影院有 8 个观众厅,每个观众厅建筑面积在 186 m²～390 m² 之间;游艺厅有 2 个厅室,建筑面积分别为 216 m²、147 m²。游艺厅和电影院候场区均采用不到顶的玻璃隔断,玻璃门与其他部位分隔,安全出口符合规范规定。

每层疏散照明的地面水平照度为 1.0 lx,备用电源连续供电时间 0.6 h。

购物中心外墙外保温系统的保温材料采用模塑聚苯板,保温材料与基层墙体、装饰层之间有 0.17 m～0.6 m 的空腔,在楼板处每隔一层用防火封堵材料对空腔进行防火封堵。

购物中心按规范配置了室内外消火栓系统、自动喷水灭火系统和火灾自动报警系统等消防措施。

根据以上材料,回答下列问题(共 20 分)。

1. 指出地下第二层、地上第四层平面布置方面存在的问题。

2. 指出地下商场防火分区方面存在的问题,并提出消防规范规定的整改措施。

3. 分别列式计算购物中心地下第一层和第二层安全出口的最小总净宽度。地下第一层安全出口最小总净宽度应为多少?(以 m 为单位,计算结果保留 1 位小数。)

4. 判断购物中心的疏散照明设置是否正确,并说明理由。

5. 指出购物中心外墙外保温系统防火措施存在的问题。

(提示:商店营业厅人员密度及百人宽度指标分别见表1、表2)

表 1   商店营业厅人员密度   单位:人/m²

楼层位置	地下第二层	地下第一层	地上第一层和第二层	地上第三层	地上第四层及以上各层
人员密度	0.56	0.60	0.43～0.60	0.39～0.54	0.30～0.42

表2　　　　　　　　　疏散楼梯、疏散出口和疏散走廊的每百人净宽度　　　　　　　单位:m/百人

建筑层数		耐火等级		
		一、二级	三级	四级
地上层数	1～2层	0.65	0.75	1.00
	3层	0.75	1.00	—
	≥4层	1.00	1.25	—
地下层数	与地面出入口地面的高差≤10 m	0.75	—	—
	与地面出入口地面的高差>10 m	1.00	—	—

》 关键考点依据

> 本考点主要依据《建筑设计防火规范》GB 50016—2014,简称《建规》。

一 设备用房布置

(一)锅炉房、变压器室布置

《建规》5.4.12　　燃油或燃气锅炉、油浸变压器、充有可燃油的高压电容器和多油开关等,宜设置在建筑外的专用房间内;确需贴邻民用建筑布置时,应采用防火墙与所贴邻的建筑分隔,且不应贴邻人员密集场所,该专用房间的耐火等级不应低于二级;确需布置在民用建筑内时,不应布置在人员密集场所的上一层、下一层或贴邻,并应符合下列规定:

(1) 燃油或燃气锅炉房、变压器室应设置在首层或地下一层的靠外墙部位,但常(负)压燃油或燃气锅炉可设置在地下二层或屋顶上。设置在屋顶上的常(负)压燃气锅炉,距离通向屋面的安全出口不应小于6 m。采用相对密度(与空气密度的比值)不小于0.75的可燃气体为燃料的锅炉,不得设置在地下或半地下。

(2) 锅炉房、变压器室的疏散门均应直通室外或安全出口。

(3) 锅炉房、变压器室等与其他部位之间应采用耐火极限不低于2.00 h的防火隔墙和1.50 h的不燃性楼板分隔。在隔墙和楼板上不应开设洞口,确需在隔墙上设置门、窗时,应采用甲级防火门、窗。

(4) 锅炉房内设置储油间时,其总储存量不应大于1 m³,且储油间应采用耐火极限不低于3.00 h的防火隔墙与锅炉间分隔;确需在防火隔墙上设置门时,应采用甲级防火门。

(5) 变压器室之间、变压器室与配电室之间,应设置耐火极限不低于2.00 h的防火隔墙。

(6) 油浸变压器、多油开关室、高压电容器室,应设置防止油品流散的设施。油浸变压器下面应设置能储存变压器全部油量的事故储油设施。

(7) 应设置火灾报警装置。

(8) 应设置与锅炉、变压器、电容器和多油开关等的容量及建筑规模相适应的灭火设施,当建筑内其他部位设置自动喷水灭火系统时,应设置自动喷水灭火系统。

(9) 锅炉的容量应符合现行国家标准《锅炉房设计规范》GB 50041的规定。油浸变压器的总容量不应大于1 260千伏安,单台容量不应大于630 kV·A。

(10) 燃气锅炉房应设置爆炸泄压设施。燃油或燃气锅炉房应设置独立的通风系统,并应符合《建规》5.4.8

的规定。

二 人员密集场所布置

(一)观众厅、会议厅、多功能厅

《建规》5.4.8　建筑内的会议厅、多功能厅等人员密集的场所,宜布置在首层、第二层或第三层。设置在三级耐火等级的建筑内时,不应布置在第三层及以上楼层。确需布置在一、二级耐火等级建筑的其他楼层时,应符合下列规定:

(1)一个厅、室的疏散门不应少于2个,且建筑面积不宜大于400 m²。

(2)设置在地下或半地下时,宜设置在地下第一层,不应设置在地下第三层及以下楼层。

(3)设置在高层建筑内时,应设置火灾自动报警系统和自动喷水灭火系统等自动灭火系统。

(二)歌舞娱乐放映游艺场所

《建规》5.4.9　歌舞厅、录像厅、夜总会、卡拉OK厅(含具有卡拉OK功能的餐厅)、游艺厅(含电子游艺厅)、桑拿浴室(不包括洗浴部分)、网吧等歌舞娱乐放映游艺场所(不含剧场、电影院)的布置应符合下列规定:

(1)不应布置在地下二层及以下楼层。

(2)宜布置在一、二级耐火等级建筑内的首层、二层或三层的靠外墙部位。

(3)不宜布置在袋形走道的两侧或尽端。

(4)确需布置在地下第一层时,地下第一层的地面与室外出入口地坪的高差不应大于10 m。

(5)确需布置在地下或四层及以上楼层时,一个厅、室的建筑面积不应大于200 m²。

(6)厅、室之间及与建筑的其他部位之间,应采用耐火极限不低于2.00 h的防火隔墙和1.00 h的不燃性楼板分隔,设置在厅、室墙上的门和该场所与建筑内其他部位相通的门均应采用乙级防火门。

(三)电影院、剧场、礼堂

《建规》5.4.7　剧场、电影院、礼堂宜设置在独立的建筑内;采用三级耐火等级建筑时,不应超过2层;确需设置在其他民用建筑内时,至少应设置1个独立的安全出口和疏散楼梯,并应符合下列规定:

(1)应采用耐火极限不低于2.00 h的防火隔墙和甲级防火门与其他区域分隔。

(2)设置在一、二级耐火等级的建筑内时,观众厅宜布置在首层、第二层或第三层;确需布置在第四层及以上楼层时,一个厅、室的疏散门不应少于2个,且每个观众厅的建筑面积不宜大于400 m²。

(3)设置在三级耐火等级的建筑内时,不应布置在第三层及以上楼层。

(4)设置在地下或半地下时,宜设置在地下一层,不应设置在地下第三层及以下楼层。

(5)设置在高层建筑内时,应设置火灾自动报警系统及自动喷水灭火系统等自动灭火系统。

(四) 商店、展览建筑

《建规》5.4.3　商店建筑、展览建筑采用三级耐火等级建筑时,不应超过2层;采用四级耐火等级建筑时,应为单层。营业厅、展览厅设置在三级耐火等级的建筑内时,应布置在首层或第二层;设置在四级耐火等级的建筑内时,应布置在首层。营业厅、展览厅不应设置在地下第三层及以下楼层。地下或半地下营业厅、展览厅不应经营、储存和展示甲、乙类火灾危险性物品。

三 老年人建筑及儿童活动场所

《建规》5.4.4　托儿所、幼儿园的儿童用房,老年人活动场所和儿童游乐厅等儿童活动场所宜设置在独立的建筑内,且不应设置在地下或半地下;当采用一、二级耐火等级的建筑时,不应超过3层;采用三级耐火等级的建筑时,不应超过2层;采用四级耐火等级的建筑时,应为单层;确需设置在其他民用建筑内时,应符合下列规定:(此条目在《建规》(2018版)有变化,请考生参照山东人民出版社2019版《消防安全技术实务》)

(1) 设置在一、二级耐火等级的建筑内时,应布置在首层、第二层或第三层。

(2) 设置在三级耐火等级的建筑内时,应布置在首层或第二层。

(3) 设置在四级耐火等级的建筑内时,应布置在首层。

(4) 设置在高层建筑内时,应设置独立的安全出口和疏散楼梯。

(5) 设置在单、多层建筑内时,宜设置独立的安全出口和疏散楼梯。

四 防火分隔

《建规》5.3.4 一、二级耐火等级建筑内的商店营业厅、展览厅,当设置自动灭火系统和火灾自动报警系统并采用不燃或难燃装修材料时,其每个防火分区的最大允许建筑面积应符合下列规定:

(1) 设置在高层建筑内时,不应大于 4 000 m^2。

(2) 设置在单层建筑或仅设置在多层建筑的首层内时,不应大于 10 000 m^2。

(3) 设置在地下或半地下时,不应大于 2 000 m^2。

五 商场人员密度

1. 《建规》5.5.21.7 商店的疏散人数应按每层营业厅的建筑面积乘以表 1-1-1 规定的人员密度计算。

表 1-1-1 商店营业厅的人员密度 单位:人/m^2

楼层位置	地下第二层	地下第一层	地上第一、第二层	地上第三层	地上四层及以上各层
人员密度	0.56	0.60	0.43～0.60	0.39～0.54	0.30～0.42

2. 《建规》5.5.21.7 对于建材商店、家具和灯饰展示建筑,其人员密度可按表 1-1-1 规定值的 30% 确定。

3. 《建规》5.5.21.6 展览厅的疏散人数应根据展览厅的建筑面积和人员密度计算,展览厅内的人员密度不宜小于 0.75 人/m^2。

六 其他民用建筑疏散宽度

1. 《建规》5.5.19 人员密集的公共场所、观众厅的疏散门不应设置门槛,其净宽度不应小于 1.40 m,且紧靠门口内外各 1.40 m 范围内不应设置踏步。人员密集的公共场所的室外疏散通道的净宽度不应小于 3.00 m,并应直接通向宽敞地带。

2. 《建规》5.5.21 除剧场、电影院、礼堂、体育馆外的其他公共建筑,其房间疏散门、安全出口、疏散走道和疏散楼梯的各自总净宽度,应符合下列规定:

(1) 每层的房间疏散门、安全出口、疏散走道和疏散楼梯的各自总净宽度,应根据疏散人数按每 100 人的最小疏散净宽度不小于表 1-1-2 的规定计算确定。

表 1-1-2 每层的房间疏散门、安全出口和疏散走道、楼梯每百人最小疏散净宽度 单位:m/百人

建筑层数		建筑的耐火等级		
		一、二级	三级	四级
地上楼层	1～2层	0.65	0.75	1.00
	3层	0.75	1.00	—
	≥4层	1.00	1.25	—

（续表）

建筑层数		建筑的耐火等级		
		一、二级	三级	四级
地下楼层	与地面出入口地面的高差≤10 m	0.75	—	—
	与地面出入口地面的高差>10 m	1.00	—	—

（2）地下或半地下人员密集的厅、室和歌舞娱乐放映游艺场所,其房间疏散门、安全出口、疏散走道和疏散楼梯的各自总净宽度,应根据疏散人数按每 100 人不小于 1.00 m 计算确定。

（3）当每层疏散人数不等时,疏散楼梯的总净宽度可分层计算,地上建筑内下层楼梯的总净宽度应按该层及以上疏散人数最多一层的人数计算;地下建筑内上层楼梯的总净宽度应按该层及以下疏散人数最多一层的人数计算。

（4）首层外门的总净宽度应按该建筑疏散人数最多一层的人数计算确定,不供其他楼层人员疏散的外门,可按本层的疏散人数计算确定。

七　照度要求

1. 《建规》10.3.2　建筑内疏散照明的地面最低水平照度应符合下列规定:
（1）对于疏散走道,不应低于 1.0 lx。
（2）对于人员密集场所、避难层（间）,不应低于 3.0 lx;对于病房楼或手术部的避难间,不应低于 10.0 lx。
（3）对于楼梯间、前室或合用前室、避难走道,不应低于 5.0 lx。

2. 《建规》10.3.3　消防控制室、消防水泵房、自备发电机房、配电室、防排烟机房以及发生火灾时仍需正常工作的消防设备房应设置备用照明,其作业面的最低照度不应低于正常照明的照度。

八　防火封堵

《建规》6.7.9　建筑外墙外保温系统与基层墙体、装饰层之间的空腔,应在每层楼板处采用防火封堵材料封堵。

≫ 问题解析

问题 1:指出地下第二层、地上第四层平面布置方面存在的问题。

【解析】1. 地下第二层存在的问题

（1）消防水泵房设置在了室内地面与室外出入口地坪高差为 11.5 m 的地下第二层。消防水泵房不应设置在室内地面与室外出入口地坪高差大于 10 m 的楼层。（2）建材商场经营桶装油漆、香蕉水等。地下第二层不应经营油漆、香蕉水（闪点为 25 ℃<28 ℃）。

2. 地上第四层存在的问题

（1）儿童游乐厅设置在该建筑的四层。儿童游乐厅当设置在一、二级的多层和高层建筑内时,应设置在建筑的首层或第二、三层。（2）游艺厅有 2 个厅室,其中一个建筑面积为 216 m²。游艺厅应布置在建筑的首层或第二层、第三层,当布置在其他楼层时,一个厅、室的建筑面积不得大于 200 m²。（3）游艺厅和电影院候场区均采用不到顶的玻璃隔断、玻璃门与其他部位分隔。电影院设置在一、二级耐火等级的多层民用建筑内时,应采用耐火极限不低于 2.00 h 的防火隔墙和甲级防火门与其他区域分隔。游艺厅的厅、室之间及与建筑的其他部位之间,应采用耐火极限不低于 2.00 h 的防火隔墙和不低于 1.00 h 的不燃性楼板分隔,设置在厅、室墙上的门和该场所与建筑内其他部位相通的门应采用乙级防火门。

问题2：指出地下商场防火分区方面存在的问题，并提出消防规范规定的整改措施。

【解析】1. 存在的问题

(1)地下商场部分的每个防火区面积不大于 2 000 m²。一、二级耐火等级建筑内的营业厅、展览厅，当设置自动灭火系统和火灾自动报警系统并采用不燃或难燃装修材料时，地下部分每个防火分区不应大于 2 000 m²。(2)采用耐火极限为 1.50 h 的不燃性楼板。总建筑面积大于 20 000 m² 的地下或半地下营业厅应采用耐火极限不小于 2.00 h 的楼板。(3)在相邻防火分区的防火墙上均设有向疏散方向开启的甲级防火门。总面积大于 20 000 m² 的地下商场营业厅应采用无门、窗、洞口的防火墙划分为不大于 20 000 m² 的区域。

2. 整改措施

(1)商场营业厅应采用不燃或难燃材料进行装修。(2)提高用于分隔地下防火分区的楼板的耐火极限，使其不低于 2.00 h。(3)总建筑面积大于 20 000 m² 的地下或半地下商店，应采用无门、窗、洞口的防火墙及耐火极限不低于 2.00 h 的楼板分隔为多个建筑面积不大于 20 000 m² 的区域。相邻区域确需局部连通时，应采用下沉式广场等室外开敞空间、防火隔间、避难走道、防烟楼梯间等方式进行连通，并应符合建筑设计防火规范的要求。

问题3：分别列式计算购物中心地下第一、二层安全出口的最小总净宽度。地下第一层安全出口最小总净宽度应为多少？(以 m 为单位，计算结果保留 1 位小数)

【解析】1. 地下第二层

疏散的人数：5 820×0.56×0.3＝977.76 人(对于建材商店、家具和灯饰展示建筑，其人员密度可按表 1-1-1 的规定值的 30% 确定)。地下第二层安全出口的最小总净宽度为(977.76/100)×1.00＝9.777 6 m≈9.8 m。

2. 地下第一层

疏散的人数：15 200×0.60×0.3＝2 736 人(对于建材商店、家具和灯饰展示建筑，其人员密度可按表 1-1-1 的规定值的 30% 确定)。地下第一层安全出口的最小总净宽度为(2 736/100)×1.00＝27.36 m≈27.4 m。

问题4：判断购物中心的疏散照明设置是否正确，并说明理由。

【解析】照度和应急照明备用电源连续供电时间均不正确：

(1)疏散走道的地面最低水平照度，不应低于 1.0 lx。(2)该建筑属于人员密集场所，所以地面最低水平照度不应低于 3.0 lx。(3)楼梯间、前室或合用前室地面最低水平照度不应低于 5.0 lx。(4)消防水泵房、变配电房等设备用房以及发生火灾时仍需正常工作的其他房间的消防应急照明，仍应保证正常照明的照度。(5)虽然总建筑面积 12 000×3＋5 600＋15 200×2＝72 000 m²＜100 000 m²，但是地下每层建筑面积 15 200 m²，15 200 m²×2＞20 000 m²，所以应急照明备用电源连续供电应不少于 1.0 h。

问题5：指出购物中心外墙外保温系统防火措施存在的问题。

【解析】1. 存在的问题

购物中心外墙外保温系统的保温材料采用模塑聚苯板，保温材料与基层墙体、装饰层之间有 0.17 m～0.6 m 的空腔，在楼板处每隔一层用防火封堵材料对空腔进行防火封堵。

2. 原因

模塑聚苯板的燃烧性能等级为 B₂ 级，当外墙体采用 B₂ 级保温材料时，每层沿楼板位置应设置不燃材料制作的水平防火隔离带，隔离带的高度不得小于 300 mm，且应与建筑外墙全面黏贴密实。

保温材料与基层墙体、装饰层之间存在的 0.17 m～0.6 m 空腔，应用防火封堵材料进行填实。

案例 2　单层木器厂房防火案例分析

（2015 年消防安全案例分析第 6 题）

》 **情景描述**

　　某单层木器厂房为砖木结构，屋顶承重构件为难燃性构件，耐火极限为 0.50 h；柱子采用不燃性构件，耐火极限为 2.50 h。木器厂房建筑面积为 4 500 m²，其总平面布局和平面布置如图所示。木器厂房周边的建筑，面向木器厂房一侧的外墙上均设有门和窗。该木器厂房采用流水线连续生产，工艺不允许设置隔墙；厂房内东侧设有建筑面积为 500 m² 的办公、休息区，采用耐火极限 2.50 h 的防火隔墙与车间分隔，防火隔墙上设有双扇弹簧门；南侧分别设有建筑面积为 150 m² 的油漆工段（采用封闭喷漆工艺）和 50 m² 的中间仓库，中间仓库内储存 3 昼夜喷漆生产需要量的油漆稀释剂（甲苯和香蕉水，C=0.11），采用防火墙与其他部位分隔，油漆工段通向车间的防火墙上设有双扇弹簧门。该厂房设置了消防给水及室内消火栓系统、建筑灭火器、排烟设施和应急照明及疏散指示标志。

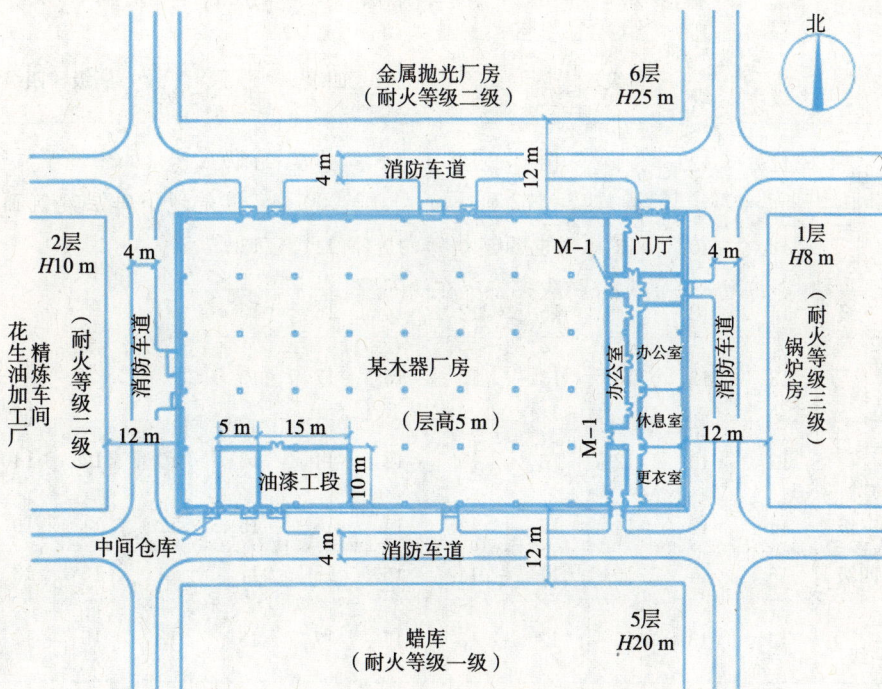

总平面布局、平面布置示意图

根据以上材料,回答下列问题(共 20 分)。

1. 检查防火间距、消防车道是否符合消防安全规定;提出防火间距不足时可采取的相应技术措施。

2. 简述厂房平面布置和油漆工段存在的消防安全问题,并提出整改意见。

3. 计算出油漆工段的泄压面积,并分析利用外窗作泄压的可行性。

4. 中间仓库存在哪些消防安全问题?应采取哪些防火防爆技术措施?

5. 该厂房内还应配置哪些建筑消防设施?

(提示:$150^{2/3}=28.24$;$200^{2/3}=34.20$;$750^{2/3}=82.55$)

》 关键考点依据

> 本考点主要依据《建筑设计防火规范》GB 50016—2014,简称《建规》。

一 厂房总平面布局和平面布置

(一)防火间距

1. 厂房之间及其与乙、丙、丁、戊类仓库和民用建筑等之间的防火间距不应小于(≥)下表的规定。

表 1-2-1　　厂房之间及其与乙、丙、丁、戊类仓库、民用建筑等的防火间距　　　　单位:m

名称			甲类厂房	乙类厂房(仓库)		丙、丁、戊类厂房(仓库)				民用建筑				
			单、多层	单、多层	高层	单、多层			高层	裙房,单、多层			高层	
			一、二级	一、二级	三级	一、二级	一、二级	三级	四级	一、二级	一、二级	三级	四级	一类	二类
甲类厂房	单、多层	一、二级	12	12	14	13	12	14	16	13	25			50	
乙类厂房	单、多层	一、二级	12	10	12	13	10	12	14	13					
		三级	14	12	14	15	12	14	16	15					
	高层	一、二级	13	13	15	13	13	15	17	13					
丙类厂房	单、多层	一、二级	12	10	12	13	10	12	14	13	10	12	14	20	15
		三级	14	12	14	15	12	14	16	15	12	14	16	25	20
		四级	16	14	16	17	14	16	18	17	14	16	18		
	高层	一、二级	13	13	15	13	13	15	17	13	13	15	17	20	15

（续表）

名称			甲类厂房	乙类厂房(仓库)			丙、丁、戊类厂房(仓库)				民用建筑				
			单、多层	单、多层		高层	单、多层			高层	裙房,单、多层			高层	
			一、二级	一、二级	三级	一、二级	一、二级	三级	四级	一、二级	一、二级	三级	四级	一类	二类
丁、戊类厂房	单、多层	一、二级	12	10	12	13	10	12	14	13	10	12	14	15	13
		三级	14	12	14	15	12	14	16	15	12	14	16	18	15
		四级	16	14	16	17	14	16	18	17	14	16	18		
	高层	一、二级	13	13	15	13	13	15	17	13	13	15	17	15	13
室外变、配电站	变压器总油量(t)	5≤M≤10	25				12	15	20	12	15	20	25	20	
		10<M≤50					15	20	25	15	20	25	30	25	
		M>50					20	25	30	20	25	30	35	30	

注：① 两座厂房相邻较高一面外墙为防火墙,其防火间距不限,但甲类厂房之间应≥4 m。② 相邻两座高度相同的一、二级耐火等级建筑中相邻一侧外墙为防火墙且屋顶的耐火极限≥1.00 h时,其防火间距不限,但甲类厂房之间应≥4 m。③ 两座丙、丁、戊类厂房相邻两面外墙均为不燃性墙体,当无外露的可燃性屋檐,每面外墙上的门、窗、洞口面积之和≤外墙面积的5%,且门、窗、洞口不正对开设时,其防火间距可按本表规定减少25%。④ 两座一、二级耐火等级的厂房,当相邻较低一面外墙为防火墙且较低一座厂房的屋顶无天窗,屋顶的耐火极限≥1.00 h,甲、乙类厂房之间的防火间距应≥6 m;丙、丁、戊类厂房之间的防火间距应≥4 m。⑤ 两座一、二级耐火等级的厂房,当相邻较高一面外墙的门、窗等开口部位设置甲级防火门、窗或防火分隔水幕,或按规定设置符合规范要求的防火卷帘时,甲、乙类厂房之间的防火间距应≥6 m;丙、丁、戊类厂房之间的防火间距应≥4 m。⑥ 单、多层戊类厂房之间、单、多层戊类厂房与戊类仓库之间的防火间距可按本表减少2 m。⑦ 与民用建筑的防火间距可将戊类厂房等同民用建筑并按民用建筑的防火间距规定执行。⑧ 为丙丁戊类厂房服务而单独设置的生活用房应按民用建筑确定,与所属厂房的防火间距应≥6 m。⑨ 发电厂内的主变压器,其油量可按单台确定。⑩ 耐火等级低于四级的既有厂房,其耐火等级可按四级确定。⑪ 当两丙、丁、戊类厂房与丙、丁、戊类仓库相邻时,应符合以上第①②③④条的规定。

2.《建规》3.4.2　甲类厂房与重要公共建筑的防火间距应≥50 m,与明火或散发火花地点的防火间距应≥30 m。

3.《建规》3.4.1　乙类厂房与重要公共建筑的防火间距宜≥50 m,与明火或散发火花地点的防火间距宜≥30 m。

4.《建规》3.4.5　丙、丁、戊类厂房与民用建筑的耐火等级均为一、二级时,丙、丁、戊类厂房与民用建筑的防火间距可适当减小,但应符合下列规定：

（1）当较高一面外墙为无门、窗、洞口的防火墙,或比相邻较低一座建筑屋面高15 m及以下范围内的外墙为无门、窗、洞口的防火墙时,其防火间距不限。

（2）相邻较低一面外墙为防火墙,且屋顶无天窗或洞口、屋顶的耐火极限≥1.00 h,或相邻较高一面外墙为防火墙,且墙上开口部位采取了防火措施,其防火间距可适当减小,但应≥4 m。

5.《建规》3.4.6　总容量不大于15 m³的丙类液体储罐,当直埋于厂房外墙外,且面向储罐一面4.0 m范围内的外墙为防火墙时,其防火间距不限。

6.《建规》3.4.12　厂区围墙与厂区内建筑的间距宜≥5 m,围墙两侧建筑的间距应满足相应建筑的防火间距要求。

7. 厂房与厂房、仓库之间的防火间距(单位:m):

$$L = F_1 + F_2 + C_{12} \qquad \text{(式1-2-1)}$$

(1) F_1、F_2 分别为相邻两座建筑的耐火极限,取值分别为:一、二级 0,三级 2,四级 4。

(2) C_{12} 为相邻两座建筑火灾危险性分类等级、建筑分类的调整系数。取值:至少一座建筑为高层建筑时取值 13;如无高层建筑,至少一座建筑为甲类火灾危险性建筑时取 12,其他情况均取 10。

(二)消防车道设置要求和技术要求

1. 《建规》7.1.2 高层民用建筑,超过 3 000 个座位的体育馆,超过 2 000 个座位的会堂,占地面积大于 3 000 m² 的商店建筑、展览建筑等单、多层公共建筑应设置环形消防车道,确有困难时,可沿建筑的两个长边设置消防车道;对于住宅建筑和山坡地或河道边临空建造的高层建筑,可沿建筑的一个长边设置消防车道,但该长边所在建筑立面应为消防车登高操作面。

2. 《建规》7.1.3 工厂、仓库区内应设置消防车道。

高层厂房,占地面积大于 3 000 m² 的甲、乙、丙类厂房和占地面积大于的乙、丙类仓库,应设置环形消防车道,确有困难时,应沿建筑物的两个长边设置消防车道。

3. 《建规》7.1.8 消防车道应符合下列要求:

(1) 车道的净宽度和净空高度均不应小于 4.0 m。

(2) 转弯半径应满足消防车转弯的要求。

(3) 消防车道与建筑之间不应设置妨碍消防车操作的树木、架空管线等障碍物。

(4) 消防车道靠建筑外墙一侧的边缘距离建筑外墙不宜小于 5 m,

(5) 消防车道的坡度不宜大于 8%。

4. 《建规》7.1.9 环形消防车道至少应有两处与其他车道连通。尽头式消防车道应设置回车道或回车场,回车场的面积不应小于 12 m×12 m;对于高层建筑,不宜小于 15 m×15 m;供重型消防车使用时,不宜小于 18 m×18 m。消防车道的路面、救援操作场地、消防车道和救援操作场地下面的管道和暗沟等,应能承受重型消防车的压力。

(三)防火间距不足时的消防技术措施

当防火间距难以满足消防规范时,可采取以下补救措施:

1. 改变建筑物的生产和使用性质,尽量降低建筑物的火灾危险性,改变房屋部分结构的耐火性能,提高建筑物的耐火等级。

2. 调整生产厂房的部分工艺流程,限制库房内储存物品的数量,提高部分构件的耐火极限和燃烧性能。

3. 将建筑物的普通外墙改造为防火墙或减少相邻建筑的开口面积,如开设门窗,应采用防火门窗或加防火水幕保护。

4. 拆除部分耐火等级低、占地面积小、使用价值低且与新建筑相邻的原有陈旧建筑物。

5. 设置独立的室外防火墙,同时兼顾通风排烟和破拆扑救。

二 工业建筑附属用房布置

(一)办公室、休息室

1. 厂房内办公室、休息室

《建规》3.3.5

(1) 员工宿舍严禁设置在厂房内。

(2) 办公室、休息室等不应设置在甲、乙类厂房内,确需贴邻本厂房时,其耐火等级不应低于二级,并应采用耐火极限不低于 3.00 h 的防爆墙与厂房分隔,且应设置独立的安全出口。

（3）办公室、休息室设置在丙类厂房内时,应采用耐火极限不低于 2.50 h 的防火隔墙和耐火极限不低于 1.00 h 的楼板与其他部位分隔,并应至少设置 1 个独立的安全出口。如隔墙上需开设相互连通的门时,应采用乙级防火门。

2. 仓库内办公室、休息室

《建规》3.3.9

（1）员工宿舍严禁设置在仓库内。

（2）办公室、休息室等严禁设置在甲、乙类仓库内,也不应贴邻。

（3）办公室、休息室设置在丙、丁类仓库内时,应采用耐火极限不低于 2.50 h 的防火隔墙和耐火极限不低于 1.00 h 的楼板与其他部位分隔,并应设置独立的安全出口。隔墙上需开设相互连通的门时,应采用乙级防火门。

（二）液体中间仓库

1.《建规》3.3.7　厂房内的丙类液体中间储罐应设置在单独房间内,其容量应≤5 m³。设置中间储罐的房间,应采用耐火极限不低于 3.00 h 的防火隔墙和耐火极限不低于 1.50 h 的楼板与其他部位分隔,房间门应采用甲级防火门。

2.《建规》3.3.14　供建筑内使用的丙类液体燃料,其储罐应布置在建筑外,并应符合下列规定:

（1）当总容量不大于 15 m³、直埋于建筑附近、面向油罐一面 4.0 m 范围内的建筑外墙为防火墙时,储罐与建筑的防火间距不限。

（2）当总容量大于 15 m³ 时,储罐的布置应符合《建规》有关规定。

（3）当设置中间罐时,中间罐的容量应≤1 m³,并应设置在一、二级耐火等级的单独房间内,房间门应采用甲级防火门。

（三）附属仓库

《建规》3.3.6　厂房内设置中间仓库时,应符合下列规定:

（1）甲、乙类中间仓库应靠外墙布置,其储量不宜超过 1 昼夜的需要量。

（2）甲、乙、丙类中间仓库应采用防火墙和耐火极限不低于 1.50 h 的不燃性楼板与其他部位分隔。

（3）丁、戊类中间仓库应采用耐火极限不低于 2.00 h 的防火隔墙和耐火极限不低于 1.00 h 的楼板与其他部位分隔。

（4）仓库的耐火等级和面积应符合规定。

三　泄压

（一）泄压面积计算

爆炸危险的甲、乙类厂房,其泄压面积宜按下式计算,但当厂房的长径比大于 3 时,宜将该建筑划分为长径比小于等于 3 的多个计算段,各计算段中的公共截面不得作为泄压面积:

$$A = 10CV^{2/3} \qquad \text{（式 1-2-2）}$$

式中:A——泄压面积（m²）;

　　　V——厂房的容积（m³）;

　　　C——厂房容积为 1 000 m³ 时的泄压比（m²/m³）,可按下表选取。

表 1-2-2　　　　　　　　　　厂房内爆炸性危险物质的类别与泄压比值

厂房内爆炸性危险物质的类别	泄压比 C/（m²/m³）
氨以及粮食、纸、皮革、铅、铬、铜等 $K_{尘} < 10$ MPa·m·s⁻¹ 的粉尘	≥0.030
木屑、炭屑、煤粉、锑、锡等 10 MPa·m·s⁻¹ ≤ $K_{尘}$ ≤ 30 MPa·m·s⁻¹ 的粉尘	≥0.055

（续表）

厂房内爆炸性危险物质的类别	泄压比 $C/(m^2/m^3)$
丙酮、汽油、甲醇、液化石油气、甲烷、喷漆间或干燥室以及苯酚树脂、铝、镁、锆等粉尘	≥0.110
乙烯	≥0.16
乙炔	≥0.20
氢	≥0.25

注：长径比为建筑平面几何外形尺寸中的最长尺寸与其横截面周长的积和4.0倍的该建筑横截面积之比。有可燃气或可燃粉尘爆炸危险性的建筑物不宜建造得长径比过大，以防止爆炸时产生较大超压，保证所设计的泄压面积能有效作用。

（二）泄压设施

泄压是减轻爆炸事故危害的一项主要技术措施，属于"抗爆"的一种措施。泄压设施可为轻质屋盖、轻质墙体和易于泄压的门窗，但宜优先采用轻质屋盖，不应采用普通玻璃。

对泄压构件和泄压面积及其设置的要求如下：

（1）泄压轻质屋盖。根据需要可分别用石棉水泥波形瓦和加气混凝土等材料制成，并有有保温层或防水层、无保温层或无防水层之分。

（2）泄压轻质外墙分为有保温层、无保温层两种形式。

（3）泄压窗有轴心偏上中悬泄压窗、抛物线形塑料板泄压窗等。窗户上宜采用安全玻璃。要求泄压窗能在爆炸力递增至稍大于室外风压时，自动向外开启泄压。

（4）泄压设施的泄压面积按式1-2-2和表1-2-2计算确定。

（5）作为泄压设施的轻质屋面板和轻质墙体的单位质量不宜超过60 kg/m²。

（6）散发较空气轻的可燃气体、可燃蒸气的甲类厂房（库房），宜采用全部或局部轻质屋盖作为泄压设施。顶棚应尽量平整、避免死角，厂房上部空间应通风良好。

（7）泄压面的设置应避开人员集中的场所和主要交通道路，并宜靠近容易发生爆炸的部位。

（8）当采用活动板、窗户、门或其他铰链装置作为泄压设施时，必须防止打开的泄压孔在爆炸正压冲击波之后因出现负压而关闭。

（9）爆炸泄压孔不能受到其他物体的阻碍，也不允许冰、雪妨碍泄压孔和泄压窗的开启，需要经常检查和维护。

（10）泄压面的材料在爆炸时易破碎成碎块，以便于泄压及减少对人的危害。泄压面设置宜靠近易发生爆炸的部位，保证顺利泄压。

（11）屋面应采取适当措施，防止积雪。

总之，应在设计中采取措施以减少泄压面的单位质量（即重力惯性）和连接强度。

》 问题解析

问题1：检查防火间距、消防车道是否符合消防安全规定；提出防火间距不足时可采取的相应技术措施。

【解析】1. 检查防火间距

（1）根据"屋顶承重构件为难燃性构件，耐火极限为0.50 h；柱子采用不燃性构件，耐火极限为2.50 h"，柱子满足二级耐火极限，屋顶承重构件满足三级耐火极限，综合判断木器厂厂房的耐火等级为三级。

【依据】

《建规》3.2.1：厂房和仓库的耐火等级可分为一、二、三、四级，相应建筑构件的燃烧性能和耐火极限，除炸药厂（库）、花炮厂（库）、炼油厂以外的厂房及仓库的耐火极限，不应低于表1-2-3的规定。

表1-2-3　　　　　不同耐火等级厂房和仓库建筑构件的燃烧性能和耐火极限

构件名称	耐火等级/h			
	一级	二级	三级	四级
屋顶承重构件	1.50	1.00	0.50	可燃性
疏散楼梯	1.50	1.00	0.75	可燃性
楼板	1.50	1.00	0.75	0.50
梁	2.00	1.50	1.00	0.50
柱	3.00	2.50	2.00	0.50
承重墙	3.00	2.50	2.00	0.50
防火墙	3.00	3.00	3.00	3.00
疏散走道两侧的隔墙	1.00	1.00	0.50	0.25
楼梯间、前室的墙，电梯井的墙	2.00	2.00	1.50	0.50
非承重外墙、房间隔墙	0.75	0.50	0.50	0.25
吊顶（包括吊顶格栅）	0.25	0.25	0.15	可燃性

表中耐火极限＞0.50 h的构件为不燃性构件，0.15 h≤耐火极限≤0.50 h的构件为难燃性构件。

二级耐火等级建筑采用不燃烧材料的吊顶，其耐火极限不限。

> （2）确定金属抛光厂房、锅炉房、蜡库、花生油加工厂精炼车间的火灾危险性等级：
>
> ① 金属抛光厂房：高层乙类厂房（建筑高度大于24 m的非单层厂房）；
>
> ② 锅炉房：单层丁类厂房；
>
> ③ 蜡库：多层丙类仓库；
>
> ④ 花生油加工厂精炼车间：多层丙类仓房；
>
> ⑤ 木器厂房：单层丙类厂房。

【依据】

1.《建规》3.1.1：生产的火灾危险性应根据生产中使用或产生的物质性质及其数量等因素划分，可分为甲、乙、丙、丁、戊类，并应符合表1-2-4的规定。

表1-2-4　　　　　　　　　　生产的火灾危险性分类及举例

生产的火灾危险性类别	使用或产生下列物质生产的火灾危险性特征	火灾危险性分类举例
甲类	1项：闪点＜28 ℃的液体	甲醇、乙醇、丙酮、丁酮异丙醇、醋酸乙酯、苯合成厂房
		植物油加工厂的浸出车间，集成电路厂化学清洗车间
		液态法白酒酿酒车间、酒精蒸馏塔；白兰地蒸馏车间；白兰地和38度及以上白酒的勾兑车间、灌装车间、酒泵房

（续表）

生产的火灾 危险性类别	使用或产生下列物质 生产的火灾危险性特征	火灾危险性分类举例
甲类	2项：爆炸下限小于10％的气体	氢气站、乙炔站、石油气体分馏(离)厂房
		天然气、石油伴生气、矿井气、水煤气、焦炉煤气压缩机室或鼓风机室,化肥厂的氢氮气压缩厂房
		电解水(食盐)厂房,半导体厂的拉晶车间、硅烷热分解室
		氯乙烯、乙烯、醋酸乙烯、环己酮、乙基苯、苯乙烯、丁二烯的聚合厂房
	3项：常温下自行分解物质；在空气中氧化导致迅速自燃、爆炸的物质	硝化棉、黄磷制备厂房及应用部位
		赛璐珞、三乙基铝、甲胺、丙烯氰厂房
		染化厂某些能自行分解的重氮化合物生产车间
	4项：常温下受到水或空气中水蒸气的作用,能产生可燃气体并引起燃烧或爆炸的物质	钾、钠加工厂房及应用部位,五氧化二磷厂房,三氯化磷厂房
	5项：遇酸、受热、撞击、摩擦、催化,及遇有机物或硫黄等易燃的无机物,极易引起燃烧或爆炸的强氧化剂	氯酸钠、氯酸钾厂房及应用部位,过氧化氢厂房,过氧化钠、过氧化钾厂房,次氯酸钙厂房
	6项：受撞击、摩擦或与氧化剂、有机物质接触时能引起燃烧或爆炸的物质	赤磷制备、五硫化二磷厂房及应用部位
	7项：在密闭设备内操作温度不小于物质本身自燃点的生产	洗涤剂厂房石蜡裂解部位,冰醋酸裂解厂房
乙类	1项：28 ℃≤闪点<60 ℃液体	甲酚、氯丙醇、环氧氯丙烷、以内酰胺、醋酸酐精馏厂房
		樟脑油提取、松针油精制部位,松节油、松香蒸馏厂房
		煤油灌桶间,28 ℃≤闪点<60 ℃油品、有机溶剂提炼部位
	2项：爆炸下限≥10％气体	一氧化碳、氨压缩机房,发生炉、鼓风炉煤气净化部位
	3项：不属于甲类的氧化剂	发烟硫(硝)酸浓缩部位,高锰酸钾、重铬酸钠厂房
	4项：非甲类的易燃固体	樟脑、松香提炼厂房,硫黄回收厂房,焦化厂精萘厂房
	5项：助燃气体	氧气站、空分厂房
	6项：能与空气形成爆炸性混合物的浮游状态的粉尘、纤维,闪点≥60 ℃的液体雾滴	铝粉、镁粉、煤粉厂房,金属制品抛光部位,面粉厂的碾磨部位,活性炭制造及再生厂房,谷物筒仓工作塔,亚麻厂的除尘器、过滤器室
丙类	1项：闪点≥60 ℃的液体	植物油的精炼部位,沥青加工厂房,甘油、桐油制备厂房
		柴油、机器油、变压器油灌桶间,润滑油再生部位
		油浸变压器室,配电室(每台装油量>60 kg的设备)
		松油醇、乙酸松油脂部位,焦油、苯甲酸、苯乙酮厂房
		闪点≥60 ℃油品、有机溶剂提炼部位

（续表）

生产的火灾危险性类别	使用或产生下列物质生产的火灾危险性特征	火灾危险性分类举例
丙类	2项：可燃固体	煤、焦炭、油母页岩生产储仓，橡胶制品厂房
		服装、针织、纺织、印染、化纤、棉毛丝麻厂房
		造纸、印刷厂房，木、竹、藤加工厂
		家电厂房，集成电路氧化扩散、光刻间
		饲料加工、畜禽加工、鱼加工车间
		泡沫塑料厂发泡、成型、印片压花部位
丁类	1项：加工不燃烧物质，并在高温、熔化状态下经常产生强辐射热、火花、火焰	金属冶炼、锻造、铆焊、热轧、铸造、热处理厂房
	2项：利用气体、液体、固体作为燃料或将气体、液体进行燃烧作其他用的各种生产	锅炉房，玻璃原料熔化厂房，灯丝烧拉部位，保温瓶胆厂房，陶瓷制品烘干、烧成厂房，蒸汽机车库，石灰焙烧厂房，电石炉部位，耐火材料烧成部位，转炉厂房，硫酸车间焙烧部位，电极煅烧供电配电室（每台装油量≤60 kg的设备）
	3项：常温下使用或加工难燃烧物质的生产	难燃铝塑料加工厂房，酚醛泡沫塑料加工厂房，印染厂漂炼部位，化纤厂后加工润湿部位
戊类	常温下使用或加工不燃烧物质的生产	制砖、石棉加工车间，氟利昂厂房，仪表、器械、车辆装配车间，电动车库，卷扬机室，不燃液体的泵房、阀门室、净化处理工段，镁合金除外的金属冷加工车间，钙镁磷肥车间（焙烧炉除外），造纸厂、化学纤维厂的浆粕蒸煮工段，水泥厂轮窑厂房，加气混凝土厂厂房

2.《建规》3.1.3：储存物品的火灾危险性应根据储存物品的性质和储存物品中的可燃物数量等因素划分，可分为甲、乙、丙、丁、戊类，并应符合表1-2-5的规定。

表 1-2-5 储存物品的火灾危险性分类及举例

储存物品的火灾危险性类别	储存物品的火灾危险性特征	火灾危险性分类举例
甲类	1项：闪点<28 ℃的液体	甲醇、乙醇、丙酮、丙烯、乙醚、乙烷、戊烷、环戊烷
		汽油、石脑油、二硫化碳、苯、甲苯
		38度以上白酒、乙酸甲酯、醋酸甲酯、硝酸乙酯
	2项：爆炸下限小于10%的气体，受到水或空气中水蒸气的作用能产生爆炸下限小于10%的气体的固体物质	氢气、乙炔、液化石油气
		水煤气、甲烷
		电石、硫化氢、碳化铝
		氯乙烯、乙烯、丙烯、丁二烯
	3项：常温下自行分解物质；在空气中氧化导致迅速自燃、爆炸的物质	硝化棉、硝化纤维胶片、黄磷
		赛璐珞
		喷漆棉、火胶棉
	4项：常温下受到水或空气中水蒸气的作用，能产生可燃气体并引起燃烧或爆炸的物质	钾、钠、锂、钙、锶、氢化锂、氢化钠、四氢化锂铝

（续表）

储存物品的火灾危险性类别	储存物品的火灾危险性特征	火灾危险性分类举例
甲类	5项：遇酸、受热、撞击、摩擦、催化，及遇有机物或硫黄等易燃的无机物，极易引起燃烧或爆炸的强氧化剂	氯酸钠、氯酸钾、过氧化钠、过氧化钾、硝酸铵
	6项：受撞击、摩擦或与氧化剂、有机物质接触时能引起燃烧或爆炸的物质	赤磷、五硫化二磷、三硫化二磷
乙类	1项：28℃≤闪点<60℃液体	丁醚、丁烯醇、异戊醇、醋酸丁酯、硝酸戊脂、乙酰丙酮
		冰醋酸、环己胺
		煤油、樟脑油、松节油、溶剂油
	2项：爆炸下限≥10%气体	一氧化碳、氨气
	3项：不属于甲类的氧化剂	硝酸铜、发烟硫黄、漂白粉、硝酸、铬酸、亚硝酸钾、重铬酸钠、硝酸汞、硝酸钴
	4项：非甲类的易燃固体	樟脑、松香、硫黄、镁粉、铝粉、赛璐珞板、萘、硝化纤维
	5项：助燃气体	氧气、氟气、液氯
	6项：常温下与空气接触能缓慢氧化，积热不散引起自燃的物品	漆布、油布、油纸、油绸及其制品
丙类	1项：闪点≥60℃的液体	动物油、植物油、沥青
		柴油、机油、重油、润滑油
		蜡、糖醛
		白兰地成品库
	2项：可燃固体	橡胶制品、家电、鱼肉间
		化纤、纸张、棉毛丝麻
		木、竹、中药材
丁类	难燃烧物品	自熄性塑料、酚醛泡沫塑料、水泥刨花板
戊类	不燃烧物品	钢材、铝材、玻璃、搪瓷、陶瓷及制品、不燃气体、玻璃棉、岩棉、陶瓷棉、硅酸铝纤维、矿棉、石膏、水泥、石材、膨胀珍珠岩

3.《建规》2.1.1：建筑高度大于27 m的住宅建筑和建筑高度大于24 m的非单层厂房、仓库和其他民用建筑。

（3）确定木器厂房与周围建筑的防火间距
① 与金属抛光厂房（高层乙类厂房，耐火等级二级）：
$$L=2+0+13=15(m)$$
② 与锅炉房（单层丁类厂房，耐火等级三级）：
$$L=2+2+10=14(m)$$
③ 与蜡库（多层丙类仓库，耐火等级一级）：
$$L=2+0+10=12(m)$$
④ 与花生油加工厂精炼车间（多层丙类仓库，耐火等级二级）：
$$L=2+0+10=12(m)$$

【依据】

厂房与厂房、仓库之间的防火间距(单位:m):

$$L = F_1 + F_2 + C_{12} \qquad (式 1-2-3)$$

其中:

(1) F_1、F_2 分别为相邻两座建筑的耐火极限,取值分别为:一二级 0,三级 2,四级 4。

(2) C_{12} 为相邻两座建筑火灾危险性分类等级、建筑分类的调整系数。取值:至少一座建筑为高层建筑时取值 13;如无高层建筑,至少一座建筑为甲类火灾危险性建筑时取 12,其他情况均取 10。

> (4) 防火间距检查
> ① 木器厂厂房与金属抛光厂厂房防火间距不应小于 15 m,实际距离 12 m,不符合要求;
> ② 木器厂厂房与锅炉房防火间距不应小于 14 m,实际距离 12 m,不符合要求;
> ③ 木器厂厂房与蜡库防火间距不应小于 12 m,实际距离 12 m,符合要求;
> ④ 木器厂厂房与花生油加工厂精炼车间防火间距不应小于 12 m,实际距离 12 m,符合要求。
>
> 2. 检查消防车道
> (1) 因该木器厂房的建筑面积为 4 500 m² > 3 000 m²,应设环形消防车道。
> (2) 由图示可知,木器厂房四周均设有宽为 4 m 的消防车道,消防车道符合要求。

【依据】

1.《建规》7.1.3:工厂、仓库区内应设置消防车道。

高层厂房,占地面积大于 3 000 m² 的甲、乙、丙类厂房和占地面积大于的乙、丙类仓库,应设置环形消防车道,确有困难时,应沿建筑物的两个长边设置消防车道。

2.《建规》7.1.8 要求消防车道应符合下列要求:

(1) 车道的净宽度和净空高度均不应小于 4.0 m;(2) 转弯半径应满足消防车转弯的要求;(3) 消防车道与建筑之间不应设置妨碍消防车操作的树木、架空管线等障碍物;(4) 消防车道靠建筑外墙一侧的边缘距离建筑外墙不宜小于 5 m;(5) 消防车道的坡度不宜大于 8%。

> 3. 防火间距不足需要采取的措施:
> (1) 对木器厂厂房进行结构改造,提高其耐火等级使之不低于二级,则防火间距为 12 m,符合要求。
> (2) 对锅炉房的结构进行改造,提高其耐火等级使之不低于二级,则防火间距为 12 m,符合要求。
> (3) 将与木器厂厂房相邻的锅炉房外墙改造为不开设门、窗、洞口的防火墙,则防火间距不限。
> (4) 将木器厂厂房和锅炉房的相邻两面外墙改造成不燃性墙体,且无外漏的可燃性屋檐,每面外墙的门、窗、洞口面积之和各不大于该外墙面积的 5%,且门、窗、洞口不正对开设,防火间距可减少 25%,即 10.5 m < 12 m。
> (5) 将与木器厂厂房相邻的金属抛光厂厂房外墙改造为不开设门、窗、洞口的防火墙,则防火间距不限。
> (6) 对木器厂厂房进行结构改造,提高其耐火等级使之不低于二级,并将面向金属抛光厂厂房的木器厂厂房的外墙改造为防火墙,且木器厂房的屋顶耐火极限不低于 1.00 h,则防火间距最小为 6 m。
> (7) 对木器厂厂房进行结构改造,提高其耐火等级使之不低于二级,并将面向木器厂厂房一侧的外墙上设有的门、窗改造为甲级防火门、窗或防火分隔水幕,或按照相关规范设置防火卷帘,则防火间距最小为 6 m。
> (8) 设置独立的室外防火墙,同时在设置防火墙时兼顾通风排烟和破拆扑救。
> (9) 拆除木器厂厂房。

【依据】

1. 当防火间距难以满足消防规范时,可采取以下补救措施:

(1) 改变建筑物的生产和使用性质,尽量降低建筑物的火灾危险性,改变房屋部分结构的耐火性能,提高建筑物的耐火等级。(2) 调整生产厂房的部分工艺流程,限制库房内储存物品的数量,提高部分构件的耐火极限和燃烧性能。(3) 将建筑物的普通外墙改造为防火墙或减少相邻建筑的开口面积,如开设门窗,应采用防火门窗或加防火水幕保护。(4) 拆除部分耐火等级低、占地面积小、使用价值低且与新建筑相邻的原有陈旧建筑物。(5) 设置独立的室外防火墙,同时兼顾通风排烟和破拆扑救。

2.《建规》3.4.1注:

(1) 两座厂房相邻较高一面外墙为防火墙,其防火间距不限,但甲类厂房之间应≥4 m。(2) 相邻两座高度相同的一、二级耐火等级建筑中相邻一侧外墙为防火墙且屋顶的耐火极限≥1.00 h时,其防火间距不限,但甲类厂房之间应≥4 m。(3) 两座丙、丁、戊类厂房相邻两面外墙均为不燃性墙体,当无外露的可燃性屋檐,每面外墙上的门、窗、洞口面积之和各≤外墙面积的5%,且门、窗、洞口不正对开设时,其防火间距可按本表规定减少25%。(4) 两座一、二级耐火等级的厂房,当相邻较低一面外墙为防火墙且较低一座厂房的屋顶无天窗,屋顶的耐火极限≥1.00 h,甲、乙类厂房之间的防火间距应≥6 m;丙、丁、戊类厂房之间的防火间距应≥4 m。(5) 两座一、二级耐火等级的厂房,当相邻较高一面外墙的门、窗等开口部位设置甲级防火门、窗或防火分隔水幕,或按规定设置符合规范要求的防火卷帘时,甲、乙类厂房之间的防火间距应≥6 m;丙、丁、戊类厂房之间的防火间距应≥4 m。

问题2:简述厂房平面布置和油漆工段存在的消防安全问题,并提出整改意见。

【解析】1. 存在的问题

(1) 工艺不允许设置隔墙;

(2) 厂房内东侧设有建筑面积为500 m²的办公、休息区,采用耐火极限2.50 h的防火隔墙与车间分隔,防火隔墙上设有双扇弹簧门;

(3) 南侧分别设有建筑面积为150 m²的油漆工段(采用封闭喷漆工艺)和50 m²的中间仓库,中间仓库内储存3昼夜喷漆生产需要量的油漆稀释剂(甲苯和香蕉水,C=0.11),采用防火墙与其他部位分隔,油漆工段通向车间的防火墙上设有双扇弹簧门。

2. 整改意见

(1) 办公、休息区,采用耐火极限2.50 h的防火隔墙和耐火极限不低于1.00 h的楼板与车间分隔,并应至少设置一个独立的安全出口,隔墙上应设置乙级防火门。

(2) 中间仓库内储存的油漆稀释剂,应不超过1昼夜的需要量。采用防火墙与其他部位分隔,油漆工段通向车间的防火墙上应设甲级防火门。

【依据】

1.《建规》3.3.5:

(1) 员工宿舍严禁设置在厂房内。(2) 办公室、休息室等不应设置在甲、乙类厂房内,确需贴邻本厂房时,其耐火等级不应低于二级,并应采用耐火极限不低于3.00 h的防爆墙与厂房分隔。且应设置独立的安全出口。(3) 办公室、休息室设置在丙类厂房内时,应采用耐火极限不低于2.50 h的防火隔墙和1.00 h的楼板与其他部位分隔,并应至少设置1个独立的安全出口。如隔墙上需开设相互连通的门时,应采用乙级防火门。

2.《建规》3.3.6要求厂房内设置中间仓库时,应符合下列规定:

(1) 甲、乙类中间仓库应靠外墙布置,其储量不宜超过1昼夜的需要量。(2) 甲、乙、丙类中间仓库应采用防火墙和耐火极限不低于1.50 h的不燃性楼板与其他部位分隔。(3) 丁、戊类中间仓库应采用耐火极限不低于2.00 h的防火隔墙和1.00 h的楼板与其他部位分隔。(4) 仓库的耐火等级和面积应符合规定。

问题3:计算出油漆工段的泄压面积,并分析利用外窗作泄压的可行性。

【解析】1. 油漆工段长径比=[15×(10×2+5×2)]/(4×10×5)=2.25<3。

2. $A=10CV^{2/3}=[10×0.11(15×10×5)^{2/3}]$ m² =1.1×82.55 m²=90.8 m²。

3. 油漆工段外墙长 15 m,高 5 m,外墙面积为 15×5 m²=75 m²<90.8 m²,因此不能利用外窗泄压。

【依据】

泄压面积计算

爆炸危险的甲、乙类厂房,其泄压面积宜按下式计算,但当厂房的长径比大于 3 时,宜将该建筑划分为长径比小于等于 3 的多个计算段,各计算段中的公共截面不得作为泄压面积:

$$A=10CV^{2/3}$$ (式1-2-4)

式中:A——泄压面积(m²);

V——厂房的容积(m³);

C——厂房容积为 1 000 m³ 时的泄压比(m²/m³),可按下表选取。

表 1-2-6 厂房内爆炸性危险物质的类别与泄压比值

厂房内爆炸性危险物质的类别	泄压比 C/(m²/m³)
氨以及粮食、纸、皮革、铅、铬、铜等 $K_{尘}$<10 MPa·m·s⁻¹ 的粉尘	≥0.030
木屑、炭屑、煤粉、锑、锡等 10 MPa·m·s⁻¹≤$K_{尘}$≤30 MPa·m·s⁻¹ 的粉尘	≥0.055
丙酮、汽油、甲醇、液化石油气、甲烷、喷漆间或干燥室以及苯酚树脂、铝、镁、锆等粉尘	≥0.110
乙烯	≥0.16
乙炔	≥0.20
氢	≥0.25

注:长径比为建筑平面几何外形尺寸中的最长尺寸与其横截面周长的积和 4.0 倍的该建筑横截面积之比。

问题4:中间仓库存在哪些消防安全问题? 应采取哪些防火防爆技术措施?

【解析】1. 中间仓库存在的消防安全问题:

(1)中间仓库内储存 3 昼夜喷漆生产需要量的油漆稀释剂(甲苯和香蕉水,C=0.11),采用防火墙与其他部位分隔。中间仓库内储存的油漆稀释剂,应不超过 1 昼夜的需要量。

(2)油漆工段通向车间的防火墙上设有双扇弹簧门。防火墙上应设甲级防火门。

2. 采取防火防爆技术措施:

(1)中间仓库应靠外墙设置;

(2)厂房内不宜设置地沟;

(3)设置防止液体流散的设施。

【依据】

1.《建规》3.6.7 要求有爆炸危险的甲、乙类生产部位,宜布置在单层厂房靠外墙的泄压设施或多层厂房顶层靠外墙的泄压设施附近。

2.《建规》3.6.11 要求使用和生产甲、乙、丙类液体的厂房,其管、沟不应与相邻厂房的管、沟相通,下水道应设置隔油设施。

3.《建规》3.6.12要求甲、乙、丙类液体仓库应设置防止液体流散的设施。遇湿会发生燃烧爆炸的物品仓库应采取防止水浸渍的措施。

问题5：该厂房内还应配置哪些建筑消防设施？

【解析】该厂房内还应配置的建筑消防设施有：室外消火栓系统，自动喷水灭火系统，火灾自动报警系统，可燃气体报警系统。

【依据】
《建筑消防设施检测技术规程》GA 503—2004。

案例 3　高层旅馆建筑防火案例分析

（2016 年消防安全案例分析第 4 题）

》》 **情景描述**

　　某耐火等级一级的四星级旅馆建筑,建筑高度为 128.0 m,下部设置 3 层地下室(每层层高 3.3 m)和 4 层裙房,裙房的建筑高度为 22.4 m,高层主体东侧为旅馆主入口,设置了长 12 m、宽 6 m、高 5 m 的门廊,北侧设置员工出入口。建筑主体 3 层(局部 4 层)以上外墙全部设置玻璃幕墙。旅馆客房的建筑面积为 50 m² ~ 96 m²,外墙全部为不可开启窗扇的外窗。建筑周围设置宽度为 6 m 的环形消防车道,消防车道的内边缘距离建筑外墙 6 m ~ 22 m;沿建筑高层主体的东侧和北侧连续设置了宽度为 15 m 的消防车登高操作场地,北侧的消防车登高操作场地距离建筑外墙 12 m,东侧距离建筑外墙 6 m。

　　地下 1 层设置总建筑面积为 7 000 m² 的商店、总建筑面积 980 m² 的卡拉 OK 厅(每间房间的建筑面积小于 50 m²)和 1 个建筑面积为 260 m² 的舞厅;地下 2 层设置变配电室(干式变压器)、常压燃油锅炉房和柴油发电机房等设备用房和汽车库;地下 3 层设置消防水池、消防水泵房和汽车库。在地下 1 层,娱乐区与商店之间采用防火墙完全分隔;卡拉 OK 区域每隔 180 m² ~ 200 m² 设置了耐火极限为 2.00 h 的实体墙,每间卡拉 OK 的房门均为防烟隔音门。舞厅与其他部位的分隔为耐火极限 2.00 h 的实体墙和乙级防火门;商店内的相邻防火分区之间均有一道宽度为 9 m(分隔部位长度大于 30 m)且符合规范要求的防火卷帘。

　　裙房的地上第一层和第二层设置商店,第三层设置商店和宝宝乐园等儿童活动场所,第四层设置餐饮场所和电影院。一层的商店采用轻质墙体在吊顶下将商店隔成每间建筑面积小于 100 m² 的多个小商铺,每间商铺的门口均通向主要疏散通道,至最近安全出口的直线距离为 5 m ~ 35 m,商铺的进深为 8 m。裙房与高层主体之间用防火墙和甲级防火门进行了分隔,裙房和地下室均按国家标准要求的建筑面积和分隔方式划分防火分区。

　　高层主体中的疏散楼梯间、客房、公共走道的地面均为阻燃地毯(B₁级),客房墙面贴有墙布(B₂级);旅馆大堂和商店的墙面、地面均为大理石(A 级)装修,顶棚均为石膏板(A 级)。

　　建筑高层主体、裙房和地下室的疏散楼梯均按国家标准要求设置了防烟楼梯间或疏散楼梯,地下楼层的疏散楼梯在首层与地上楼层的疏散楼梯用符合要求的防火隔墙和防火门完全分隔。地下一层商店有 3 个防火分区分别借用了其他防火分区 2.4 m 疏散净宽度,且均不大于需借用疏散宽度的防火分区所需疏散净宽度的 30%,每个防火分区的疏散净宽度(包括借用的疏散宽度)均符合国家标准的规定,商店区域的总疏散净宽度为 39.6 m(各防火分区的人员密度均按 0.6 人/m² 取值)。

　　建筑按国家标准设置了自动喷水灭火系统、室内外消火栓系统、火灾自动报警系统、防烟系统及灭火器等,每个消火栓箱内配置了消防水带、消防水枪,消防水泵接合器直接设置在高层主体北侧的外墙上;地下室、商店、酒店区的公共走道和建筑面积大于 100 m² 的房间均按国家标准设置了机械排烟系统。

　　根据以上材料,回答下列问题(共 21 分)。

1. 指出该建筑在总平面布局方面存在的问题,并简述理由。

2. 指出该建筑在平面布置方面存在的问题,并简述理由。

3. 指出该建筑在防火分区和防火分隔方面存在的问题,并简述理由。

4. 指出该建筑在安全疏散方面存在的问题,并简述理由。

5. 指出该建筑在内部装修防火方面存在的问题,并简述理由。

6. 指出该建筑在消防设备配置方面存在的问题,并简述理由。

》 关键考点依据

> 本考点主要依据《建筑设计防火规范》GB 50016—2014,简称《建规》。

一 消防登高面

《建规》7.2.2 消防车登高操作场地应符合下列规定:

(1)场地与厂房、仓库、民用建筑之间不应设置妨碍消防车操作的树木、架空管线等障碍物和车库出入口。

(2)场地的长度和宽度分别不应小于 15 m 和 8 m。对于建筑高度不小于 50 m 的建筑,场地的长度和宽度均不应小于 15 m。

(3)场地及其下面的建筑结构、管道和暗沟等,应能承受重型消防车的压力。

(4)场地应与消防车道连通,场地靠建筑外墙一侧的边缘距离建筑外墙不宜小于 5 m,且不应大于 10 m,场地的坡度不宜大于 3%。

二 设备用房布置

(一)锅炉房、变压器室布置

《建规》5.4.12 燃油或燃气锅炉、油浸变压器、充有可燃油的高压电容器和多油开关等,宜设置在建筑外的专用房间内;确需贴邻民用建筑布置时,应采用防火墙与所贴邻的建筑分隔,且不应贴邻人员密集场所,该专用房间的耐火等级不应低于二级;确需布置在民用建筑内时,不应布置在人员密集场所的上一层、下一层或贴邻,并应符合下列规定:

(1)燃油或燃气锅炉房、变压器室应设置在首层或地下一层的靠外墙部位,但常(负)压燃油或燃气锅炉可设置在地下二层或屋顶上。设置在屋顶上的常(负)压燃气锅炉,距离通向屋面的安全出口不应小于 6 m。

采用相对密度(与空气密度的比值)不小于 0.75 的可燃气体为燃料的锅炉,不得设置在地下或半地下。

(2)锅炉房、变压器室的疏散门均应直通室外或安全出口。

(3)锅炉房、变压器室等与其他部位之间应采用耐火极限不低于 2.00 h 的防火隔墙和耐火极限不低于 1.50 h 的不燃性楼板分隔。在隔墙和楼板上不应开设洞口,确需在隔墙上设置门、窗时,应采用甲级防火门、窗。

(4)锅炉房内设置储油间时,其总储存量不应大于 1 m³,且储油间应采用耐火极限不低于 3.00 h 的防火隔墙与锅炉间分隔;确需在防火隔墙上设置门时,应采用甲级防火门。

(5)变压器室之间、变压器室与配电室之间,应设置耐火极限不低于 2.00 h 的防火隔墙。

(6)油浸变压器、多油开关室、高压电容器室,应设置防止油品流散的设施。油浸变压器下面应设置能储存变压器全部油量的事故储油设施。

(7) 应设置火灾报警装置。

(8) 应设置与锅炉、变压器、电容器和多油开关等的容量及建筑规模相适应的灭火设施,当建筑内其他部位设置自动喷水灭火系统时,应设置自动喷水灭火系统。

(9) 锅炉的容量应符合现行国家标准《锅炉房设计规范》GB 50041 的规定。油浸变压器的总容量不应大于1260 kV·A,单台容量不应大于 630 kV·A。

(10) 燃气锅炉房应设置爆炸泄压设施。燃油或燃气锅炉房应设置独立的通风系统,并应符合《建规》5.4.8 的规定。

三　人员密集场所布置

(一)观众厅、会议厅、多功能厅

《建规》5.4.8　建筑内的会议厅、多功能厅等人员密集的场所,宜布置在首层、二层或三层。设置在三级耐火等级的建筑内时,不应布置在三层及以上楼层。确需布置在一、二级耐火等级建筑的其他楼层时,应符合下列规定:

(1) 一个厅、室的疏散门不应少于 2 个,且建筑面积不宜大于 400 m²。

(2) 设置在地下或半地下时,宜设置在地下一层,不应设置在地下三层及以下楼层。

(3) 设置在高层建筑内时,应设置火灾自动报警系统和自动喷水灭火系统等自动灭火系统。

(二)歌舞娱乐放映游艺场所

《建规》5.4.9　歌舞厅、录像厅、夜总会、卡拉 OK 厅(含具有卡拉 OK 功能的餐厅)、游艺厅(含电子游艺厅)、桑拿浴室(不包括洗浴部分)、网吧等歌舞娱乐放映游艺场所(不含剧场、电影院)的布置应符合下列规定:

(1) 不应布置在地下二层及以下楼层。

(2) 宜布置在一、二级耐火等级建筑内的首层、二层或三层的靠外墙部位。

(3) 不宜布置在袋形走道的两侧或尽端。

(4) 确需布置在地下一层时,地下一层的地面与室外出入口地坪的高差不应大于 10 m。

(5) 确需布置在地下或四层及以上楼层时,一个厅、室的建筑面积不应大于 200 m²。

(6) 厅、室之间及与建筑的其他部位之间,应采用耐火极限不低于 2.00 h 的防火隔墙和 1.00 h 的不燃性楼板分隔,设置在厅、室墙上的门和该场所与建筑内其他部位相通的门均应采用乙级防火门。

四　消防电梯的设置范围

1. 《建规》7.3.1　下列建筑应设置消防电梯:

(1) 建筑高度大于 33 m 的住宅建筑。

(2) 一类高层公共建筑和建筑高度大于 32 m 的二类高层公共建筑。

(3) 设置消防电梯的建筑的地下或半地下室,埋深大于 10 m 且总建筑面积大于 3 000 m² 的其他地下或半地下建筑(室)。

2. 《建规》7.3.2　消防电梯应分别设置在不同防火分区内,且每个防火分区不应少于 1 台。

》》 问题解析

问题 1:指出该建筑在总平面布局存在的问题,并简述理由。

【解析】该建筑在总平面布局方面存在的问题:

(1) 北侧的消防车登高操作场地距离建筑外墙12 m。

原因:消防车登高操作场地应与消防车道连通,场地靠建筑外墙一侧的边缘距离建筑外墙不宜小于 5 m,且不应大于 10 m。所以北侧的消防车登高操作场地距离建筑外墙12 m>10 m,不符合规范要求。

(2) 东侧距离建筑外墙6 m。

对于雨篷、挑檐等突出物的建筑,登高操作场地与建筑保持的距离应从操作场地的内侧到雨篷、挑檐等突出物的边缘。因为高层主体东侧设置了长 12 m、宽 6 m、高 5 m的门廊,所以东侧消防车登高操作场地距离建筑外墙 6 m,不符合规范要求。

问题2:指出该建筑在平面布置方面存在的问题,并简述理由。

【解析】该建筑在平面布置方面存在的问题:

(1) 地下 1 层设置了 1 个建筑面积为 260 m² 的舞厅。

原因:歌舞娱乐放映游艺场所确需布置在地下或 4 层及以上楼层时,一个厅、室的建筑面积不应大于 200 m²。

(2) 常压燃油锅炉房和柴油发电机房的设备用房设置在该建筑的地下 2 层。

原因:燃油或燃气锅炉、油浸变压器、充有可燃油的高压电容器和多油开关等,宜设置在建筑外的专用房间内;确需布置在民用建筑内时,不应布置在人员密集场所的上一层、下一层或贴邻。柴油发电机房不应布置在人员密集场所的上一层、下一层或贴邻。

而该建筑地下 1 层是商店和歌舞游艺场所属于人员密集场所,所以常压燃油锅炉房和柴油发电机房的设备用房设置在该建筑的地下 2 层是不符合规范要求的。

(3) 消防水泵房设置在地下 3 层。

原因:附设在建筑物内的消防水泵房,不应设置在地下 3 层及以下,或地下室内地面与室外出入口地坪高差大于 10 m的地下楼层中。

问题3:指出该建筑在防火分区和防火分隔方面存在的问题,并简述理由。

【解析】1. 防火分区方面存在的问题:

在地下 1 层,娱乐区域与商店之间采用防火墙完全分隔,将建筑面积为 980 m² 的卡拉 OK 厅和 1 个建筑面积为 260 m² 的舞厅划为了一个防火分区,不符合规范要求。

原因:对于设置了自动喷水灭火系统的地下歌舞娱乐放映游艺场所防火分区最大允许建筑面积为 1 000 m²,而 980+260=1 240 m²>1 000 m²。

2. 防火分隔方面存在的问题:

(1) 卡拉 OK 区域每隔 180 m²~200 m² 设置了耐火极限 2.00 h 的实体墙,每间卡拉 OK 的房门均为防烟隔音门。

原因:厅、室之间及与建筑的其他部位之间,应采用耐火极限不低于 2.00 h 的防火隔墙和不低于 1.00 h 的不燃性楼板分隔,设置在厅、室墙上的门和该场所与建筑内其他部位相通的门均应采用乙级防火门。

(2) 第一层的商场采用轻质墙体在吊顶下将商店隔成每间建筑面积小于 100 m² 的多个小商铺。

原因:建筑内的防火隔墙应从楼地面基层隔断至梁、楼板或屋面板的底面基层,第一层的商场隔墙应砌至梁或楼板的基层。

问题4:指出该建筑在安全疏散方面存在的问题,并简述理由。

【解析】建筑在安全疏散方面存在的问题:

(1) 地下 1 层商店有 3 个防火分区分别借用了其他防火分区 2.4 m 的疏散宽度,且均不大于所需疏散净宽度的 30%,每个防火分区的疏散净宽度(包括借用的疏散宽度)均符合国家标准的规定,商店区域的总疏散净宽度为 39.6 m(各防火分区的人员密度均按 0.6 人/m² 取值)

原因:一、二级耐火等级公共建筑内的安全出口全部直通室外确有困难的防火分区,可利用通向相邻防火分区的甲级防火门作为安全出口,但应符合下列要求:

①利用通向相邻防火分区的甲级防火门作为安全出口时,应采用防火墙与相邻防火分区进行分隔。

②建筑面积大于1 000 m²的防火分区,直通室外的安全出口不应少于2个;建筑面积不大于1 000 m²的防火分区,直通室外的安全出口不应少于1个。

③该防火分区通向相邻防火分区的疏散净宽度不应大于规定计算所需疏散总净宽度的30%,建筑各层直通室外的安全出口总净宽度不应小于规定计算所需疏散总净宽度。

由此可以得出:地下1层商店有3个防火分区分别借用了其他防火分区2.4 m的疏散宽度,且均不大于本防火分区疏散宽度净宽度的30%。

地下1层商店总建筑面积为7 000 m²,各防火分区的人员密度均按0.6人/m²取值,疏散人数为7 000×0.6=4 200人。由于地下或半地下人员密集的厅、室和歌舞娱乐放映游艺场所,其房间疏散门、安全出口、疏散走道和疏散楼梯的各自总净宽度,应根据疏散人数按每100人不小于1.00 m计算确定。所以商店区域的总疏散净宽度为4 200/100×1.0=42 m。由此可以得出商店区域的总疏散净宽度为39.6 m是不符合规范要求的。

地下商店的墙面和地面均为大理石(A级)装饰,顶棚均为石膏板(A级),同时设有自动喷水灭火系统和火灾自动报警系统,耐火等级为一级,因此每个防火分区最大允许建筑面积为2 000 m²,进而每个防火分区所需疏散宽度应为2 000×0.6/100×1.0 m=12 m;12×30% m=3.6 m>2.4 m,所以地下1层商店有3个防火分区,分别借用了其他防火分区2.4m的疏散宽度是符合规范要求的。

(2)第一层的商场采用轻质墙体在吊顶下将商店隔成每间建筑面积小于100 m²的多个小商铺,每间商铺的门口均通向主要疏散通道,至最近安全出口的直线距离为5 m~35 m,商铺的进深为8 m。

原因:一、二级耐火等级建筑内疏散门或安全出口不少于2个的观众厅、展览厅多功能厅、餐厅、营业厅等,其室内任一点至最近疏散门或安全出口的直线距离不应大于30 m;当疏散门不能直通室外地面或疏散楼梯间时,应采用长度不大于10 m的疏散走道通至最近的安全出口。当该场所设置自动喷水灭火系统时,室内任一点至最近安全出口的安全疏散距离可分别增加25%。

因为第一层的商场采用轻质墙体在吊顶下将商店隔成每间建筑面积小于100 m²的多个小商铺,所以1层的商铺就不满足室内任一点至最近疏散门或安全出口的直线距离不应大于37.5 m(30×12.5%=37.5 m)。

(3)裙房3层商店部分的安全出口没有与建筑其他部分隔开。

原因:除为综合建筑配套服务且建筑面积小于1 000 m²的商店外,综合性建筑的商店部分应采用耐火极限不低于2.00 h的隔墙和耐火极限不低于1.50 h的不燃烧体楼板与建筑的其他部分隔开;商店部分的安全出口必须与建筑其他部分隔开。

(4)裙房4层的电影院至少应设置1个独立的安全出口和疏散楼梯。

原因:电影院宜设置在独立的建筑内;采用三级耐火等级建筑时,不应超过2层;确需设置在其他民用建筑内时,至少应设置1个独立的安全出口和疏散楼梯。

问题5:指出该建筑在内部装修防火方面存在的问题,并简述理由。

【解析】该建筑在内部装修防火方面存在的问题:

(1)高层主体中的疏散楼梯间的地面均为阻燃地毯(B₁级)。

原因:无自然采光楼梯间,封闭楼梯间,防烟楼梯间及其前室的顶棚、墙面和地面均应采用A级装修材料。

(2)高层主体中的客房的墙面贴有墙布(B₂级)。

原因:该主体建筑的地面装修材料燃烧性能等级应不低于B₁级,墙面装修材料燃烧性能等级应不低于B₁级。

问题6:指出该建筑在消防设备配置方面存在的问题,并简述理由。

【解析】该建筑在消防设备配置方面存在的问题:

(1)消防水泵接合器直接设置在高层主体北侧的外墙上。

原因:墙壁消防水泵接合器不应安装在玻璃幕墙下方,而建筑主体3层(局部4层)以上的外墙全部设置玻璃幕墙,所以消防水泵接合器直接设置在高层主体北侧的外墙上不符合规范要求。

(2)地下室,商店、酒店区的公共走道和建筑面积大于100 m²的房间均按国家标准设置了机械排烟系统。

原因:地下或半地下建筑(室)、地上建筑内的无窗房间,当总建筑面积大于200 m²或一个房间建筑面积大于50 m²,且经常有人停留或可燃物较多时,应设置排烟设施。旅馆客房的建筑面积为50 m²~96 m²,外窗全部为不可开启窗扇的外窗,应设机械排烟系统。设置在地下1层总建筑面积为980 m²的卡拉OK厅(每间房间的建筑面积小于50 m²),应设机械排烟系统。

(3)该建筑没有配置应急照明和疏散指示标志。

原因:公共建筑、建筑高度大于54 m的住宅建筑,高层厂房(库房)和甲、乙、丙类单、多层厂房,应设置灯光疏散指示标志。

(4)该建筑没有设置消防软管卷盘或轻便消防水龙。

原因:人员密集的公共建筑、建筑高度大于100 m的建筑和建筑面积大于200 m²的商业服务网点内应设置消防软管卷盘或轻便消防水龙。高层住宅建筑的户内宜配置轻便消防水龙。

(5)该建筑地上部分和地下部分没有设置消防电梯。

原因:一类高层公共建筑和建筑高度大于32 m的二类高层公共建筑,应设置消防电梯;设置消防电梯的建筑的地下或半地下室,埋深大于10 m且总建筑面积大于3 000 m²的其他地下或半地下建筑(室),应设置消防电梯。

案例 4　甲类生产厂房防火案例分析

（2016 年消防安全案例分析第 6 题）

》 情景描述

某砖混结构甲醇合成厂房，屋顶承重构件采用耐火极限 0.50 h 的难燃性材料，厂内地下 1 层、地上 2 层（局部 3 层）建筑高度 22 m，长度和宽度均为 40 m，厂房居中位置设置一部连通各层的敞开楼梯，每层外墙下有便于开启的自然排烟窗，存在爆炸危险的部位按国家标准要求设置了泄压设施。厂房东侧外墙水平距离 25 m 处有一间二级耐火等级的燃煤锅炉房（建筑高度 7 m）；南侧外墙水平距离 25 m 处有座二级耐火等级的多层厂房办公楼（建筑高度 16 m）；西侧 12 m 处有座丙类仓库（建筑高度 6 m，二级耐火等级）；北侧设置两座单罐容量为 300 m³ 甲醇储罐，储罐与厂房之间的防火间距为 25 m，储罐四周设置防火堤。防火堤外侧基脚线水平距离厂房北侧外墙 7 m。厂房和防火堤四周设置宽度不小于 4 m 的环形消防车道。

厂房内一层布置了变电站、配电站、办公室和休息室，这些场所之间及与其他部位之间均设置了耐火极限不低于 4.00 h 的防火墙。变、配电室与生产部位之间的防火墙上设置了镶嵌固定窗扇的防火玻璃观察窗。办公室和休息室与生产部位之间开设甲级防火门。顶层局部厂房临时改为员工宿舍，员工宿舍与生产部位之间为耐火极限不小低于 4.00 h 的防火墙，并设置了两部专用的防烟楼梯间。

厂房地面采用水泥地面，地表面涂刷醇酸油漆，厂房与相邻厂房相连通的管、沟采取了通风措施，下水道设置了水封设施。电气设备符合《爆炸危险环境电力装置设计规范》GB 50058－2014 规定的防爆要求。

根据以上材料，回答下列问题（共 21 分）。

1. 指出该厂房在火灾危险性和耐火等级方面存在的消防安全问题，并提出解决方案。
2. 指出该厂房在总平面布局方面存在的消防安全问题，并提出解决方案。
3. 指出该厂房的层数、建筑面积和平面布置方面存在的消防安全问题，并提出解决方案。
4. 指出该厂房在安全疏散方面存在的消防安全问题，并提出解决方案。
5. 指出该厂房在防爆和其他方面存在的消防问题，并提出解决方案。

》 关键考点依据

本考点主要依据《建筑设计防火规范》GB 50016－2014，简称《建规》。

一 工业建筑楼梯间

1. 《建规》3.7.6　高层厂房和甲、乙、丙类多层厂房的疏散楼梯应采用封闭楼梯间或室外楼梯。建筑高度大于 32 m 且任一层人数超过 10 人的厂房,应采用防烟楼梯间或室外楼梯。

2. 《建规》3.8.7　高层仓库的疏散楼梯应采用封闭楼梯间。

二 液体储罐防火间距

《建规》4.2.1　甲、乙、丙类液体储罐(区)和乙、丙类液体桶装堆场与其他建筑的防火间距,不应小于表 1-4-1 的规定。

表 1-4-1　甲、乙、丙类液体储罐(区)和乙、丙类液体桶装堆场与其他建筑的防火间距　　　　单位:m

类别	一个罐区或堆场的总容量 V/m³	建筑物				室外变、配电站
		一、二级		三级	四级	
		高层民用建筑	裙房、其他建筑			
甲、乙类液体储罐(区)	1≤V<50	40	12	15	20	30
	50≤V<200	50	15	20	25	35
	200≤V<1 000	60	20	25	30	40
	1 000≤V<5 000	70	25	30	40	50
丙类液体储罐(区)	5≤V<250	40	12	15	20	24
	250≤V<1 000	50	15	20	25	28
	1 000≤V<5 000	60	20	25	30	32
	5 000≤V<25 000	70	25	30	40	40

注:①当甲、乙类液体储罐和丙类液体储罐布置在同一储罐区时,罐区的总容量可按 1 m³ 的甲、乙类液体相当于 5 m³ 丙类液体折算。②储罐防火堤外侧基脚线至相邻建筑的距离不应小于 10 m。③甲、乙、丙类液体的固定顶储罐区或半露天堆场;乙、丙类液体桶装堆场与甲类厂房(仓库)、民用建筑的防火间距,应按本表的规定增加 25%,且甲、乙类液体的固定顶储罐区或半露天堆场,乙、丙类液体桶装堆场与甲类厂房(仓库)、裙房、单、多层民用建筑的防火间距不应小于 25 m,与明火或散发火花地点的防火间距应按本表有关四级耐火等级建筑物的规定增加 25%。④浮顶储罐区或闪点大于 120 ℃ 的液体储罐区与其他建筑的防火间距,可按本表的规定减少 25%。⑤当数个储罐区布置在同一库区内时,储罐区之间的防火间距不应小于本表相应容量的储罐区与四级耐火等级建筑物防火间距的较大值。⑥直埋地下的甲、乙、丙类液体卧式罐,当单罐容量不大于 50 m³,总容量不大于 200 m³ 时,与建筑物的防火间距可按本表规定减少 50%。⑦室外变、配电站指电力系统电压为 35 kV～500 kV 且每台变压器容量不小于 10 MV·A 的室外变、配电站和工业企业的变压器总油量大于 5 t 的室外降压变电站。

▶▶ 问题解析

问题 1:指出该厂房在火灾危险性和耐火等级方面存在的消防安全问题,并提出解决方案。

【解析】

(1)该厂房的火灾危险性为甲类。

(2)该厂房耐火等级方面存在的消防问题:该厂房屋顶承重构件采用耐火极限为 0.50 h 的难燃性材料。

解决方案:屋顶承重构件应采用耐火极限不低于 1.00 h 的不燃性材料。

问题2:指出该厂房在总平面布局方面存在的消防安全问题,并提出解决方案。

【解析】该厂房在总平面布局存在的消防安全问题:

(1) 甲醇合成厂房与燃煤锅炉房之间的防火间距为25 m。

原因:燃煤锅炉房为丁类散发明火厂房,属于散发明火的地点,甲醇合成厂房为甲类厂房,甲类厂房与明火或散发火地点的防火间距不应小于30 m。

解决方案:将二者防火间距改为不小于30 m或改变甲醇厂房的使用性质,使其火灾危险性降低为丙类及以下。

(2) 防火堤外侧基脚线水平距离厂房北侧外墙7 m。

原因:储罐防火堤外侧基脚线至相邻建筑的距离不应小于10 m。

解决方案:将储罐防火堤外侧基脚线与厂房的距离增大至10 m。

问题3:指出该厂房的层数、建筑面积和平面布置方面存在的消防安全问题,并提出解决方案。

【解析】该厂房存在的消防安全问题及解决方案

(1) 在层数方面存在的问题:甲醇合成厂房地上2层(局部3层)。

原因:甲类厂房宜采用单层。

解决方案:将该厂房层数改为1层或降低厂房的火灾危险性为乙类及以下。

(2) 在平面布置方面存在的问题:

① 甲醇合成厂房地下1层。

原因:甲、乙类生产场所(仓库)不应设置在地下或半地下。

解决方案:将甲醇厂房搬出地下一层,或将厂房的火灾危险性降低为丙、丁、戊类。

② 厂房内一层布置了变、配电站,变、配电室与生产部位之间的防火墙上设置了镶嵌固定窗扇的防火玻璃观察窗。

原因:变、配电站不应设置在甲、乙类厂房内或贴邻。供甲、乙类厂房专用的10 kV及以下的变、配电站,当采用无门、窗、洞口的防火墙分隔时,可一面贴邻。

解决方案:如果是专供该厂房使用且是10 kV及以下的变、配电站,变、配电站可与该厂房一面贴邻设置,但应将原来的防火墙改为无门、窗、洞口的防火墙,否则应将变、配电站独立设置。

③ 厂房内一层布置了办公室和休息室,这些场所之间及与其他部位之间均设置了耐火极限不低于4.00 h的防火墙。

原因:办公室、休息室等不应设置在甲、乙类厂房内,确需贴邻本厂房时,其耐火等级不应低于二级,并应采用耐火极限不低于3.00 h的防爆墙与厂房分隔,且应设置独立的安全出口。

解决方案:将办公室、休息室搬离厂房独立建造,或者将用来分隔办公室、休息室与其他区域耐火极限不低于4.00 h的防火墙改为不低于3.00 h的防爆墙并贯穿至顶层屋面,同时办公室、休息室的耐火等级不应低于二级,且应设置独立的安全出口。

④ 顶层局部厂房临时改为员工宿舍。

原因:员工宿舍严禁设置在厂房内。

解决方案:将员工宿舍搬离该厂房。

(3) 在建筑面积方面存在的问题:该厂房总建筑面积为(1 600×2+局部三层面积),由于设置敞开楼梯间,所以整个建筑是上下贯通的,因此超过了最大允许防火分区面积2 000 m²。

原因:多层二级甲类厂房防火分区最大允许建筑面积为2 000 m²。

解决方案:将敞开楼梯改为封闭楼梯间。

问题4:指出该厂房在安全疏散方面存在的消防安全问题,并提出解决方案。

【解析】存在的问题

(1) 厂房居中位置设置一部连通各层的敞开楼梯,设置的安全出口的个数和楼梯间的设置形式不符合要求。

原因:厂房内每个防火分区或一个防火分区的每个楼层,其安全出口的数量应经计算确定,且不应少于2个。高层厂房和甲、乙、丙类多层厂房的疏散楼梯应采用封闭楼梯间或室外楼梯。

(2)解决方案

① 首先把原来的敞开楼梯改为封闭楼梯间,但由于它的位置居中设置,不满足直通室外,所以应在把敞开楼梯改为封闭楼梯间的同时在首层采用扩大的封闭楼梯间或防烟楼梯间前室,然后再根据厂房的实际平面布置利用防烟楼梯间,最终保证有两个符合规范要求的安全出口或疏散楼梯。

② 把原来的敞开楼梯封闭,重新设置两个符合规范要求的封闭楼梯间。

③ 把原来的敞开楼梯封闭,重新设置两个室外楼梯。

问题 5:指出该厂房在防爆和其他方面存在的消防问题,并提出解决方案。

【解析】该厂房在防爆和其他方面存在的消防安全问题

(1)该甲醇合成厂房采用砖混结构。

解决方案:将砖混结构改为钢筋混凝土或钢框架、排架结构。

(2)厂房地面采用水泥地面,地表面涂刷醇酸油漆。

解决方案:应采用不发火花的地面。采用绝缘材料作整体面层时,应采取防静电措施。

(3)厂房与相邻厂房相连通的管、沟采取了通风措施。

解决方案:把连通的管道进行封堵,使甲醇合成厂房的管、沟独立。

(4)下水道设置了水封设施。

解决方案:根据具体生产情况采取相应的排放处理措施。

案例5 高层住宅消防设施配置案例分析

（2017年消防安全案例分析第1题）

▶▶ 情景描述

某居住小区由4座建筑高度为69.0 m的23层单元式住宅楼和4座建筑高度为54.0 m的18层单元式住宅楼构成。设备机房设地下1层(标高−5.0 m),小区南北侧市政道路上各有一条DN300的市政给水管。供水压力为0.25 MPa。小区所在地区冰冻线深度为0.85 m。

住宅楼的室外消火栓设计流量为15 L/s,23层住宅楼和18层住宅楼的室内消火栓设计流量分别为20 L/s、10 L/s,火灾延续时间为2 h。小区消防给水与生活用水共用。采用两路进水环状管网供水,在管网上设置了室外消火栓。室内采用湿式临时高压消防给水系统,其消防水池、消防水泵房设置在一座住宅楼的地下1层。高位消防水箱设置在其中一座23层高的住宅楼屋顶。消防水池两路进水。火灾时考虑补水。每条进水管的补水量为50 m³/h,消防水泵控制柜与消防水泵设置在同一房间。系统管网泄漏量测试结果为0.75 L/s,高位消防水箱出水管上设置流量开关,动作流量设定值为1.75 L/s。

消防水泵性能和控制柜性能合格,室内外消火栓系统验收合格。

竣工验收一年后,在对系统进行季度检查时,打开试水阀,高位消防水箱出水管上的流量开关动作,但消防水泵无法自动启动。消防控制中心值班人员按下手动专用线路按钮后,消防水泵仍不启动。值班人员到消防水泵房操作机械应急开关后,消防水泵启动。经维修消防控制柜后,恢复正常。

在竣工验收三年后的日常运行中,消防水泵经常发生误动作,勘查原因后发现,高位消防水箱的补水量与竣工验收时相比,增加了1倍。

根据以上材料,回答下列问题(共16分,每题2分,每题的备选项中,有2个或2个以上符合题意,至少有一个错项。错选,本题不得分;少选,所选的每个选项得0.5分)。

1. 两路补水时,下列消防水池符合现行国家标准的有( )。

A. 有效容积为4 m³的消防水池　　　　　　B. 有效容积为24 m³的消防水池

C. 有效容积为44 m³的消防水池　　　　　　D. 有效容积为55 m³的消防水池

E. 有效容积为60 m³的消防水池

2. 下列室外埋地消防给水管道的设计管顶覆土深度中,符合现行国家标准的有( )。

A. 0.70 m　　　　　　B. 1.00 m　　　　　　C. 1.10 m

D. 1.15 m　　　　　　E. 1.25 m

3. 下列室外消火栓的设置中,符合现行国家标准的有( )。

A. 保护半径150 m　　　　　　　　　　　　B. 间距120 m

C. 扑救面一侧不宜少于2个　　　　　　　　D. 距离路边0.5 m

E. 距离建筑物外墙2 m

4. 根据现行国家标准,室内消火栓系统竣工验收时,应检查的内容有(　　)。

A. 消火栓设置位置　　　　　　　　　B. 栓口压力

C. 消防水带长度　　　　　　　　　　D. 消火栓安装高度

E. 消火栓实验强度

5. 下列消防水泵控制柜的IP等级中,符合现行国家标准的有(　　)。

A. IP25　　　　　　B. IP35　　　　　　C. IP45

D. IP55　　　　　　E. IP65

6. 工程竣工验收时应测试的消防水泵性能有(　　)。

A. 电机功率全覆盖性能曲线　　　　　B. 设计流量和扬程

C. 零流量的压力　　　　　　　　　　D. 1.5倍设计流量的压力

E. 水泵控制功能

7. 对系统进行季度检查时发现,消防水泵的自动和远程手动启动功能均失效,机械应急启动功能有效,消防水泵控制柜故障的可能原因有(　　)。

A. 控制回路继电器故障　　　　　　　B. 控制回路电气线路故障

C. 主电源故障　　　　　　　　　　　D. 交流接触器电磁系统故障

E. 信号输出模块故障

8. 针对消防水泵经常误动作,下列整改措施中,可行的是(　　)。

A. 检测管道漏水点并补漏　　　　　　B. 更换流量开关

C. 关闭高位消防水箱的出水管　　　　D. 调整流量开关启动流量至2.5 L/s

E. 更换控制柜

》》 关键考点依据

本考点主要依据《消防给水及消火栓系统技术规范》GB 50974—2014,简称《水规》。

一　消防水池

1. 《水规》4.3.1　符合下列规定之一时,应设置消防水池:

(1) 当生产、生活用水量达到最大时,市政给水管网或入户引入管不能满足室内、室外消防给水设计流量。

(2) 当采用一路消防供水或只有一条入户引入管,且室外消火栓设计流量大于20 L/s或建筑高度大于50 m。

(3) 市政消防给水设计流量小于建筑室内外消防给水设计流量。

2. 《水规》4.3.2　消防水池有效容积的计算应符合下列规定:

(1) 当市政给水管网能保证室外消防给水设计流量时,消防水池的有效容积应满足在火灾延续时间内室内消防用水量的要求。

(2) 当市政给水管网不能保证室外消防给水设计流量时,消防水池的有效容积应满足火灾延续时间内室内消防用水量和室外消防用水量不足部分之和的要求。

3. 《水规》4.3.3　消防水池进水管应根据其有效容积和补水时间确定,补水时间不宜大于48 h,但当消防水池有效总容积大于2 000 m³时,不应大于96 h。消防水池进水管管径应经计算确定,且不应小于DN100。

4.《水规》4.3.4　当消防水池采用两路消防供水且在火灾情况下连续补水能满足消防要求时,消防水池的有效容积应根据计算确定,但不应小于100 m³。当仅设有消火栓系统时不应小于50 m³。

5.《水规》4.3.6　消防水池的总蓄水有效容积大于500 m³时,宜设两格能独立使用的消防水池;当大于1 000 m³时,应设置能独立使用的两座消防水池。每格(座)消防水池应设置独立的出水管,并应设置满足最低有效水位的连通管,且其管径应能满足消防给水设计流量的要求。

6.《水规》4.3.7　储存室外消防用水的消防水池或供消防车取水的消防水池,应符合下列规定:

(1)消防水池应设置取水口(井),且吸水高度不应大于6.0 m。

(2)取水口(井)与建筑物(水泵房除外)的距离不宜小于15 m。

(3)取水口(井)与甲、乙、丙类液体储罐等构筑物的距离不宜小于40 m。

(4)取水口(井)与液化石油气储罐的距离不宜小于60 m,当采取防止辐射热保护措施时,可为40 m。

7.《水规》4.3.8　消防用水与其他用水共用的水池,应采取确保消防用水量不作他用的技术措施。

8.《水规》4.3.9:消防水池的出水、排水和水位应符合下列规定:

(1)消防水池的出水管应保证消防水池的有效容积能被全部利用。

(2)消防水池应设置就地水位显示装置,并应在消防控制中心或值班室等地点设置显示消防水池水位的装置,同时应有最高和最低报警水位。

(3)消防水池应设置溢流水管和排水设施,并应采用间接排水。

9.《水规》4.3.11　高位消防水池的最低有效水位应能满足其所服务的水灭火设施所需的工作压力和流量,且其有效容积应满足火灾延续时间内所需消防用水量,并应符合下列规定:

(1)高位消防水池的有效容积、出水、排水和水位,应符合本规范4.3.8、4.3.9的规定。

(2)高位消防水池的通气管和呼吸管等应符合规定。

(3)除可一路消防供水的建筑物外,向高位消防水池供水的给水管不应少于两条。

(4)当高层民用建筑采用高位消防水池供水的高压消防给水系统时,满足高位消防水池储存室内消防用水量确有困难,但火灾时补水可靠,其总有效容积不应小于室内消防用水量的50%。

(5)高层民用建筑高压消防给水系统的高位消防水池总有效容积大于200 m³时,宜设置蓄水有效容积相等且可独立使用的两格;当建筑高度大于100 m时应设置独立的两座。每格或座应有一条独立的出水管向消防给水系统供水。

(6)高位消防水池设置在建筑物内时,应采用耐火极限不低于2.00 h的隔墙和耐火极限不低于1.50 h的楼板与其他部位隔开,并应设甲级防火门;且消防水池及其支撑框架与建筑构件应连接牢固。

二 消防泵的选用

《水规》5.1.6　消防水泵的选择和应用应符合下列规定:

(1)消防水泵的性能应满足消防给水系统所需流量和压力的要求。

(2)消防水泵所配驱动器的功率应满足所选水泵流量扬程性能曲线上任何一点运行时所需功率的要求。

(3)当采用电动机驱动的消防水泵时,应选择电动机干式安装的消防水泵。

(4)流量扬程性能曲线应为无驼峰、无拐点的光滑曲线,零流量时的压力不应大于设计工作压力的140%,且宜大于设计工作压力的120%。

(5)当出流量为设计流量的150%时,其出口压力不应低于设计工作压力的65%。

(6)泵轴的密封方式和材料应满足消防水泵在低流量时运转的要求。

(7)消防给水同一泵组的消防水泵型号宜一致,且工作泵不宜超过3台。

(8)多台消防水泵并联时,应校核流量叠加对消防水泵出口压力的影响。

三 市政消火栓

1.《水规》7.2.2 市政消火栓宜采用直径 DN150 的室外消火栓，并应符合下列要求：

(1) 室外地上式消火栓应有一个直径为 150 mm 或 100 mm 的栓口和两个直径为 65 mm 的栓口；

(2) 室外地下式消火栓应有直径为 100 mm 和 65 mm 的栓口各一个。

2.《水规》7.2.5 市政消火栓的保护半径不应超过 150 m，间距不应大于 120 m。

3.《水规》7.2.6 市政消火栓应布置在消防车易于接近的人行道和绿地等地点，且不应妨碍交通，并应符合下列规定：

(1) 市政消火栓距路边不宜小于 0.5 m，并不应大于 2.0 m。

(2) 市政消火栓距建筑外墙或外墙边缘不宜小于 5.0 m。

(3) 市政消火栓应避免设置在机械易撞击的地点，确有困难时，应采取防撞措施。

4.《水规》7.2.8 当市政给水管网设有市政消火栓时，其平时运行工作压力不应小于 0.14 MPa，火灾时市政消火栓的出流量不应小于 15 L/s。且供水压力从地面算起不应小于 0.10 MPa。

四 室外消火栓

1.《水规》7.3.1 建筑室外消火栓的布置除应符合本节的规定外，还应符合有关规定。

2.《水规》7.3.2 建筑室外消火栓的数量应根据室外消火栓设计流量和保护半径经计算确定，保护半径不应大于 150 m，每个室外消火栓的出流量宜按 10 L/s～15 L/s 计算。

3.《水规》7.3.3 室外消火栓宜沿建筑周围均匀布置，且不宜集中布置在建筑一侧；建筑消防扑救面一侧的室外消火栓数量不宜少于 2 个。

4.《水规》7.3.4 人防工程、地下工程等建筑应在出入口附近设置室外消火栓，且距出入口的距离不宜小于 5 m，并不宜大于 40 m。

5.《水规》7.3.5 停车场的室外消火栓宜沿停车场周边设置，且与最近一排汽车的距离不宜小于 7 m，距加油站或油库不宜小于 15 m。

6.《水规》7.3.6 甲、乙、丙类液体储罐区和液化烃罐罐区等构筑物的室外消火栓，应设在防火堤或防护墙外，数量应根据每个罐的设计流量经计算确定，但距罐壁 15 m 范围内的消火栓，不应计算在该罐可使用的数量内。

问题解析

1.【答案】D、E。解析：当建筑群共用消防水池时，消防水池的容积应按消防用水量最大的一栋建筑来设计。

当市政给水管网能保证室外消防给水设计流量时，消防水池的有效容积应满足在火灾延续时间内室内消防用水量的要求。当消防水池采用两路消防供水且在火灾情况下连续补水能满足消防要求时，消防水池的有效容积应根据计算确定，但不应小于 100 m³，当仅设有消火栓系统时不应小于 50 m³。

市政消火栓宜在道路的一侧设置，并宜靠近十字路口，但当市政道路宽度超过 60.0 m 时，应在道路的两侧交叉错落设置市政消火栓，市政桥桥头和城市交通隧道出入口等市政公用设施处，应设置市政消火栓，其保护半径不应超过 150 m，间距不应大于 120 m。

当市政给水管网设有市政消火栓时，其平时运行工作压力不应小于 0.14 MPa，火灾时水力最不利市政消火栓的出流量不应小于 15 L/S，且供水压力从地面算起不应小于 0.10 MPa。

最小有效容积：20×2×3.6－50×2＝44(m³)。故选 D、E。

2.【答案】B、C、D、E。解析：(1)《建筑给水排水设计规范》(GB 50015－2003)3.5.3 要求室外给水管道的覆土深度,应根据土壤冰冻深度、车辆荷载、管道材质及管道交叉等因素确定。管顶最小覆土深度不得小于土壤冰冻线以下 0.15 m,行车道下的管线覆土深度不宜小于 0.7 m。

(2) 设计管顶覆土深度：0.85＋0.15＝1(m)。

3.【答案】A、B、C、D。解析：市政消火栓应布置在消防车易于接近的人行道和绿地等地点,且不应妨碍交通。应避免设置在机械易撞击的地点,确有困难时,应采取防撞措施。距路边不宜小于 0.5 m,并不应大于 2.0 m,距建筑外墙或外墙边缘不宜小于 5.0 m。建筑室外消火栓的数量应根据室外消火栓设计流量和保护半径经计算确定,保护半径不应大于150 m,每个室外消火栓的出流量宜按 10 L/s～15 L/s 计算,室外消火栓宜沿建筑周围均匀布置,且不宜集中布置在建筑一侧;建筑消防扑救面一侧的室外消火栓数量不宜少于 2 个。故选 A、B、C、D。

4.【答案】A、D。解析：《消防给水及消火栓系统技术规范》13.2.13 要求消火栓验收应符合下列要求。① 消火栓的设置场所、位置、规格、型号应符合设计要求和有关规定。② 室内消火栓的安装高度应符合设计要求。③ 消火栓的设置位置应符合设计要求和本规范的有关规定,并应符合消防救援和火灾扑救工艺的要求。④ 消火栓的减压装置和活动部件应灵活可靠,栓后压力应符合设计要求。故选 A、D。

5.【答案】D、E。解析：消防水泵控制柜在专用消防水泵控制室时,其防护等级不应低于 IP30,与消防水泵设置同一空间时,其防护等级不应低于 IP55。故选 D、E。

6.【答案】B、C、D。解析：《消防给水及消火栓系统技术规范》5.1.6 要求消防水泵的选择和应用应符合下列规定:(1) 消防水泵的性能应满足消防给水系统所需流量和压力的要求。(2) 消防水泵所配驱动器的功率应满足所选水泵流量扬程性能曲线上任何一点运行时所需功率的要求。(3) 当采用电动机驱动的消防水泵时,应选择电动机干式安装的消防水泵。(4) 流量扬程性能曲线应为无驼峰、无拐点的光滑曲线,零流量时的压力不应大于设计工作压力的 140%,且宜大于设计工作压力的 120%。(5) 当出流量为设计流量的 150%时,其出口压力不应低于设计工作压力的 65%。(6) 泵轴的密封方式和材料应满足消防水泵在低流量时运转的要求。(7) 消防给水同一泵组的消防水泵型号宜一致,且工作泵不宜超过 3 台。(8) 多台消防水泵并联时,应校核流量叠加对消防水泵出口压力的影响。故选 B、C、D。

7.【答案】A、B、D。解析：(1)控制回路出现故障,如继电器、电气线路等,自动和远程手动均不能启动。选项 A、B 符合。(2)交流接触器电磁系统故障,无论自动或远程启动,因接触器不吸合,无法通电运行。选项 D 符合。(3)如主电源故障,则机械应急也不能启动水泵。选项 C 错误。(4)信号输出模块故障仅影响自动起泵,不影响远程手动起泵。选项 E 错误。

8.【答案】A、B、D。解析：(1)《消防给水及消火栓系统技术规范》13.1.11 要求消防给水系统的试验管放水时,管网压力应持续降低,消防水泵出水干管上低压压力开关应能自动启动消防水泵;消防给水系统的试验管放水或高位消防水箱排水管放水时,高位消防水箱出水管上的流量开关应动作,且应能自动启动消防水泵。高位消防水箱出水管上设置的流量开关的动作流量应大于系统管网的泄漏量,0.75×2＝1.5 L/s,选项 D 将启动流量调高至 2.5 L/s,能避免消防水泵误动作,选项 D 正确。(2)检测管道漏水点并补漏,防止压力降低,压力开关动作启动消防水泵,选项 A 正确。(3)流量开关可能故障,更换流量开关是正确做法,选项 B 正确。(4)高位消防水箱出水管不应关闭,选项 C 错误。(5)题干已经说明控制柜性能合格,选项 E 错误。

案例 6　高层办公建筑防火案例分析

（2017 年消防安全案例分析第 3 题）

情景描述

　　某高层建筑，设计建筑高度为 68.0 m，总建筑面积为 91 200 m²。标准层的建筑面积为 2 176 m²，每层划分为 1 个防火分区；一至二层为上、下连通的大堂，三层设置会议室和多功能厅，四层以上用于办公；建筑的耐火等级设计为二级，其楼板、梁和柱的耐火极限分别为 1.00 h、2.00 h 和 3.00 h。高层主体建筑附建了 3 层裙房，并采用防火墙及甲级防火门与高层主体建筑进行分隔；高层主体建筑和裙房的下部设置了 3 层地下室。

　　高层主体建筑设置了 1 部消防电梯，从首层大堂直通至顶层；消防电梯的前室在首层，和三层采用防火卷帘、乙级防火门与其他区域分隔，在其他各层均采用乙级防火门和防火墙进行分隔。

　　高层建筑内的办公室均为半开敞办公室，最大一间办公室的建筑面积为 98 m²，办公室的最多使用人数为 10 人，人数最多的一层为 196 人，办公室内的最大疏散距离为 23 m，直通疏散走道的房间门至最近疏散楼梯间前室入口的最大间距为 18 m，且房间门均向办公室内开启，不影响疏散走道的使用。核心筒内设置了 1 座防烟剪刀楼梯间用于高层主体建筑的人员疏散，楼梯梯段以及从楼层进入疏散楼梯间前室和楼梯间的门的净宽度均为 1.10 m，核心筒周围采用环形走道与办公区分开，走道隔墙的耐火极限为 2.00 h，高层主体建筑的三层增设了 2 座直通地面的防烟楼梯间。

　　裙房的一至二层为商店，3 层为展览厅，首层的建筑面积为 8 100 m²，划分为 1 个防火分区；二至三层的建筑面积均为 7 640 m²，分别划分为 2 个建筑面积不大于 4 000 m² 的防火分区；一至三层设置了一个上、下连通的中庭，除首层采用符合要求的防火卷帘分隔外，2～3 层的中庭与周围连通空间的防火分隔为耐火极限 1.50 h 的非隔热性防火玻璃墙。

　　高层建筑地下一层设置餐饮、超市和设备室；地下二层为人防工程和汽车库、消防水泵房、消防水池、燃油锅炉房、变配电室（干式）等；地下三层为汽车库。地下各层均按标准要求划分了防火分区；其中，人防工程区的建筑面积为 3 310 m²，设置了歌厅、洗浴桑拿房、健身用房及影院，并划分为歌厅、洗浴桑拿与健身、影院三个防火分区，建筑面积分别为 820 m²、1 110 m² 和 1 380 m²。

　　该高层建筑的室内消火栓箱内按要求配置了水带、水枪和灭火器。该高层主体建筑及裙房的消防应急照明的备用电源可连续保障供电 60 min，消防水泵、消防电梯等建筑物内的全部消防用电设备的供电均能在这些设备所在防火分区的配电箱处自动切换。

　　该高层建筑防火设计的其他事项均符合国家标准。

　　根据以上材料，回答以下问题（共 24 分）。

　　1. 指出该高层建筑在结构耐火方面的问题，并给出正确做法。

　　2. 指出该高层建筑在平面布置方面的问题，并给出正确做法。

3. 指出该高层建筑在防火分区与防火分隔方面的问题,并给出正确的做法。

4. 指出该高层建筑在安全疏散方面的问题,并给出正确做法。

5. 指出该高层建筑在灭火救援设施方面的问题,并给出正确做法。

6. 指出该高层建筑在消防设施与消防电源方面的问题,并给出正确做法。

>> **关键考点依据**

本考点主要依据《建筑设计防火规范》GB 50016—2014,简称《建规》。

一 耐火等级

1.《建规》5.1.3 民用建筑的耐火等级应根据其建筑高度、使用功能、重要性和火灾扑救难度等确定,并应符合下列规定:

(1) 地下或半地下建筑(室)和一类高层建筑的耐火等级不应低于一级;

(2) 单、多层重要公共建筑和二类高层建筑的耐火等级不应低于二级。

2.《建规》5.1.4 建筑高度大于100 m的民用建筑,其楼板的耐火极限应≥2.00 h。

一、二级耐火等级建筑的上人平屋顶,其屋面板的耐火极限分别应≥1.50 h和≥1.00 h。

3.《建规》5.1.5 一、二级耐火等级建筑的屋面板应采用不燃材料。屋面防水层宜采用不燃、难燃材料,当采用可燃防水材料且铺设在可燃、难燃保温材料上时,防水材料或可燃、难燃保温材料应采用不燃材料作防护层。

4.《建规》5.1.6 二级耐火等级建筑内采用难燃性墙体的房间隔墙,其耐火极限应≥0.75 h;当房间的建筑面积≤100 m²时,房间隔墙可采用耐火极限≥0.50 h的难燃性墙体或耐火极限≥0.30 h的不燃性墙体。

二级耐火等级多层住宅建筑内采用预应力钢筋混凝土的楼板,其耐火极限应≥0.75 h。

5.《建规》5.1.7 建筑中的非承重外墙、房间隔墙和屋面板,当确需采用金属夹芯板材时,其芯材应为不燃材料,且耐火极限应符合本规范有关规定。

6.《建规》5.1.8 二级耐火等级建筑内采用不燃材料的吊顶,其耐火极限不限。

三级耐火等级的医疗建筑、中小学校的教学建筑、老年人照料设施及托儿所、幼儿园的儿童用房和儿童游乐厅等儿童活动场所的吊顶,应采用不燃材料;当采用难燃材料时,其耐火极限应≥0.25 h。

二、三级耐火等级建筑内门厅、走道的吊顶应采用不燃材料。

二 民用建筑的防火分区

1.《建规》5.3.1 除本规范另有规定外,不同耐火等级建筑的允许防火分区最大允许建筑面积应符合表1-6-1的规定。

表 1-6-1 不同耐火等级建筑的允许防火分区最大允许建筑面积

名 称	耐火等级	防火分区的最大允许建筑面积/m²	备注
高层民用建筑	一、二级	1 500	对于体育馆、剧场的观众厅,防火分区的最大允许建筑面积可适当增加

(续表)

名　　称	耐火等级	防火分区的最大允许建筑面积/m²	备注
单、多层民用建筑	一、二级	2 500	
	三级	1 200	
	四级	600	
地下或半地下建筑(室)	一级	500	设备用房的防火分区最大允许建筑面积不应大于 1 000 m²

注:① 表中规定的防火分区最大允许建筑面积,当建筑内设置自动灭火系统时,可按本表的规定增加1.0倍;局部设置时,防火分区的增加面积可按该局部面积的1.0倍计算。② 裙房与高层建筑主体之间设置防火墙时,裙房的防火分区可按单、多层建筑的要求确定。

2.《建规》5.3.2　建筑内设置自动扶梯、敞开楼梯等上、下层相连通的开口时,其防火分区的建筑面积应按上、下层相连通的建筑面积叠加计算;当叠加计算后的建筑面积大于表1-6-1时,应划分防火分区。

建筑内设置中庭时,其防火分区的建筑面积应按上、下层相连通的建筑面积叠加计算;当叠加计算后的建筑面积大于表1-6-1时,应符合下列规定:

(1)与周围连通空间应进行防火分隔:采用防火隔墙时,其耐火极限不应低于1.00 h;采用防火玻璃墙时,其耐火隔热性和耐火完整性不应低于1.00 h。采用耐火完整性不低于1.00 h的非隔热性防火玻璃墙时,应设置自动喷水灭火系统进行保护;采用防火卷帘时,其耐火极限不应低于3.00 h,并应符合《建规》6.5.3的规定;与中庭相连通的门、窗,应采用火灾时能自行关闭的甲级防火门、窗。

(2)高层建筑内的中庭回廊应设置自动喷水灭火系统和火灾自动报警系统。

(3)中庭应设置排烟设施。

(4)中庭内不应布置可燃物。

3.《建规》5.3.3　防火分区之间应采用防火墙分隔,确有困难时,可采用防火卷帘等防火分隔设施分隔。采用防火卷帘分隔时,应符合《建规》6.5.3的规定。

4.《建规》5.3.4　一、二级耐火等级建筑内的商店营业厅、展览厅,当设置自动灭火系统和火灾自动报警系统并采用不燃或难燃装修材料时,其每个防火分区的最大允许建筑面积应符合下列规定:

(1)设置在高层建筑内时,不应大于 4 000 m²。

(2)设置在单层建筑或仅设置在多层建筑的首层内时,不应大于 10 000 m²。

(3)设置在地下或半地下时,不应大于 2 000 m²。

5.《建规》5.3.5　总建筑面积大于 20 000 m² 的地下或半地下商店,应采用无门、窗、洞口的防火墙、耐火极限不低于2.00 h的楼板分隔为多个建筑面积不大于 20 000 m² 的区域。相邻区域确需局部连通时,应采用下沉式广场等室外开敞空间、防火隔间、避难走道、防烟楼梯间等方式进行连通,并应符合下列规定:

(1)下沉式广场等室外开敞空间应能防止相邻区域的火灾蔓延和便于安全疏散,并应符合《建规》6.4.12的规定。

(2)防火隔间的墙应为耐火极限不低于3.00 h的防火隔墙,并应符合《建规》6.4.13的规定。

(3)避难走道应符合《建规》6.4.14的规定。

(4)防烟楼梯间的门应采用甲级防火门。

问题解析

问题1:指出该高层建筑在结构耐火方面的问题,并给出正确做法。

【解析】1.耐火等级设计为二级,不正确。

正确做法:该建筑高度68 m,属于一类高层公共建筑,建筑的耐火等级设计提高为一级。

2.楼板的耐火极限为1.00 h,不正确。

正确做法:当建筑的耐火等级为一级时,楼板的耐火极限提高到1.50 h。

问题2:指出该高层建筑在平面布置方面的问题,并给出正确做法。

【解析】1. 燃油锅炉房设在地下二层其上一层是人员密集场所,不正确。

正确做法:燃油锅炉房应设置在首层或地下一层的靠外墙部位,但常(负)压燃油锅炉可设置在地下二层,但不应布置在人员密集场所的上一层、下一层或贴邻。

2. 地下二层的人防工程设置了歌厅、洗浴桑拿房、健身用房及影院,不正确。

正确做法:人防工程中歌舞娱乐、桑拿洗浴场所不应设置在地下二层及以下楼层,放在地下一层且室内外地坪高差不大于 10 m。

问题3:指出该高层建筑在防火分区与防火分隔方面的问题,并给出正确的做法。

【解析】1. 裙房首层的建筑面积为 8 100 平方米,划分为 1 个防火分区,不正确。

正确做法:裙房首层划分 2 个建筑面积均不大于 5 000 m^2 的防火分区。

2. 第二、三层的中庭与周围连通空间的防火分隔为耐火极限 1.50 h 的非隔热性防火玻璃墙,不正确。

正确做法:当采用耐火极限不低于 1.00 h 的非隔热性防火玻璃墙时分隔时,应设置自动喷水灭火系统保护。

3. 人防工程中歌厅、洗浴桑拿与健身、影院三个防火分区,建筑面积分别为 820 平方米、1 110 平方米和 1 380 平方米,不正确。

正确做法:人防工程中划分为 4 个建筑面积均不大于 1 000 m^2 的防火分区。

问题4:指出该高层建筑在安全疏散方面的问题,并给出正确做法。

【解析】1. 直通疏散走道的房间门至防烟剪刀楼梯前室入口的最大间距为 18 m,不正确。

正确做法:高层主体建筑剪刀楼梯间改为 2 部最小净宽度为 1.2 m 的防烟楼梯间。

2. 楼梯梯段以及从楼层进入疏散楼梯间前室和楼梯间的门的净宽度均为 1.10 m,不正确。

正确做法:高层公共民用建筑疏散楼梯和楼梯间首层疏散门的最小净宽度为 1.2 m。

问题5:指出该高层建筑在灭火救援设施方面的问题,并给出正确做法。

【解析】1. 消防电梯的前室在首层,和三层采用防火卷帘和乙级防火门与其他区域分隔,不正确。

正确做法:消防电梯前室应采用耐火极限 2.00 h 的防火隔墙和乙级防火门。

2. 1 部消防电梯从首层大堂直通至顶层,不正确。

正确做法:消防电梯应从地下三层直通顶层。

问题6:指出该高层建筑在消防设施与消防电源方面的问题,并给出正确做法。

【解析】1. 该高层建筑的室内消火栓箱内按要求配置了水带、水枪,不正确。

正确做法:人员密集的公共建筑应设置消防软管卷盘并设在室内消火栓箱内。

2. 消防水泵、消防电梯等建筑物内的全部消防用电设备的供电均能在这些设备所在防火分区的配电箱处自动切换,不正确。

正确做法:消防控制室、消防水泵、消防电梯、防烟排烟风机等消防设备的供电,要在最末一级配电箱处自动切换。

案例 7　多层仓库建筑防火案例分析

（2017 年消防安全案例分析第 6 题）

》 情景描述

某框架结构仓库,地上 6 层,地下 1 层,层高 3.8 m,占地面积 6 000 m²,地上每层建筑面积均为 5 600 m²。仓库各建筑构件均为不燃性构件,其耐火极限见下表。

构件名称	防火墙	承重墙、柱	楼梯间、电梯井的墙	梁	疏散走道两侧的隔墙、楼板、上人屋面板、屋顶承重构件、疏散楼梯	非承重外墙
耐火极限/h	4.00	2.50	2.00	1.50	1.00	0.25

仓库一层储存桶装润滑油;2 层储存水泥刨花板;三至六层储存皮毛制品;地下室储存玻璃制品,每件玻璃制品重 100 kg,其木质包装重 20 kg。

该仓库地下室建筑面积为 1 000 m²。一层内靠西侧外墙设置总建筑面积为 300 m² 的办公室、休息室和员工宿舍,这些房间与库房之间设置一条走道,且直通室外。走道与库房之间采用防火隔墙和楼板分隔,其耐火极限分别为 2.50 h 和 1.00 h。走道连接仓库的门采用双向弹簧门。

仓库内的每个防火分区分别设置 2 个安全出口,两个安全出口之间距离 12 米,疏散楼梯采用封闭楼梯间,通向疏散走道或楼梯间的门采用能阻挡烟气侵入的双向弹簧门。该建筑的消防设施和其他事项符合国家消防标准要求。

根据以上材料,回答下列问题(共 20 分)。

1. 判断该仓库的耐火等级。

2. 确定该仓库及其各层的火灾危险性分类。

3. 指出该仓库在层数、面积和平面布置中存在的不符合国家标准的问题,并提出解决方法。

4. 该仓库各层至少应划分几个防火分区?

5. 指出该建筑在安全疏散方面存在的问题,并提出整改措施。

6. 拟在地下室东侧设置一个 25 m² 的甲醇桶装仓库,甲醇仓库与其他部位之间采用耐火极限不低于 4.00h 的防爆墙分隔,防爆墙上设置防爆门,并设置一部直通室外的疏散楼梯,这种做法是否可行? 此时,该地下室的火灾危险性应划分为哪一类?

关键考点依据

本考点主要依据《建筑设计防火规范》GB 50016－2014,简称《建规》。

一　厂房和仓库的耐火等级

1. 除炸药厂(库)、花炮厂(库)、炼油厂以外的厂房及仓库的耐火极限等级分一、二、三、四级。

表 1-7-1　　　　　　　　　　不同耐火等级厂房和仓库建筑构件的燃烧性能和耐火极限

构件名称	耐火等级/h			
	一级	二级	三级	四级
屋顶承重构件	1.50	1.00	0.50	可燃性
疏散楼梯	1.50	1.00	0.75	可燃性
楼板	1.50	1.00	0.75	0.50
梁	2.00	1.50	1.00	0.50
柱	3.00	2.50	2.00	0.50
承重墙	3.00	2.50	2.00	0.50
防火墙	3.00	3.00	3.00	3.00
疏散走道两侧的隔墙	1.00	1.00	0.50	0.25
楼梯间、前室的墙,电梯井的墙	2.00	2.00	1.50	0.50
非承重外墙、房间隔墙	0.75	0.50	0.50	0.25
吊顶(包括吊顶格栅)	0.25	0.25	0.15	可燃性

表中耐火极限>0.50 h 的构件为不燃性构件,0.15 h≤耐火极限≤0.50 h 的构件为难燃性构件。

二级耐火等级建筑采用不燃烧材料的吊顶,其耐火极限不限。

2.《建规》3.2.2　高层厂房,甲、乙类厂房的耐火等级不应低于二级,建筑面积≤300 m² 的独立甲、乙类单层厂房可采用三级耐火等级的建筑。

3.《建规》3.2.3　单、多层丙类厂房和多层丁、戊类厂房的耐火等级不应低于三级。

使用或产生丙类液体的厂房和有火花、赤热表面、明火的丁类厂房,其耐火等级均不应低于二级。当为建筑面积≤500 m² 的单层丙类厂房或建筑面积≤1 000 m² 的单层丁类厂房时。可采用三级耐火等级的建筑。

4.《建规》3.2.4　使用或储存特殊贵重的机器、仪表、仪器等设备或物品的建筑,其耐火等级不应低于二级。

5.《建规》3.2.5　锅炉房的耐火等级不应低于二级,当为燃煤锅炉房且锅炉的总蒸发量≤4 t/h 时,可采用三级耐火等级的建筑。

6.《建规》3.2.6　油浸变压器室、高压配电装置室的耐火等级不应低于二级,其他防火设计应符合现行国家标准《火力发电厂与变电站设计防火规范》GB 50229 等标准的规定。

7.《建规》3.2.7　高架仓库、高层仓库、甲类仓库、多层乙类仓库和储存可燃液体的多层丙类仓库,其耐火等级不应低于二级。

单层乙类仓库,单层丙类仓库,储存可燃固体的多层丙类仓库和多层丁、戊类仓库,其耐火等级不应低于三级。

8.《建规》3.2.9　甲、乙类厂房和甲、乙、丙类仓库内的防火墙,其耐火极限应≥4.00 h。

9.《建规》3.2.10　一、二级耐火等级单层厂房(仓库)的柱,其耐火极限分别应≥2.50 h和≥2.00 h。

10.《建规》3.2.11　采用自动喷水灭火系统全保护的一级耐火等级单、多层厂房(仓库)的屋顶承重构件,其耐火极限应≥1.00 h。

11.《建规》3.2.12　除甲、乙类仓库和高层仓库外,一、二级耐火等级建筑的非承重外墙,当采用不燃性墙体时,其耐火极限应≥0.25 h;当采用难燃性墙体时,应≥0.50 h。

4层及4层以下的一、二级耐火等级丁、戊类地上厂房(仓库)的非承重外墙,当采用不燃性墙体时,其耐火极限不限。

12.《建规》3.2.13　二级耐火等级厂房(仓库)内的房间隔墙,当采用难燃性墙体时,其耐火极限应提高0.25 h。

13.《建规》3.2.14　二级耐火等级多层厂房和多层仓库内采用预应力钢筋混凝土的楼板,其耐火极限应≥0.75 h。

14.《建规》3.2.15　一、二级耐火等级厂房(仓库)的上人平屋顶,其屋面板的耐火极限分别应≥1.50 h和≥1.00 h。

15.《建规》3.2.16　一、二级耐火等级厂房(仓库)的屋面板应采用不燃材料。屋面防水层宜采用不燃、难燃材料,当采用可燃防水材料且铺设在可燃、难燃保温材料上时,防水材料或可燃、难燃保温材料应采用不燃材料作防护层。

16.《建规》3.2.17　建筑中的非承重外墙、房间隔墙和屋面板,当确需采用金属夹芯板材时,其芯材应为不燃材料,且耐火极限应符合本规范有关规定。

二 仓库的防火分区

1.《建规》3.3.2　除本规范另有规定外,仓库的层数和面积应符合表1-7-2的规定。

表1-7-2　　　　　　　　　　　　　　　　仓库的层数和面积

储存物品的火灾危险性类别	仓库的耐火等级	最多允许层数	每座仓库的最大允许占地面积和每个防火分区的最大允许建筑面积/m²						地下或半地下仓库(包括地下或半地下室)
			单层仓库		多层仓库		高层仓库		
			每座仓库	防火分区	每座仓库	防火分区	每座仓库	防火分区	防火分区
甲	3、4项	一级	1	180	60	—	—	—	—	—
	1、2、5、6项	一、二级	1	750	250	—	—	—	—	—
乙	1、3、4项	一、二级	3	2 000	500	900	300	—	—	—
		三级	1	500	250	—	—	—	—	—
	2、5、6项	一、二级	5	2 800	700	1 500	500	—	—	—
		三级	1	900	300	—	—	—	—	—
丙	1项	一、二级	5	4 000	1 000	2 800	700	—	—	150
		三级	1	1 200	400	—	—	—	—	—
	2项	一、二级	不限	6 000	1 500	4 800	1 200	4 000	1 000	300
		三级	3	2 100	700	1 200	400	—	—	—

（续表）

储存物品的火灾危险性类别	仓库的耐火等级	最多允许层数	每座仓库的最大允许占地面积和每个防火分区的最大允许建筑面积/m²						
			单层仓库		多层仓库		高层仓库		地下或半地下仓库（包括地下或半地下室）
			每座仓库	防火分区	每座仓库	防火分区	每座仓库	防火分区	防火分区
丁	一、二级	不限	不限	3 000	不限	1 500	4 800	1 200	500
	三级	3	3 000	1 000	1 500	500	—	—	—
	四级	1	2 100	700	—	—	—	—	—
戊	一、二级	不限	不限	不限	不限	2 000	6 000	1 500	1 000
	三级	3	3 000	1 000	2 100	700	—	—	—
	四级	1	2 100	700	—	—	—	—	—

注：① 仓库内的防火分区之间必须采用防火墙分隔，甲、乙类仓库内防火分区之间的防火墙不应开设门、窗、洞口；地下或半地下仓库（包括地下或半地下室）的最大允许占地面积，不应大于相应类别地上仓库的最大允许占地面积。② 一、二级耐火等级且占地面积不大于2 000 m²的单层棉花库房，其防火分区的最大允许建筑面积不应大于2 000 m²。③ 一、二级耐火等级的煤均化库，每个防火分区的最大允许建筑面积不应大于12 000 m²。④ 独立建造的硝酸铵仓库、电石仓库、聚乙烯等高分子制品仓库、尿素仓库、配煤仓库、造纸厂的独立成品仓库，当建筑的耐火等级不低于二级时，每座仓库的最大允许占地面积和每个防火分区的最大允许建筑面积可按本表的规定增加1.0倍。⑤ 一、二级耐火等级粮食平房仓的最大允许占地面积不应大于12 000 m²，每个防火分区的最大允许建筑面积不应大于3 000 m²；三级耐火等级粮食平房仓的最大允许占地面积不应大于3 000 m²，每个防火分区的最大允许建筑面积不应大于1 000 m²。⑥ 石油库区内的桶装油品仓库应符合现行国家标准《石油库设计规范》GB 50074的规定。⑦ 一、二级耐火等级冷库的最大允许占地面积和防火分区的最大允许建筑面积，应符合现行国家标准《冷库设计规范》GB 50072的规定。⑧ "—"表示不允许。

2.《建规》3.3.3　仓库内设置自动灭火系统时，除冷库的防火分区外，每座仓库的最大允许占地面积和每个防火分区的最大允许建筑面积可按表1-7-2的规定增加1.0倍。

3.《建规》3.3.4　甲、乙类生产场所（仓库）不应设置在地下或半地下。

》问题解析

问题1：判断该仓库的耐火等级。

【解析】1. 除甲、乙仓库和高层仓库外，一、二级耐火等级建筑的非承重外墙，当采用不燃性墙体时，其耐火极限不低于0.25 h。

2. 该仓库的耐火等级为二级。

问题2：确定该仓库及其各层的火灾危险性分类。

【解析】1. 一层储存桶装润滑油，火灾危险性为丙类1项仓库。

2. 二层储存水泥刨花板，火灾危险性为丁类仓库。

3. 三至六层储存毛皮制品，火灾危险性为丙类2项仓库。

4. 地下储存玻璃制品采用可燃包装但包装物重量占物品重量小于1/4，火灾危险性为戊类仓库。

5. 该仓库的整体火灾危险性为丙类1项仓库。

问题3：指出该仓库在层数、面积和平面布置中存在的不符合国家标准的问题，并提出解决方法。

【解析】1. 层数：该仓库为耐火等级二级的丙类1项仓库，其最多允许层数为5层，案例背景为6层不符合规定。

解决方法：降低首层储存物品的火灾危险性，改为储存丙类2项或丁戊类物品，层数不限或拆除顶层6楼毛皮制品仓库。

2. 面积：丙类1项多层仓库最大允许占地面积2 800 m²，设自动喷水灭火系统可增加1.0倍，为5 600 m²，仓库占地面积6 000 m²超过规定,不符合要求。

解决方法:减少仓库占地面积使其不超过5 600 m²或降低首层储存物品的火灾危险性,改为储存丙类2项或丁戊类物品。

3. 平面布置:

① 一层设置员工宿舍不符合规范要求。

解决方法:仓库内严禁设置员工宿舍,将员工宿舍搬离仓库。

② 办公室、休息室走道与仓库之间的门为双向弹簧门,不符合。

解决方法:将双向弹簧门更换为乙级防火门。

③ 办公室、休息室和员工宿舍与库房之间设置一条走道,且直通室外,不符合。

解决方法::应设独立的安全出口。

问题4:该仓库各层至少应划分几个防火分区?

【解析】1. 该仓库为二级耐火等级的多层储存丙类1项仓库,应设自动灭火系统。

2. 地上各层每层设4个均不大于1 400 m²的防火分区。

3. 地下一层设4个均不大于300 m²的防火分区。

问题5:指出该建筑在安全疏散方面存在的问题,并提出整改措施。

【解析】1. 问题:疏散走道通向仓库的门为能阻挡烟气侵入的双向弹簧门。

整改措施:将双向弹簧门更换为乙级防火门。

2. 问题:办公室、休息室和员工宿舍与库房之间设置一条走道,且直通室外。

整改措施:应设独立的安全出口。

3. 问题:封闭楼梯间的门采用能阻挡烟气侵入的双向弹簧门。

整改措施:将双向弹簧门更换为乙级防火门。

问题6:拟在地下室东侧设置一个25 m²的甲醇桶装仓库,甲醇仓库与其他部位之间采用耐火极限不低于4.00 h的防爆墙分隔,防爆墙上设置防爆门,并设置一部直通室外的疏散楼梯,这种做法是否可行?此时,该地下室的火灾危险性应划分为哪一类?

【解析】1. 不可行。理由:甲醇的储存火灾危险性为甲类,不得在地下一层。

2. 该地下室的火灾危险性为甲类仓库。

案例 8　高层病房楼防火案例分析

（2018 年消防安全案例分析考试第 4 题）

>> **情景描述**

　　某医院病房楼，地下 1 层，地上 6 层，局部 7 层，七层屋面为平屋面。首层地面设计标高为 ±0.000 m，地下室地面标高为 −4.200 m，建筑室外地面设计标高为 −0.600 m。六层屋面面层的标高为 23.700 m，女儿墙顶部标高为 24.800 m。七层屋面面层的标高为 27.300 m。该病房楼首层平面示意图如图所示。

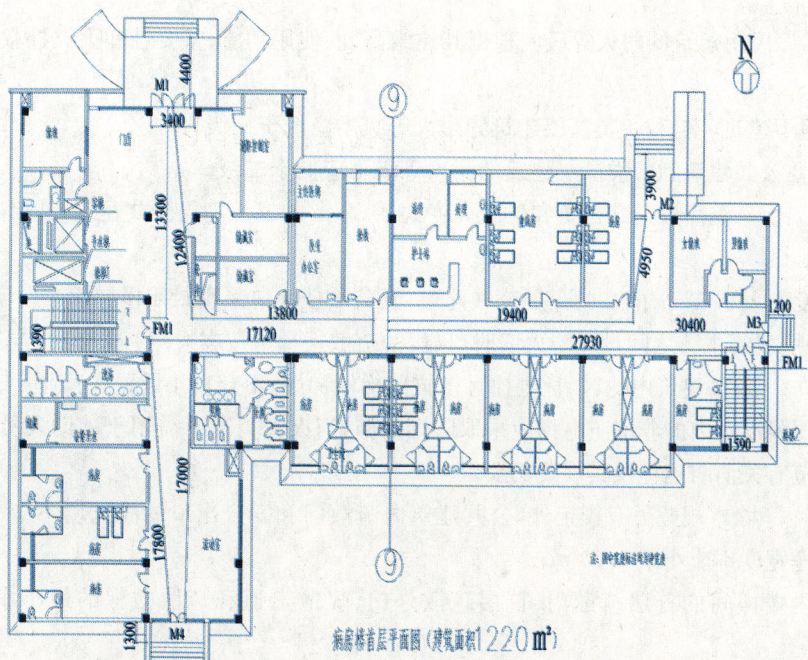

病房楼首层平面图（建筑面积1220 m²）

　　该病房楼六层以下各层建筑面积均为 1 220 m²，图中⑨号轴线东侧地下室建筑面积为 560 m²，布置设备用房。中间走道北侧自西向东依次布置消防水泵房、通风空调机房、排烟机房，中间走道南侧自西向东依次布置柴油发电机房、变配电室（使用干式变压器），⑨号轴线西侧的地下室布置自行车库。地上一层至地上六层均为病房层。七层（建筑面积为 275 m²）布置消防水箱间、电梯机房和楼梯出口小间。

　　地下室设备用房的门均为乙级防火门，各层楼梯 1、楼梯 2 的门和地上各层配电室的门均为乙级防火门，首层 M1、M2、M3、M4 均为钢化玻璃门，其他各层各房间的门均为普通木门。楼内的 M1 门净宽为 3.4 m，所有单扇门净宽均为 0.9 m，双扇门净宽均为 1.2 m。

　　该病房楼内按规范要求设置了室内外消火栓系统、湿式自动喷水灭火系统、火灾自动报警系统、防烟和排烟系统及灭火器。疏散走道和楼梯间照明的地面最低水平照度为 6.0 lx,供电时间 1.5 h。

根据以上材料,回答下列问题(共 24 分)。

1. 该病房楼的建筑高度是多少?按《建筑设计防火规范》(GB 50016)分类,属哪类?地下室至少应划分几个防火区?地上部分的防火分区如何划分?并说明理由。

2. 指出图中抢教室可用的安全出口,判断抢救室的疏散距离是否满足《建筑设计防火规范》(GB 50016)的相关要求,并说明理由。

3. 指出该病房楼的地下室及首层在平面布置和防火分隔方面的问题,并给出正确做法。

4. 指出该病房楼在灭火救援设施和消防设施配置方面的问题,并给出正确做法。

5. 指出图中安全疏散方面的问题,并给出正确做法。

关键考点依据

本考点主要依据《建筑设计防火规范》GB 50016—2014(2018 版),简称《建规》。

一 民用建筑

1.《建规》5.1.3 民用建筑的耐火等级应根据其建筑高度、使用功能、重要性和火灾扑救难度等确定,并应符合下列规定:

(1)地下或半地下建筑(室)和一类高层建筑的耐火等级不应低于一级。

(2)单、多层重要公共建筑和二类高层建筑的耐火等级不应低于二级。

2.《建规》5.5.12 一类高层公共建筑和建筑高度大于 32 m 的二类高层公共建筑,其疏散楼梯应采用防烟楼梯间。

裙房和建筑高度不大于 32 m 的二类高层公共建筑,其疏散楼梯应采用封闭楼梯间。

注:当裙房与高层建筑主体之间设置防火墙时,裙房的疏散楼梯可按本规范有关单、多层建筑的要求确定。

3.《建规》5.5.14 公共建筑内的客、货电梯宜设置电梯候梯厅,不宜直接设置在营业厅、展览厅、多功能厅等场所内。老年人照料设施内的非消防电梯应采取防烟措施,当火灾情况下需用于辅助人员疏散时,该电梯及其设置应符合本规范有关消防电梯及其设置的要求。

4.《建规》5.5.18 除本规范另有规定外,公共建筑内疏散门和安全出口的净宽度不应小于 0.90 m,疏散走道和疏散楼梯的净宽度不应小于 1.10 m。

高层公共建筑内楼梯间的首层疏散门、首层疏散外门、疏散走道和疏散楼梯的最小净宽度应符合下表规定。

表 1-8-1 高层公共建筑内楼梯间的首层疏散门、首层疏散外门、疏散走道和疏散楼梯的最小净宽度/m

建筑类别	楼梯间的首层疏散门、首层疏散外门	走道		疏散楼梯
		单面布房	双面布房	
高层医疗建筑	1.30	1.40	1.50	1.30
其他高层公共建筑	1.20	1.30	1.40	1.20

5.《建规》5.5.19 人员密集的公共场所、观众厅的疏散门不应设置门槛,其净宽度不应小于 1.40 m,且紧靠门口内外各 1.40 m 范围内不应设置踏步。

人员密集的公共场所的室外疏散通道的净宽度不应小于3.00 m,并应直接通向宽敞地带。

二 建筑构造

1.《建规》6.2.7 附设在建筑内的消防控制室、灭火设备室、消防水泵房和通风空气调节机房、变配电室等,应采用耐火极限不低于2.00 h的防火隔墙和1.50 h的楼板与其他部位分隔。

设置在丁、戊类厂房内的通风机房,应采用耐火极限不低于1.00 h的防火隔墙和0.50 h的楼板与其他部位分隔。

通风、空气调节机房和变配电室开向建筑内的门应采用甲级防火门,消防控制室和其他设备房开向建筑内的门应采用乙级防火门。

2.《建规》6.4.11 建筑内的疏散门应符合下列规定:

(1)民用建筑和厂房的疏散门,应采用向疏散方向开启的平开门,不应采用推拉门、卷帘门、吊门、转门和折叠门。除甲、乙类生产车间外,人数不超过60人且每樘门的平均疏散人数不超过30人的房间,其疏散门的开启方向不限。

(2)仓库的疏散门应采用向疏散方向开启的平开门,但丙、丁、戊类仓库首层靠墙的外侧可采用推拉门或卷帘门。

(3)开向疏散楼梯或疏散楼梯间的门,当其完全开启时,不应减少楼梯平台的有效宽度。

(4)人员密集场所内平时需要控制人员随意出入的疏散门和设置门禁系统的住宅、宿舍、公寓建筑的外门,应保证火灾时不需使用钥匙等任何工具即能从内部易于打开,并应在显著位置设置具有使用提示的标识。

三 灭火救援设施

3.《建规》7.2.4 厂房、仓库、公共建筑的外墙应在每层的适当位置设置可供消防救援人员进入的窗口。

4.《建规》7.3.1 下列建筑应设置消防电梯。

(1)建筑高度大于33 m的住宅建筑。

(2)一类高层公共建筑和建筑高度大于32 m的二类高层公共建筑、5层及以上且总建筑面积大于3 000 m²(包括设置在其他建筑内五层及以上楼层)的老年人照料设施。

(3)设置消防电梯的建筑的地下或半地下室,埋深大于10 m且总建筑面积大于3 000 m²的其他地下或半地下建筑(室)。

四 消防设施的设置

5.《建规》8.1.6 消防水泵房的设置应符合下列规定:

(1)单独建造的消防水泵房,其耐火等级不应低于二级。

(2)附设在建筑内的消防水泵房,不应设置在地下三层及以下或室内地面与室外出入口地坪高差大于10 m的地下楼层。

(3)疏散门应直通室外或安全出口。

6.《建规》8.2.4 人员密集的公共建筑、建筑高度大于100 m的建筑和建筑面积大于200 m²的商业服务网点内应设置消防软管卷盘或轻便消防水龙。高层住宅建筑的户内宜配置轻便消防水龙。

老年人照料设施内应设置与室内供水系统直接连接的消防软管卷盘,消防软管卷盘的设置间距不应大于30.0 m。

五 消防应急照明和疏散指示标志

1.《建规》10.3.2 建筑内疏散照明的地面最低水平照度应符合下列规定：

(1) 对于疏散走道，不应低于 1.0 lx。

(2) 对于人员密集场所、避难层(间)，不应低于 3.0 lx；对于老年人照料设施、病房楼或手术部的避难间，不应低于 10.0 lx。

(3) 对于楼梯间、前室或合用前室、避难走道，不应低于 5.0 lx；对于人员密集场所、老年人照料设施、病房楼或手术部内的楼梯间、前室或合用前室、避难走道，不应低于 10.0 lx。

》 问题解析

问题 1：该病房楼的建筑高度是多少？按《建筑设计防火规范》(GB 50016)分类，属哪类？地下室至少应划分几个防火区？地上部分的防火分区如何划分？并说明理由。

【解析】1. 根据《建规》附录 A.0.1.5，建筑高度的计算应符合下列规定：局部突出屋顶的瞭望塔、冷却塔、水箱间、微波天线间或设施、电梯机房、排风和排烟机房以及楼梯出口小间等辅助用房占屋面面积不大于 1/4 者，可不计入建筑高度。七层部分辅助用房面积 275 m²，小于屋面面积 1 220 m² 的 1/4，该层高度不参与建筑高度计算。根据《建规》附录 A.0.1.2，建筑屋面为平屋面(包括有女儿墙的平屋面)时，建筑高度应为建筑室外设计地面至其屋面面层的高度。该建筑高度 $H=23.7-(-0.6)=24.3(m)$。

2. 根据《建规》5.1.1，该建筑高度大于 24 m，为一类高层公共建筑。

3. 根据《建规》5.3.1，地下室设备用房和其他区域每个防火分区最大允许建筑面积分别为 1 000 m²、500 m²；根据《建规》5.3.1 注 1，当建筑内设置自动灭火系统时，可按规定增加 1.0 倍，该病房楼内按规范要求设置了湿式自动喷水灭火系统，地下室设备用房和其他区域每个防火分区最大允许建筑面积分别为 2 000 m²、1 000 m²。地下室可以划分为 2 个防火分区：⑨号轴线东侧设备用房为 1 个防火分区，建筑面积 560 m²；⑨号轴线西侧自行车库为 1 个防火分区，建筑面积 660 m²。

4. 根据《建规》5.3.1，高层民用建筑地上部分每个防火分区最大允许建筑面积为 1 500 m²；根据《建规》5.3.1 注 1，当建筑内设置自动灭火系统时，可按规定增加 1.0 倍，该病房楼内按规范要求设置了湿式自动喷水灭火系统，地上部分每个防火分区最大允许建筑面积为 3 000 m²。地上部分每层建筑面积为 1 220 m²，可每层划分为一个防火分区，共 6 个防火分区。

问题 2：指出图中抢救室可用的安全出口，判断抢救室的疏散距离是否满足《建筑设计防火规范》(GB 50016)的相关要求，并说明理由。

【解析】可用的安全出口为 M1、M2。根据《建规》5.1.3.1，地下或半地下建筑(室)和一类高层建筑的耐火等级不应低于一级。根据《建规》5.5.17，耐火等级为一级的高层医疗建筑的病房部分位于两个安全出口之间的疏散门至最近安全出口的直线距离不应大于 24 m；根据《建规》5.5.17.3，建筑物内全部设置自动喷水灭火系统时，其安全疏散距离可按本表的规定增加 25%，故抢救室的疏散门至最近安全出口的直线距离不应大于 24×(1+25%)=30 m。图中抢救室的疏散门至 M1、M2、M3、M4 的疏散距离分别为(12.4+13.8)m、(19.4+4.95)m、30.4 m、(13.8+17+东西疏散通道宽度)m，故用的安全出口为 M1、M2。

问题 3：指出该病房楼的地下室及首层在平面布置和防火分隔方面的问题，并给出正确做法。

【解析】1. 问题：地下室设备用房的门均为乙级防火门。

正确做法：通风空气调节机房、变配电室应采用甲级防火门。

原因：根据《建规》6.2.7，通风、空气调节机房和变配电室开向建筑内的门应采用甲级防火门，消防控制室和其他设备房开向建筑内的门采用乙级防火门。

2. 问题：中间走道北侧自西向东依次布置消防水泵房、通风空调机房、排烟机房。

正确做法：消防水泵房应设置在靠近楼梯间处，应设置在最东侧。

原因：根据《建规》8.1.6.3，消防水泵房的设置应符合下列规定：疏散门应直通室外或安全出口。

3. 问题：地上一层消防控制室无直通室外的安全出口，采用了普通门。

正确做法：消防控制室应设置直通室外的安全出口，且应设置乙级防火门。

问题 4：指出该病房楼在灭火救援设施和消防设施配置方面的问题，并给出正确做法。

【解析】1. 问题：该病房楼层缺少消防软管卷盘。

正确做法：应增设消防软管卷盘。

原因：根据《建规》8.2.4，人员密集的公共建筑内应设置消防软管卷盘或轻便消防水龙。根据《人员密集场所消防安全管理规定》(GA 654－2006)3.2，该医院病房楼属于人员密集场所。

2. 问题：该病房楼未设置消防电梯。

正确做法：该病房楼应设置至少一台消防电梯，并通至地下。

原因：根据《建规》7.3.1.2，下列建筑应设置消防电梯：一类高层公共建筑和建筑高度大于 32 m 的二类高层公共建筑、5 层及以上且总建筑面积大于 3 000 m²（包括设置在其他建筑内五层及以上楼层）的老年人照料设施。

3. 问题：该病房楼未设置灭火救援窗。

正确做法：应每层设置符合规范要求的灭火救援窗。窗口的净高度和净宽度均不应小于 1.0 m，下沿距室内地面不宜大于 1.2 m，间距不宜大于 20 m 且每个防火分区不应少于 2 个。

原因：根据《建规》7.2.4，厂房、仓库、公共建筑的外墙应在每层的适当位置设置可供消防救援人员进入的窗口。

4. 问题：楼梯间照明的地面最低水平照度为 6.0 lx。

正确做法：病房楼楼梯间照明的地面最低水平照度应不小于 10.0 lx。

原因：根据《建规》10.3.2.3，建筑内疏散照明的地面最低水平照度应符合下列规定：对于人员密集场所、老年人照料设施、病房楼或手术部内的楼梯间、前室或合用前室、避难走道，不应低于 10.0 lx。

问题 5：指出图中安全疏散方面的问题，并给出正确做法。

【解析】1. 问题：该病房楼疏散楼梯间为封闭楼梯间。

正确做法：应设置防烟楼梯间。

原因：根据《建规》5.5.12，一类高层公共建筑和建筑高度大于 32 m 的二类高层公共建筑，其疏散楼梯应采用防烟楼梯间。

2. 问题：该病房楼 M3、M4、通向地下的两个楼梯间的门 FM1 均未向疏散方向开启。

正确做法：均应向疏散方向开启。

原因：根据《建规》6.4.11.1，建筑内的疏散门应符合下列规定：民用建筑和厂房的疏散门，应采用向疏散方向开启的平开门。

3. 问题：M3 出口 1.20 m 处、M4 出口 1.30 m 处设置了台阶。

正确做法：台阶应在安全出口 1.4 m 以外。

原因：根据《建规》5.5.19，人员密集的公共场所、观众厅的疏散门不应设置门槛，其净宽度不应小于 1.40 m，且紧靠门口内外各 1.40 m 范围内不应设置踏步。

4. 问题：楼梯间首层疏散门 FM1，首层疏散外门 M2、M3、M4 宽度均为 1.20 m 不符合要求。

正确做法：应设置宽度不小于 1.30 m 的疏散门。

原因：根据《建规》5.5.18，高层医疗建筑首层疏散门、首层疏散外门的宽度不应小于 1.30 m。

5. 问题：1# 楼梯距离直通室外的安全出口为 13.3 m，不符合要求。

正确做法：应在首层设置扩大的防烟楼梯间前室。

原因：根据《建规》5.5.17注4,当疏散门不能直通室外地面或疏散楼梯间时,应采用长度不大于10 m的疏散走道通至最近的安全出口。当该场所设置自动喷水灭火系统时,室内任一点至最近安全出口的安全疏散距离可分别增加25%,1#楼梯距离直通室外的安全出口的最大距离为10×(1+25%)＝12.5 m。

6. 问题:各直通室外的安全出口未设置防火挑檐。

正确做法:均应设置挑出宽度不小于1.0 m的防护挑檐。

原因:根据《建规》5.5.7,高层建筑直通室外的安全出口上方,应设置挑出宽度不小于1.0 m的防护挑檐。

7. 问题:客梯未设置电梯候梯厅。

正确做法:每层设置电梯候梯厅。

原因:根据《建规》5.5.14,公共建筑内的客、货电梯宜设置电梯候梯厅,不宜直接设置在营业厅、展览厅、多功能厅等场所内。

案例 9 多层厂房防火案例分析

（2018 年消防安全案例分析考试第 6 题）

>> **情景描述**

某钢筋混凝土框架结构的印刷厂房,长和宽均为 75 m,地上 2 层,地下建筑面积 2 000 m^2,地下一层长边 75 m,厂房屋面采用不燃材料,其他建筑构件的燃烧性能和耐火极限见下表。

建筑构件的燃烧性能和耐火极限性

构件名称	防火墙、承重墙	梁、楼梯间的墙	楼板、屋顶承重构件、疏散楼梯	疏散走道两层隔墙	非承重外墙、房间隔墙	屋顶
燃烧性能、耐火极限/h	不燃性 3.00	不燃性 2.00	不燃性 1.50	不燃性 1.00	不燃性 0.75	不燃性 0.25

该厂房地下一层布置了燃煤锅炉房、消防泵房、消防水池和建筑面积 400 m^2 的变配电室及建筑面积为 600 m^2 的纸张仓库。地上一、二层为印刷车间,在二层车间中心部位布置一个中间仓库,储存不超过 1 昼夜需要量的水性油墨、溶剂型油墨和甲苯二甲苯、醇、醚等有机溶剂。中间仓库用防火墙和甲级防火门与其他部位分隔,建筑面积为 280 m^2。

地上楼层在四个墙角处分别设置一部有外窗并能自然通风的封闭楼梯间,楼梯间门采用能阻挡烟气的双向弹簧门,并在首层直通室外。地下一层在长轴轴线的两端各设置 1 部封闭的楼梯间,并用 1.40 m 宽的走道连通;消防水泵房、锅炉房和变配电室内任一点至封楼梯间的距离分别不大于 20 m、30 m 和 40 m;地下一层封闭楼梯间的门采用乙级防火门,楼梯间在首层用防火隔墙与车间分隔,通过长度不大于 3 m 的走道直通室外。在一层厂房每面外墙居中位置设置宽度为 3.00 m 的平开门。

该厂房设置了室内、室外消火栓系统和灭火器,地下一层设置自动喷水灭火系统;该厂房地上部分利用外窗自然排烟,地下设备用房、走道和设备仓库设置机械排烟设施。

根据以上材料,回答下列问题(20 分)。

1. 判该厂房的耐火等级,确定厂房内二层中间仓库、地下纸张库、锅炉房、变配电室和该印刷厂的火灾危险性。

2. 指出该厂房平面布置和防火分隔构件中存在的不符合现行国家消防标准规范的问题,并给出解决方法。

3. 该厂房各层分别应至少划分几个防火分区。

4. 指出该建筑在安全疏散方面存在的问题,并提出整改措施。

5. 二层中间仓库应采取哪些防爆措施。

关键考点依据

> 本考点主要依据《建筑设计防火规范》GB 50016—2014(2018 版),简称《建规》。

一 厂房和仓库

1.《建规》3.2.9　甲、乙类厂房和甲、乙、丙类仓库内的防火墙,其耐火极限不应低于 4.00 h。

2.《建规》3.3.6　厂房内设置中间仓库时,应符合下列规定:

(1) 甲、乙类中间仓库应靠外墙布置,其储量不宜超过 1 昼夜的需要量。

(2) 甲、乙、丙类中间仓库应采用防火墙和耐火极限不低于 1.50 h 的不燃性楼板与其他部位分隔。

(3) 丁、戊类中间仓库应采用耐火极限不低于 2.00 h 的防火隔墙和 1.00 h 的楼板与其他部位分隔。

(4) 仓库的耐火等级和面积应符合本规范第 3.3.2 条和第 3.3.3 条的规定。

3.《建规》3.6.2　有爆炸危险的厂房或厂房内有爆炸危险的部位应设置泄压设施。

4.《建规》3.6.3　泄压设施宜采用轻质屋面板、轻质墙体和易于泄压的门、窗等,应采用安全玻璃等在爆炸时不产生尖锐碎片的材料。

泄压设施的设置应避开人员密集场所和主要交通道路,并宜靠近有爆炸危险的部位。

作为泄压设施的轻质屋面板和墙体的质量不宜大于 60 kg/m²。

屋顶上的泄压设施应采取防冰雪积聚措施。

5.《建规》3.6.12　甲、乙、丙类液体仓库应设置防止液体流散的设施。遇湿会发生燃烧爆炸的物品仓库应采取防止水浸渍的措施。

6.《建规》3.7.2　厂房内每个防火分区或一个防火分区内的每个楼层,其安全出口的数量应经计算确定,且不应少于 2 个;当符合下列条件时,可设置 1 个安全出口:

(1) 甲类厂房,每层建筑面积不大于 100 m²。且同一时间的作业人数不超过 5 人。

(2) 乙类厂房,每层建筑面积不大于 150 m²,且同一时间的作业人数不超过 10 人。

(3) 丙类厂房,每层建筑面积不大于 250 m²,且同一时间的作业人数不超过 20 人。

(4) 丁、戊类厂房,每层建筑面积不大于 400 m²,且同一时间的作业人数不超过 30 人。

(5) 地下或半地下厂房(包括地下或半地下室),每层建筑面积不大于 50 m²,且同一时间的作业人数不超过 15 人。

7.《建规》3.7.3　地下或半地下厂房(包括地下或半地下室),当有多个防火分区相邻布置,并采用防火墙分隔时,每个防火分区可利用防火墙上通向相邻防火分区的甲级防火门作为第二安全出口,但每个防火分区必须至少有 1 个直通室外的独立安全出口。

二 疏散楼梯间和疏散楼梯

1.《建规》6.4.1　疏散楼梯间应符合下列规定:

(1) 楼梯间应能天然采光和自然通风,并宜靠外墙设置。靠外墙设置时,楼梯间、前室及合用前室外墙上的窗口与两侧门、窗、洞口最近边缘的水平距离不应小于 1.0 m。

(2) 楼梯间内不应设置烧水间、可燃材料储藏室、垃圾道。

(3) 楼梯间内不应有影响疏散的凸出物或其他障碍物。

(4) 封闭楼梯间、防烟楼梯间及其前室,不应设置卷帘。

(5) 楼梯间内不应设置甲、乙、丙类液体管道。

(6) 封闭楼梯间、防烟楼梯间及其前室内禁止穿过或设置可燃气体管道。敞开楼梯间内不应设置可燃气体管道,当住宅建筑的敞开楼梯间内确需设置可燃气体管道和可燃气体计量表时,应采用金属管和设置切断气源的阀门。

2.《建规》6.4.2 封闭楼梯间除应符合本规范第6.4.1条的规定外,尚应符合下列规定:

(1) 不能自然通风或自然通风不能满足要求时,应设置机械加压送风系统或采用防烟楼梯间。

(2) 除楼梯间的出入口和外窗外,楼梯间的墙上不应开设其他门、窗、洞口。

(3) 高层建筑、人员密集的公共建筑、人员密集的多层丙类厂房、甲、乙类厂房,其封闭楼梯间的门应采用乙级防火门,并应向疏散方向开启;其他建筑,可采用双向弹簧门。

(4) 楼梯间的首层可将走道和门厅等包括在楼梯间内形成扩大的封闭楼梯间,但应采用乙级防火门等与其他走道和房间分隔。

3.《建规》6.4.4 除通向避难层错位的疏散楼梯外,建筑内的疏散楼梯间在各层的平面位置不应改变。

除住宅建筑套内的自用楼梯外,地下或半地下建筑(室)的疏散楼梯间,应符合下列规定:

(1) 室内地面与室外出入口地坪高差大于10 m或3层及以上的地下、半地下建筑(室),其疏散楼梯应采用防烟楼梯间;其他地下或半地下建筑(室),其疏散楼梯应采用封闭楼梯间。

(2) 应在首层采用耐火极限不低于2.00 h的防火隔墙与其他部位分隔并应直通室外,确需在隔墙上开门时,应采用乙级防火门。

(3) 建筑的地下或半地下部分与地上部分不应共用楼梯间,确需共用楼梯间时,应在首层采用耐火极限不低于2.00 h的防火隔墙和乙级防火门将地下或半地下部分与地上部分的连通部位完全分隔,并应设置明显的标志。

三 通风和空气调节

1.《建规》9.3.16 燃油或燃气锅炉房应设置自然通风或机械通风设施。燃气锅炉房应选用防爆型的事故排风机。当采取机械通风时,机械通风设施应设置导除静电的接地装置,通风量应符合下列规定:

(1) 燃油锅炉房的正常通风量应按换气次数不少于3次/h确定,事故排风量应按换气次数不少于6次/h确定。

(2) 燃气锅炉房的正常通风量应按换气次数不少于6次/h确定,事故排风量应按换气次数不少于12次/h确定。

四 电力线路及电器装置

2.《建规》10.2.5 可燃材料仓库内宜使用低温照明灯具,并应对灯具的发热部件采取隔热等防火措施,不应使用卤钨灯等高温照明灯具。

配电箱及开关应设置在仓库外。

》》 问题解析

问题1:判该厂房的耐火等级,确定厂房内二层中间仓库、地下纸张库、锅炉房、变配电室和该印刷厂的火灾危险性。

【解析】(1) 根据《建规》3.1.3条文说明,苯类物质火灾危险性为甲类1项,厂房内二层中间仓库为甲类仓库。

（2）根据《建规》3.1.3条文说明，纸张火灾危险性为丙类2项，地下纸张库为丙类仓库。

（3）根据《建规》3.1.1条文说明，锅炉房的火灾危险性为丁类2项。

（4）根据《建规》3.1.1条文说明，（干式变压器，变压器、多油开关每台装油小于60 kg）配电室的火灾危险性为丁类2项。

（5）根据《建规》3.1.2，当生产过程中使用或产生易燃、可燃物的量较小，不足以构成爆炸或火灾危险时，可按实际情况确定。根据《建规》3.3.6，厂房设置中间仓库时，其储量不宜超过1昼夜的需要量。该印刷厂中间仓库用防火墙和甲级防火门与其他部位分隔且储存量不超过1昼夜，根据《建规》3.1.1条文说明，该印刷厂的火灾危险性为丙类2项。

问题2：指出该厂房平面布置和防火分隔构件中存在的不符合现行国家消防标准规范的问题，并给出解决方法。

【解析】（1）根据《建规》3.3.6.1，厂房内设置中间仓库时，甲、乙类中间仓库应靠外墙设置。该厂房二层中间仓库设置在中间部位，不符合现行规范，应靠外墙设置。

（2）根据《建规》3.3.6.2，甲、乙、丙类中间仓库应采用防火墙和耐火极限不低于1.50 h的不燃性楼板与其他部位分割。该中间仓库的上部屋顶的耐火极限为0.25 h，不符合现行规范，应新作不燃性楼板且耐火极限不低于1.50 h。

（3）根据《建规》3.2.9，甲、乙、丙类仓库的防火墙，其耐火极限不应低于4.00 h。中间仓库的防火墙耐火极限为3.00 h，不符合现行标准，新作或加厚防火墙，使其耐火极限不低于4.00 h。

（4）根据《建规》6.4.4.2，地下建筑（室）的疏散楼梯间应在首层采用耐火极限不低于2.00 h的防火隔墙与其他部位分隔。楼梯间在首层用防火隔墙分隔，表中的耐火极限低于2.00 h，应使用耐火极限不低于2.00 h的防火隔墙与车间分隔。

问题3：该厂房各层分别应至少划分几个防火分区。

【解析】（1）二层：该层建筑面积S＝75×75＝5 625（m²），其中中间仓库280 m²。根据《建规》3.3.2，甲类1项中间仓库每个防火分区最大允许建筑面积不应大于250 m²，未设置自动灭火系统，故中间仓库用不设门、窗、洞口且耐火极限不小于4.00 h的防火墙，将其至少分隔为2个均不大于250 m²的防火分区。根据《建规》3.2.1，判断该厂房的耐火等级为一级；根据《建规》3.3.1，耐火等级为一级的多层丙类厂房，其每个防火分区最大允许建筑面积不应大于6 000 m²，未设置自动灭火系统，将剩余5 345 m²的车间划分为1个防火分区。故二层划分为3个防火分区。

（2）一层：根据《建规》3.3.1，耐火等级为一级的多层丙类厂房，其每个防火分区最大允许建筑面积不应大于6 000 m²，未设置自动灭火系统，将一层5 625 m²的印刷车间划分为1个防火分区。故一层划分为1个防火分区。

（3）地下一层：根据《建规》3.3.2，耐火等级为一级的地下丙类2项仓库，其每个防火分区最大允许建筑面积不应大于300 m²；根据《建规》3.3.3，仓库内设置自动灭火系统时，每个防火分区最大允许建筑面积可增加1.0倍，地下一层设置自动喷水灭火系统，将建筑面积为600 m²的纸张仓库划分为1个防火分区。根据《建规》3.3.2，耐火等级为一级的丙类厂房的地下室，其每个防火分区最大允许建筑面积不应大于500 m²；根据《建规》3.3.3，仓库内设置自动灭火系统时，每个防火分区最大允许建筑面积可增加1.0倍，地下一层设置自动喷水灭火系统，将建筑面积400 m²的变配电室划分为1个防火分区，剩余面积为2 000－600－400＝1 000 m²划分为1个防火分区。地下一层划分为3个防火分区。

某钢筋混凝土框架结构的印刷厂房，长和宽均为75 m，地上2层，地下建筑面积2 000平方米，地下一层边长75 m。

问题4：指出该建筑在安全疏散方面存在的问题，并提出整改措施。

【解析】（1）根据《建规》3.7.2，厂房内每个防火分区，其安全出口不应少于2个；根据《建规》3.7.3，地下厂房（地下室）当有多个防火分区相邻布置，每个防火分区可利用防火墙上通向相邻防火分区的甲级防火门作为第二安全出口,但每个防火分区必须至少有1个直通室外的独立的安全出口。该地下室至少设置3个防火分区,至少应设置3个独立的安全出口,在长轴轴线的两端各设置1部封闭的楼梯间,安全出口数量不足。应增加安全出口的数量,至少设置3个且疏散宽度、疏散距离满足规范要求。

(2) 根据《建规》3.7.4,耐火等级一级的丙类厂房地下室,室内任一点至最近安全出口的直线距离不应大于30 m。变配电室内任一点至封闭楼梯间的距离不大于40 m不符合要求,应增加安全出口,使疏散距离不大于30 m。

(3) 根据《建规》6.4.2.3,人员密集的多层丙类厂房,其封闭楼梯间的门应采用乙级防火门,并应向疏散方向开启。地上楼层封闭楼梯间的门采用能阻挡烟气的双向弹簧门不符合规范,应采用向疏散方向开启的乙级防火门。

(4) 根据《建规》6.4.4.2,地下建筑(室)的疏散楼梯间应在首层直通室外。楼梯间在首层通过长度不大于3 m的走道直通室外不符合要求。应直通室外。

问题5:二层中间仓库应采取哪些防爆措施。

【解析】(1) 根据《建规》3.6.2、3.6.3,应设置泄压设施,宜采用轻质屋面板、轻质墙体和易于泄压的窗户,窗户等应采用安全玻璃。泄压面积应符合要求。

(2) 根据《建规》3.6.12,应设置防止液体流散的设施。

(3) 根据《建规》9.3.16,应设置自然通风设施。

(4) 根据《建规》10.2.5,配电箱及开关应设置在仓库外。灯具采用防爆型灯具,电气线路暗敷设。

案例 10 大型购物中心防火案例分析

情景描述

某大型购物中心地上 4 层,地下 2 层,建筑高度为 23.75 m,总建筑面积 14.2 万 m^2。

该购物中心地下二层为停车场,主要停放小型汽车。

该购物中心地下一层主要为设备用房、物业管理用房和大型超市;其中,设备用房区域建筑面积为 2 000 m^2,划分为一个防火分区;物业管理用房区域建筑面积为 1 000 m^2,划分为一个防火分区;超市区域建筑面积为 2.5 万 m^2,采用不开设门、窗、洞口的防火墙分隔成 1.2 万 m^2 和 1.3 万 m^2 两个部分,并采用下沉式广场将其局部连通,按建筑面积不大于 2 000 m^2 划分为 13 个防火分区。

该购物中心首层至地上四层每层的使用功能均为销售日用百货和服装的商店营业厅,每层建筑面积均为 2.3 万 m^2,地上一层至地上四层每层均按建筑面积不大于 5 000 m^2 划分为 5 个防火分区。

该建筑按现行有关国家工程建设消防技术标准配置了室内外消火栓给水系统、自动喷水灭火系统、排烟设施和火灾自动报警系统等消防设施及器材。

根据以上材料,回答下列问题(共 20 分,每题 2 分,每题的备选项中,有 2 个或 2 个以上符合题意,至少有一个错项,错选,本题不得分;少选,所选的每个选项得 0.5 分)。

1. 该购物中心属于( )。

A. 商业服务网点　　　　　　　　　　　B. 重要公共建筑

C. 人员密集场所　　　　　　　　　　　D. 多层建筑

E. 高层民用建筑

2. 该购物中心地下室、地上各层的耐火等级,符合要求的有( )。

A. 二级、二级　　　　　　　　　　　　B. 二级、三级

C. 二级、一级　　　　　　　　　　　　D. 一级、一级

E. 一级、二级

3. 该购物中心东面有一座礼堂,建筑高度 12 m,耐火等级一级,屋顶耐火极限 2.00 h 且无天窗,礼堂南墙设有门窗、西墙为防火墙,下列间距符合防火要求的有( )。

A. 3 m　　　　　　　　B. 3.5 m　　　　　　　　C. 4 m

D. 1 m　　　　　　　　E. 6 m

4. 该购物中心地上一至四层设有中庭,下列关于中庭设置的说法,正确的有( )。

A. 中庭的防火分区的建筑面积应按上、下层相连通的建筑面积叠加计算

B. 采用防火隔墙与周围连通空间应进行防火分隔时,防火隔墙耐火极限不应低于 3.00 h

C. 采用防火卷帘与周围连通空间应进行防火分隔时,防火卷帘耐火极限不应低于 3.00 h

D. 与周围连通空间之间不应设置门、窗

E. 与周围连通空间采用耐火完整性不低于 1.00 h 的非隔热性防火玻璃墙进行防火分隔时,应设置自动喷

水灭火系统进行保护

5. 该购物中心耐火等级为一级,设置了自动灭火系统和火灾自动报警系统,采用不燃或难燃装修材料,关于建筑内商店营业厅防火分区的建筑面积,下列说法正确的有( )。

A. 首层防火分区最大建筑面积不应大于 10 000 m²

B. 地下一层超市防火分区最大建筑面积不应大于 2 000 m²

C. 首层有一防火分区的建筑面积为 6 000 m²

D. 三层有一防火分区的建筑面积为 4 400 m²

E. 四层有 3 个防火分区的建筑面积均为 5 000 m²

6. 设置在多层建筑首层内的商店营业厅,每个防火分区最大允许建筑面积不应大于 10 000 m²,其必须具备的条件有( )。

A. 该商店采用不燃或难燃材料装修　　　　B. 该多层建筑耐火等级不低于二级

C. 该商店设置自动灭火系统　　　　D. 该商店设置火灾自动报警系统

E. 该商店设置防烟排烟系统

7. 该购物中心地下超市局部联通,除采用下沉式广场外,还可以选用的局部联通方式有( )。

A. 装有甲级防火门的封闭楼梯间　　　　B. 防火隔间

C. 消防前室　　　　D. 避难走道

E. 防烟楼梯间

8. 下列关于用于防火分隔的下沉式广场等室外开敞空间的说法,正确的有( )。

A. 分隔后的不同区域通向下沉式广场等室外开敞空间的开口最近边缘之间的水平距离不应大于 13 m

B. 室外开敞空间除用于人员疏散外不得用于其他商业或可能导致火灾蔓延的用途,其中用于疏散的净面积不应小于 169 m²

C. 下沉式广场等室外开敞空间内应设置不少于 2 部直通地面的疏散楼梯

D. 防风雨篷不应完全封闭,四周开口部位应均匀布置,开口的面积不应小于该空间地面面积的 25%,开口高度不应小于 1.0 m

E. 防风雨篷不应完全封闭,四周开口部位应均匀布置,开口设置百叶窗时,百叶窗的有效排烟面积可按百叶窗通风口面积的 60% 计算

9. 防火隔间的设置应符合下列( )规定。

A. 防火隔间的建筑面积不应小于 10 m²

B. 防火隔间的门应采用甲级防火门

C. 不同防火分区通向防火隔间的门不应计入安全出口,门的最小间距不应小于 5 m

D. 防火隔间内部装修材料的燃烧性能应为 A 级

E. 不应用于除人员通行外的其他用途

10. 避难走道内应设置消火栓、消防应急照明、应急广播和消防专线电话,下列符合要求的有( )。

A. 走道楼板的耐火极限不应低于 1.50 h

B. 走道直通地面的出口不应少于 2 个,并应设置在不同方向;当走道仅与一个防火分区相通且该防火分区至少有 1 个直通室外的安全出口时,可设置 1 个直通地面的出口

C. 走道的净宽度不应小于任一防火分区通向走道的设计疏散总净宽度

D. 走道内部装修材料的燃烧性能不应低于 B_1 级

E. 防火分区至避难走道入口处应设置防烟前室,前室的使用面积不应小于 6 m²,开向前室的门应采用甲级防火门,前室开向避难走道的门应采用甲级防火门

关键考点依据

> 本考点主要依据《建筑设计防火规范》GB 50016－2014(2018 版),简称《建规》。

一 建筑分类

重要公共建筑系指为某一地区的政治、经济活动提供必要保障的重要建筑,或涉及居民正常生活的重要文化、体育建筑或人员高度集中的大型建筑,这些建筑发生火灾后,需尽量减少火灾对建筑结构的危害,以便为火灾扑救提供足够的安全时间或尽快恢复其使用功能,降低可能造成的严重后果。

二 耐火等级和建筑层数

民用建筑的耐火等级应根据其建筑高度、使用功能、重要性和火灾扑救难度等确定。

地下或半地下建筑(室)的耐火等级不应低于一级。单、多层重要公共建筑的耐火等级不应低于二级。一、二级耐火等级建筑的屋面板应采用不燃材料。一、二级耐火等级建筑的上人平屋顶,其屋面板的耐火极限分别不应低于 1.50 h 和 1.00 h。

三级耐火等级多层民用建筑的层数不应超过 5 层,四级耐火等级多层民用建筑的层数不应超过 2 层。

三 防火间距

1.《建规》5.2.2　民用建筑之间的防火间距不应小于(≥)下表规定。

表 1-10-1　　　　　　　　　　　　　民用建筑之间的防火间距　　　　　　　　　　　　　单位：m

建筑类别		高层民用建筑	裙房和其他民用建筑		
		一、二级	一、二级	三级	四级
高层民用建筑	一、二级	13	9	11	14
裙房和其他民用建筑	一、二级	9	6	7	9
	三级	11	7	8	10
	四级	14	9	10	12

注:① 两座建筑相邻较高一面外墙为防火墙,或高出相邻较低一座一、二级耐火等级建筑15 m 及以下范围内的外墙为防火墙时,其防火间距不限。② 相邻两座高度相同的一、二级耐火等级建筑中相邻一侧外墙为防火墙,屋顶的耐火极限≥1.00 h 时,其防火间距不限。③ 相邻两座单、多层建筑,当相邻两面外墙均为不燃性墙体且无外露的可燃性屋檐,每面外墙上无防火保护的门、窗、洞口不正对开设且该门、窗、洞口面积之和≤外墙面积的5%,其防火间距可按本表规定减少25%。④ 相邻两座建筑中较低一座建筑的耐火等级不低于二级,相邻较低一面外墙为防火墙且屋顶无天窗,屋顶的耐火极限≥1.00 h,其防火间距应≥3.5 m;对于高层建筑,应≥4 m。⑤ 相邻两座建筑中较低一座建筑的耐火等级不低于二级且屋顶无天窗,相邻较高一面外墙高出较低一座建筑的屋面15 m 及以下范围内的开口部位设置甲级防火门、窗,或设置符合规范规定的防火分隔水幕,或设置符合规范要求的防火卷帘时,其防火间距应≥3.5 m;对于高层建筑,应≥4 m。⑥ 相邻建筑通过连廊、天桥或底部的建筑物连接时,其间距不应小于本表规定。⑦ 耐火等级低于四级的既有建筑,其耐火等级可按四级确定。

2.《建规》5.2.1　在总平面布局中,应合理确定建筑的位置、防火间距、消防车道和消防水源等,不宜将民用建筑布置在甲、乙类厂(库)房,甲、乙、丙类液体储罐,可燃气体储罐和可燃材料堆场的附近。

四　平面布置

营业厅不应设置在地下三层及以下楼层。地下或半地下营业厅不应经营、储存甲、乙类火灾危险性物品。

五　防火分区

1.《建规》5.3.1　除本规范另有规定外。不同耐火等级建筑的允许防火分区最大允许建筑面积应符合表1-10-2的规定。

表1-10-2　　　　　　　　　　　不同耐火等级建筑的允许防火分区最大允许建筑面积

名　称	耐火等级	防火分区的最大允许建筑面积/m²	备注
高层民用建筑	一、二级	1 500	对于体育馆、剧场的观众厅,防火分区的最大允许建筑面积可适当增加
单、多层民用建筑	一、二级	2 500	
	三级	1 200	
	四级	600	
地下或半地下建筑(室)	一级	500	设备用房的防火分区最大允许建筑面积不应大于 1 000 m²

注:① 表中规定的防火分区最大允许建筑面积,当建筑内设置自动灭火系统时,可按本表的规定增加1.0倍;局部设置时,防火分区的增加面积可按该局部面积的1.0倍计算。② 裙房与高层建筑主体之间设置防火墙时,裙房的防火分区可按单、多层建筑的要求确定。

2.《建规》5.3.1A　独立建造的一、二级耐火等级老年人照料设施的建筑高度不宜大于32 m,大应大于54 m;独立建造的三级耐火等级老年人照料设施,不应超过2层。

3.《建规》5.3.2　建筑内设置自动扶梯、敞开楼梯等上、下层相连通的开口时,其防火分区的建筑面积应按上、下层相连通的建筑面积叠加计算;当叠加计算后的建筑面积大于表1-10-2时,应划分防火分区。

建筑内设置中庭时,其防火分区的建筑面积应按上、下层相连通的建筑面积叠加计算;当叠加计算后的建筑面积大于表1-10-2时,应符合下列规定:

(1)与周围连通空间应进行防火分隔:采用防火隔墙时,其耐火极限不应低于1.00 h;采用防火玻璃墙时,其耐火隔热性和耐火完整性不应低于1.00 h。采用耐火完整性不低于1.00 h的非隔热性防火玻璃墙时,应设置自动喷水灭火系统进行保护;采用防火卷帘时,其耐火极限不应低于3.00 h,并应符合《建规》6.5.3的规定;与中庭相连通的门、窗,应采用火灾时能自行关闭的甲级防火门、窗。

(2)高层建筑内的中庭回廊应设置自动喷水灭火系统和火灾自动报警系统。

(3)中庭应设置排烟设施。

(4)中庭内不应布置可燃物。

4.《建规》5.3.3　防火分区之间应采用防火墙分隔,确有困难时,可采用防火卷帘等防火分隔设施分隔。采用防火卷帘分隔时,应符合《建规》6.5.3的规定。

5.《建规》5.3.4　一、二级耐火等级建筑内的商店营业厅、展览厅,当设置自动灭火系统和火灾自动报警系统并采用不燃或难燃装修材料时,其每个防火分区的最大允许建筑面积应符合下列规定:

(1)设置在高层建筑内时,不应大于4 000 m²。

(2)设置在单层建筑或仅设置在多层建筑的首层内时,不应大于10 000 m²。

(3) 设置在地下或半地下时,不应大于 2 000 m²。

6.《建规》5.3.5　总建筑面积大于 20 000 m² 的地下或半地下商店,应采用无门、窗、洞口的防火墙、耐火极限不低于 2.00 h 的楼板分隔为多个建筑面积不大于 20 000 m² 的区域。相邻区域确需局部连通时,应采用下沉式广场等室外开敞空间、防火隔间、避难走道、防烟楼梯间等方式进行连通,并应符合下列规定:

(1) 下沉式广场等室外开敞空间应能防止相邻区域的火灾蔓延和便于安全疏散,并应符合《建规》6.4.12 的规定。

(2) 防火隔间的墙应为耐火极限不低于 3.00 h 的防火隔墙,并应符合《建规》6.4.13 的规定。

(3) 避难走道应符合《建规》6.4.14 的规定。

(4) 防烟楼梯间的门应采用甲级防火门。

六　构造防火

1. 建筑外墙上、下层开口之间应设置高度不小于 1.2 m 的实体墙,或挑出宽度不小于 1.0 m、长度不小于开口宽度的防火挑檐;当室内设置自动喷水灭火系统时,上、下层开口之间的实体墙高度不应小于 0.8 m。当上、下层开口之间设置实体墙确有困难时,可设置防火玻璃墙,多层建筑的防火玻璃墙的耐火完整性不应低于 0.50 h。外窗的耐火完整性不应低于防火玻璃墙的耐火完整性要求。实体墙、防火挑檐和隔板的耐火极限和燃烧性能均不应低于相应耐火等级建筑外墙的要求。

2. 用于防火分隔的下沉式广场等室外开敞空间,应符合下列规定:

(1) 分隔后的不同区域通向下沉式广场等室外开敞空间的开口最近边缘之间的水平距离不应小于 13 m。室外开敞空间除用于人员疏散外不得用于其他商业或可能导致火灾蔓延的用途,其中用于疏散的净面积不应小于 169 m²。

(2) 下沉式广场等室外开敞空间内应设置不少于 1 部直通地面的疏散楼梯。当连接下沉广场的防火分区需利用下沉广场进行疏散时,疏散楼梯的总净宽度不应小于任一防火分区通向室外开敞空间的设计疏散总净宽度。

(3) 确需设置防风雨篷时,防风雨篷不应完全封闭,四周开口部位应均匀布置,开口的面积不应小于该空间地面面积的 25%,开口高度不应小于 1.0 m;开口设置百叶窗时,百叶窗的有效排烟面积可按百叶窗通风口面积的 60% 计算。

3. 防火隔间的设置应符合下列规定:

(1) 防火隔间的建筑面积不应小于 6.0 m²。

(2) 防火隔间的门应采用甲级防火门。

(3) 不同防火分区通向防火隔间的门不应计入安全出口,门的最小间距不应小于 4 m。

(4) 防火隔间内部装修材料的燃烧性能应为 A 级。

(5) 不应用于除人员通行外的其他用途。

4. 避难走道的设置应符合下列规定:

(1) 避难走道防火隔墙的耐火极限不应低于 3.00 h,楼板的耐火极限不应低于 1.50 h。

(2) 避难走道直通地面的出口不应少于 2 个,并应设置在不同方向;当避难走道仅与一个防火分区相通且该防火分区至少有 1 个直通室外的安全出口时,可设置 1 个直通地面的出口。任一防火分区通向避难走道的门至该避难走道最近直通地面的出口的距离不应大于 60 m。

(3) 避难走道的净宽度不应小于任一防火分区通向该避难走道的设计疏散总净宽度。

(4) 避难走道内部装修材料的燃烧性能应为 A 级。

(5) 防火分区至避难走道入口处应设置防烟前室,前室的使用面积不应小于 6.0 m²,开向前室的门应采用甲级防火门,前室开向避难走道的门应采用乙级防火门。

（6）避难走道内应设置消火栓、消防应急照明、应急广播和消防专线电话。

5. 防火分隔部位设置防火卷帘时,应符合下列规定:

（1）除中庭外,当防火分隔部位的宽度不大于 30 m 时,防火卷帘的宽度不应大于 10 m;当防火分隔部位的宽度大于 30 m 时,防火卷帘的宽度不应大于该部位宽度的 1/3,且不应大于 20 m。

（2）防火卷帘应具有火灾时靠自重自动关闭功能。

（3）防火卷帘的耐火极限不应低于《建筑设计防火规范》GB 50016—2014 对所设置部位墙体的耐火极限要求。

当防火卷帘的耐火极限符合现行国家标准《门和卷帘的耐火试验方法》GB/T 7633—2008 有关耐火完整性和耐火隔热性的判定条件时,可不设置自动喷水灭火系统保护。

当防火卷帘的耐火极限仅符合现行国家标准《门和卷帘的耐火试验方法》GB/T 7633—2008 有关耐火完整性的判定条件时,应设置自动喷水灭火系统保护。自动喷水灭火系统的设计应符合现行国家标准《自动喷水灭火系统设计规范（2005 年版）》GB 50084—2001 的规定,但火灾延续时间不应小于该防火卷帘的耐火极限。

（4）防火卷帘应具有防烟性能,与楼板、梁、墙、柱之间的空隙应采用防火封堵材料封堵。

（5）需在火灾时自动降落的防火卷帘,应具有信号反馈的功能。

（6）其他要求,应符合现行国家标准《防火卷帘》GB 14102—2005 的规定。

七　安全疏散

应根据建筑高度、规模、使用功能和耐火等级等因素合理设置安全疏散设施,确保安全出口、疏散门的位置、数量和宽度及疏散距离等满足人员安全疏散的要求,其安全疏散应符合下列规定:

1. 建筑内的安全出口和疏散门应分散布置,且建筑内每个防火分区或一个防火分区的每个楼层相邻两个安全出口以及每个房间相邻两个疏散门最近边缘之间的水平距离不应小于 5 m。

2. 公共建筑内每个防火分区或一个防火分区的每个楼层,其安全出口的数量应经计算确定,且不应少于 2 个。

3. 除剧场、电影院、礼堂、体育馆外的其他公共建筑,其房间疏散门、安全出口、疏散走道和疏散楼梯的各自总净宽度,应符合下列规定:

（1）每层的房间疏散门、安全出口、疏散走道和疏散楼梯的各自总净宽度,应根据疏散人数按每 100 人的最小疏散净宽度计算确定。当每层疏散人数不等时,疏散楼梯的总净宽度可分层计算,地上建筑内下层楼梯的总净宽度应按该层及以上疏散人数最多一层的人数计算;地下建筑内上层楼梯的总净宽度应按该层及以下疏散人数最多一层的人数计算。

（2）地下或半地下人员密集的厅、室和歌舞娱乐放映游艺场所,其房间疏散门、安全出口、疏散走道和疏散楼梯的各自总净宽度,应根据疏散人数按每 100 人不小于 1.00 m 计算确定。

（3）首层外门的总净宽度应按该建筑疏散人数最多一层的人数计算确定,不供其他楼层人员疏散的外门,可按本层疏散人数计算确定。

（4）商店的疏散人数应按每层营业厅的建筑面积乘以规定的人员密度计算。对于建材商店、家具和灯饰展示建筑,其人员密度可按规定值的 30% 确定。

4. 人员密集的公共建筑不宜在窗口、阳台等部位设置封闭的金属栅栏,确需设置时,应能从内部易于开启;窗口、阳台等部位宜根据高度设置适用的辅助疏散逃生设施。

5. 一、二级耐火等级公共建筑内的安全出口全部直通室外确有困难的防火分区,可利用通向相邻防火分区的甲级防火门作为安全出口,但应符合下列要求:

（1）利用通向相邻防火分区的甲级防火门作为安全出口时,应采用防火墙与相邻防火分区进行分隔。

（2）建筑面积大于 1 000 m² 的防火分区,直通室外的安全出口数量不应少于 2 个;建筑面积不大于 1 000 m² 的防火分区,直通室外的安全出口数量不应少于 1 个。

（3）该防火分区通向相邻防火分区的疏散净宽度不应大于所需疏散总净宽度的 30%,建筑各层直通室外的安全出口总净宽度不应小于所需疏散总净宽度。

6. 疏散走道在防火分区处应设置常开甲级防火门。

7. 一、二级耐火等级建筑内疏散门或安全出口不少于 2 个的营业厅、多功能厅等,其室内任一点至最近疏散门或安全出口的直线距离不应大于 30 m;当疏散门不能直通室外地面或疏散楼梯间时,应采用长度不大于 10 m 的疏散走道通至最近的安全出口。当该场所设置自动喷水灭火系统时,室内任一点至最近安全出口的疏散距离可分别增加 25%。

8. 公共建筑内疏散门和安全出口的净宽度不应小于 0.90 m,疏散走道和疏散楼梯的净宽度不应小于 1.10 m。商店营业厅属于人员密集的公共场所,其疏散门不应设置门槛,其净宽度不应小于 1.40 m,且紧靠门口内外各 1.40 m 范围内不应设置踏步。

9. 自动扶梯和电梯不应作为安全疏散设施。

10. 公共建筑内的客、货电梯宜设置电梯候梯厅,不宜直接设置在营业厅、多功能厅等场所内。

问题解析

1.【答案】B、C、D。解析:(1)商业服务网点是指设置在住宅建筑的首层或首层及二层,每个分隔单元建筑面积≤300 m² 的小型营业性用房,包括百货店、副食店、粮店、邮政所、储蓄所、理发店、洗衣店、药店、洗车店、餐饮店等。选项 A 错误。

(2)重要公共建筑是指发生火灾可能造成重大人员伤亡、财产损失和严重社会影响的公共建筑。一般包括党政机关办公楼,人员密集的大型公共建筑或集会场所,较大规模的中小学校教学楼、宿舍楼,重要的通信、调度和指挥建筑,广播电视建筑,医院等建筑,以及城市集中供水设施、主要的电力设施等涉及城市或区域生命线的支持性建筑或工程。选项 B 正确。

(3) GA 654—2006《人员密集场所消防安全管理》3.2 指出人员密集场所是人员聚集的室内场所。如宾馆、饭店等旅馆,餐饮场所,商场、市场、超市等商店,体育场馆,公共展览馆,博物馆的展览厅,金融证券交易所,公共娱乐场所,医院的门诊楼、病房楼,老年人建筑、托儿所、幼儿园,学校的教学楼、图书馆和集体宿舍,公共图书馆的阅览室,客运车站、码头、民用机场的候车、候船、候机厅(楼),人员密集的生产加工车间、员工集体宿舍等。选项 C 正确。

(4)根据《建规》5.1.1,选项 D 正确。

(5)根据《建规》5.1.1,选项 E 错误。

2.【答案】D、E。解析:根据《建规》5.1.3,民用建筑的耐火等级应根据其建筑高度、使用功能、重要性和火灾扑救难度等确定,并应符合下列规定:

① 地下或半地下建筑(室)和一类高层建筑的耐火等级不应低于一级。

② 单、多层重要公共建筑和二类高层建筑的耐火等级不应低于二级。

3.【答案】B、C、E。解析:根据《建规》5.2.2,民用建筑之间的防火间距不应小于(≥)下表的规定。

民用建筑之间的防火间距　　　　　　　　　　　　　　　　　单位:m

建筑类别		高层民用建筑	裙房和其他民用建筑		
		一、二级	一、二级	三级	四级
高层民用建筑	一、二级	13	9	11	14
裙房和其他民用建筑	一、二级	9	6	7	9
	三级	11	7	8	10
	四级	14	9	10	12

注:① 两座建筑相邻较高一面外墙为防火墙,或高出相邻较低一座一、二级耐火等级建筑 15 m 及以下范围内的外墙为防火墙时,其防火间距不限。② 相邻两座高度相同的一、二级耐火等级建筑中相邻一侧外墙为防火墙,屋顶的耐火极限≥

1.00 h 时,其防火间距不限。③相邻两座单、多层建筑,当相邻两面外墙均为不燃性墙体且无外露的可燃性屋檐,每面外墙上无防火保护门、窗、洞口不正对开设且该门、窗、洞口面积之和各≤外墙面积的 5%,其防火间距可按本表规定减少 25%。④相邻两座建筑中较低一座建筑的耐火等级不低于二级,相邻较低一面外墙为防火墙且屋顶无天窗,屋顶的耐火极限≥1.00 h,其防火间距应≥3.5 m;对于高层建筑,应≥4 m。

4.【答案】A、C、E。解析:根据《建规》5.3.2,建筑内设置中庭时,其防火分区的建筑面积应按上、下层相连通的建筑面积叠加计算,应符合下列规定:

(1)与周围连通空间应进行防火分隔:采用防火隔墙时,其耐火极限不应低于 1.00 h;采用防火玻璃墙时,其耐火隔热性和耐火完整性不应低于 1.00 h。采用耐火完整性不低于 1.00 h 的非隔热性防火玻璃墙时,应设置自动喷水灭火系统进行保护;采用防火卷帘时,其耐火极限不应低于 3.00 h,并应符合《建规》第 6.5.3 条的规定;与中庭相连通的门、窗,应采用火灾时能自行关闭的甲级防火门、窗。(2)高层建筑内的中庭回廊应设置自动喷水灭火系统和火灾自动报警系统。(3)中庭应设置排烟设施。(4)中庭内不应布置可燃物。故选 A、C、E。

5.【答案】B、D、E。解析:(1)根据《建规》5.3.1,不同耐火等级建筑的允许防火分区最大允许建筑面积应符合下表规定。

不同耐火等级建筑的允许防火分区最大允许建筑面积

名　称	耐火等级	防火分区的最大允许建筑面积/m²	备注
高层民用建筑	一、二级	1 500	对于体育馆、剧场的观众厅,防火分区的最大允许建筑面积可适当增加
单、多层民用建筑	一、二级	2 500	
	三级	1 200	
	四级	600	
地下或半地下建筑(室)	一级	500	设备用房的防火分区最大允许建筑面积不应大于 1 000 m²

注:①表中规定的防火分区最大允许建筑面积,当建筑内设置自动灭火系统时,可按本表的规定增加 1.0 倍;局部设置时,防火分区的增加面积可按该局部面积的 1.0 倍计算。②裙房与高层建筑主体之间设置防火墙时,裙房的防火分区可按单、多层建筑的要求确定。

(2)根据《建规》5.3.4,一、二级耐火等级建筑内的商店营业厅、展览厅,当设置自动灭火系统和火灾自动报警系统并采用不燃或难燃装修材料时,其每个防火分区的最大允许建筑面积应符合下列规定:

①设置在高层建筑内时,不应大于 4 000 m²;②设置在单层建筑或仅设置在多层建筑的首层内时,不应大于 10 000 m²;③设置在地下或半地下时,不应大于 2 000 m²。故选 B、D、E。

6.【答案】A、B、C、D。解析:根据《建规》5.3.4,一、二级耐火等级建筑内的商店营业厅、展览厅,当设置自动灭火系统和火灾自动报警系统并采用不燃或难燃装修材料时,其每个防火分区的最大允许建筑面积应符合下列规定:

①设置在高层建筑内时,不应大于 4 000 m²;②设置在单层建筑或仅设置在多层建筑的首层内时,不应大于 10 000 m²;③设置在地下或半地下时,不应大于 2 000 m²。故选 A、B、C、D。

7.【答案】B、D、E。解析:根据《建规》5.3.5,总建筑面积大于 20 000 m² 的地下或半地下商店,应采用无门、窗、洞口的防火墙、耐火极限不低于 2.00 h 的楼板分隔为多个建筑面积不大于 20 000 m² 的区域。相邻区域确需局部连通时,应采用下沉式广场等室外开敞空间、防火隔间、避难走道、防烟楼梯间等方式进行连通。故选 B、D、E。

8.【答案】B、D、E。解析:根据《建规》6.4.12,用于防火分隔的下沉式广场等室外开敞空间,应符合下列规定:

①分隔后的不同区域通向下沉式广场等室外开敞空间的开口最近边缘之间的水平距离不应小于 13 m。室外开敞空间除用于人员疏散外不得用于其他商业或可能导致火灾蔓延的用途,其中用于疏散的净面积不应

小于 169 m²。故 A 错误,B 正确。

② 下沉式广场等室外开敞空间内应设置不少于 1 部直通地面的疏散楼梯。当连接下沉广场的防火分区需利用下沉广场进行疏散时,疏散楼梯的总净宽度不应小于任一防火分区通向室外开敞空间的设计疏散总净宽度。故 C 错误。

③ 确需设置防风雨篷时,防风雨篷不应完全封闭,四周开口部位应均匀布置,开口的面积不应小于该空间地面面积的 25%,开口高度不应小于 l.0 m;开口设置百叶窗时,百叶窗的有效排烟面积可按百叶窗通风口面积的 60%计算。故 D、E 正确。

9.【答案】B、D、E。解析:根据《建规》6.4.13,防火隔间的设置应符合下列规定:

① 防火隔间的建筑面积不应小于 6.0 m²。② 防火隔间的门应采用甲级防火门。③ 不同防火分区通向防火隔间的门不应计入安全出口,门的最小间距不应小于 4 m。④ 防火隔间内部装修材料的燃烧性能应为 A 级。⑤ 不应用于除人员通行外的其他用途。故选 B、D、E。

10.【答案】A、B、C。解析:根据《建规》6.4.14,避难走道的设置应符合下列规定:

① 避难走道防火隔墙的耐火极限不应低于 3.00 h,楼板的耐火极限不应低于 1.50 h。② 避难走道直通地面的出口不应少于 2 个,并应设置在不同方向;当避难走道仅与一个防火分区相通且该防火分区至少有 1 个直通室外的安全出口时,可设置 1 个直通地面的出口。任一防火分区通向避难走道的门至该避难走道最近直通地面的出口的距离不应大于 60 m。③ 避难走道的净宽度不应小于任一防火分区通向该避难走道的设计疏散总净宽度。④ 避难走道内部装修材料的燃烧性能应为 A 级。⑤ 防火分区至避难走道入口处应设置防烟前室,前室的使用面积不应小于 6.0 m²,开向前室的门应采用甲级防火门,前室开向避难走道的门应采用乙级防火门。⑥ 避难走道内应设置消火栓、消防应急照明、应急广播和消防专线电话。故选 A、B、C。

案例 11 大型餐饮建筑防火案例分析

》 情景描述

某市招商引资过程中与某知名餐饮集团达成合作意向,拟在该市新建的风景区内投资建设餐饮配套项目,该餐饮项目规划如下。

拟建餐饮建筑地上 5 层、地下 3 层,建筑高度 19 m,钢筋混凝土框架结构,耐火等级一级。地下一层层高 4 m,拟设置设备用房,设有夜总会,供餐饮、夜总会使用的白兰地等酒水仓库,停车场;地下二层层高 4 m,为停车场;地下三层层高 5 m,设有消防水泵房及停车场。地上一层层高 5 m,设有茶餐厅;地上二至五层层高均为 3.5 m,其中二至四层为中餐厅,第五层为西餐厅。

拟建项目每层建筑面积均为 3 600 m²。在地下二层设有简易厨房,主要加工冷盘,不设燃气;地上一、三、五层均设有厨房,使用天然气,均未设外窗;地上设有一部厨房专用货梯。地上每层在建筑中心部位设有 15 m× 15 m 的中庭,中庭北侧设有两部观光客梯。地上各层靠外墙布置包房,包房内均具有卡拉 OK 功能且有可开启外窗,地上各层设有零点餐厅。地下二层至首层每层均设置两部消防电梯。

该建筑采用岩棉作为外墙外保温材料。

该建筑拟按规定在二至五层中庭周边采取防火分隔措施。该建筑拟按现行有关国家工程建设消防技术标准配置室内外消火栓给水系统、自动喷水灭火系统和火灾自动报警系统等消防设施及器材。

根据以上材料,回答下列问题(共 20 分)。

1. 该建筑平面布局中存在的问题有哪些?
2. 消防电梯应符合哪些规定?
3. 该建筑内装修时,应使用 A 级装修材料的部位有哪些?
4. 该建筑内装修时,可使用 B₁ 级装修材料的部位有哪些?
5. 设置在地下室或地上密闭房间内的商业用气设备应符合哪些规定?

》 关键考点依据

本考点主要依据《建筑设计防火规范》GB 50016－2014(2018 版),简称《建规》。

一 建筑分类

按建筑使用性质,可分为民用建筑、工业建筑、农业建筑。民用建筑可分为住宅建筑、公共建筑。住宅建筑是指供单身或家庭成员短期或长期居住使用的建筑。公共建筑是指供人们进行各种公共活动的建筑,包括教育、办公、科研、文化、商业、服务、体育、医疗、交通、纪念、园林、综合类建筑等。

表 1-11-1　　　　　　　　　　　　　　　　民用建筑的分类

名　称	高层民用建筑		单、多层民用建筑
	一类	二类	
住宅建筑	$H>54$ m	27 m$<H\leqslant$54 m	$H\leqslant$27 m
公共建筑	1. $H>50$ m 的公共建筑 2. $H>24$ m 且任一楼层 $S>1\,000$ m^2 的商店、展览、电信、邮政、财贸金融建筑和其他多种功能组合建筑 3. 医疗建筑、重要公共建筑、独立建造的老年人照料设施 4. 省级及以上的广播电视和防灾指挥调度建筑、网局级和省级电力调度建筑 5. 藏书超过 100 万册的图书馆、书库	除住宅建筑、一类高层建筑外的其他高层民用建筑	1. $H>24$ 米的单层公共建筑 2. $H\leqslant24$ 米的其他公共建筑

备注：① H 为民用建筑的建筑高度，单位 m；S 为楼层建筑面积，单位 m^2。　② 表中"住宅建筑"均包括设置商业服务网点的住宅建筑。　③ 除另有规定外，裙房的防火要求应符合有关高层民用建筑的规定。　④ 除另有规定外，宿舍、公寓等非住宅类居住建筑应符合有关公共建筑的防火要求

　　重要公共建筑是指发生火灾可能造成重大人员伤亡、财产损失和严重社会影响的公共建筑。一般包括党政机关办公楼，人员密集的大型公共建筑或集会场所，较大规模的中小学校教学楼、宿舍楼，重要的通信、调度和指挥建筑，广播电视建筑，医院等建筑，以及城市集中供水设施、主要的电力设施等涉及城市或区域生命线的支持性建筑或工程。

　　商业服务网点是指设置在住宅建筑的首层或首层及二层，每个分隔单元建筑面积 $S\leqslant300$ m^2 的小型营业性用房，包括百货店、副食店、粮店、邮政所、储蓄所、理发店、洗衣店、药店、洗车店、餐饮店等。"建筑面积"是指设置在住宅建筑首层或一层及二层，且相互完全分隔后的每个小型商业用房的总建筑面积。比如，一个上、下两层室内直接相通的商业服务网点，该"建筑面积"为该商业服务网点一层和二层商业用房的建筑面积之和。

　　GA 654—2006《人员密集场所消防安全管理》3.2　人员密集场所是人员聚集的室内场所。如宾馆、饭店等旅馆，餐饮场所，商场、市场、超市等商店，体育场馆，公共展览馆、博物馆的展览厅，金融证券交易场所，公共娱乐场所，医院的门诊楼、病房楼，老年人建筑、托儿所、幼儿园，学校的教学楼、图书馆和集体宿舍，公共图书馆的阅览室，客运车站、码头、民用机场的候车、候船、候机厅（楼），人员密集的生产加工车间、员工集体宿舍等。

二　防火分区

　　1.《建规》5.3.1　除本规范另有规定外。不同耐火等级建筑的允许防火分区最大允许建筑面积应符合表 1-11-2 的规定。

表 1-11-2　　　　　　　不同耐火等级建筑的允许防火分区最大允许建筑面积

名　称	耐火等级	防火分区的最大允许建筑面积/m^2	备注
高层民用建筑	一、二级	1 500	对于体育馆、剧场的观众厅，防火分区的最大允许建筑面积可适当增加
单、多层民用建筑	一、二级	2 500	
	三级	1 200	
	四级	600	

（续表）

名　称	耐火等级	防火分区的最大允许建筑面积/m²	备注
地下或半地下建筑（室）	一级	500	设备用房的防火分区最大允许建筑面积不应大于 1 000 m²

注：① 表中规定的防火分区最大允许建筑面积，当建筑内设置自动灭火系统时，可按本表的规定增加 1.0 倍；局部设置时，防火分区的增加面积可按该局部面积的 1.0 倍计算。② 裙房与高层建筑主体之间设置防火墙时，裙房的防火分区可按单、多层建筑的要求确定。

2.《建规》5.3.2　建筑内设置自动扶梯、敞开楼梯等上、下层相连通的开口时，其防火分区的建筑面积应按上、下层相连通的建筑面积叠加计算；当叠加计算后的建筑面积大于表 1-11-1 时，应划分防火分区。

建筑内设置中庭时，其防火分区的建筑面积应按上、下层相连通的建筑面积叠加计算；当叠加计算后的建筑面积大于表 1-11-1 时，应符合下列规定：

（1）与周围连通空间应进行防火分隔：采用防火隔墙时，其耐火极限不应低于 1.00 h；采用防火玻璃墙时，其耐火隔热性和耐火完整性不应低于 1.00 h。采用耐火完整性不低于 1.00 h 的非隔热性防火玻璃墙时，应设置自动喷水灭火系统进行保护；采用防火卷帘时，其耐火极限不应低于 3.00 h，并应符合《建规》6.5.3 的规定；与中庭相连通的门、窗，应采用火灾时能自行关闭的甲级防火门、窗。

（2）高层建筑内的中庭回廊应设置自动喷水灭火系统和火灾自动报警系统。

（3）中庭应设置排烟设施。

（4）中庭内不应布置可燃物。

3.《建规》5.3.3　防火分区之间应采用防火墙分隔，确有困难时，可采用防火卷帘等防火分隔设施分隔。采用防火卷帘分隔时，应符合《建规》6.5.3 的规定。

三　平面布置

1.《建规》5.4.2　除为满足民用建筑使用功能所设置的附属库房外。民用建筑内不应设置生产车间和其他库房。经营、存放和使用甲、乙类火灾危险性物品的商店、作坊和储藏间，严禁附设在民用建筑内。

2.《建规》5.4.9　具有卡拉 OK 功能的包间的布置应符合下列规定：

（1）不应布置在地下二层及以下楼层。

（2）宜布置在一、二级耐火等级建筑物内的首层、二层或三层的靠外墙部位。

（3）不宜布置在袋形走道的两侧或尽端。

（4）确需布置在地下一层时，地下一层地面与室外出入口地坪的高差不应大于 10 m。

（5）确需布置在地下或四层及以上楼层时，一个厅、室的建筑面积不应大于 200 m²。

（6）厅、室之间及与建筑的其他部位之间，应采用耐火极限不低于 2.00 h 的防火隔墙和不低于 1.00 h 的不燃性楼板分隔，设置在厅、室墙上的门和该场所与建筑内其他部位相通的门均应采用乙级防火门。

四　安全疏散

1.《建规》5.5.5　除人员密集场所外，建筑面积不大于 500 m²、使用人数不超过 30 人且埋深不大于 10 m 的地下或半地下建筑（室），当需要设置 2 个安全出口时，其中一个安全出口可利用直通室外的金属竖向梯。

除歌舞娱乐放映游艺场所外，防火分区建筑面积不大于 200 m² 的地下或半地下设备间、防火分区建筑面积不大于 50 m² 且经常停留人数不超过 15 人的其他地下或半地下建筑（室），可设置 1 个安全出口或 1 部疏散楼梯。

除另有规定外，建筑面积不大于 200 m² 的地下或半地下设备间、建筑面积不大于 50 m² 且经常停留人数不超过 15 人的其他地下或半地下房间,可设置 1 个疏散门。

2.《建规》5.5.6   直通建筑内附设汽车库的电梯,应在汽车库部分设置电梯候梯厅,并应采用耐火极限不低于 2.00 h 的防火隔墙和乙级防火门与汽车库分隔。

3.《建规》5.5.13   下列多层公共建筑的疏散楼梯,除与敞开式外廊直接相连的楼梯间外,均应采用封闭楼梯间:

(1)医疗建筑、旅馆及类似使用功能的建筑。

(2)设置歌舞娱乐放映游艺场所的建筑。

(3)商店、图书馆、展览建筑、会议中心及类似使用功能的建筑。

(4)6 层及以上的其他建筑。

4.《建规》5.5.13A   老年人照料设施的疏散楼梯或疏散楼梯间宜与敞开式外廊直接连通,不能与敞开式外廊直接连通的室内疏散楼梯应采用封闭楼梯间。建筑高度大于 24 m 的老年人照料设施,其室内疏散楼梯应采用防烟楼梯间。

建筑高度大于 32 m 的老年人照料设施,宜在 32 m 以上部分增设能连通老年人居室和公共活动场所的连廊,各层连廊应直接与疏散楼梯、安全出口或室外避难场地连通。

5.《建规》5.5.15   公共建筑内房间的疏散门数量应经计算确定且不应少于 2 个。除托儿所、幼儿园、老年人建筑、医疗建筑、教学建筑内位于走道尽端的房间外,符合下列条件之一的房间可设置 1 个疏散门:

(1)位于两个安全出口之间或袋形走道两侧的房间,对于托儿所、幼儿园、老年人建筑,建筑面积不大于 50 m²;对于医疗建筑、教学建筑,建筑面积不大于 75 m²;对于其他建筑或场所,建筑面积不大于 120 m²。

(2)位于走道尽端的房间,建筑面积小于 50 m² 且疏散门的净宽度不小于 0.90 m,或由房间内任一点至疏散门的直线距离不大于 15 m,建筑面积不大于 200 m² 且疏散门的净宽度不小于 1.40 m。

(3)歌舞娱乐放映游艺场所内建筑面积不大于 50 m² 且经常停留人数不超过 15 人的厅、室。

6.《建规》5.5.17   公共建筑的安全疏散距离应符合下列规定:

(1)直通疏散走道的房间疏散门至最近安全出口的直线距离不应大于表 1-11-3 的规定。

表 1-11-3   直通疏散走道的房间疏散门至最近安全出口的直线距离   单位:m

名　称		位于两个安全出口之间的疏散门			位于袋形走道两侧或尽端的疏散门		
		一、二级	三级	四级	一、二级	三级	四级
托儿所、幼儿园、老年人照料设施		25	20	15	20	15	10
歌舞娱乐放映游艺场所		25	20	15	9	—	—
医疗建筑	单、多层	35	30	25	20	15	10
	高层 病房部分	24			12		
	高层 其他部分	30			15		
教学建筑	单、多层	35	30	25	22	20	10
	高层	30			15		
高层旅馆、公寓、展览建筑		30			15		
其他建筑	单、多层	40	35	25	22	20	15
	高层	40	—	—	20	—	—

注:①建筑内开向敞开式外廊的房间疏散门至最近安全出口的直线距离可按本表的规定增加 5 m。②直通疏散走道的房间疏散门至最近敞开楼梯间的直线距离,当房间位于两个楼梯间之间时,应按本表的规定减少 5 m;当房间位于袋形走道两侧或尽端时,应按本表的规定减少 2 m。③建筑物内全部设置自动喷水灭火系统时,其安全疏散距离可按本表及注①的规定增加 25%。

（2）楼梯间应在首层直通室外，确有困难时，可在首层采用扩大的封闭楼梯间或防烟楼梯间前室。当层数不超过 4 层且未采用扩大的封闭楼梯间或防烟楼梯间前室时，可将直通室外的门设置在离楼梯间不大于 15 m 处。

（3）房间内任一点至房间直通疏散走道的疏散门的直线距离，不应大于表 1-11-3 规定的袋形走道两侧或尽端的疏散门至最近安全出口的直线距离。

（4）一、二级耐火等级建筑内疏散门或安全出口不少于 2 个的观众厅、展览厅、多功能厅、餐厅、营业厅等，其室内任一点至最近疏散门或安全出口的直线距离不应大于 30 m；当疏散门不能直通室外地面或疏散楼梯间时，应采用长度不大于 10 m 的疏散走道通至最近的安全出口。当该场所设置自动喷水灭火系统时，室内任一点至最近安全出口的安全疏散距离可分别增加 25%。

五 构造防火

1. 该建筑内的厨房均应采用耐火极限不低于 2.00 h 的防火隔墙与其他部位分隔，墙体上的门、窗应采用乙级防火门、窗。

2. 该建筑内的电梯井等竖井应符合下列规定：

（1）电梯井应独立设置，井内严禁敷设可燃气体和甲、乙、丙类液体管道，不应敷设与电梯无关的电缆、电线等。电梯井的井壁除设置电梯门、安全逃生门和通气孔洞外，不应设置其他开口。

（2）电缆井、管道井、排烟道、排气道、垃圾道等竖向井道，应分别独立设置。井壁的耐火极限不应低于 1.00 h，井壁上的检查门应采用丙级防火门。

（3）建筑内的电缆井、管道井应在每层楼板处采用不低于楼板耐火极限的不燃材料或防火封堵材料封堵。建筑内的电缆井、管道井与房间、走道等相连通的孔隙应采用防火封堵材料封堵。

（4）建筑内的垃圾道宜靠外墙设置，垃圾道的排气口应直接开向室外，垃圾斗应采用不燃材料制作，并应能自行关闭。

（5）电梯层门的耐火极限不应低于 1.00 h，并应同时符合现行国家标准《电梯层门耐火试验完整性、隔热性和热通量测定法》GB/T 27903—2011 规定的完整性和隔热性要求。

3. 设置人员密集场所的建筑，其外墙外保温材料的燃烧性能应为 A 级。

六 灭火救援设施

1.《建规》7.2.5　供消防救援人员进入的窗口的净高度和净宽度均不应小于 1.0 m，下沿距室内地面不宜大于 1.2 m，间距不宜大于 20 m 且每个防火分区不应少于 2 个，设置位置应与消防车登高操作场地相对应。窗口的玻璃应易于破碎，并应设置可在室外易于识别的明显标志。

2. 埋深大于 10 m 且总建筑面积大于 3 000 m² 的地下或半地下建筑（室）应设置消防电梯；消防电梯应分别设置在不同防火分区内，且每个防火分区不应少于 1 台。

3.《建规》7.3.8　消防电梯应符合下列规定：

（1）应能每层停靠。

（2）电梯的载重量不应小于 800 kg。

（3）电梯从首层至顶层的运行时间不宜大于 60 s。

（4）电梯的动力与控制电缆、电线、控制面板应采取防水措施。

（5）在首层的消防电梯入口处应设置供消防队员专用的操作按钮。

（6）电梯轿厢的内部装修应采用不燃材料。

（7）电梯轿厢内部应设置专用消防对讲电话。

七 室内装修

根据《建筑内部装修设计防火规范》GB 50222—2017 的规定,该大型餐饮建筑特殊部位的室内装修应符合下列规定:

1. 建筑物内设有上下层相连通的中庭、走马廊、开敞楼梯、自动扶梯时,其连通部位的顶棚、墙面应采用 A 级装修材料,其他部位应采用不低于 B_1 级的装修材料。

2. 建筑物内的厨房,其顶棚、墙面、地面均应采用 A 级装修材料。

3. 建筑内地上各层的水平疏散走道和安全出口的门厅,其顶棚装修材料应采用 A 级装修材料,其他部位应采用不低于 B_1 级的装修材料。该建筑地下各层的疏散走道和安全出口的门厅,其顶棚、墙面和地面的装修材料应采用 A 级装修材料。

4. 封闭楼梯间、防烟楼梯间的顶棚、墙面和地面应采用 A 级装修材料。

5. 建筑内地上各层营业面积超过 100 m^2 的包间的顶棚装修材料的燃烧性能等级均不应低于 A 级,墙面、地面、隔断装修材料不应低于 B_1 级,其他装修材料的燃烧性能等级不应低于 B_2 级;地上各层营业面积不超过 100 m^2 的包间的顶棚、墙面、地面装修材料的燃烧性能等级均不应低于 B_1 级,其他装修材料的燃烧性能等级不应低于 B_2 级。

6. 建筑内地下一层夜总会的顶棚、墙面装修材料的燃烧性能等级均应采用 A 级,地面、隔断、固定家具和装饰织物和其他装饰材料的燃烧性能等级均不应低于 B_1 级。

八 燃气防火

根据《建筑设计防火规范》GB 50016—2014 和《城镇燃气设计规范》GB 50028—2006 的规定,该建筑的燃气防火应符合下列规定:

1. 可燃气体管道严禁穿过防火墙。

2. 地下室、半地下室、设备层和地上密闭房间敷设燃气管道时,应符合下列要求:

(1) 净高不宜小于 2.2 m。

(2) 应有良好的通风设施,房间换气次数不得小于 3 次/h;并应有独立的事故机械通风设施,其换气次数不应小于 6 次/h。

(3) 应有固定的防爆照明设备。

3. 燃气立管宜明设,当设在便于安装和检修的管道竖井内时,应符合下列要求:

(1) 燃气立管可与空气、惰性气体、上下水、热力管道等设在一个公用竖井内,但不得与电线、电气设备或氧气管、进风管、回风管、排气管、排烟管、垃圾道等共用一个竖井。

(2) 竖井应在每层楼板处采用不低于楼板耐火极限的不燃材料或防火封堵材料封堵,且应设法采取平时竖井内自然通风和火灾时防止产生烟囱作用的措施;燃气管井与房间、走道等相连通的孔洞应采用防火封堵材料封堵。

(3) 每层设可燃气体探测器。

(4) 管道竖井的墙体应为耐火极限不低于 1.0 h 的不燃烧体,井壁上的检查门应采用丙级防火门。

4. 商业用气设备设置在地下室、半地下室(液化石油气除外)或地上密闭房间内时,应符合下列要求:

(1) 燃气引入管应设手动快速切断阀和紧急自动切断阀;紧急自动切断阀停电时必须处于关闭状态(常开型)。

(2) 用气设备应有熄火保护装置。

(3) 用气房间应设置燃气浓度检测报警器,并由管理室集中监视和控制。

(4) 宜设烟气一氧化碳浓度检测报警器。

(5) 应设置独立的机械送排风系统;正常工作时,换气次数不应小于 6 次/h;事故通风时,换气次数不应小于 12 次/h;不工作时换气次数不应小于 3 次/h。

5. 民用建筑内空气中含有容易起火或爆炸危险物质的房间,应设置自然通风或独立的机械通风设施,且其空气不应循环使用。当空气中含有比空气轻的可燃气体时,排风水平管全长应顺气流方向向上坡度敷设。

6. 空气中含有易燃、易爆危险物质的房间,其送排风系统应采用防爆型的通风设备。当送风机布置在单独分隔的通风机房内且送风干管上设置防止回流设施时,可采用普通型的通风设备。

7. 排除有燃烧或爆炸危险气体的排风系统,应符合下列规定:

(1) 排风系统应设置导除静电的接地装置。

(2) 排风设备不应布置在地下或半地下建筑(室)内。

(3) 排风管应采用金属管道,并应直接通向室外安全地点,不应暗设。

》 问题解析

问题1:该建筑平面布局中存在的问题有哪些?

【解析】1. 地下一层不应设置供餐饮、夜总会使用的白兰地等酒水仓库。

2. 消防水泵房不应设置在地下三层。

【依据】

1. 根据《建规》5.4.2,除为满足民用建筑使用功能所设置的附属库房外,民用建筑内不应设置生产车间和其他库房。经营、存放和使用甲、乙类火灾危险性物品的商店、作坊和储藏间,严禁附设在民用建筑内。

2. 根据《建规》8.1.6,消防水泵房的设置应符合下列规定:

(1) 单独建造的消防水泵房,其耐火等级不应低于二级。(2) 附设在建筑内的消防水泵房,不应设置在地下三层及以下或室内地面与室外出入口地坪高差大于10 m的地下楼层。(3) 疏散门应直通室外或安全出口。

问题2:消防电梯应符合哪些规定?

【解析】消防电梯应符合下列规定:

(1) 应能每层停靠。(2) 电梯的载重量不应小于800 kg。(3) 电梯从首层至顶层的运行时间不宜大于60 s。(4) 电梯的动力与控制电缆、电线、控制面板应采取防水措施。(5) 在首层的消防电梯入口处应设置供消防队员专用的操作按钮。(6) 电梯轿厢的内部装修应采用不燃材料。

问题3:该建筑内装修时,应使用A级装修材料的部位有哪些?

【解析】应使用A级装修材料的部位有:

(1) 中庭、走马廊、开敞楼梯的顶棚、墙面。(2) 厨房的顶棚、墙面、地面均应采用A级装修材料。(3) 建筑内地上各层的水平疏散走道和安全出口的门厅,其顶棚装修材料应采用A级装修材料;地下各层的疏散走道和安全出口的门厅,其顶棚、墙面和地面的装修材料应采用A级装修材料。(4) 封闭楼梯间、防烟楼梯间的顶棚、墙面和地面均应采用A级装修材料。(5) 地上包间内室内装修的顶棚材料均应采用A级装修材料。(6) 夜总会的顶棚、墙面均应采用A级装修材料。

【依据】

表1-11-4　　　　　　　　单层、多层民用建筑内部各部位装修材料的燃烧性能等级

序号	建筑物及场所	建筑规模、性质	装修材料燃烧性能等级					装饰织物		其他装饰装修材料
			顶棚	墙面	地面	隔断	固定家具	窗帘	帷幕	
1	候机楼的候机大厅、贵宾候机室、售票厅、商店、餐饮场所等	—	A	A	B_1	B_1	B_1	B_1	—	B_1
2	汽车站、火车站、轮船客运站的候车(船)室、商店、餐饮场所等	建筑面积>10 000 m²	A	A	B_1	B_1	B_1	B_1	—	B_2
		建筑面积≤10 000 m²	A	B_1	B_1	B_1	B_1	B_1	—	B_2

（续表）

序号	建筑物及场所	建筑规模、性质	顶棚	墙面	地面	隔断	固定家具	装饰织物 窗帘	装饰织物 帷幕	其他装饰装修材料
3	观众厅、会议厅、多功能厅、等候厅等	每个厅建筑面积＞400 m²	A	A	B₁	B₁	B₁	B₁	B₁	B₁
		每个厅建筑面积≤400 m²	A	B₁	B₁	B₁	B₂	B₁	B₁	B₂
4	体育馆	＞3 000 座位	A	A	B₁	B₁	B₁	B₁	B₁	B₂
		≤3 000 座位	A	B₁	B₁	B₁	B₂	B₂	B₁	B₂
5	商店的营业厅	每层建筑面积＞1 500 m² 或总建筑面积＞3 000 m²	A	B₁	B₁	B₁	B₁	B₁	—	B₂
		每层建筑面积≤1 500 m² 或总建筑面积≤3 000 m²	A	B₁	B₁	B₁	B₂	B₁	—	—
6	宾馆、饭店的客房及公共活动用房等	设置送回风道（管）的集中空气调节系统	A	B₁	B₁	B₁	B₂	B₂	—	B₂
		其他	B₁	B₁	B₂	B₂	B₂	B₂	—	—
7	养老院、托儿所、幼儿园的居住及活动场所	—	A	A	B₁	B₁	B₂	B₁	—	B₂
8	医院的病房区、诊疗区、手术区	—	A	A	B₁	B₁	B₂	B₁	—	B₂
9	教学场所、教学实验场所	—	A	B₁	B₂	B₂	B₂	B₂	B₂	B₂
10	纪念馆、展览馆、博物馆、图书馆、档案馆、资料馆等的公众活动场所	—	A	B₁	B₁	B₁	B₂	B₁	B₁	B₂
11	存放文物、纪念展览物品、重要图书、档案、资料的场所	—	A	A	B₁	B₁	B₂	B₁	—	B₂
12	歌舞娱乐游艺场所	—	A	B₁	B₁	B₁	B₁	B₁	B₁	B₁
13	A、B级电子信息系统机房及装有重要机器、仪器的房间	—	A	A	B₁	B₁	B₁	B₁	—	B₁
14	餐饮场所	营业面积＞100 m²	A	B₁	B₁	B₁	B₂	B₁	—	B₂
		营业面积≤100 m²	B₁	B₁	B₁	B₂	B₂	B₂	—	B₂
15	办公场所	设置送回风道（管）的集中空气调节系统	A	B₁	B₁	B₁	B₂	B₂	—	B₂
		其他	B₁	B₁	B₂	B₂	B₂	—	—	—
16	其他公共场所	—	B₁	B₁	B₂	B₂	B₂	B₂	—	—
17	住宅	—	B₁	B₁	B₁	B₁	B₂	B₂	—	B₂

问题4：该建筑内装修时，可使用B₁级装修材料的部位有哪些？

【解析】

（1）中庭、走马廊、开敞楼梯除顶棚、墙面外的其他部位应采用不低于B₁级的装修材料。（2）地上各层的水平疏散走道和安全出口的门厅，除顶棚外的其他部位应采用不低于B₁级的装修材料。（3）地上各层包间（营业面积大于100 m²的顶棚除外）。（4）地下一层夜总会除顶棚、墙面以外的其他部位。

【依据】

表 1-11-5 　　　　　　　　　地下民用建筑内部各部位装修材料的燃烧性能等级

序号	建筑物及场所	装修材料燃烧性能等级						
		顶棚	墙面	地面	隔断	固定家具	装饰织物	其他装修装饰材料
1	观众厅、会议厅、多功能厅、等候厅等,商店的营业厅	A	A	A	B_1	B_1	B_1	B_2
2	宾馆、饭店的客房及公共活动用房等	A	B_1	B_1	B_1	B_1	B_1	B_2
3	医院的诊疗区、手术区	A	B_1	B_1	B_1	B_1	B_1	B_2
4	教学场所、教学实验场所	A	B_1	B_1	B_2	B_1	B_1	B_2
5	纪念馆、展览馆、博物馆、图书馆、档案馆、资料馆等的公众活动场所	A	B_1	B_1	B_1	B_1	B_1	B_2
6	存放文物、纪念展览物品、重要图书、档案、资料的场所	A	A	A	A	A	B_1	B_1
7	歌舞娱乐游艺场所	A	A	B_1	B_1	B_1	B_1	B_1
8	A、B级电子信息系统机房及装有重要机器、仪器的房间	A	A	B_1	B_1	B_1	B_1	B_1
9	餐饮场所	A	B_1	B_1	B_1	B_1	B_1	B_1
10	办公场所	A	B_1	B_1	B_1	B_1	B_2	B_2
11	其他公共场所	A	B_1	B_1	B_2	B_2	B_2	B_2
12	汽车库、修车库	A	A	B_1	A	A	—	—

注:地下民用建筑系指单层、多层、高层民用建筑的地下部分,单独建造在地下的民用建筑以及平战结合的地下人防工程。

问题 5:设置在地下室或地上密闭房间内的商业用气设备应符合哪些规定?

【解析】 应符合下列要求:

(1) 燃气引入管应设手动快速切断阀和紧急自动切断阀;紧急自动切断阀停电时必须处于关闭状态(常开型)。(2) 用气设备应有熄火保护装置。(3) 用气房间应设置燃气浓度检测报警器,并由管理室集中监视和控制。(4) 宜设烟气一氧化碳浓度检测报警器。(5) 应设置独立的机械送排风系统;正常工作时,换气次数不应小于 6 次/h;事故通风时,换气次数不应小于 12 次/h;不工作时换气次数不应小于 3 次/h。

【依据】

《城镇燃气设计规范》(GB 50028—2006)10.5.3,商业用气设备设置在地下室、半地下室(液化石油气除外)或地上密闭房间内时,应符合下列要求:

① 燃气引入管应设手动快速切断阀和紧急自动切断阀;紧急自动切断阀停电时必须处于关闭状态(常开型)。② 用气设备应有熄火保护装置。③ 用气房间应设置燃气浓度检测报警器,并由管理室集中监视和控制。④ 宜设烟气一氧化碳浓度检测报警器。⑤ 应设置独立的机械送排风系统;正常工作时,换气次数不应小于 6 次/h;事故通风时,换气次数不应小于 12 次/h;不工作时换气次数不应小于 3 次/h。

案例 12 超高层办公楼建筑防火案例分析

　　某市一栋超高层建筑,地上 88 层,地下 5 层,建筑高度为 336 m,总建筑面积为 38.8 万 m²,耐火等级一级,屋顶设有直升机停机坪,共设置 6 个避难层,主要使用功能为办公楼。该办公楼每层的每个防火分区均分别设置一台消防电梯。该办公楼按现行有关国家工程建设消防技术标准,配置了室内外消火栓给水系统、自动喷水灭火系统和火灾自动报警系统等消防设施及器材。

　　根据以上材料,回答下列问题(共 20 分,每题 2 分,每题的备选项中,有 2 个或 2 个以上符合题意,至少有一个错项,错选,本题不得分;少选,所选的每个选项得 0.5 分)。

　　1. 下列通向避难层(间)的疏散楼梯,符合规范要求的有(　　)。

　　A. 平面位置不变　　　　B. 避难层分隔　　　　　　C. 同层错位

　　D. 上下层断层　　　　　E. 单独设置

　　2. 下列关于避难层(间)的设置,符合要求的有(　　)。

　　A. 第一个避难层(间)的楼地面至灭火救援场地地面的高度不应大于 50 m

　　B. 两个避难层(间)之间的高度不宜小于 50 m

　　C. 避难层(间)的净面积应能满足设计避难人数避难的要求,并宜按 3.0 人/m² 计算

　　D. 易燃、可燃液体或气体管道应集中布置,设备管道区应采用耐火极限不低于 3.00 h 的防火隔墙与避难区分隔

　　E. 管道井和设备间应采用耐火极限不低于 2.00 h 的防火隔墙与避难区分隔,管道井和设备间的门不应直接开向避难区

　　3. 下列关于避难层(间)的设置,符合要求的有(　　)。

　　A. 避难层应设置消防电梯出口　　　　　　　　B. 避难间内不应设置易燃、可燃液体或气体管道

　　C. 避难间不应开设开口　　　　　　　　　　　D. 外窗应采用甲级防火窗

　　E. 应设置消防专线电话和应急广播

　　4. 下列关于消防车道设置场所的说法,正确的有(　　)。

　　A. 高层民用建筑应设置环形消防车道

　　B. 高层厂房应设置环形消防车道

　　C. 建筑面积大于 3 000 m² 的商店建筑、展览建筑等单、多层公共建筑应设置环形消防车道

　　D. 占地面积大于 1 500 m² 的乙、丙类仓库应设置环形消防车道

　　E. 住宅建筑和山坡地或河道边临空建造的高层建筑,可沿建筑的一个长边设置消防车道

　　5. 下列关于消防车道技术要求的说法,正确的有(　　)。

A. 车道的净宽度和净空高度均不应小于 4.0 m

B. 消防车道的坡度不宜大于 3%

C. 消防车道靠建筑外墙一侧的边缘距离建筑外墙不宜小于 6 m

D. 高层建筑尽头式消防车道应设置回车道或回车场不宜小于 15 m×15 m

E. 消防车道的路面、救援操作场地、消防车道和救援操作场地下面的管道和暗沟等,应能承受消防车的压力

6. 下列关于消防车登高操作场地的说法,正确的有(   )。

A. 高层建筑应至少沿一个长边或周边长度的 1/4 且应大于一个长边长度的底边连续布置消防车登高操作场地

B. 高层建筑连续布置消防车登高操作场地,该范围内的裙房进深不应大于 6 m

C. 建筑高度不大于 50 m 的建筑,连续布置消防车登高操作场地确有困难时,可间隔布置,但间隔距离不宜大于 30 m,且消防车登高操作场地的总长度仍应符合规定

D. 该建筑的场地长度和宽度分别为 23 m、12 m

E. 场地的坡度不宜大于 8%

7. 下列关于消防救援口的说法,正确的有(   )。

A. 厂房、仓库、公共建筑的外墙应至少每两层的适当位置设置可供消防救援人员进入的窗口

B. 救援窗口的净高度和净宽度分别不应小于 0.8 m 和 1.0 m

C. 救援窗口下沿距室内地面不宜大于 1.2 m

D. 救援窗口间距不宜大于 20 m 且每个防火分区不应少于 2 个

E. 救援窗口的玻璃应易于破碎,并应设置可在室外易于识别的明显标志

8. 下列关于消防电梯设置的说法,正确的有(   )。

A. 建筑高度大于 27 m 的二类高层公共建筑应设置消防电梯

B. 埋深大于 10 m 或总建筑面积大于 3 000 m² 的其他地下或半地下建筑(室)应设置消防电梯

C. 设置消防电梯的建筑的地下或半地下室应设置消防电梯

D. 消防电梯应分别设置在不同防火分区内,且每个防火分区不应少于 1 台

E. 消防电梯的井底应设置排水设施,排水井的容量不应小于 2 m³,排水泵的排水量不应小于 10 L/s

9. 下列关于防火门窗设置的说法,正确的有(   )。

A. 管道井和设备间的门确需直接开向避难区时,应采用乙级防火门

B. 避难层(间)外窗应采用甲级防火窗

C. 消防电梯前室或合用前室的门应采用乙级防火门,不应设置卷帘

D. 消防电梯井之间防火隔墙上的门应采用甲级防火门

E. 消防电梯机房之间防火隔墙上的门应采用甲级防火门

10. 下列关于直升机停机坪设置的说法,正确的有(   )。

A. 建筑高度大于 100 m 且标准层建筑面积大于 2 000 m² 的公共建筑,宜在屋顶设置直升机停机坪

B. 建筑高度大于 100 m 或标准层建筑面积大于 2 000 m² 的高层公共建筑,宜在屋顶设置直升机停机坪

C. 设置在屋顶平台上时,距离设备机房、电梯机房、水箱间、共用天线等突出物不应小于 6 m

D. 建筑通向停机坪的出口不应少于 2 个,每个出口的宽度不宜小于 0.90 m

E. 四周应设置航空障碍灯和应急照明,在停机坪的适当位置应设置消火栓

》》 关键考点依据

本考点主要依据《建筑设计防火规范》GB 50016－2014(2018 版),简称《建规》。

一 建筑分类

民用建筑根据其建筑高度和层数可分为单、多层民用建筑和高层民用建筑。高层民用建筑根据其建筑高度、使用功能和楼层的建筑面积可分为一类和二类。

对于建筑高度大于 250 m 的建筑,除应符合《建筑设计防火规范》GB 50016—2014 的要求外,还应结合实际情况采取更加严格的防火措施,其防火设计应提交国家消防主管部门组织专题研究、论证。

二 耐火等级

1. 民用建筑的耐火等级分为一、二、三、四级。

表 1-12-1   不同耐火等级建筑相应构件的燃烧性能和耐火极限

构件名称	耐火等级/h			
	一级	二级	三级	四级
屋顶承重构件	1.50	1.00	0.50	可燃性
疏散楼梯	1.50	1.00	0.50	可燃性
楼板	1.50	1.00	0.50	可燃性
梁	2.00	1.50	1.00	0.50
柱	3.00	2.50	2.00	0.50
承重墙	3.00	2.50	2.00	0.50
防火墙	3.00	3.00	3.00	3.00
疏散走道两侧的隔墙	1.00	1.00	0.50	0.25
非承重外墙	1.00	1.00	0.50	可燃性
楼梯间、前室的墙,电梯井的墙,住宅建筑单元之间的墙和分户墙	2.00	2.00	1.50	0.50
房间隔墙	0.75	0.50	0.50	0.25
吊顶(包括吊顶格栅)	0.25	0.25	0.15	可燃性

表中耐火极限＞0.5 h 的构件为不燃性构件,0.15 h≤耐火极限≤0.5 h 的构件为难燃性构件。

2.《建规》5.1.3   民用建筑的耐火等级应根据其建筑高度、使用功能、重要性和火灾扑救难度等确定,并应符合下列规定:

(1) 地下或半地下建筑(室)和一类高层建筑的耐火等级不应低于一级。

(2) 单、多层重要公共建筑和二类高层建筑的耐火等级不应低于二级。

3.《建规》5.1.4　建筑高度大于100 m的民用建筑,其楼板的耐火极限应≥2.00 h。

一、二级耐火等级建筑的上人平屋顶,其屋面板的耐火极限分别应≥1.50 h和≥1.00 h。

4.《建规》5.1.5　一、二级耐火等级建筑的屋面板应采用不燃材料。屋面防水层宜采用不燃、难燃材料,当采用可燃防水材料且铺设在可燃、难燃保温材料上时,防水材料和可燃、难燃保温材料间应采用不燃材料作防护层。

5.《建规》5.1.6　二级耐火等级建筑内采用难燃性墙体的房间隔墙,其耐火极限应≥0.75 h;当房间的建筑面积≤100 m²时,房间隔墙可采用耐火极限≥0.50 h的难燃性墙体或耐火极限≥0.30 h的不燃性墙体。

三 防火间距

1.《建规》5.2.2　民用建筑之间的防火间距不应小于(≥)下表规定。

表 1-12-2　　　　　　　　　　　　　民用建筑之间的防火间距　　　　　　　　　　　　　单位: m

建筑类别		高层民用建筑	裙房和其他民用建筑		
		一二级	一二级	三级	四级
高层民用建筑	一、二级	13	9	11	14
裙房和其他民用建筑	一、二级	9	6	7	9
	三级	11	7	8	10
	四级	14	9	10	12

注:① 两座建筑相邻较高一面外墙为防火墙,或高出相邻较低一座一、二级耐火等级建筑15 m及以下范围内的外墙为防火墙时,其防火间距不限。② 相邻两座高度相同的一、二级耐火等级建筑中相邻一侧外墙为防火墙,屋顶的耐火极限≥1.00 h时,其防火间距不限。③ 相邻两座单、多层建筑,当相邻两面外墙均为不燃性墙体且无外露的可燃性屋檐,每面外墙上无防火保护的门、窗、洞口不正对开设且该门、窗、洞口面积之和≤外墙面积的5%,其防火间距可按本表规定减少25%。④ 相邻两座建筑中较低一座建筑的耐火等级不低于二级,相邻较低一面外墙为防火墙且屋顶无天窗,屋顶的耐火极限≥1.00 h,其防火间距应≥3.5 m;对于高层建筑,防火间距应≥4 m。⑤ 相邻两座建筑中较低一座建筑的耐火等级不低于二级且屋顶无天窗,相邻较高一面外墙高出较低一座建筑的屋面15 m及以下范围内的开口部位设置甲级防火门、窗,或设置符合规范规定的防火分隔水幕,或设置符合规范要求的防火卷帘时,其防火间距应≥3.5 m;对于高层建筑,防火间距应≥4 m。⑥ 相邻建筑通过连廊、天桥或底部的建筑物连接时,其间距不应小于本表规定。⑦ 耐火等级低于四级的既有建筑,其耐火等级可按四级确定。

2.《建规》5.2.6　建筑高度大于100 m的民用建筑与丙、丁、戊类厂房,丁、戊类仓库,甲、乙、丙类液体储罐(区)和乙、丙类液体桶装堆场,民用建筑条之间的防火间距,符合允许减小的条件时,仍不应减小。

四 避难层(间)

《建规》5.5.23　建筑高度大于100 m的公共建筑,应设置避难层(间)。避难层(间)应符合下列规定:

(1) 第一个避难层(间)的楼地面至灭火救援场地地面的高度不应大于50 m,两个避难层(间)之间的高度不宜大于50 m。

(2) 通向避难层的疏散楼梯应在避难层分隔、同层错位或上下层断开。

(3) 避难层(间)的净面积应能满足设计避难人数避难的要求,并宜按5.0人/m²计算。

(4) 避难层可兼作设备层。设备管理宜集中布置,其中的易燃、可燃液体或气体管道应集中布置,设备管道区应采用耐火极限不低于3.00 h的防火隔墙与避难区分隔。管道井和设备间应采用耐火极限不低于2.00 h的防火隔墙与避难区分隔,管道井和设备间的门不应直接开向避难区;确需直接开向避难区时,与避难层区出入口的距离不应小于5 m,且应采用甲级防火门。避难间内不应设置易燃、可燃液体或气体管道,不应开设除外窗、疏散门之外的其他开口。

（5）避难层应设置消防电梯出口。

（6）应设置消火栓和消防软管卷盘。

（7）应设置消防专线电话和应急广播。

（8）在避难层（间）进入楼梯间的入口处和疏散楼梯通向避难层（间）的出口处,应设置明显的指示标志。

（9）应设置直接对外的可开启窗口或独立的机械防烟设施,外窗应采用乙级防火窗。

五 消防车道

1.《建规》7.1.2　高层民用建筑,超过 3 000 个座位的体育馆,超过 2 000 个座位的会堂,占地面积大于 3 000 m² 的商店建筑、展览建筑等单、多层公共建筑应设置环形消防车道,确有困难时,可沿建筑的两个长边设置消防车道;对于住宅建筑和山坡地或河道边临空建造的高层建筑,可沿建筑的一个长边设置消防车道,但该长边所在建筑立面应为消防车登高操作面。

2.《建规》7.1.3　工厂、仓库区内应设置消防车道。

高层厂房,占地面积大于 3 000 m² 的甲、乙、丙类厂房和占地面积大于 1 500 m² 的乙、丙类仓库,应设置环形消防车道,确有困难时,应沿建筑物的两个长边设置消防车道。

3.《建规》7.1.8　消防车道应符合下列要求:

（1）车道的净宽度和净空高度均不应小于 4.0 m。

（2）转弯半径应满足消防车转弯的要求。

（3）消防车道与建筑之间不应设置妨碍消防车操作的树木、架空管线等障碍物。

（4）消防车道靠建筑外墙一侧的边缘距离建筑外墙不宜小于 5 m。

（5）消防车道的坡度不宜大于 8%。

4.《建规》7.1.9　环形消防车道至少应有两处与其他车道连通。尽头式消防车道应设置回车道或回车场,回车场的面积不应小于 12 m×12 m;对于高层建筑,不宜小于 15 m×15 m;供重型消防车使用时,不宜小于 18 m×18 m。

消防车道的路面、救援操作场地、消防车道和救援操作场地下面的管道和暗沟等,应能承受重型消防车的压力。

六 消防救援场地和入口

1.《建规》7.2.1　高层建筑应至少沿一个长边或周边长度的 1/4 且不小于一个长边长度的底边连续布置消防车登高操作场地,该范围内的裙房进深不应大于 4 m。

建筑高度不大于 50 m 的建筑,连续布置消防车登高操作场地确有困难时,可间隔布置,但间隔距离不宜大于 30 m,且消防车登高操作场地的总长度仍应符合上述规定。

2.《建规》7.2.2　消防车登高操作场地应符合下列规定:

（1）场地与厂房、仓库、民用建筑之间不应设置妨碍消防车操作的树木、架空管线等障碍物和车库出入口。

（2）场地的长度和宽度分别不应小于 15 m 和 10 m。对于建筑高度大于 50 m 的建筑,场地的长度和宽度分别不应小于 20 m 和 10 m。

（3）场地及其下面的建筑结构、管道和暗沟等,应能承受重型消防车的压力。

（4）场地应与消防车道连通,场地靠建筑外墙一侧的边缘距离建筑外墙不宜小于 5 m,且不应大于 10 m,场地的坡度不宜大于 3%。

3.《建规》7.2.3　建筑物与消防车登高操作场地相对应的范围内,应设置直通室外的楼梯或直通楼梯间的入口。

4.《建规》7.2.4　厂房、仓库、公共建筑的外墙应在每层的适当位置设置可供消防救援人员进入的窗口。

5.《建规》7.2.5   窗口的净高度和净宽度均不应小于 1.0 m,下沿距室内地面不宜大于 1.2 m,间距不宜大于 20 m 且每个防火分区不应少于 2 个,设置位置应与消防车登高操作场地相对应。窗口的玻璃应易于破碎,并应设置可在室外易于识别的明显标志。

七 消防电梯

1.《建规》7.3.1   下列建筑应设置消防电梯:

(1) 建筑高度大于 33 m 的住宅建筑。

(2) 一类高层公共建筑和建筑高度大于 32 m 的二类高层公共建筑、5 层及以上且总建筑面积大于 3 000 m²（包括设置在其他建筑内五层及以上楼层）的老年人照料设施。

(3) 设置消防电梯的建筑的地下或半地下室,埋深大于 10 m 且总建筑面积大于 3 000 m² 的其他地下或半地下建筑(室)。

2.《建规》7.3.2   消防电梯应分别设置在不同防火分区内,且每个防火分区不应少于 1 台。

3.《建规》7.3.5   除设置在仓库连廊、冷库穿堂或谷物筒仓工作塔内的消防电梯外,消防电梯应设置前室,并应符合下列规定:

(1) 前室宜靠外墙设置,并应在首层直通室外或经过长度不大于 30 m 的通道通向室外。

(2) 前室的使用面积不应小于 6.0 m²,前室的短边不应小于 2.4 m;与防烟楼梯间合用的前室,其使用面积尚应符合本规范 5.5.28、6.4.3 的规定。

(3) 除前室的出入口、前室内设置的正压送风口和本规范 5.5.27 规定的户门外,前室内不应开设其他门、窗、洞口。

(4) 前室或合用前室的门应采用乙级防火门,不应设置卷帘。

4.《建规》7.3.6   消防电梯井、机房与相邻电梯井、机房之间应设置耐火极限不低于 2.00 h 的防火隔墙,隔墙上的门应采用甲级防火门。

5.《建规》7.3.7   消防电梯的井底应设置排水设施,排水井的容量不应小于 2 m³,排水泵的排水量不应小于 10 L/s。消防电梯间前室的门口宜设置挡水设施。

6.《建规》7.3.8   消防电梯应符合下列规定:

(1) 应能每层停靠。

(2) 电梯的载重量不应小于 800 kg。

(3) 电梯从首层至顶层的运行时间不宜大于 60 s。

(4) 电梯的动力与控制电缆、电线、控制面板应采取防水措施。

(5) 在首层的消防电梯入口处应设置供消防队员专用的操作按钮。

(6) 电梯轿厢的内部装修应采用不燃材料。

(7) 电梯轿厢内部应设置专用消防对讲电话。

八 直升机停机坪

1.《建规》7.4.1   建筑高度大于 100 m 且标准层建筑面积大于 2 000 m² 的公共建筑,宜在屋顶设置直升机停机坪或供直升机救助的设施。

2.《建规》7.4.2   直升机停机坪应符合下列规定:

(1) 设置在屋顶平台上时,距离设备机房、电梯机房、水箱间、共用天线等突出物不应小于 5 m。

(2) 建筑通向停机坪的出口不应少于 2 个,每个出口的宽度不宜小于 0.90 m。

(3) 四周应设置航空障碍灯,并应设置应急照明。

（4）在停机坪的适当位置应设置消火栓。

（5）其他要求应符合国家现行航空管理有关标准的规定。

问题解析

1.【答案】B、C、D。解析：根据《建规》5.5.23，建筑高度大于100 m的公共建筑，应设置避难层（间）。避难层（间）应符合下列规定：② 通向避难层的疏散楼梯应在避难层分隔、同层错位或上下层断开。故选B、C、D。

2.【答案】A、D、E。解析：根据《建规》5.5.23，建筑高度大于100 m的公共建筑，应设置避难层（间）。避难层（间）应符合下列规定：

① 第一个避难层（间）的楼地面至灭火救援场地地面的高度不应大于50 m，两个避难层（间）之间的高度不宜大于50 m。

② 通向避难层的疏散楼梯应在避难层分隔、同层错位或上下层断开。

③ 避难层（间）的净面积应能满足设计避难人数避难的要求，并宜按5.0 人/m² 计算。

④ 避难层可兼作设备层。设备管理宜集中布置，其中的易燃、可燃液体或气体管道应集中布置，设备管道区应采用耐火极限不低于3.00 h的防火隔墙与避难区分隔。管道井和设备间应采用耐火极限不低于2.00 h的防火隔墙与避难区分隔，管道井和设备间的门不应直接开向避难区；确需直接开向避难区时，与避难层区出入口的距离不应小于5 m，且应采用甲级防火门。故选A、D、E。

3.【答案】A、B、E。解析：根据《建规》5.5.23，建筑高度大于100 m的公共建筑，应设置避难层（间）。避难层（间）应符合下列规定：

④ 避难层可兼作设备层。设备管理宜集中布置，其中的易燃、可燃液体或气体管道应集中布置，设备管道区应采用耐火极限不低于3.00 h的防火隔墙与避难区分隔。管道井和设备间应采用耐火极限不低于2.00 h的防火隔墙与避难区分隔，管道井和设备间的门不应直接开向避难区；确需直接开向避难区时，与避难层区出入口的距离不应小于5 m，且应采用甲级防火门。

避难间内不应设置易燃、可燃液体或气体管道，不应开设除外窗、疏散门之外的其他开口。

⑤ 避难层应设置消防电梯出口。

⑥ 应设置消火栓和消防软管卷盘。

⑦ 应设置消防专线电话和应急广播。

⑧ 在避难层（间）进入楼梯间的入口处和疏散楼梯通向避难层（间）的出口处，应设置明显的指示标志。

⑨ 应设置直接对外的可开启窗口或独立的机械防烟设施，外窗应采用乙级防火窗。故选A、B、E。

4.【答案】A、B、C。解析：(1) 根据《建规》7.1.2，高层民用建筑，超过3 000个座位的体育馆，超过2 000个座位的会堂，占地面积大于3 000 m²的商店建筑、展览建筑等单、多层公共建筑应设置环形消防车道，确有困难时，可沿建筑的两个长边设置消防车道；对于住宅建筑和山坡地或河道边临空建造的高层建筑，可沿建筑的一个长边设置消防车道，但该长边所在建筑立面应为消防车登高操作面。

(2) 根据《建规》7.1.3，工厂、仓库区内应设置消防车道。

高层厂房，占地面积大于3 000 m²的甲、乙、丙类厂房和占地面积大于3 000 m²的乙、丙类仓库，应设置环形消防车道，确有困难时，应沿建筑物的两个长边设置消防车道。故选A、B、C。

5.【答案】A、D。解析：(1) 根据《建规》7.1.8，消防车道应符合下列要求：

① 车道的净宽度和净空高度均不应小于4.0 m。② 转弯半径应满足消防车转弯的要求。③ 消防车道与建筑之间不应设置妨碍消防车操作的树木、架空管线等障碍物。④ 消防车道靠建筑外墙一侧的边缘距离建筑外墙不宜小于5 m。⑤ 消防车道的坡度不宜大于8%。

(2) 根据《建规》7.1.9，环形消防车道至少应有两处与其他车道连通。尽头式消防车道应设置回车道或回车场，回车场的面积不应小于12 m×12 m；对于高层建筑，不宜小于15 m×15 m；供重型消防车使用时，不宜小于18 m×18 m。

消防车道的路面、救援操作场地、消防车道和救援操作场地下面的管道和暗沟等,应能承受重型消防车的压力。故选A、D。

6.【答案】C、D。解析:(1)根据《建规》7.2.1,高层建筑应至少沿一个长边或周边长度的1/4且不小于一个长边长度的底边连续布置消防车登高操作场地,该范围内的裙房进深不应大于4 m。

建筑高度不大于50 m的建筑,连续布置消防车登高操作场地确有困难时,可间隔布置,但间隔距离不宜大于30 m,且消防车登高操作场地的总长度仍应符合上述规定。

(2)根据《建规》7.2.2,消防车登高操作场地应符合下列规定:

① 场地与厂房、仓库、民用建筑之间不应设置妨碍消防车操作的树木、架空管线等障碍物和车库出入口。② 场地的长度和宽度分别不应小于15 m和10 m。对于建筑高度大于50 m的建筑,场地的长度、宽度分别不应小于20 m和10 m。③ 场地及其下面的建筑结构、管道和暗沟等,应能承受重型消防车的压力。④ 场地应与消防车道连通,场地靠建筑外墙一侧的边缘距离建筑外墙不宜小于5 m,且不应大于10 m,场地的坡度不宜大于3%。故选C、D。

7.【答案】C、D、E。解析:(1)根据《建规》7.2.4,厂房、仓库、公共建筑的外墙应在每层的适当位置设置可供消防救援人员进入的窗口。

(2)根据《建规》7.2.5,窗口的净高度和净宽度均不应小于1.0 m,下沿距室内地面不宜大于1.2 m,间距不宜大于20 m且每个防火分区不应少于2个,设置位置应与消防车登高操作场地相对应。窗口的玻璃应易于破碎,并应设置可在室外易于识别的明显标志。故选C、D、E。

8.【答案】C、D、E。解析:(1)根据《建规》7.3.1,下列建筑应设置消防电梯:

① 建筑高度大于33 m的住宅建筑。

② 一类高层公共建筑和建筑高度大于32 m的二类高层公共建筑;

③ 设置消防电梯的建筑的地下或半地下室,埋深大于10 m且总建筑面积大于3 000 m²的其他地下或半地下建筑(室)。

(2)根据《建规》7.3.2,消防电梯应分别设置在不同防火分区内,且每个防火分区不应少于1台。

(3)根据《建规》7.3.6,消防电梯井、机房与相邻电梯井、机房之间应设置耐火极限不低于2.00 h的防火隔墙,隔墙上的门应采用甲级防火门。

(4)根据《建规》7.3.7,消防电梯的井底应设置排水设施,排水井的容量不应小于2 m³,排水泵的排水量不应小于10 L/s。消防电梯间前室的门口宜设置挡水设施。故选C、D、E。

9.【答案】C、D、E。解析:(1)根据《建规》5.5.23,建筑高度大于100 m的公共建筑,应设置避难层(间)。避难层(间)应符合下列规定:

④ 避难层可兼作设备层。设备管理宜集中布置,其中的易燃、可燃液体或气体管道应集中布置,设备管道区应采用耐火极限不低于3.00 h的防火隔墙与避难区分隔。管道井和设备间应采用耐火极限不低于2.00 h的防火隔墙与避难区分隔,管道井和设备间的门不应直接开向避难区;确需直接开向避难区时,与避难层区出入口的距离不应小于5 m,且应采用甲级防火门。

避难间内不应设置易燃、可燃液体或气体管道,不应开设除外窗、疏散门之外的其他开口。

⑨ 应设置直接对外的可开启窗口或独立的机械防烟设施,外窗应采用乙级防火窗。

(2)根据《建规》7.3.5,除设置在仓库连廊、冷库穿堂或谷物筒仓工作塔内的消防电梯外,消防电梯应设置前室,并应符合下列规定:

④ 前室或合用前室的门应采用乙级防火门,不应设置卷帘。

(3)根据《建规》7.3.6,消防电梯井、机房与相邻电梯井、机房之间应设置耐火极限不低于2.00 h的防火隔墙,隔墙上的门应采用甲级防火门。

10.【答案】A、C、D、E。解析:(1)根据《建规》7.4.1,建筑高度大于100 m且标准层建筑面积大于2 000 m²

的公共建筑,宜在屋顶设置直升机停机坪或供直升机救助的设施。

(2) 根据《建规》7.4.2,直升机停机坪应符合下列规定:

① 设置在屋顶平台上时,距离设备机房、电梯机房、水箱间、共用天线等突出物不应小于5 m。② 建筑通向停机坪的出口不应少于2个,每个出口的宽度不宜小于0.90 m。③ 四周应设置航空障碍灯,并应设置应急照明。④ 在停机坪的适当位置应设置消火栓。⑤ 其他要求应符合国家现行航空管理有关标准的规定。故选A、C、D、E。

案例 13　高层医院病房楼防火案例分析

情景描述

　　某医院高层病房楼地上 19 层,地下 2 层,建筑高度为 66 m,总建筑面积为 4.4 万 m²,钢筋混凝土框架结构,耐火等级一级。首层至地上七层设有一个中庭。地下二层为车库,地下一层的主要使用功能为餐厅、附属库房、消防水泵房、柴油发电机房、变配电室、燃油锅炉房、通风空调机房、自动灭火系统设备室等设备用房和汽车库,首层的主要使用功能为接待大厅、消防控制室、办公室和医务室,地上第二层的主要使用功能为贵重精密医疗装备用房、重症监护室、胶片室和洁净手术部,地上三层至地上十九层的主要使用功能为各科病房、医务室。该建筑按现行有关国家工程建设消防技术标准配置了室内外消火栓给水系统、自动喷水灭火系统和火灾自动报警系统等消防设施及器材。

　　根据以上材料,回答下列问题(共 20 分,每题 2 分,每题的备选项中,有 2 个或 2 个以上符合题意,至少有一个错项,错选,本题不得分;少选,所选的每个选项得 0.5 分)。

　　1. 下列关于建筑分类的说法,正确的有(　　)。

　　A. 民用建筑可分为住宅建筑、公共建筑

　　B. 除另有规定外,宿舍、公寓属于非住宅类居住建筑,应符合有关公共建筑的防火要求

　　C. 医院分为单、多层民用建筑和一类高层建筑

　　D. 商业服务网点设置在住宅建筑的首层或首层及二层,每个分隔单元建筑面积不大于 200 m²

　　E. 重要公共建筑就是人员密集场所

　　2. 下列关于医院、疗养院设置及建筑防火的说法,错误的有(　　)。

　　A. 医院和疗养院不应设置在地下或半地下

　　B. 医院和疗养院的住院部分采用三级耐火等级建筑时,不应超过 3 层

　　C. 医院和疗养院的病房楼内相邻护理单元之间应采用耐火极限不低于 2.00 h 的防火隔墙分隔

　　D. 医院和疗养院的病房楼内相邻护理单元之间隔墙上的门应采用乙级防火门

　　E. 医院和疗养院的病房楼内设置在走道上的防火门应采用常开防火门

　　3. 下列关于在病房楼设置汽车库的说法,错误的有(　　)。

　　A. 汽车库不应与病房楼组合建造

　　B. 组合建造时,汽车库与病房楼的安全出口应分别独立设置

　　C. 组合建造时,汽车库与病房楼的疏散楼梯应分别独立设置

　　D. 组合建造时,汽车库与病房楼之间,应采用耐火极限不低于 1.50 h 的楼板完全分隔

　　E. 组合建造时,汽车库与病房楼之间,应采用耐火极限不低于 2.50 h 的楼板完全分隔

　　4. 下列关于病房楼防火分隔的说法,错误的有(　　)。

　　A. 医疗建筑内的手术室应采用耐火极限不低于 3.00 h 的防火隔墙和 1.50 h 的楼板与其他场所或部位分隔

B. 医疗建筑内的手术室防火隔墙上必须设置的门、窗应采用甲级防火门、窗

C. 高层病房楼应在二层及以上的病房楼层设置避难间

D. 高层病房楼应在二层及以上的洁净手术部设置避难间

E. 避难间兼作其他用途时,应保证人员的避难安全,且不得减少可供避难的净面积

5. 下列关于高层病房楼避难间的说法,正确的有(　　　)。

A. 避难间服务的护理单元不应超过 2 个

B. 每个护理单元的建筑面积不小于 25.0 m²

C. 避难间应靠近楼梯间,并应采用耐火极限不低于 2.00 h 的防火隔墙和乙级防火门与其他部位分隔

D. 避难间的入口处应设置明显的指示标志

E. 应设置直接对外的可开启窗口或独立的机械防烟设施,外窗应采用甲级防火窗

6. 下列关于高层病房楼构造防火的说法,错误的有(　　　)。

A. 防火墙应直接设置在建筑的基础框架、梁等承重结构上,框架、梁等承重结构的耐火极限应高于防火墙的耐火极限

B. 防火墙应从楼地面基层隔断至梁、楼板底面基层

C. 防火墙应采用钢筋混凝土墙

D. 紧靠防火墙两侧的门、窗、洞口之间最近边缘的水平距离不应小于 2.0 m

E. 紧靠防火墙两侧的门、窗、洞口之间最近边缘的水平距离不限时,应采取设置甲级防火窗等防止火灾水平蔓延的措施

7. 下列关于高层病房楼构造防火的说法,正确的有(　　　)。

A. 建筑内的防火墙不宜设置在转角处

B. 建筑内的防火墙确需设置在转角处时,内转角两侧墙上的门、窗、洞口之间最近边缘的水平距离不应小于 2.0 m

C. 防火墙上不应开设门、窗、洞口,确需开设时,应设置不可开启或火灾时能自动关闭的甲级防火门、窗

D. 建筑内的防火墙确需设置在转角处,内转角两侧墙上的门、窗、洞口之间最近边缘的水平距离不限时,应采取设置甲级防火窗等防止火灾水平蔓延的措施

E. 防火墙的构造应能在防火墙任意一侧的屋架、梁、楼板等受到火灾的影响而破坏时,不会导致防火墙倒塌

8. 下列关于高层病房楼构造防火的说法,错误的有(　　　)。

A. 防火墙内不应设置排气道

B. 可燃气体和甲、乙、丙类液体的管道严禁穿过防火墙

C. 穿过防火墙处的管道保温材料,应采用难燃材料

D. 穿过防火墙的管道为难燃及可燃材料时,应在防火墙一侧的管道上采取防火措施

E. 防烟、排烟、供暖、通风和空气调节系统中的管道及建筑内的其他管道,在穿越防火隔墙、楼板和防火墙处的孔隙应采用防火封堵材料封堵

9. 下列关于高层病房楼构造防火的说法,错误的有(　　　)。

A. 医疗建筑内的产房应采用耐火极限不低于 3.00 h 的防火隔墙与其他场所或部位分隔,墙上必须设置的门、窗应采用乙级防火门、窗

B. 建筑外墙上、下层开口之间应设置高度不大于 1.2 m 的实体墙或挑出宽度不大于 1.0 m、长度不大于开口宽度的防火挑檐

C. 当室内设置自动喷水灭火系统时,建筑外墙上、下层开口之间应设置高度不小于 0.8 m 的实体墙或挑出宽度不小于 1.0 m、长度不小于开口宽度的防火挑檐

D. 高层建筑的外窗的耐火完整性不应低于 1.00 h

E. 实体墙、防火挑檐和隔板的耐火极限和燃烧性能均不应低于相应耐火等级建筑外墙的要求

10. 下列关于高层病房楼构造防火的说法,正确的有(   )。

A. 附设在建筑内的消防控制室、灭火设备室、消防泵房和通风空气调节机房、变配电室等,应采用耐火极限不低于 2.00 h 的防火隔墙和不低于 1.50 h 的楼板与其他部位分隔

B. 消防水泵房、通风空气调节机房和变配电室开向建筑内的门应采用甲级防火门,消防控制室和其他设备房开向建筑内的门应采用乙级防火门

C. 设置在建筑内经常有人通行处的防火门宜采用常开防火门。常开防火门应能在火灾时自行关闭,并应具有信号反馈的功能

D. 除允许设置常开防火门的位置外,其他位置的防火门均应采用常闭防火门,并应具有信号反馈的功能

E. 防火门设置在建筑变形缝附近时,应设置在楼层较少的一侧,并应保证防火门开启时门扇不跨越变形缝

》 关键考点依据

> 本考点主要依据《建筑设计防火规范》GB 50016－2014(2018 版),简称《建规》。

一 建筑分类

按建筑使用性质,可分为民用建筑、工业建筑、农业建筑。

民用建筑可分为住宅建筑、公共建筑。

住宅建筑是指供单身或家庭成员短期或长期居住使用的建筑。

公共建筑是指供人们进行各种公共活动的建筑,包括教育、办公、科研、文化、商业、服务、体育、医疗、交通、纪念、园林、综合类建筑等。

表 1-13-1 　　　　　　　　　　　　　　民用建筑的分类

名 称	高层民用建筑		单、多层民用建筑
	一类	二类	
住宅建筑	$H>54$ m	27 m$<H\leqslant$54 m	$H\leqslant$27 m
公共建筑	1. $H>50$ m 的公共建筑 2. $H>24$ m 且任一楼层 $S>1\,000$ m² 的商店、展览、电信、邮政、财贸金融建筑和其他多种功能组合建筑 3. 医疗建筑、重要公共建筑、独立建造的老年人照料设施 4. 省级及以上的广播电视和防灾指挥调度建筑、网局级和省级电力调度建筑 5. 藏书超过 100 万册的图书馆、书库	除住宅建筑、一类高层建筑外的其他高层民用建筑	$H>24$ 米的单层公共建筑 $H\leqslant$24 米的其他公共建筑
备注:① H 为民用建筑的建筑高度,单位 m;S 为楼层建筑面积,单位 m²。② 表中"住宅建筑"均包括设置商业服务网点的住宅建筑。③ 除另有规定外,裙房的防火要求应符合有关高层民用建筑的规定。④ 除另有规定外,宿舍、公寓等非住宅类居住建筑应符合有关公共建筑的防火要求。			

重要公共建筑是指发生火灾可能造成重大人员伤亡、财产损失和严重社会影响的公共建筑。一般包括党政机关办公楼,人员密集的大型公共建筑或集会场所,较大规模的中小学校教学楼、宿舍楼,重要的通信、调度

和指挥建筑,广播电视建筑,医院等建筑,以及城市集中供水设施、主要的电力设施等涉及城市或区域生命线的支持性建筑或工程。

商业服务网点是指设置在住宅建筑的首层或首层及第二层,每个分隔单元建筑面积 $S \leqslant 300$ m² 的小型营业性用房,包括百货店、副食店、粮店、邮政所、储蓄所、理发店、洗衣店、药店、洗车店、餐饮店等。"建筑面积"是指设置在住宅建筑首层或一层及二层,且相互完全分隔后的每个小型商业用房的总建筑面积。比如,一个上、下两层室内直接相通的商业服务网点,该"建筑面积"为该商业服务网点一层和二层商业用房的建筑面积之和。

GA 654－2006《人员密集场所消防安全管理》3.2　人员密集场所是人员聚集的室内场所。如宾馆、饭店等旅馆,餐饮场所,商场、市场、超市等商店,体育场馆,公共展览馆、博物馆的展览厅,金融证券交易场所,公共娱乐场所,医院的门诊楼、病房楼,老年人建筑、托儿所、幼儿园,学校的教学楼、图书馆和集体宿舍,公共图书馆的阅览室,客运车站、码头、民用机场的候车、候船、候机厅(楼),人员密集的生产加工车间、员工集体宿舍等。

二 中庭

1. 表 1-13-2　　　　　不同耐火等级建筑的允许防火分区最大允许建筑面积

名　称	耐火等级	防火分区的最大允许建筑面积/m²	备注
高层民用建筑	一、二级	1 500	对于体育馆、剧场的观众厅,防火分区的最大允许建筑面积可适当增加
单、多层民用建筑	一、二级	2 500	
	三级	1 200	
	四级	600	
地下或半地下建筑(室)	一级	500	设备用房的防火分区最大允许建筑面积不应大于 1 000 m²

注:① 表中规定的防火分区最大允许建筑面积,当建筑内设置自动灭火系统时,可按本表的规定增加 1.0 倍;局部设置时,防火分区的增加面积可按该局部面积的 1.0 倍计算。② 裙房与高层建筑主体之间设置防火墙时,裙房的防火分区可按单、多层建筑的要求确定。

2.《建规》5.3.2　建筑内设置自动扶梯、敞开楼梯等上、下层相连通的开口时,其防火分区的建筑面积应按上、下层相连通的建筑面积叠加计算;当叠加计算后的建筑面积大于规定面积时,应划分防火分区。

建筑内设置中庭时,其防火分区的建筑面积应按上、下层相连通的建筑面积叠加计算;当叠加计算后的建筑面积大于规定面积时,应符合下列规定:

(1) 与周围连通空间应进行防火分隔。采用防火隔墙时,其耐火极限不应低于 1.00 h;采用防火玻璃墙时,其耐火隔热性和耐火完整性不应低于 1.00 h。采用耐火完整性不低于 1.00 h 的非隔热性防火玻璃墙时,应设置自动喷水灭火系统进行保护;采用防火卷帘时,其耐火极限不应低于 3.00 h,并应符合《建规》6.5.3 的规定;与中庭相连通的门、窗,应采用火灾时能自行关闭的甲级防火门、窗。

(2) 高层建筑内的中庭回廊应设置自动喷水灭火系统和火灾自动报警系统。

(3) 中庭应设置排烟设施。

(4) 中庭内不应布置可燃物。

三 平面布置

1.《建规》5.4.5

(1) 医院和疗养院的住院部分不应设置在地下或半地下。

(2) 医院和疗养院的住院部分采用三级耐火等级建筑时,不应超过两层;采用四级耐火等级建筑时,应为单层;设置在三级耐火等级的建筑内时,应布置在首层或二层;设置在四级耐火等级的建筑内时,应布置在首层。

(3)医院和疗养院的病房楼内相邻护理单元之间应采用耐火极限不低于2.00 h的防火隔墙分隔,隔墙上的门应采用乙级防火门,设置在走道上的防火门应采用常开防火门。

2.《汽车库》4.1.4　汽车库不应与托儿所、幼儿园,老年人建筑,中小学校的教学楼,病房楼等组合建造。当符合下列要求时,汽车库可设置在托儿所、幼儿园,老年人建筑,中小学校的教学楼,病房楼等的地下部分:

(1)汽车库与托儿所、幼儿园,老年人建筑,中小学校的教学楼,病房楼等建筑之间,采用耐火极限不低于2.00 h的楼板完全分隔;

(2)汽车库与托儿所、幼儿园,老年人建筑,中小学校的教学楼,病房楼等的安全出口和疏散楼梯分别独立设置。

四　避难

1.《建规》6.2.2　医疗建筑内的手术室或手术部、产房、重症监护室、贵重精密医疗装备用房、储藏间、实验室、胶片室等,附设在建筑内的托儿所、幼儿园的儿童用房和儿童游乐厅等儿童活动场所、老年人照料设施,应采用耐火极限不低于2.00 h的防火隔墙和耐火极限不低于1.00 h的楼板与其他场所或部位分隔,墙上必须设置的门、窗应采用乙级防火门、窗。

2.《建规》5.5.24　高层病房楼应在二层及以上的病房楼层和洁净手术部设置避难间。避难间应符合下列规定:

(1)避难间服务的护理单元不应超过2个,其净面积应按每个护理单元不小于25.0 m²确定。

(2)避难间兼作其他用途时,应保证人员的避难安全,且不得减少可供避难的净面积。

(3)应靠近楼梯间,并应采用耐火极限不低于2.00 h的防火隔墙和甲级防火门与其他部位分隔。

(4)应设置消防专线电话和消防应急广播。

(5)避难间的入口处应设置明显的指示标志。

(6)应设置直接对外的可开启窗口或独立的机械防烟设施,外窗应采用乙级防火窗。

五　构造防火

建筑结构抗火性能的优劣对发生火灾情况下人员安全疏散和灭火救援的顺利进行至关重要,高层病房楼的构造防火应符合下列规定:

1.防火墙应直接设置在建筑的基础框架、梁等承重结构上,框架、梁等承重结构的耐火极限不应低于防火墙的耐火极限。防火墙应从楼地面基层隔断至梁、楼板底面基层。

2.紧靠防火墙两侧的门、窗、洞口之间最近边缘的水平距离不应小于2.0 m;采取设置乙级防火窗等防止火灾水平蔓延的措施时,该距离不限。

3.建筑内的防火墙不宜设置在转角处。确需设置时,内转角两侧墙上的门、窗、洞口之间最近边缘的水平距离不应小于4.0 m;采取设置乙级防火窗等防止火灾水平蔓延的措施时,该距离不限。

4.防火墙上不应开设门、窗、洞口,确需开设时,应设置不可开启或火灾时能自动关闭的甲级防火门、窗。

5.可燃气体和甲、乙、丙类液体的管道严禁穿过防火墙。防火墙内不应设置排气道。上述管道外的其他管道不宜穿过防火墙,确需穿过时,应采用防火封堵材料将墙与管道之间的空隙紧密填实,穿过防火墙处的管道保温材料,应采用不燃材料;当管道为难燃及可燃材料时,应在防火墙两侧的管道上采取防火措施。

6.防火墙的构造应能在防火墙任意一侧的屋架、梁、楼板等受到火灾的影响而破坏时,不会导致防火墙倒塌。

7.医疗建筑内的产房、手术室或手术部、重症监护室、精密贵重医疗装备用房、储藏间、实验室、胶片室等,应采用耐火极限不低于2.00 h的防火隔墙与其他场所或部位分隔,墙上必须设置的门、窗应采用乙级防火门、窗。

8.建筑外墙上、下层开口之间应设置高度不小于1.2 m的实体墙或挑出宽度不小于1.0 m、长度不小于开口宽度的防火挑檐;当室内设置自动喷水灭火系统时,上、下层开口之间的实体墙高度不应小于 0.8 m。当上、下层开口之间设置实体墙确有困难时,可设置防火玻璃墙,高层建筑的防火玻璃墙的耐火完整性不应低于 1.00 h。外窗的耐火完整性不应低于防火玻璃墙的耐火完整性要求。实体墙、防火挑檐和隔板的耐火极限和燃烧性能均不应低于相应耐火等级建筑外墙的要求。幕墙与每层楼板、隔墙处的缝隙应采用防火封堵材料封堵。

9. 附设在建筑内的消防控制室、灭火设备室、消防泵房和通风空气调节机房、变配电室等,应采用耐火极限不低于 2.00 h 的防火隔墙和不低于 1.50 h 的楼板与其他部位分隔。消防水泵房、通风空气调节机房和变配电室开向建筑内的门应采用甲级防火门,消防控制室和其他设备房开向建筑内的门应采用乙级防火门。

10. 防烟、排烟、供暖、通风和空气调节系统中的管道及建筑内的其他管道,在穿越防火隔墙、楼板和防火墙处的孔隙应采用防火封堵材料封堵。

11. 风管穿过防火隔墙、楼板和防火墙时,穿越处风管上的防火阀、排烟防火阀两侧各 2.0 m 范围内的风管应采用耐火风管或风管外壁应采取防火保护措施,且耐火极限不应低于该防火分隔体的耐火极限。

12. 建筑内受高温或火焰作用易变形的管道,在贯穿楼板部位和穿越防火隔墙的两侧宜采取阻火措施。

13. 防火门的设置应符合下列规定:

(1) 设置在建筑内经常有人通行处的防火门宜采用常开防火门。常开防火门应能在火灾时自行关闭,并应具有信号反馈的功能。

(2) 除允许设置常开防火门的位置外,其他位置的防火门均应采用常闭防火门。常闭防火门应在其明显位置设置"保持防火门关闭"等提示标志。

(3) 除管井检修门外,防火门应具有自行关闭功能。双扇防火门应具有按顺序自行关闭的功能。

(4) 防火门应能在门的内外两侧手动开启。

(5) 防火门设置在建筑变形缝附近时,应设置在楼层较多的一侧,并应保证防火门开启时门扇不跨越变形缝。

(6) 防火门平时关闭后应具有防烟性能。

14. 设置在防火墙、防火隔墙上的防火窗,应采用不可开启或具有火灾时能自行关闭的窗扇。

问题解析

1.【答案】A、B、C。解析:按建筑使用性质,可分为民用建筑、工业建筑、农业建筑。民用建筑可分为住宅建筑、公共建筑。住宅建筑是指供单身或家庭成员短期或长期居住使用的建筑。公共建筑是指供人们进行各种公共活动的建筑,包括教育、办公、科研、文化、商业、服务、体育、医疗、交通、纪念、园林、综合类建筑等。

表 1-13-3 　　　　　　　　　　　　　　　　民用建筑的分类

名 称	高层民用建筑		单、多层民用建筑
	一类	二类	
住宅建筑	$H > 54$ m	27 m $< H \leqslant 54$ m	$H \leqslant 27$ m
公共建筑	1. $H > 50$ m 的公共建筑 2. $H > 24$ m 且任一楼层 $S > 1\,000$ m² 的商店、展览、电信、邮政、财贸金融建筑和其他多种功能组合建筑 3. 医疗建筑、重要公共建筑、独立建造的老年人照料设施 4. 省级及以上的广播电视和防灾指挥调度建筑、网局级和省级电力调度建筑 5. 藏书超过 100 万册的图书馆、书库	除住宅建筑、一类高层建筑外的其他高层民用建筑	$H > 24$ 米的单层公共建筑 $H \leqslant 24$ 米的其他公共建筑
备注:① H 为民用建筑的建筑高度,单位 m;S 为楼层建筑面积,单位 m²。② 表中"住宅建筑"均包括设置商业服务网点的住宅建筑。③ 除另有规定外,裙房的防火要求应符合有关高层民用建筑的规定。④ 除另有规定外,宿舍、公寓等非住宅类居住建筑应符合有关公共建筑的防火要求。				

　　重要公共建筑是指发生火灾可能造成重大人员伤亡、财产损失和严重社会影响的公共建筑。一般包括党政机关办公楼,人员密集的大型公共建筑或集会场所,较大规模的中小学校教学楼、宿舍楼,重要的通信、调度和指挥建筑,广播电视建筑,医院等,以及城市集中供水设施、主要的电力设施等涉及城市或区域生命线的支持性建筑或工程。

　　商业服务网点是指设置在住宅建筑的首层或首层及二层,每个分隔单元建筑面积S≤300 m²的小型营业性用房,包括百货店、副食店、粮店、邮政所、储蓄所、理发店、洗衣店、药店、洗车店、餐饮店等。"建筑面积"是指设置在住宅建筑首层或一层及二层,且相互完全分隔后的每个小型商业用房的总建筑面积。比如,一个上、下两层室内直接相通的商业服务网点,该"建筑面积"为该商业服务网点一层和二层商业用房的建筑面积之和。

　　GA 654—2006《人员密集场所消防安全管理》3.2:人员密集场所是人员聚集的室内场所。如:宾馆、饭店等旅馆,餐饮场所,商场、市场、超市等商店,体育场馆,公共展览馆、博物馆的展览厅,金融证券交易场所,公共娱乐场所,医院的门诊楼、病房楼,老年人建筑、托儿所、幼儿园,学校的教学楼、图书馆和集体宿舍,公共图书馆的阅览室,客运车站、码头、民用机场的候车、候船、候机厅(楼),人员密集的生产加工车间、员工集体宿舍等。故选A、B、C。

　　2.【答案】A、B。解析:根据《建规》5.4.5,① 医院和疗养院的住院部分不应设置在地下或半地下。

　　② 医院和疗养院的住院部分采用三级耐火等级建筑时,不应超过2层;采用四级耐火等级建筑时,应为单层;设置在三级耐火等级的建筑内时,应布置在首层或二层;设置在四级耐火等级的建筑内时,应布置在首层。

　　③ 医院和疗养院的病房楼内相邻护理单元之间应采用耐火极限不低于2.00 h的防火隔墙分隔,隔墙上的门应采用乙级防火门,设置在走道上的防火门应采用常开防火门。故选A、B。

　　3.【答案】D、E。解析:根据《汽车库》4.1.4,汽车库不应与托儿所、幼儿园,老年人建筑,中小学校的教学楼,病房楼等组合建造。当符合下列要求时,汽车库可设置在托儿所、幼儿园,老年人建筑,中小学校的教学楼,病房楼等的地下部分:

　　① 汽车库与托儿所、幼儿园,老年人建筑,中小学校的教学楼,病房楼等建筑之间,采用耐火极限不低于2.00 h的楼板完全分隔。② 汽车库与托儿所、幼儿园,老年人建筑,中小学校的教学楼,病房楼等的安全出口和疏散楼梯分别独立设置。故选D、E。

　　4.【答案】A、B。解析:(1) 根据《建规》6.2.2,医疗建筑内的手术室或手术部、产房、重症监护室、贵重精密医疗装备用房、储藏间、实验室、胶片室等,附设在建筑内的托儿所、幼儿园的儿童用房和儿童游乐厅等儿童活动场所、老年人活动场所,应采用耐火极限不低于2.00 h的防火隔墙和耐火极限不低于1.00 h的楼板与其他场所或部位分隔,墙上必须设置的门、窗应采用乙级防火门、窗。

　　(2) 根据《建规》5.5.24,高层病房楼应在二层及以上的病房楼层和洁净手术部设置避难间。避难间应符合下列规定:

　　① 避难间服务的护理单元不应超过2个,其净面积应按每个护理单元不小于25.0 m²确定。② 避难间兼作其他用途时,应保证人员的避难安全,且不得减少可供避难的净面积。③ 应靠近楼梯间,并应采用耐火极限不低于2.00 h的防火隔墙和甲级防火门与其他部位分隔。④ 应设置消防专线电话和消防应急广播。⑤ 避难间的入口处应设置明显的指示标志。⑥ 应设置直接对外的可开启窗口或独立的机械防烟设施,外窗应采用乙级防火窗。故选A、B。

　　5.【答案】A、D。解析:根据《建规》5.5.24,高层病房楼应在二层及以上的病房楼层和洁净手术部设置避难间。避难间应符合下列规定:

　　① 避难间服务的护理单元不应超过2个,其净面积应按每个护理单元不小于25.0 m²确定。② 避难间兼作其他用途时,应保证人员的避难安全,且不得减少可供避难的净面积。③ 应靠近楼梯间,并应采用耐火极限不低于2.00 h的防火隔墙和甲级防火门与其他部位分隔。④ 应设置消防专线电话和消防应急广播。⑤ 避难间的入口处应设置明显的指示标志。⑥ 应设置直接对外的可开启窗口或独立的机械防烟设施,外窗应采用乙级防火窗。故选A、D。

6.**【答案】**A、C、E。**解析:**高层病房楼的构造防火应符合下列规定:

(1) 防火墙应直接设置在建筑的基础框架、梁等承重结构上,框架、梁等承重结构的耐火极限不应低于防火墙的耐火极限。防火墙应从楼地面基层隔断至梁、楼板底面基层。

(2) 紧靠防火墙两侧的门、窗、洞口之间最近边缘的水平距离不应小于2.0 m;采取设置乙级防火窗等防止火灾水平蔓延的措施时,该距离不限。

(3) 建筑内的防火墙不宜设置在转角处。确需设置时,内转角两侧墙上的门、窗、洞口之间最近边缘的水平距离不应小于4.0 m;采取设置乙级防火窗等防止火灾水平蔓延的措施时,该距离不限。

(4) 防火墙上不应开设门、窗、洞口,确需开设时,应设置不可开启或火灾时能自动关闭的甲级防火门、窗。故选A、C、E。

7.**【答案】**A、C、E。**解析:**高层病房楼的构造防火应符合下列规定:

(1) 建筑内的防火墙不宜设置在转角处。确需设置时,内转角两侧墙上的门、窗、洞口之间最近边缘的水平距离不应小于4.0 m;采取设置乙级防火窗等防止火灾水平蔓延的措施时,该距离不限。

(2) 防火墙上不应开设门、窗、洞口,确需开设时,应设置不可开启或火灾时能自动关闭的甲级防火门、窗。

(3) 防火墙的构造应能在防火墙任意一侧的屋架、梁、楼板等受到火灾的影响而破坏时,不会导致防火墙倒塌。故选A、C、E。

8.**【答案】**C、D。**解析:**高层病房楼的构造防火应符合下列规定:

(1) 可燃气体和甲、乙、丙类液体的管道严禁穿过防火墙。防火墙内不应设置排气道。上述管道外的其他管道不宜穿过防火墙,确需穿过时,应采用防火封堵材料将墙与管道之间的空隙紧密填实,穿过防火墙处的管道保温材料,应采用不燃材料;当管道为难燃及可燃材料时,应在防火墙两侧的管道上采取防火措施。

(2) 防烟、排烟、供暖、通风和空气调节系统中的管道及建筑内的其他管道,在穿越防火隔墙、楼板和防火墙处的孔隙应采用防火封堵材料封堵。故选C、D。

9.**【答案】**A、B。**解析:**高层病房楼的构造防火应符合下列规定:

(1) 医疗建筑内的产房、手术室或手术部、重症监护室、精密贵重医疗装备用房、储藏间、实验室、胶片室等,应采用耐火极限不低于2.00 h的防火隔墙与其他场所或部位分隔,墙上必须设置的门、窗应采用乙级防火门、窗。

(2) 建筑外墙上、下层开口之间应设置高度不小于1.2 m的实体墙或挑出宽度不小于1.0 m、长度不小于开口宽度的防火挑檐;当室内设置自动喷水灭火系统时,上、下层开口之间的实体墙高度不应小于0.8 m。当上、下层开口之间设置实体墙确有困难时,可设置防火玻璃墙,高层建筑的防火玻璃墙的耐火完整性不应低于1.00 h。外窗的耐火完整性不应低于防火玻璃墙的耐火完整性要求。实体墙、防火挑檐和隔板的耐火极限和燃烧性能均不应低于相应耐火等级建筑外墙的要求。幕墙与每层楼板、隔墙处的缝隙应采用防火封堵材料封堵。故选A、B。

10.**【答案】**A、B、C。**解析:**高层病房楼的构造防火应符合下列规定:

(1) 附设在建筑内的消防控制室、灭火设备室、消防泵房和通风空气调节机房、变配电室等,应采用耐火极限不低于2.00 h的防火隔墙和不低于1.50 h的楼板与其他部位分隔。消防水泵房、通风空气调节机房和变配电室开向建筑内的门应采用甲级防火门,消防控制室和其他设备房开向建筑内的门应采用乙级防火门。

(2) 防火门的设置应符合下列规定:

① 设置在建筑内经常有人通行处的防火门宜采用常开防火门。常开防火门应能在火灾时自行关闭,并应具有信号反馈的功能。② 除允许设置常开防火门的位置外,其他位置的防火门均应采用常闭防火门。常闭防火门应在其明显位置设置"保持防火门关闭"等提示标志。③ 除管井检修门外,防火门应具有自行关闭功能。双扇防火门应具有按顺序自行关闭的功能。④ 防火门应能在门的内外两侧手动开启。⑤ 防火门设置在建筑变形缝附近时,应设置在楼层较多的一侧,并应保证防火门开启时门扇不跨越变形缝。⑥ 防火门平时关闭后应具有防烟性能。故选A、B、C。

案例 14 地下人防工程建筑防火案例分析

情景描述

某地下建筑地下 2 层,地下一层的室内地面与室外出入口地坪之间高差为 3.5 m,地下二层的室内地面与室外出入口地坪之间高差为 9.5 m。地下一层建筑面积 5 000 m²,使用功能为车库、设备间。地下二层建筑面积 5 000 m²,为人防工程区,全部设置为私人电影院。

地下一层共设有 110 个平面停车车位。该层划分为 3 个防火分区,每个防火分区的建筑面积均不大于 2 000 m²,每个防火分区均设有两部封闭楼梯间。该汽车库按现行有关国家工程建设消防技术标准配置了室内外消火栓给水系统、自动喷水灭火系统、火灾自动报警系统、机械排烟系统等消防设施及器材。

地下二层电影院设有 20 个建筑面积为 16 m²~20 m² 不等的私人影院,共有 100 个座位。共划分为 6 个面积不大于 1 000 m² 的防火分区,设置 6 部通至室外的封闭楼梯间,每个防火分区至少各设置 1 部,各相邻防火分区之间均通过疏散走道连通。该影院按现行有关国家工程建设消防技术标准配置了室内外消火栓给水系统、自动喷水灭火系统和火灾自动报警系统等消防设施及器材。

根据以上材料,回答下列问题(共 20 分,每题 2 分,每题的备选项中,有 2 个或 2 个以上符合题意,至少有一个错项,错选,本题不得分;少选,所选的每个选项得 0.5 分)。

1. 下列关于人防工程防火分区划分的说法,错误的有(　　　)。

A. 人防工程内可采用防火墙、防火卷帘等防火分隔设施分隔防火分区

B. 水泵房、污水泵房、水池、厕所、盥洗间等无可燃物的房间,其面积可不计入防火分区的面积之内

C. 防火分区的划分不应与防护单元相结合

D. 工程内设置有旅店、病房、员工宿舍时,不得设置在地下二层及以下层,不宜划分为独立的防火分区

E. 工程内设置有旅店、病房、员工宿舍时,应设置独立的疏散楼梯

2. 下列人防工程防火分区划分,符合要求的有(　　　)。

A. 每个防火分区的允许最大建筑面积,除另有规定外,不应大于 500 m²

B. 商业营业厅、展览厅等,当设置有火灾自动报警系统和自动灭火系统,防火分区允许最大建筑面积不应大于 2 000 m²

C. 电影院的观众厅,防火分区允许最大建筑面积不应大于 1 000 m²

D. 当设置有火灾自动报警系统和自动灭火系统时,防火分区允许最大建筑面积不应大于 2 000 m²

E. 溜冰馆的冰场、游泳馆的游泳池、射击馆的靶道区、保龄球馆的球道区等,其面积可不计入溜冰馆、游泳馆、射击馆、保龄球馆的防火分区面积内

3. 下列关于室内无车道且无人员停留的机械式汽车库构造防火措施,符合规范要求的有(　　　)。

A. 当停车数量超过 100 辆时,应采用无门、窗、洞口的防火墙分隔为多个停车数量不大于 100 辆的区域

B. 当采用防火隔墙和耐火极限不低于 1.00 h 的不燃性楼板分隔成多个停车单元,且停车单元内的停车数量不大于 3 辆时,应分隔为停车数量不大于 150 辆的区域

C. 应设置火灾自动报警系统和自动喷水灭火系统,自动喷水灭火系统应选用快速响应喷头

D. 楼梯间及停车区的检修通道上应设置室内消火栓

E. 汽车库内应设置排烟设施,排烟口应设置在停车区的检修通道顶部

4. 下列关于汽车库防火分隔的说法,正确的有(　　)。

A. 甲、乙类物品运输车的汽车库,每个防火分区的最大允许建筑面积不应大于1 000 m²

B. 汽车库内设置修理车位时,停车部位与修车部位之间应采用防火墙和耐火极限不低于1.50 h的不燃性楼板分隔

C. 附设在汽车库内的消防控制室、自动灭火系统的设备室、消防水泵房和排烟、通风空气调节机房等,应采用防火隔墙和耐火极限不低于1.50 h的不燃性楼板相互隔开或与相邻部位分隔

D. 除敞开式汽车库、斜楼板式汽车库外,其他汽车库内的汽车坡道两侧应采用防火墙与停车区隔开,坡道的出入口应采用水幕、防火卷帘或甲级防火门等与停车区隔开

E. 当汽车库和汽车坡道上均设置自动灭火系统时,坡道的出入口可不设置水幕、防火卷帘或甲级防火门

5. 关于人防工程防火分隔,下列说法错误的有(　　)。

A. 消防控制室、消防水泵房、排烟机房应采用耐火极限不低于2.00 h的隔墙和1.50 h的楼板与其他场所隔开

B. 可燃物存放量平均值超过50 kg/m²火灾荷载密度的房间应采用耐火极限不低于2.00 h的隔墙和1.50 h的楼板与其他场所隔开

C. 柴油发电机房的储油间,防火隔墙上应设置常闭的甲级防火门

D. 同一防火分区内厨房、食品加工等用火、用电、用气场所,防火隔墙上应设置不低于甲级的防火门

E. 歌舞娱乐放映游艺场所,且一个厅、室的建筑面积不应大于200 m²,隔墙上应设置不低于乙级的防火门

6. 人防工程采用防火卷帘分隔,下列做法符合规定的有(　　)。

A. 当防火分隔部位的宽度不大于30 m时,防火卷帘的宽度不应大于10 m

B. 当防火分隔部位的宽度小于30 m时,防火卷帘的宽度不应小于防火分隔部位宽度的1/3,且不应小于20 m

C. 防火卷帘的耐火极限不应低于3.00 h

D. 防火卷帘应具有防烟性能,与楼板、梁和墙、柱之间的空隙应采用防火封堵材料封堵

E. 在火灾时能自动降落的防火卷帘,应具有信号反馈的功能

7. 下列关于汽车库安全疏散的说法,符合要求的有(　　)。

A. 汽车库的人员安全出口和汽车疏散出口应分开设置

B. 汽车库内每个防火分区的人员安全出口不应少于2个,Ⅳ类汽车库和Ⅲ、Ⅳ类修车库可设置1个

C. 除室内无车道且无人员停留的机械式汽车库外,建筑高度大于32 m的汽车库应设置消防电梯

D. 汽车库室内任一点至最近人员安全出口的疏散距离不应大于30 m,当设置自动灭火系统时,其距离不应大于37.5 m

E. 单层或设置在建筑首层的汽车库,室内任一点至室外最近出口的疏散距离不应大于60 m

8. 下列关于汽车库疏散楼梯设置的说法,正确的有(　　)。

A. 建筑高度大于32 m的高层汽车库、室内地面与室外出入口地坪的高差大于10 m的地下汽车库应采用防烟楼梯间

B. 建筑高度小于32 m的高层汽车库、室内地面与室外出入口地坪的高差小于10 m的地下汽车库应采用封闭楼梯间

C. 汽车库疏散楼梯的宽度不应小于1.2 m

D. 与住宅地下室相连通的地下汽车库、半地下汽车库,当不能直接进入住宅部分的疏散楼梯间时,应在汽车库与住宅部分的疏散楼梯之间设置连通走道,走道应采用防火隔墙分隔,汽车库开向该走道的门均应采用甲

级防火门

E. 室内无车道且无人员停留的机械式汽车库可不设置人员安全出口,但应设置符合规定的供灭火救援用的楼梯间

9. 下列人防工程设置楼梯间的做法,符合规范要求的有(　　)。

A. 设有电影院,当底层室内地面与室外出入口地坪高差大于 10 m 时,应设置防烟楼梯间

B. 设有建筑面积大于 500 ㎡ 的医院,当底层室内地面与室外出入口地坪高差大于 10 m 时,应设置防烟楼梯间

C. 设有建筑面积大于 1 000 ㎡ 的公共娱乐场所,当底层室内地面与室外出入口地坪高差大于 10 m 时,应设置防烟楼梯间

D. 设有建筑面积大于 1 000 ㎡ 的商场,当底层室内地面与室外出入口地坪高差不大于 10 m 时,应设置封闭楼梯间

E. 设有建筑面积大于 1 000 ㎡ 的展览厅,当地下为两层,且地下第二层的室内地面与室外出入口地坪高差不大于 10 m 时,应设置封闭楼梯间

10. 关于人防工程安全出口设置的说法,正确的有(　　)。

A. 每个防火分区的安全出口数量不应少于 2 个

B. 建筑面积不大于 200 ㎡,且经常停留人数不超过 3 人的防火分区,可只设置一个通向相邻防火分区的防火门

C. 当有 2 个或 2 个以上防火分区相邻,且将相邻防火分区之间防火墙上设置的防火门作为安全出口时,在一个防火分区内,设置通向室外、直通室外的疏散楼梯间或避难走道的安全出口宽度之和,不宜小于规定的安全出口总宽度的 30%

D. 当有 2 个或 2 个以上防火分区相邻,且将相邻防火分区之间防火墙上设置的防火门作为安全出口时,防火分区建筑面积大于 1 000 ㎡ 的商业营业厅、展览厅等场所,设置通向室外、直通室外的疏散楼梯间或避难走道的安全出口个数不得少于 1 个

E. 当有 2 个或 2 个以上防火分区相邻,且将相邻防火分区之间防火墙上设置的防火门作为安全出口时,防火分区建筑面积不大于 1 000 ㎡ 的商业营业厅、展览厅等场所,设置通向室外、直通室外的疏散楼梯间或避难走道的安全出口个数不得少于 2 个

》》 关键考点依据

> 本考点主要依据《人民防空工程设计防火规范》GB 50098－2009,简称《人防工程》;《汽车库、修车库、停车场设计防火规范》GB 50067—2014,简称《汽车库》。

一 防火分区

(一) 汽车库

1.《汽车库》5.1.1　汽车库防火分区的最大允许建筑面积应符合表 1-14-1 的规定。其中,敞开式、错层式、斜楼板式汽车库的上下连通层面积应叠加计算,每个防火分区的最大允许建筑面积不应大于表 1-14-1 规定的 2.0 倍;室内有车道且有人员停留的机械式汽车库,其防火分区最大允许建筑面积应按表 1-14-1 的规定减少 35%。

表1-14-1   汽车库防火分区的最大允许建筑面积   单位：m²

耐火等级	单层汽车库	多层汽车库、半地下汽车库	地下汽车库、高层汽车库
一、二级	3 000	2 500	2 000
三级	1 000	不允许	不允许

注：除本规范另有规定外，防火分区之间应采用符合本规范规定的防火墙、防火卷帘等分隔。

2.《汽车库》5.1.2　设置自动灭火系统的汽车库，其每个防火分区的最大允许建筑面积不应大于本规范5.1.1规定的2.0倍。

(二)人防工程

1.《人防工程》4.1.1　人防工程内应采用防火墙划分防火分区，当采用防火墙确有困难时，可采用防火卷帘等防火分隔设施分隔，防火分区划分应符合下列要求：

(1)防火分区应在各安全出口处的防火门范围内划分。

(2)水泵房、污水泵房、水池、厕所、盥洗间等无可燃物的房间，其面积可不计入防火分区的面积之内。

(3)与柴油发电机房或锅炉房配套的水泵间、风机房、储油间等，应与柴油发电机房或锅炉房一起划分为一个防火分区。

(4)防火分区的划分宜与防护单元相结合。

(5)工程内设置有旅店、病房、员工宿舍时，不得设置在地下二层及以下层，并应划分为独立的防火分区，且疏散楼梯不得与其他防火分区的疏散楼梯共用。

2.《人防工程》4.1.2　每个防火分区的允许最大建筑面积，除另有规定外，不应大于500 m²。当设置有自动灭火系统时，允许最大建筑面积可增加1倍；局部设置时，增加的面积可按该局部面积的1倍计算。

3.《人防工程》4.1.3　商业营业厅、展览厅、电影院和礼堂的观众厅、溜冰馆、游泳馆、射击馆、保龄球馆等防火分区划分应符合下列规定：

(1)商业营业厅、展览厅等，当设置有火灾自动报警系统和自动灭火系统，且采用A级装修材料装修时，防火分区允许最大建筑面积不应大于2 000 m²。

(2)电影院、礼堂的观众厅，防火分区允许最大建筑面积不应大于1 000 m²。当设置有火灾自动报警系统和自动灭火系统时，其允许最大建筑面积也不得增加。

(3)溜冰馆的冰场、游泳馆的游泳池、射击馆的靶道区、保龄球馆的球道区等，其面积可不计入溜冰馆、游泳馆、射击馆、保龄球馆的防火分区面积内。溜冰馆的冰场、游泳馆的游泳池、射击馆的靶道区等，其装修材料应采用A级。

二　构造防火

(一)汽车库

1.《汽车库》5.1.3　室内无车道且无人员停留的机械式汽车库，应符合下列规定：

(1)当停车数量超过100辆时，应采用无门、窗、洞口的防火墙分隔为多个停车数量不大于100辆的区域，但当采用防火隔墙和耐火极限不低于1.00 h的不燃性楼板分隔成多个停车单元，且停车单元内的停车数量不大于3辆时，应分隔为停车数量不大于300辆的区域。

(2)汽车库内应设置火灾自动报警系统和自动喷水灭火系统，自动喷水灭火系统应选用快速响应喷头。

(3)楼梯间及停车区的检修通道上应设置室内消火栓。

(4)汽车库内应设置排烟设施，排烟口应设置在运输车辆的通道顶部。

2.《汽车库》5.1.4　甲、乙类物品运输车的汽车库、修车库，每个防火分区的最大允许建筑面积不应大于500 m²。

3.《汽车库》5.1.5　修车库每个防火分区的最大允许建筑面积不应大于 2 000 m²,当修车部位与相邻使用有机溶剂的清洗和喷漆工段采用防火墙分隔时,每个防火分区的最大允许建筑面积不应大于 4 000 m²。

4.《汽车库》5.1.7　汽车库内设置修理车位时,停车部位与修车部位之间应采用防火墙和耐火极限不低于 2.00 h 的不燃性楼板分隔。

5.《汽车库》5.1.8　修车库内使用有机溶剂清洗和喷漆的工段,当超过 3 个车位时,均应采用防火隔墙等分隔措施。

6.《汽车库》5.1.9　附设在汽车库、修车库内的消防控制室、自动灭火系统的设备室、消防水泵房和排烟、通风空气调节机房等,应采用防火隔墙和耐火极限不低于 1.50 h 的不燃性楼板相互隔开或与相邻部位分隔。

7.《汽车库》5.3.3　除敞开式汽车库、斜楼板式汽车库外,其他汽车库内的汽车坡道两侧应采用防火墙与停车区隔开,坡道的出入口应采用水幕、防火卷帘或甲级防火门等与停车区隔开;但当汽车库和汽车坡道上均设置自动灭火系统时,坡道的出入口可不设置水幕、防火卷帘或甲级防火门。

(二) 人防工程

1.《人防工程》4.2.3　电影院、礼堂的观众厅与舞台之间的墙,耐火极限不应低于 2.50 h,观众厅与舞台之间的舞台口应符合规定;电影院放映室(卷片室)应采用耐火极限不低于 1.00 h 的隔墙与其他部位隔开,观察窗和放映孔应设置阻火闸门。

2.《人防工程》4.2.4　下列场所应采用耐火极限不低于 2.00 h 的隔墙和耐火极限不低于 1.50 h 的楼板与其他场所隔开,并应符合下列规定:

(1) 消防控制室、消防水泵房、排烟机房、灭火剂储瓶室、变配电室、通信机房、通风和空调机房、可燃物存放量平均值超过 30 kg/m² 火灾荷载密度的房间等,墙上应设置常闭的甲级防火门。

(2) 柴油发电机房的储油间,墙上应设置常闭的甲级防火门,并应设置高 150 mm 的不燃烧、不渗漏的门槛,地面不得设置地漏。

(3) 同一防火分区内厨房、食品加工等用火、用电、用气场所,墙上应设置不低于乙级的防火门,人员频繁出入的防火门应设置火灾时能自动关闭的常开式防火门。

(4) 歌舞娱乐放映游艺场所,且一个厅、室的建筑面积不应大于 200 m²,隔墙上应设置不低于乙级的防火门。

3.《人防工程》4.3.2　人防工程的耐火等级应为一级,其出入口地面建筑物的耐火等级不应低于二级。

4.《人防工程》4.3.3　本规范允许使用的可燃气体和丙类液体管道,除可穿过柴油发电机房、燃油锅炉房的储油间与机房间的防火墙外,严禁穿过防火分区之间的防火墙;当其他管道需要穿过防火墙时,应采用防火封堵材料将管道周围的空隙紧密填塞,通风和空气调节系统的风管还应符合规定。

5.《人防工程》4.3.4　通过防火墙或设置有防火门的隔墙处的管道和管线沟,应采用不燃材料将通过处的空隙紧密填塞。

6.《人防工程》4.4.2　防火门的设置应符合下列规定:

(1) 位于防火分区分隔处安全出口的门应为甲级防火门,当使用功能上确实需要采用防火卷帘分隔时,应在其旁设置与相邻防火分区的疏散走道相通的甲级防火门。

(2) 公共场所的疏散门应向疏散方向开启,并在关闭后能从任何一侧手动开启。

(3) 公共场所人员频繁出入的防火门,应采用能在火灾时自动关闭的常开式防火门;平时需要控制人员随意出入的防火门,应设置火灾时不需使用任何工具即能从内部轻易打开的常闭防火门,并应在明显位置设置标识和使用提示;其他部位的防火门,宜选用常闭的防火门。

(4) 用防护门、防护密闭门、密闭门代替甲级防火门时,其耐火性能应符合甲级防火门的要求,且不得用于平战结合公共场所的安全出口处。

(5) 常开的防火门应具有信号反馈的功能。

7.《人防工程》4.4.3　用防火墙划分防火分区有困难时,可采用防火卷帘分隔,并应符合下列规定:

(1) 当防火分隔部位的宽度不大于30 m时，防火卷帘的宽度不应大于10 m；当防火分隔部位的宽度大于30 m时，防火卷帘的宽度不应大于防火分隔部位宽度的1/3，且不应大于20 m。

(2) 防火卷帘的耐火极限不应低于3.00 h。当防火卷帘的耐火极限符合有关背火面温升的判定条件时，可不设置自动喷水灭火系统保护；当防火卷帘的耐火极限符合有关背火面辐射热的判定条件时，应设置自动喷水灭火系统保护；自动喷水灭火系统的设计应符合有关规定，但其火灾延续时间不应小于3 h。

(3) 防火卷帘应具有防烟性能，与楼板、梁和墙、柱之间的空隙应采用防火封堵材料封堵。

(4) 在火灾时能自动降落的防火卷帘，应具有信号反馈的功能。

三 安全疏散

(一)汽车库

1.《汽车库》6.0.1　汽车库、修车库的人员安全出口和汽车疏散出口应分开设置。设置在工业与民用建筑内的汽车库，其车辆疏散出口应与其他场所的人员安全出口分开设置。

2.《汽车库》6.0.2　除室内无车道且无人员停留的机械式汽车库外，汽车库、修车库内每个防火分区的人员安全出口不应少于2个，Ⅳ类汽车库和Ⅲ、Ⅳ类修车库可设置1个。

3.《汽车库》6.0.3　汽车库、修车库的疏散楼梯应符合下列规定：

(1) 建筑高度大于32 m的高层汽车库、室内地面与室外出入口地坪的高差大于10 m的地下汽车库应采用防烟楼梯间，其他汽车库、修车库应采用封闭楼梯间；

(2) 楼梯间和前室的门应采用乙级防火门，并应向疏散方向开启；

(3) 疏散楼梯的宽度不应小于1.1 m。

4.《汽车库》6.0.4　除室内无车道且无人员停留的机械式汽车库外，建筑高度大于32 m的汽车库应设置消防电梯。

5.《汽车库》6.0.6　汽车库室内任一点至最近人员安全出口的疏散距离不应大于45 m，当设置自动灭火系统时，其距离不应大于60 m。对于单层或设置在建筑首层的汽车库，室内任一点至室外最近出口的疏散距离不应大于60 m。

6.《汽车库》6.0.7　与住宅地下室相连通的地下汽车库、半地下汽车库，人员疏散可借用住宅部分的疏散楼梯；当不能直接进入住宅部分的疏散楼梯间时，应在汽车库与住宅部分的疏散楼梯之间设置连通走道，走道应采用防火隔墙分隔，汽车库开向该走道的门均应采用甲级防火门。

7.《汽车库》6.0.8　室内无车道且无人员停留的机械式汽车库可不设置人员安全出口，但应按下列规定设置供灭火救援用的楼梯间：

(1) 每个停车区域当停车数量大于100辆时，应至少设置1个楼梯间。

(2) 楼梯间与停车区域之间应采用防火隔墙进行分隔，楼梯间的门应采用乙级防火门。

(3) 楼梯的净宽不应小于0.9 m。

8.《汽车库》6.0.9　除本规范另有规定外，汽车库、修车库的汽车疏散出口总数不应少于2个，且应分散布置。

9.《汽车库》6.0.10　当符合下列条件之一时，汽车库、修车库的汽车疏散出口可设置1个：

(1) Ⅳ类汽车库。

(2) 设置双车道汽车疏散出口的Ⅲ类地上汽车库。

(3) 设置双车道汽车疏散出口、停车数量小于或等于100辆且建筑面积小于4 000 m²的地下或半地下汽车库。

(4) Ⅱ、Ⅲ、Ⅳ类修车库。

10.《汽车库》6.0.11　Ⅰ、Ⅱ类地上汽车库和停车数量大于100辆的地下、半地下汽车库，当采用错层或斜楼板式,坡道为双车道且设置自动喷水灭火系统时,其首层或地下一层至室外的汽车疏散出口不应少于2个,汽车库内其他楼层的汽车疏散坡道可设置1个。

11.《汽车库》6.0.12　Ⅳ类汽车库设置汽车坡道有困难时,可采用汽车专用升降机作汽车疏散出口,升降机的数量不应少于2台,停车数量少于25辆时,可设置1台。

12.《汽车库》6.0.13　汽车疏散坡道的净宽度,单车道不应小于3.0 m,双车道不应小于5.5 m。

(二) 人防工程

1.《人防工程》5.1.1　每个防火分区安全出口设置的数量,应符合下列规定之一:

(1) 每个防火分区的安全出口数量不应少于2个。

(2) 当有2个或2个以上防火分区相邻,且将相邻防火分区之间防火墙上设置的防火门作为安全出口时,防火分区安全出口应符合下列规定:

① 防火分区建筑面积大于1 000 m² 的商业营业厅、展览厅等场所,设置通向室外、直通室外的疏散楼梯间或避难走道的安全出口个数不得少于2个。

② 防火分区建筑面积不大于1 000 m² 的商业营业厅、展览厅等场所,设置通向室外、直通室外的疏散楼梯间或避难走道的安全出口个数不得少于1个,

③ 在一个防火分区内,设置通向室外、直通室外的疏散楼梯间或避难走道的安全出口宽度之和,不宜小于规定的安全出口总宽度的70%。

(3) 建筑面积不大于500 m²,且室内地面与室外出入口地坪高差不大于10 m,容纳人数不大于30人的防火分区,当设置有仅用于采光或进风用的竖井,且竖井内有金属梯直通地面、防火分区通向竖井处设置有不低于乙级的常闭防火门时,可只设置一个通向室外、直通室外的疏散楼梯间或避难走道的安全出口;也可设置一个与相邻防火分区相通的防火门。

(4) 建筑面积不大于200 m²,且经常停留人数不超过3人的防火分区,可只设置一个通向相邻防火分区的防火门。

2.《人防工程》5.1.2　房间建筑面积不大于50 m²,且经常停留人数不超过15人时,可设置一个疏散出口。

3.《人防工程》5.1.5　安全疏散距离应满足下列规定:

(1) 房间内最远点至该房间门的距离不应大于15 m。

(2) 房间门至最近安全出口的最大距离:医院应为24 m;旅馆应为30 m;其他工程应为40 m。位于袋形走道两侧或尽端的房间,其最大距离应为上述相应距离的一半。

(3) 观众厅、展览厅、多功能厅、餐厅、营业厅和阅览室等,其室内任意一点到最近安全出口的直线距离不宜大于30 m;当该防火分区设置有自动喷水灭火系统时,疏散距离可增加25%。

4.《人防工程》5.2.1　设有下列公共活动场所的人防工程,当底层室内地面与室外出入口地坪高差大于10 m时,应设置防烟楼梯间;当地下为两层,且地下第二层的室内地面与室外出入口地坪高差不大于10 m时,应设置封闭楼梯间。

(1) 电影院、礼堂。

(2) 建筑面积大于500 m² 的医院、旅馆。

(3) 建筑面积大于1 000 m² 的商场、餐厅、展览厅、公共娱乐场所、健身体育场所。

5.《人防工程》5.2.5　避难走道的设置应符合下列规定:

(1) 避难走道直通地面的出口不应少于2个,并应设置在不同方向;当避难走道只与一个防火分区相通时,避难走道直通地面的出口可设置一个,但该防火分区至少应有一个不通向该避难走道的安全出口。

(2) 通向避难走道的各防火分区人数不等时,避难走道的净宽不应小于设计容纳人数最多一个防火分区通向避难走道各安全出口最小净宽之和。

(3) 避难走道的装修材料燃烧性能等级应为A级。

(4) 防火分区至避难走道入口处应设置前室,前室面积不应小于6 m²,前室的门应为甲级防火门,其防烟应

符合规定。

（5）避难走道的消火栓设置应符合规定。

（6）避难走道的火灾应急照明应符合的规定。

（7）避难走道应设置应急广播和消防专线电话。

6.《人防工程》3.1.7　设置下沉式广场时，应符合下列规定：

（1）不同防火分区通向下沉式广场安全出口最近边缘之间的水平距离不应小于 13 m，广场内疏散区域的净面积不应小于 169 m²。

（2）广场应设置不少于一个直通地坪的疏散楼梯，疏散楼梯的总宽度不应小于相邻最大防火分区通向下沉式广场计算疏散总宽度。

（3）当确需设置防风雨篷时，篷不得封闭，并应符合下列规定：

① 四周敞开的面积应大于下沉式广场投影面积的 25%，经计算大于 40 m²时，可取 40 m²。

② 敞开的高度不得小于 1 m。

③ 当敞开部分采用防风雨百叶时，百叶的有效通风排烟面积可按百叶洞口面积的 60% 计算。

④ 本条第 1 款最小净面积的范围内不得用于除疏散外的其他用途；其他面积的使用，不得影响人员的疏散。

注：疏散楼梯总宽度可包括疏散楼梯宽度和 90% 的自动扶梯宽度。

问题解析

1.【答案】C、D。解析：根据《人防工程》4.1.1，人防工程内应采用防火墙划分防火分区，当采用防火墙确有困难时，可采用防火卷帘等防火分隔设施分隔，防火分区划分应符合下列要求：

（1）防火分区应在各安全出口处的防火门范围内划分。（2）水泵房、污水泵房、水池、厕所、盥洗间等无可燃物的房间，其面积可不计入防火分区的面积之内。（3）与柴油发电机房或锅炉房配套的水泵间、风机房、储油间等，应与柴油发电机房或锅炉房一起划分为一个防火分区。（4）防火分区的划分宜与防护单元相结合。（5）工程内设置有旅店、病房、员工宿舍时，不得设置在地下二层及以下层，并应划分为独立的防火分区，且疏散楼梯不得与其他防火分区的疏散楼梯共用。故选 C、D。

2.【答案】A、C、E。解析：（1）根据《人防工程》4.1.2，每个防火分区的允许最大建筑面积，除另有规定外，不应大于 500 m²。当设置有自动灭火系统时，允许最大建筑面积可增加 1 倍；局部设置时，增加的面积可按该局部面积的 1 倍计算。

（2）根据《人防工程》4.1.3，商业营业厅、展览厅、电影院和礼堂的观众厅、溜冰馆、游泳馆、射击馆、保龄球馆等防火分区划分应符合下列规定：

① 商业营业厅、展览厅等，当设置有火灾自动报警系统和自动灭火系统，且采用 A 级装修材料装修时，防火分区允许最大建筑面积不应大于 2 000 m²。② 电影院、礼堂的观众厅，防火分区允许最大建筑面积不应大于 1 000 m²。当设置有火灾自动报警系统和自动灭火系统时，其允许最大建筑面积也不得增加。③ 溜冰馆的冰场、游泳馆的游泳池、射击馆的靶道区、保龄球馆的球道区等，其面积可不计入溜冰馆、射击馆、保龄球馆的防火分区面积内。溜冰馆的冰场、游泳馆的游泳池、射击馆的靶道区等，其装修材料应采用 A 级。故选 A、C、E。

3.【答案】A、C、D。解析：根据《汽车库》5.1.3，室内无车道且无人员停留的机械式汽车库，应符合下列规定：

（1）当停车数量超过 100 辆时，应采用无门、窗、洞口的防火墙分隔为多个停车数量不大于 100 辆的区域，但当采用防火隔墙和耐火极限不低于 1.00 h 的不燃性楼板分隔成多个停车单元，且停车单元内的停车数量不大于 3 辆时，应分隔为停车数量不大于 300 辆的区域。（2）汽车库内应设置火灾自动报警系统和自动喷水灭火系统，自动喷水灭火系统应选用快速响应喷头。（3）楼梯间及停车区的检修通道上应设置室内消火栓。（4）汽车库内应设置排烟设施，排烟口应设置在运输车辆的通道顶部。故选 A、C、D。

4.【答案】C、D、E。解析:(1)根据《汽车库》5.1.4,甲、乙类物品运输车的汽车库、修车库,每个防火分区的最大允许建筑面积不应大于500 m²。

(2)根据《汽车库》5.1.7,汽车库内设置修理车位时,停车部位与修车部位之间应采用防火墙和耐火极限不低于2.00 h的不燃性楼板分隔。

(3)根据《汽车库》5.1.9,附设在汽车库、修车库内的消防控制室、自动灭火系统的设备室、消防水泵房和排烟、通风空气调节机房等,应采用防火隔墙和耐火极限不低于1.50 h的不燃性楼板相互隔开或与相邻部位分隔。

(4)根据《汽车库》5.3.3,除敞开式汽车库、斜楼板式汽车库外,其他汽车库内的汽车坡道两侧应采用防火墙与停车区隔开,坡道的出入口应采用水幕、防火卷帘或甲级防火门等与停车区隔开;但当汽车库和汽车坡道上均设置自动灭火系统时,坡道的出入口可不设置水幕、防火卷帘或甲级防火门。故选C、D、E。

5.【答案】B、D。解析:根据《人防工程》4.2.4,下列场所应采用耐火极限不低于2.00 h的隔墙和1.50 h的楼板与其他场所隔开,并应符合下列规定:

(1)消防控制室、消防水泵房、排烟机房、灭火剂储瓶室、变配电室、通信机房、通风和空调机房、可燃物存放量平均值超过30 kg/m²火灾荷载密度的房间等,墙上应设置常闭的甲级防火门。(2)柴油发电机房的储油间,墙上应设置常闭的甲级防火门,并应设置高150 mm的不燃烧、不渗漏的门槛,地面不得设置地漏。(3)同一防火分区内厨房、食品加工等用火、用电、用气场所,墙上应设置不低于乙级的防火门,人员频繁出入的防火门应设置火灾时能自动关闭的常开式防火门。(4)歌舞娱乐放映游艺场所,且一个厅、室的建筑面积不应大于200 m²,隔墙上应设置不低于乙级的防火门。故选B、D。

6.【答案】A、C、D、E。解析:根据《人防工程》4.4.3,用防火墙划分防火分区有困难时,可采用防火卷帘分隔,并应符合下列规定:

(1)当防火分隔部位的宽度不大于30 m时,防火卷帘的宽度不应大于10 m;当防火分隔部位的宽度大于30 m时,防火卷帘的宽度不应大于防火分隔部位宽度的1/3,且不应大于20 m。(2)防火卷帘的耐火极限不应低于3.00 h。当防火卷帘的耐火极限符合有关背火面温升的判定条件时,可不设置自动喷水灭火系统保护;当防火卷帘的耐火极限符合有关背火面辐射热的判定条件时,应设置自动喷水灭火系统保护;自动喷水灭火系统的设计应符合有关规定,但其火灾延续时间不应小于3.00 h。(3)防火卷帘应具有防烟性能,与楼板、梁和墙、柱之间的空隙应采用防火封堵材料封堵。(4)在火灾时能自动降落的防火卷帘,应具有信号反馈的功能。故选A、C、D、E。

7.【答案】A、C、E。解析:(1)根据《汽车库》6.0.1,汽车库、修车库的人员安全出口和汽车疏散出口应分开设置。设置在工业与民用建筑内的汽车库,其车辆疏散出口应与其他场所的人员安全出口分开设置。

(2)根据《汽车库》6.0.2,除室内无车道且无人员停留的机械式汽车库外,汽车库、修车库内每个防火分区的人员安全出口不应少于2个,Ⅳ类汽车库和Ⅲ、Ⅳ类修车库可设置1个。

(3)根据《汽车库》6.0.4,除室内无车道且无人员停留的机械式汽车库外,建筑高度大于32 m的汽车库应设置消防电梯。

(4)根据《汽车库》6.0.6,汽车库室内任一点至最近人员安全出口的疏散距离不应大于45 m,当设置自动灭火系统时,其距离不应大于60 m。对于单层或设置在建筑首层的汽车库,室内任一点至室外最近出口的疏散距离不应大于60 m。故选A、C、E。

8.【答案】A、D、E。解析:(1)根据《汽车库》6.0.3,汽车库、修车库的疏散楼梯应符合下列规定:

① 建筑高度大于32 m的高层汽车库、室内地面与室外出入口地坪的高差大于10 m的地下汽车库应采用防烟楼梯间,其他汽车库、修车库应采用封闭楼梯间;② 楼梯间和前室的门应采用乙级防火门,并应向疏散方向开启;③ 疏散楼梯的宽度不应小于1.1 m。A正确,B、C错误。

(2)根据《汽车库》6.0.7,与住宅地下室相连通的地下汽车库、半地下汽车库,人员疏散可借用住宅部分的疏散楼梯;当不能直接进入住宅部分的疏散楼梯间时,应在汽车库与住宅部分的疏散楼梯之间设置连通走道,走道应采用防火隔墙分隔,汽车库开向该走道的门均应采用甲级防火门。D 正确。

(3) 根据《汽车库》6.0.8,室内无车道且无人员停留的机械式汽车库可不设置人员安全出口,但应按下列规定设置供灭火救援用的楼梯间:

① 每个停车区域当停车数量大于 100 辆时,应至少设置 1 个楼梯间;② 楼梯间与停车区域之间应采用防火隔墙进行分隔,楼梯间的门应采用乙级防火门;③ 楼梯的净宽不应小于 0.9 m。E 正确。

9.【答案】A、B、C、E。解析:根据《人防工程》5.2.1,设有下列公共活动场所的人防工程,当底层室内地面与室外出入口地坪高差大于 10 m 时,应设置防烟楼梯间;当地下为两层,且地下第二层的室内地面与室外出入口地坪高差不大于 10 m 时,应设置封闭楼梯间。

(1) 电影院、礼堂。

(2) 建筑面积大于 500 m² 的医院、旅馆。

(3) 建筑面积大于 1 000 m² 的商场、餐厅、展览厅、公共娱乐场所、健身体育场所。故选 A、B、C、E。

10.【答案】A、B。解析:根据《人防工程》5.1.1,每个防火分区安全出口设置的数量,应符合下列规定之一:

(1) 每个防火分区的安全出口数量不应少于 2 个。

(2) 当有 2 个或 2 个以上防火分区相邻,且将相邻防火分区之间防火墙上设置的防火门作为安全出口时,防火分区安全出口应符合下列规定:

① 防火分区建筑面积大于 1 000 m² 的商业营业厅、展览厅等场所,设置通向室外、直通室外的疏散楼梯间或避难走道的安全出口个数不得少于 2 个;② 防火分区建筑面积不大于 1 000 m² 的商业营业厅、展览厅等场所,设置通向室外、直通室外的疏散楼梯间或避难走道的安全出口个数不得少于 1 个;③ 在一个防火分区内,设置通向室外、直通室外的疏散楼梯间或避难走道的安全出口宽度之和,不宜小于规定的安全出口总宽度的 70%。

(3) 建筑面积不大于 500 m²,且室内地面与室外出入口地坪高差不大于 10 m,容纳人数不大于 30 人的防火分区,当设置有仅用于采光或进风用的竖井,且竖井内有金属梯直通地面、防火分区通向竖井处设置有不低于乙级的常闭防火门时,可只设置一个通向室外、直通室外的疏散楼梯间或避难走道的安全出口;也可设置一个与相邻防火分区相通的防火门。

(4) 建筑面积不大于 200 m²,且经常停留人数不超过 3 人的防火分区,可只设置一个通向相邻防火分区的防火门。故选 A、B。

案例 15　加油加气站防火案例分析

》情景描述

　　某公司拟在市区新建一个加油站,选址用地西临城市主干路,站内拟建一栋站房,一个采用不燃建筑构件且净高度为 6 m 的罩棚,3 个埋地油罐,4 台加油机;拟采用加油和卸油油气回收系统。该加油站拟在其北、南、东三侧设置不燃实体围墙,西侧开敞供车辆进出。该加油站按现行有关国家工程建设消防技术标准配置了消防设施及器材。

　　根据以上材料,回答下列问题(共 20 分,每题 2 分,每题的备选项中,有 2 个或 2 个以上符合题意,至少有一个错项,错选,本题不得分;少选,所选的每个选项得 0.5 分)。

　　1. 下列可在城市建成区内设置的 CNG 加气站有(　　)。

　　A. 储气设施总容积不超过 120 m³ 的 CNG 加气母站

　　B. 储气瓶总容积不超过 18 m³ 的 CNG 加气子站

　　C. 储气井总容积不超过 36 m³ 的 CNG 加气子站

　　D. 储气设施总容积不超过 60 m³ 的 CNG 常规加气站

　　E. 无固定储气设施且停放的车载储气瓶组拖车不应多于 2 辆的 CNG 加气子站

　　2. 下列关于加油加气站的说法,正确的有(　　)。

　　A. CNG 加气母站不应建在城市建成区

　　B. 一级加油站不宜建在城市中心区

　　C. 城市建成区内的加油加气站,宜靠近城市道路

　　D. 加油加气站与重要公共建筑物的主要出入口不应小于 50 m

　　E. 一、二级耐火等级民用建筑物面向加油站一侧的墙为无门窗洞口的实体墙时,油罐、加油机和通气管管口与该民用建筑物的距离,不应小于 6 m

　　3. 下列关于加油加气站站内的平面设置,不符合规范要求的有(　　)。

　　A. CNG 加气母站内单车道或单车停车位宽度,不应小于 4 m,双车道或双车停车位宽度不应小于 6 m

　　B. 除 CNG 加气母站以外的加油加气站,站内单车道或单车停车位宽度,不应小于 4.5 m,双车道或双车停车位宽度不应小于 9 m

　　C. 站内的道路转弯半径应按行驶车型确定,且不宜小于 9 m

　　D. 站内停车位应为平坡,道路坡度不应大于 8%,且宜坡向站内

　　E. 加油加气作业区内的停车位和道路路面不应采用沥青路面

　　4. 下列关于加油加气站防火措施的说法,正确的有(　　)。

　　A. 加油加气作业区内,不得有"明火地点"

　　B. 加油加气站的变配电间或室外变压器应布置在爆炸危险区域之外,且变配电间门窗等洞口、室外变压器与爆炸危险区域边界线的距离不应小于 6 m

C. 加油加气站内设置的经营性餐饮、汽车服务等非站房所属建筑物或设施,不应布置在加油加气作业区内

D. 加油加气站的工艺设备与站外建(构)筑物之间,宜设置高度不低于 2.2 m 的不燃烧体实体围墙

E. 当加油加气站的工艺设备与站外建(构)筑物之间的距离大于规定的安全间距的 1.5 倍,且大于 30 m 时,可设置非实体围墙

5. 关于加油工艺及设施,下列说法错误的有(　　)。

A. 加油站的汽油罐和柴油罐应埋地设置,严禁设在室内或地下室内

B. 储油罐应采用卧式油罐,加油机不得设置在室内

C. 油罐车卸油必须采用密闭卸油方式,进油管应伸至罐内距罐底 50—100 mm 处

D. 汽油罐与柴油罐的通气管应分开设置,通气管管口高出地面的高度不应小于 3 m

E. 当加油站采用油气回收系统时,汽油罐的通气管管口除应装设阻火器外,尚应装设呼吸阀

6. 加油加气站灭火器材配置,下列做法符合规定的有(　　)。

A. 每 2 台加气机应配置不少于 2 具 4 kg 手提式干粉灭火器,加气机不足 2 台应按 2 台配置

B. 每 2 台加油机应配置不少于 1 具 4 kg 手提式干粉灭火器或 1 具 6 L 泡沫灭火器,加油机不足 2 台应按 2 台配置

C. 地上 LPG 储罐、地上 LNG 储罐、地下和半地下 LNG 储罐、CNG 储气设施,应配置 2 台 35 kg 推车式干粉灭火器

D. 地下储罐应配置 1 台不小于 35 kg 推车式干粉灭火器,当两种介质储罐之间的距离超过 15 m 时,应分别配置

E. 一、二级加油站应配置灭火毯 5 块、沙子 2 m³;三级加油站应配置灭火毯不少于 2 块、沙子 2 m³

7. 下列关于加油加气站防火的说法,符合要求的有(　　)。

A. 加油加气作业区内的站房及其他附属建筑物的耐火等级不应低于二级

B. 进站口无限高措施时,罩棚的净空高度不应小于 5 m

C. 罩棚遮盖加油机、加气机的平面投影距离不宜小于 3 m

D. 设置于 CNG 设备和 LNG 设备上方的罩棚,应采用避免天然气积聚的结构形式

E. 布置有 LPG 或 LNG 设备的房间的地坪应采用不发生火花地面

8. 下列可不设消防给水系统加油加气站的有(　　)。

A. 设置有地上 LNG 储罐的一、二级 LNG 加气站

B. 设置有地上 LNG 储罐且总容积大于 60 m³ 的合建站

C. 加油加气站的 LPG 设施

D. 加油站、CNG 加气站、三级 LNG 加气站和采用埋地、地下和半地下 LNG 储罐的各级 LNG 加气站及合建站

E. 地上 LNG 储罐总容积不大于 60 m³ 的合建站

9. 下列关于加油加气站报警系统的说法,正确的有(　　)。

A. 加油站、加油加气合建站应设置可燃气体检测报警系统

B. 设置有 LPG 设备、LNG 设备的场所和设置有 CNG 设备的房间内、罩棚下,应设置可燃气体检测器

C. 可燃气体检测器一级报警设定值应小于或等于可燃气体爆炸下限的 20%

D. LPG 储罐和 LNG 储罐应设置液位上限、下限报警装置和压力上限报警装置

E. LNG 泵应设超温、超压自动停泵保护装置

10. 关于加油加气站防雷防静电的说法,正确的有(　　)。

A. 钢制油罐、LPG 储罐、LNG 储罐和 CNG 储气瓶(组)必须进行防雷接地,接地点不应少于三处

B. CNG 加气母站和 CNG 加气子站的车载 CNG 储气瓶组拖车停放场地,应设两处临时用固定防雷接地装置

C. 各自单独设置接地装置时,油罐、LPG 储罐、LNG 储罐和 CNG 储气瓶(组)的防雷接地装置的接地电阻、配线电缆金属外皮两端和保护钢管两端的接地装置的接地电阻,不应大于 10 Ω

D. 电气系统的工作和保护接地电阻不应大于 4 Ω

E. 地上油品、LPG、CNG 和 LNG 管道始、末端和分支处的接地装置的接地电阻,不应大于 30 Ω

》》 关键考点依据

本考点主要依据《汽车加油加气站设计与施工规范》GB 50156—2012,简称《加油加气站》。

一　加油站等级

1.《加油加气站》3.0.9　加油站的等级划分,应符合表 1-15-1 的规定。

表 1-15-1　　　　　　　　　　　加油站的等级划分

级别	油罐容积/m³	
	总容积	单罐容积
一级	150<V≤210	V≤50
二级	90<V≤150	V≤50
三级	V≤90	汽油罐 V≤30,柴油罐 V≤50

注:柴油罐容积可折半计入油罐总容积。

2.《加油加气站》3.0.10　LPG 加气站的等级划分应符合表 1-15-2 的规定。

表 1-15-2　　　　　　　　　　　LPG 加气站的等级划分

级别	LPG 罐容积/m³	
	总容积	单罐容积
一级	45<V≤60	V≤30
二级	30<V≤45	V≤30
三级	V≤30	V≤30

3.《加油加气站》3.0.11　CNG 加气站储气设施的总容积,应根据设计加气汽车数量、每辆汽车加气时间、母站服务的子站的个数、规模和服务半径等因素综合确定。在城市建成区内,CNG 加气站储气设施的总容积应符合下列规定:

(1) CNG 加气母站储气设施的总容积不应超过 120 m³。

(2) CNG 常规加气站储气设施的总容积不应超过 30 m³。

(3) CNG 加气子站内设置有固定储气设施时,站内停放的车载储气瓶组拖车不应多于 1 辆。固定储气设施采用储气瓶时,其总容积不应超过 18 m³;固定储气设施采用储气井时,其总容积不应超过 24 m³。

(4) CNG 加气子站内无固定储气设施时,站内停放的车载储气瓶组拖车不应多于 2 辆。

(5) CNG 常规加气站可采用 LNG 储罐做补充气源,但 LNG 储罐容积、CNG 储气设施的总容积和加气站的等级划分,应符合规定。

4.《加油加气站》3.0.16　作为站内储气设施使用的 CNG 车载储气瓶组拖车,其单车储气瓶组的总容积不应大于 24 m³。

二 站址选择

1.《加油加气站》4.0.2 在城市建成区不宜建一级加油站、一级加气站、一级加油加气合建站、CNG 加气母站。在城市中心区不应建一级加油站、一级加气站、一级加油加气合建站、CNG 加气母站。

2.《加油加气站》4.0.3 城市建成区内的加油加气站，宜靠近城市道路，但不宜选在城市干道的交叉路口附近。

3.《加油加气站》4.0.4 与重要公共建筑物的主要出入口（包括铁路、地铁和二级及以上公路的隧道出入口）距离不应小于 50 m。

一、二级耐火等级民用建筑物面向加油站一侧的墙为无门窗洞口的实体墙时，油罐、加油机和通气管管口与该民用建筑物的距离，不应低于规定的安全间距的 70%，并不得小于 6 m。

三 站内平面布置

1.《加油加气站》5.0.2 站区内停车位和道路应符合下列规定：

(1) 站内车道或停车位宽度应按车辆类型确定。CNG 加气母站内单车道或单车停车位宽度，不应小于 4.5 m，双车道或双车停车位宽度不应小于 9 m；其他类型加油加气站的车道或停车位，单车道或单车停车位宽度不应小于 4 m，双车道或双车停车位不应小于 6 m。

(2) 站内的道路转弯半径应按行驶车型确定，且不宜小于 9 m。

(3) 站内停车位应为平坡，道路坡度不应大于 8%，且宜坡向站外。

(4) 加油加气作业区内的停车位和道路路面不应采用沥青路面。

2.《加油加气站》5.0.4 在加油加气合建站内，宜将柴油罐布置在 LPG 储罐或 CNG 储气瓶（组）、LNG 储罐与汽油罐之间。

3.《加油加气站》5.0.5 加油加气作业区内，不得有"明火地点"或"散发火花地点"。

4.《加油加气站》5.0.8 加油加气站的变配电间或室外变压器应布置在爆炸危险区域之外，且与爆炸危险区域边界线的距离不应小于 3 m。变配电间的起算点应为门窗等洞口。

5.《加油加气站》5.0.10 加油加气站内设置的经营性餐饮、汽车服务等非站房所属建筑物或设施，不应布置在加油加气作业区内，其与站内可燃液体或可燃气体设备的防火间距，应符合有关三类保护物的规定。经营性餐饮、汽车服务等设施内设置明火设备时，则应视为"明火地点"或"散发火花地点"。其中，对加油站内设置的燃煤设备不得按设置有油气回收系统折减距离。

6.《加油加气站》5.0.12 加油加气站的工艺设备与站外建（构）筑物之间，宜设置高度不低于 2.2 m 的不燃烧体实体围墙。当加油加气站的工艺设备与站外建（构）筑物之间的距离大于规定的安全间距的 1.5 倍，且大于 25 m 时，可设置非实体围墙。面向车辆入口和出口道路的一侧可设非实体围墙或不设围墙。

四 加油站内爆炸危险区域

加油站内爆炸危险区域的等级和范围划分为：

(1) 埋地卧式汽油储罐内部油品表面以上的空间应划分为 0 区。

(2) 埋地卧式汽油储罐的入孔（阀）井内部空间，以其通气管管口为中心，半径为 0.75 m 的球形空间和以其密闭卸油口为中心，半径为 0.50 m 的球形空间，应划分为 1 区。

(3) 距埋地卧式汽油储罐的入孔（阀）井外边缘 1.50 m 以内，自地面算起 1 m 高的圆柱形空间；以其通气管管口为中心，半径为 2 m 的球形空间和以其密闭卸油口为中心，半径为 1.50 m 的球形并延至地面的空间，应划分为 2 区。

五　加油工艺及设施

加油站的加油工艺及设施应符合以下要求：

(1) 加油站的汽油罐和柴油罐(撬装式加油装置所配置的防火防爆油罐除外)应埋地设置,严禁设在室内或地下室内。

(2) 储油罐应采用卧式油罐。

(3) 加油机不得设置在室内。

(4) 油罐车卸油必须采用密闭卸油方式。

(5) 进油管应伸至罐内距罐底 50 mm～100 mm 处。进油立管的底端应为 45°斜管口或 T 形管口。进油管管壁上不得有与油罐气相空间相通的开口。

(6) 汽油罐与柴油罐的通气管应分开设置。通气管管口高出地面的高度不应小于 4 m。沿建(构)筑物的墙(柱)向上敷设的通气管,其管口应高出建筑物的顶面 1.50 m 及以上。通气管管口应设置阻火器。当加油站采用油气回收系统时,汽油罐的通气管管口除应装设阻火器外,尚应装设呼吸阀。通气管的公称直径不应小于 50 mm。

六　站房和罩棚

1.《加油加气站》12.2.1　加油加气作业区内的站房及其他附属建筑物的耐火等级不应低于二级。当罩棚顶棚的承重构件为钢结构时,其耐火极限可为 0.25 h。

2.《加油加气站》12.2.2　汽车加油、加气场地宜设罩棚,罩棚的设计应符合下列规定：

(1) 罩棚应采用不燃烧材料建造。

(2) 进站口无限高措施时,罩棚的净空高度不应小于 4.5 m;进站口有限高措施时,罩棚的净空高度不应小于限高高度。

(3) 罩棚遮盖加油机、加气机的平面投影距离不宜小于 2 m。

(4) 罩棚设计应计算活荷载、雪荷载、风荷载,其设计标准值应符合现行国家标准《建筑结构荷载规范》GB 50009 的有关规定。

(5) 罩棚的抗震设计应按现行国家标准《建筑抗震设计规范》GB 50011 的有关规定执行。

(6) 设置于 CNG 设备和 LNG 设备上方的罩棚,应采用避免天然气积聚的结构形式。

3.《加油加气站》12.2.5　布置有 LPG 或 LNG 设备的房间的地坪应采用不发生火花地面。

七　消防设施

1.《加油加气站》10.1.1　加油加气站工艺设备应配置灭火器材,并应符合下列规定：

(1) 每 2 台加气机应配置不少于 2 具 4 kg 手提式干粉灭火器,加气机不足 2 台应按 2 台配置。

(2) 每 2 台加油机应配置不少于 2 具 4 kg 手提式干粉灭火器,或 1 具 4 kg 手提式干粉灭火器和 1 具 6 L 泡沫灭火器。加油机不足 2 台应按 2 台配置。

(3) 地上 LPG 储罐、地上 LNG 储罐、地下和半地下 LNG 储罐、CNG 储气设施,应配置 2 台不小于 35 kg 推车式干粉灭火器。当两种介质储罐之间的距离超过 15 m 时,应分别配置。

(4) 地下储罐应配置 1 台不小于 35 kg 推车式干粉灭火器。当两种介质储罐之间的距离超过 15 m 时,应分别配置。

(5) LPG 泵和 LNG 泵、压缩机操作间(棚),应按建筑面积每 50 m² 配置不少于 2 具 4 kg 手提式干粉灭火器。

(6)一、二级加油站应配置灭火毯5块、沙子2 m³;三级加油站应配置灭火毯不少于2块、沙子2 m³。加油加气合建站应按同级别的加油站配置灭火毯和沙子。

2.《加油加气站》10.2.1　加油加气站的LPG设施应设置消防给水系统。

3.《加油加气站》10.2.2　设置有地上LNG储罐的一、二级LNG加气站和地上LNG储罐总容积大于60 m³的合建站应设消防给水系统。

4.《加油加气站》10.2.3　加油站、CNG加气站、三级LNG加气站和采用埋地、地下和半地下LNG储罐的各级LNG加气站及合建站,可不设消防给水系统。合建站中地上LNG储罐总容积不大于60 m³时,可不设消防给水系统。

八　报警系统

1.《加油加气站》11.4.1　加气站、加油加气合建站应设置可燃气体检测报警系统。

2.《加油加气站》11.4.2　加气站、加油加气合建站内设置有LPG设备、LNG设备的场所和设置有CNG设备(包括罐、瓶、泵、压缩机等)的房间内、罩棚下,应设置可燃气体检测器。

3.《加油加气站》11.4.3　可燃气体检测器一级报警设定值应小于或等于可燃气体爆炸下限的25%。

4.《加油加气站》11.4.4　LPG储罐和LNG储罐应设置液位上限、下限报警装置和压力上限报警装置。

5.《加油加气站》11.4.5　报警器宜集中设置在控制室或值班室内。

6.《加油加气站》11.4.6　报警系统应配有不间断电源。

7.《加油加气站》11.4.8　LNG泵应设超温、超压自动停泵保护装置。

九　供配电

1.《加油加气站》11.1.1　加油加气站的供电负荷等级可为三级,信息系统应设不间断供电电源。

2.《加油加气站》11.1.2　加油站、LPG加气站、加油和LPG加气合建站的供电电源,宜采用电压为380/220 V的外接电源;CNG加气站、LNG加气站、L-CNG加气站、加油和CNG(或LNG加气站、L-CNG加气站)加气合建站的供电电源,宜采用电压为6/10 kV的外接电源。加油加气站的供电系统应设独立的计量装置。

3.《加油加气站》11.1.3　加油站、加气站及加油加气合建站的消防泵房、罩棚、营业室、LPG泵房、压缩机间等处,均应设事故照明。

4.《加油加气站》11.1.5　加油加气站的电力线路宜采用电缆并直埋敷设。电缆穿越行车道部分,应穿钢管保护。

5.《加油加气站》11.1.6　当采用电缆沟敷设电缆时,加油加气作业区内的电缆沟内必须充沙填实。电缆不得与油品、LPG、LNG和CNG管道以及热力管道敷设在同一沟内。

6.《加油加气站》11.1.8　加油加气站内爆炸危险区域以外的照明灯具,可选用非防爆型。罩棚下处于非爆炸危险区域的灯具,应选用防护等级不低于IP 44级的照明灯具。

十　防雷防静电

1.《加油加气站》11.2.1　钢制油罐、LPG储罐、LNG储罐和CNG储气瓶(组)必须进行防雷接地,接地点不应少于两处。CNG加气母站和CNG加气子站的车载CNG储气瓶组拖车停放场地,应设两处临时用固定防雷接地装置。

2.《加油加气站》11.2.2　加油加气站的电气接地应符合下列规定:

(1)防雷接地、防静电接地、电气设备的工作接地、保护接地及信息系统的接地等,宜共用接地装置,其接地电阻应按其中接地电阻值要求最小的接地电阻值确定。

（2）当各自单独设置接地装置时，油罐、LPG储罐、LNG储罐和CNG储气瓶（组）的防雷接地装置的接地电阻、配线电缆金属外皮两端和保护钢管两端的接地装置的接地电阻，不应大于10 Ω，电气系统的工作和保护接地电阻不应大于4 Ω，地上油品、LPG、CNG和LNG管道始、末端和分支处的接地装置的接地电阻，不应大于30 Ω。

▶▶ 问题解析

1.【答案】A、B、E。解析：根据《加油加气站》3.0.11,CNG加气站储气设施的总容积，应根据设计加气汽车数量、每辆汽车加气时间、母站服务的子站的个数、规模和服务半径等因素综合确定。在城市建成区内,CNG加气站储气设施的总容积应符合下列规定：

（1）CNG加气母站储气设施的总容积不应超过120 m³。（2）CNG常规加气站储气设施的总容积不应超过30 m³。（3）CNG加气子站内设置有固定储气设施时,站内停放的车载储气瓶组拖车不应多于1辆。固定储气设施采用储气瓶时,其总容积不应超过18 m³；固定储气设施采用储气井时,其总容积不应超过24 m³。（4）CNG加气子站内无固定储气设施时,站内停放的车载储气瓶组拖车不应多于2辆。（5）CNG常规加气站可采用LNG储罐做补充气源,但LNG储罐容积、CNG储气设施的总容积和加气站的等级划分,应符合规定。故选A、B、E。

2.【答案】C、D、E。解析：（1）根据《加油加气站》4.0.2,在城市建成区不宜建一级加油站、一级加气站、一级加油加气合建站、CNG加气母站。在城市中心区不应建一级加油站、一级加气站、一级加油加气合建站、CNG加气母站。（2）根据《加油加气站》4.0.3,城市建成区内的加油加气站,宜靠近城市道路,但不宜选在城市干道的交叉路口附近。（3）根据《加油加气站》4.0.4,与重要公共建筑物的主要出入口（包括铁路、地铁和二级及以上公路的隧道出入口）不应小于50 m。一、二级耐火等级民用建筑物面向加油站一侧的墙为无门窗洞口的实体墙时,油罐、加油机和通气管管口与该民用建筑物的距离,不应低于规定的安全间距的70%,并不得小于6 m。故选C、D、E。

3.【答案】A、B、D。解析：根据《加油加气站》5.0.2,站区内停车位和道路应符合下列规定：

（1）站内车道或停车位宽度应按车辆类型确定。CNG加气母站内单车道或单停车位宽度,不应小于4.5 m,双车道或双车停车位宽度不应小于9 m；其他类型加油加气站的车道或停车位,单车道或单停车位宽度不应小于4 m,双车道或双车停车位不应小于6 m。（2）站内的道路转弯半径应按行驶车型确定,且不宜小于9 m。（3）站内停车位应为平坡,道路坡度不应大于8%,且宜坡向站外。（4）加油加气作业区内的停车位和道路路面不应采用沥青路面。故选A、B、D。

4.【答案】A、C、D。解析：（1）根据《加油加气站》5.0.5,加油加气作业区内,不得有"明火地点"或"散发火花地点"。（2）根据《加油加气站》5.0.8,加油加气站的变配电间或室外变压器应布置在爆炸危险区域之外,且与爆炸危险区域边界线的距离不应小于3 m。变配电间的起算点应为门窗等洞口。（3）根据《加油加气站》5.0.10,加油加气站内设置的经营性餐饮、汽车服务等非站房所属建筑物或设施,不应布置在加油加气作业区内,其与站内可燃液体或可燃气体设备的防火间距,应符合有关三类保护物的规定。经营性餐饮、汽车服务等设施内设置明火设备时,则应视为"明火地点"或"散发火花地点"。其中,对加油站内设置的燃煤设备不得按设置有油气回收系统折减距离。（4）根据《加油加气站》5.0.12,加油加气站的工艺设备与站外建（构）筑物之间,宜设置高度不低于2.2 m的不燃烧体实体围墙。当加油加气站的工艺设备与站外建（构）筑物之间的距离大于规定的安全间距的1.5倍,且大于25 m时,可设置非实体围墙。面向车辆入口和出口道路的一侧可设非实体围墙或不设围墙。故选A、C、D。

5.【答案】A、D。解析：加油站的加油工艺及设施应符合以下要求：

（1）加油站的汽油罐和柴油罐（撬装式加油装置所配置的防火防爆油罐除外）应埋地设置,严禁设在室内或地下室内。（2）储油罐应采用卧式油罐。（3）加油机不得设置在室内。（4）油罐车卸油必须采用密闭卸油方式。（5）进油管应伸至罐内距罐底50 mm～100 mm处。进油立管的底端应为45°斜管口或T形管口。进油管管壁上不得有与油罐气相空间相通的开口。（6）汽油罐与柴油罐的通气管应分开设置。通气管管口高出地面的高度不应小于 4 m。沿建(构)筑物的墙(柱)向上敷设的通气管,其管口应高出建筑物的顶面 1.50 m 及以上。通气管管口应设置阻火器。当加油站采用油气回收系统时,汽油罐的通气管管口除应装设阻火器外,尚应装设呼吸阀。通气管的公称直径不应小于 50 mm。故选 A、D。

6.【答案】A、D、E。解析:根据《加油加气站》10.1.1,加油加气站工艺设备应配置灭火器材,并应符合下列规定:

(1) 每 2 台加气机应配置不少于 2 具 4 kg 手提式干粉灭火器,加气机不足 2 台应按 2 台配置。(2) 每 2 台加油机应配置不少于 2 具 4 kg 手提式干粉灭火器,或 1 具 4 kg 手提式干粉灭火器和 1 具 6 L 泡沫灭火器。加油机不足 2 台应按 2 台配置。(3) 地上 LPG 储罐、地上 LNG 储罐、地下和半地下 LNG 储罐、CNG 储气设施,应配置 2 台不小于 35 kg 推车式干粉灭火器。当两种介质储罐之间的距离超过 15 m 时,应分别配置。(4) 地下储罐应配置 1 台不小于 35 kg 推车式干粉灭火器。当两种介质储罐之间的距离超过 15 m 时,应分别配置。(5) LPG 泵和 LNG 泵、压缩机操作间(棚),应按建筑面积每 50 m² 配置不少于 2 具 4 kg 手提式干粉灭火器。(6) 一、二级加油站应配置灭火毯 5 块、沙子 2 m³;三级加油站应配置灭火毯不少于 2 块、沙子 2 m³。加油加气合建站应按同级别的加油站配置灭火毯和沙子。故选 A、D、E。

7.【答案】A、D、E。解析:(1) 根据《加油加气站》12.2.1,加油加气作业区内的站房及其他附属建筑物的耐火等级不应低于二级。当罩棚顶棚的承重构件为钢结构时,其耐火极限可为 0.25 h。

(2) 根据《加油加气站》12.2.2,汽车加油、加气场地宜设罩棚,罩棚的设计应符合下列规定:

① 罩棚应采用不燃烧材料建造。② 进站口无限高措施时,罩棚的净空高度不应小于 4.5 m;进站口有限高措施时,罩棚的净空高度不应小于限高高度。③ 罩棚遮盖加油机、加气机的平面投影距离不宜小于 2 m。④ 罩棚设计应计算活荷载、雪荷载、风荷载,其设计标准值应符合现行国家标准《建筑结构荷载规范》GB 50009 的有关规定。⑤ 罩棚的抗震设计应按现行国家标准《建筑抗震设计规范》GB 50011 的有关规定执行。⑥ 设置于 CNG 设备和 LNG 设备上方的罩棚,应采用避免天然气积聚的结构形式。

(3) 根据《加油加气站》12.2.5,布置有 LPG 或 LNG 设备的房间的地坪应采用不发生火花地面。故选 A、D、E。

8.【答案】D、E。解析:(1) 根据《加油加气站》10.2.1,加油加气站的 LPG 设施应设置消防给水系统。(2) 根据《加油加气站》10.2.2,设置有地上 LNG 储罐的一、二级 LNG 加气站和地上 LNG 储罐总容积大于 60 m³ 的合建站应设消防给水系统。(3) 根据《加油加气站》10.2.3,加油站、CNG 加气站、三级 LNG 加气站和采用埋地、地下和半地下 LNG 储罐的各级 LNG 加气站及合建站,可不设消防给水系统。合建站中地上 LNG 储罐总容积不大于 60 m³ 时,可不设消防给水系统。故选 D、E。

9.【答案】B、D、E。解析:(1) 根据《加油加气站》11.4.1,加气站、加油加气合建站应设置可燃气体检测报警系统。(2) 根据《加油加气站》11.4.2,加气站、加油加气合建站内设置有 LPG 设备、LNG 设备的场所和设置有 CNG 设备(包括罐、瓶、泵、压缩机等)的房间内、罩棚下,应设置可燃气体检测器。(3) 根据《加油加气站》11.4.3,可燃气体检测器一级报警设定值应小于或等于可燃气体爆炸下限的 25%。(4) 根据《加油加气站》11.4.4,LPG 储罐和 LNG 储罐应设置液位上限、下限报警装置和压力上限报警装置。(5) 根据《加油加气站》11.4.5,报警器宜集中设置在控制室或值班室内。(6) 根据《加油加气站》11.4.6,报警系统应配有不间断电源。(7) 根据《加油加气站》11.4.8,LNG 泵应设超温、超压自动停泵保护装置。故选 B、D、E。

10.【答案】B、C、D、E。解析:(1) 根据《加油加气站》11.2.1,钢制油罐、LPG 储罐、LNG 储罐和 CNG 储气瓶(组)必须进行防雷接地,接地点不应少于两处。CNG 加气母站和 CNG 加气子站的车载 CNG 储气瓶组拖车停放场地,应设两处临时用固定防雷接地装置。

(2) 根据《加油加气站》11.2.2,加油加气站的电气接地应符合下列规定:

① 防雷接地、防静电接地、电气设备的工作接地、保护接地及信息系统的接地等,宜共用接地装置,其接地电阻应按其中接地电阻值要求最小的接地电阻值确定。② 当各自单独设置接地装置时,油罐、LPG 储罐、LNG 储罐和 CNG 储气瓶(组)的防雷接地装置的接地电阻、配线电缆金属外皮两端和保护钢管两端的接地装置的接地电阻,不应大于 10 Ω,电气系统的工作和保护接地电阻不应大于 4 Ω,地上油品、LPG、CNG 和 LNG 管道始、末端和分支处的接地装置的接地电阻,不应大于 30 Ω。故选 B、C、D、E。

第二篇 消防设施应用案例分析

案例 1　灭火系统防火案例分析

（2015 年消防安全案例分析第 1 题）

》 情景描述

　　某信息中心大楼内设有自动喷水灭火系统、气体灭火系统、火灾自动报警系统等自动消防设施和灭火器。2015 年 2 月 5 日,该单位安保部对信息中心的消防设施进行了全面检查测试,部分检查情况如下。

(一)建筑灭火器检查情况(详见表 2-1-1)

表 2-1-1　　　　　　　　　　　　　建筑灭火器检查情况

灭火器型号	出厂日期	数量(具)	上次维修时间	外观检查存在问题的灭火器			
				压力表指针位于红区	筒体锈蚀面积与筒体面积之比		筒体严重变形
					<1/3	≥1/3	
MFZ/ABC4	2010 年 1 月	82	无	2	5	2	0
	2010 年 7 月	82	无	3	3	2	0
MT5	2003 年 1 月	18	2014 年 1 月	0	0	0	2
	2003 年 7 月	18	2014 年 7 月	0	0	0	1

(二)湿式自动喷水灭火系统功能测试情况

　　打开湿式报警阀组上的试验阀,水力警铃动作,按规定方法测量水力警铃响度为 65 dB;火灾报警控制器(联动型)接收到报警阀组压力开关动作信号,自动喷水给水泵未启动。

(三)七氟丙烷灭火器系统检查情况

　　信息中心的通信机房设有七氟丙烷灭火系统(如图 2-1-1),系统设置情况见表 2-1-2。检查发现,储瓶向 2# 灭火剂储瓶的压力表显示压力为设计储存压力的 85%,系统存在组件缺失的问题。

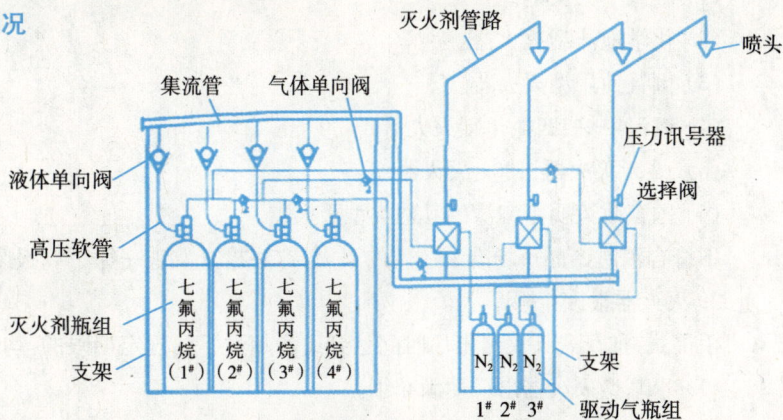

图 2-1-1　七氟丙烷灭火系统组成示意图

表 2-1-2　　　　　　　　　　　　　七氟丙烷灭火系统设置情况

防护区	防护区容积/m³	灭火设计浓度/%	灭火剂用量/kg	灭火剂钢瓶容积/L	灭火剂储存压力/MPa	灭火剂钢瓶数量/只
A	600		398			4
B	450	8	298	120	4.2	3
C	300		199			2

检查结束后,该单位安保部委托专业维修单位对气体灭火设备进行了维修。维修单位派人到现场,焊接了缺失组件的底座,并安装了缺失组件,对 2# 灭火剂储瓶补压至设计压力。

根据以上材料,回答下列问题(共 20 分)。

1. 根据建筑灭火器检查情况,简述哪些灭火器需要维修、报废。

2. 指出素材(二)的场景中存在的问题及自动喷水给水泵未启动的原因,并简述湿式自动喷水灭火系统联动功能检查测试的方法。

3. 七氟丙烷灭火系统在储瓶间未安装哪种组件?最大防护区对应的驱动装置为几号驱动气瓶?

4. 简述检修维修单位对储瓶间气体灭火设备维修时存在的问题。

》关键考点依据

本考点主要依据《建筑灭火器配置设计规范》GB 50140—2005;《气体灭火系统设计规范》GB 50370—2005。

一　灭火器报废

灭火器报废分为 4 种情形,一是列入国家颁布的淘汰目录的灭火器;二是达到报废年限的灭火器;三是使用中出现严重损伤或者重大缺陷的灭火器;四是维修时发现存在严重损伤、缺陷的灭火器。灭火器报废后,建筑使用管理单位按照等效替代的原则对灭火器进行更换。

1. 列入国家颁布的淘汰目录的灭火器

(1) 酸碱型灭火器。

(2) 化学泡沫型灭火器。

(3) 倒置使用型灭火器。

(4) 氯溴甲烷、四氯化碳灭火器。

(5) 1211 灭火器、1301 灭火器。

(6) 国家政策明令淘汰的其他类型灭火器。

不符合消防产品市场准入制度的灭火器,经检查发现一律予以报废。

2. 灭火器报废年限

手提式、推车式灭火器出厂时间达到或者超过下列规定期限的,均予以报废处理:

(1) 水基型灭火器出厂期满 6 年。

(2) 干粉灭火器、洁净气体灭火器出厂期满 10 年。

(3) 二氧化碳灭火器出厂期满 12 年。

3. 存在严重损伤、缺陷的灭火器

灭火器存在下列情性之一的,予以报废处理:

(1) 筒体严重锈蚀(漆皮大面积脱落,锈蚀面积大于筒体总面积的三分之一,表面产生凹坑)或者连接部位、筒底严重锈蚀的。

(2) 筒体明显变形,机械损伤严重的。

(3) 器头存在裂纹、无泄压机构等缺陷的。

(4) 筒体存在平底等不合理结构的。

(5) 手提式灭火器没有间歇喷射机构的。

(6) 没有生产厂家名称和出厂年月的(包括铭牌脱落,或者铭牌上的生产厂家名称模糊不清,或者出厂年月钢印无法识别的)。

(7) 筒体、器头有锡焊、铜焊或者补缀等修补痕迹的。

(8) 被火烧过的。

符合报废规定的灭火器,在确认灭火器内部无压力后,对灭火器筒体、贮气瓶进行打孔、压扁、锯切等报废处理,并逐一记录其报废情形。

二　湿式自动喷水灭火系统联动功能检查测试方法

《自喷验收》7.2.7　联动试验应符合下列要求,并应按本规范附录C表C.0.4的要求进行记录:

(1) 湿式系统的联动试验,启动一只喷头或以 0.94 L/s~1.5 L/s 的流量从末端试水装置处放水时,水流指示器、报警阀、压力开关、水力警铃和消防水泵等应及时动作,并发出相应的信号。

检查数量:全数检查。

检查方法:打开阀门放水,使用流量计和观察法检查。

(2) 预作用系统、雨淋系统、水幕系统的联动试验,可采用专用测试仪表或其他方式,对火灾自动报警系统的各种探测器输入模拟火灾信号,火灾自动报警控制器应发出声光报警信号,并启动自动喷水灭火系统;采用传动管启动的雨淋系统、水幕系统联动试验时,启动 1 只喷头,雨淋阀打开,压力开关动作,水泵启动。

检查数量:全数检查。

检查方法:观察检查。

(3) 干式系统的联动试验,启动 1 只喷头或模拟 1 只喷头的排气量排气,报警阀应及时启动,压力开关、水力警铃动作并发出相应信号。

检查数量:全数检查。

检查方法:观察检查。

》》 问题解析

问题1:根据建筑灭火器检查情况,简述哪些灭火器需要维修、报废。

【解析】需检修、报废的灭火器如下:

(1) 出厂日期为 2010 年 1 月的 82 具 MFZ/ABC4,其中 2 具筒体锈蚀面积与筒体面积之比≥1/3 的 MFZ/ABC4 需要报废,剩下的 80 具需要维修。

(2) 出厂日期为 2010 年 7 月的 82 具 MFZ/ABC4,其中 3 具压力表指针位于红区的以及 3 具筒体锈蚀面积与筒体面积之比<1/3 的 MFZ/ABC4,需要维修;2 具筒体锈蚀面积之比≥1/3 的 MFZ/ABC4 需要报废。

(3) 出厂日期为 2003 年 1 月的 18 具 MT5 需全部报废,因为二氧化碳灭火器出厂期满 12 年应予以报废处理。

(4) 出厂日期为 2003 年 7 月的 18 具 MT5 其中 1 具筒体严重变形的 MT5 需报废。

问题2:指出素材(二)的场景中存在的问题及自动喷水给水泵未启动的原因,并简述湿式自动喷水灭火

系统联动功能检查测试的方法。

【解析】1. 湿式自动喷水灭火系统：

(1) 存在问题：按规定方法测量水力警铃响度为 65 dB。正常情况下警铃声响度应不小于 70 dB。

(2) 由湿式系统的工作原理图可见，自动喷水给水泵未启动的原因有：

① 压力开关设定值不正确；② 消防联动控制设备中的控制模块损坏；③ 水泵控制柜、联动控制设备的控制模式未设定在"自动"状态。

2. 湿式自动喷水灭火器系统联动功能检查测试的方法：

(1) 系统控制装置设置为"自动"控制方式，启动 1 只喷头或者开启末端试水装置，流量保持在 0.94 L/s～1.5 L/s，水流指示器、报警阀、压力开关、水力警铃和消防水泵等及时动作，并有相应组件的动作信号反馈到消防联动控制设备。

(2) 打开阀门放水，使用流量计、压力表核定流量、压力，目测观察系统动作情况。

问题 3：七氟丙烷灭火系统在储瓶间未安装哪种组件？最大防护区对应的驱动装置为几号驱动气瓶？

【解析】1. 七氟丙烷气体灭火系统在储瓶间未安装安全泄压装置。

2. 最大防火区对应的驱动装置为 2# 驱动气瓶，因为根据表 2，最大的防火区 A 需要灭火剂钢瓶数量为 4 只，从图 2-1-1 中可知只有 2# 驱动气瓶连接 4 只灭火剂钢瓶，因此对应驱动装置为 2# 驱动气瓶。

问题 4：简述检修维修单位对储瓶间气体灭火设备维修时存在的问题。

【解析】检修维修单位对设备的维修存在下列问题：

(1) 组件应厂外焊接厂内安装。

(2) 应到专门补压房间进行补压，并测试。

(3) 查明气罐压力不足原因并维修。

(4) 维修单位维修结束以后没有进行系统调试。

(5) 对 2# 灭火剂储瓶进行补压，压力不低于设计压力，且不得超过设计压力的 5%。

案例2　电厂防火案例分析

（2015年消防安全案例分析第4题）

» 情景描述

　　某电厂调度楼共6层,设置了火灾自动报警系统、气体灭火系统等消防设施。火灾自动报警控制每个总线回路最大负载能力为256个报警点,每层有70个报警点,共分两个总线回路,其中一至三层为第一回路,四至六层为第二回路,每个楼层弱电井中安装1只总线短路隔离器,在本楼层总线处出现短路时保护其他楼层的报警设备功能不受影响。

　　第二层一个设备间布置了28台电力控制柜,顶棚安装了点型光电感烟探测器,控制柜内火灾探测采用管路式吸气感烟火灾探测器。设备间共设有1台单管吸气式感烟火灾探测器,其采样主管长45 m,敷设在电力控制柜上方,通过毛细采样管进入每个电力控制柜,采样孔直径均为3 mm。消防控制室能够接受管路吸气式感烟火灾探测器的报警及故障信号。

　　第四层主控室为一个气体灭火防护区,安装了4台柜式预制七氟丙烷灭火装置,充压压力为4.2 MPa。自动联动模拟喷气检测时,有2台气体灭火装置没有启动,启动的2台灭火装置动作时差为4s,经检查确认,气体灭火控制器功能正常。使用单位拟对一层重新装修改造,走道(宽1.5 m),采用通透面积占吊顶面积12%的格栅吊顶,在部分房间增加空调送风口,将一个房间改为吸烟室。

　　根据以上材料,回答下列问题(共20分)。

　　1. 对该生产综合楼火灾自动报警系统设置问题进行分析,提出改进措施。

　　2. 简述主控室气体灭火系统充压压力和启动时存在的问题。

　　3. 简述主控室2套气体灭火装置未启动的原因及解决措施。

　　4. 就使用单位的改造要求,提出探测器设置和安装应该注意的问题。

» 关键考点依据

　　《火灾自动报警系统设计规范》GB50116—2013,简称《自动报警》;《气体灭火系统设计规范》GB50370—2005。

火灾探测器的设置

1.《自动报警》6.2.2　点型火灾探测器的设置应符合下列规定：探测区域的每个房间应至少设置一只火灾探测器。

2.《自动报警》6.2.3　在有梁的顶棚上设置点型感烟火灾探测器、感温火灾探测器时，应符合下列规定：

(1) 当梁凸出顶棚的高度小于 200 mm 时，可不计梁对探测器保护面积的影响。

(2) 当梁凸出顶棚的高度为 200 mm～600 mm 时，应按本规范附录 F、附录 G 确定梁对探测器保护面积的影响和一只探测器能够保护的梁间区域的数量。

(3) 当梁凸出顶棚的高度超过 600 mm 时，被梁隔断的每个梁间区域应至少设置一只探测器。

(4) 当被梁隔断的区域面积超过一只探测器的保护面积时，被隔断的区域应按规定计算探测器的设置数量。

(5) 当梁间净距小于 1 m 时，可不计梁对探测器保护面积的影响。

3.《自动报警》6.2.4　在宽度小于 3 m 的内走道顶棚上设置点型探测器时，宜居中布置。感温火灾探测器的安装间距不应超过 10 m；感烟火灾探测器的安装间距不应超过 15 m；探测器至端墙的距离，不应大于探测器安装间距的 1/2。

4.《自动报警》6.2.5　点型探测器至墙壁、梁边的水平距离，不应小于 0.5 m。

5.《自动报警》6.2.6　点型探测器周围 0.5 m 内，不应有遮挡物。

6.《自动报警》6.2.7　房间被书架、设备或隔断等分隔，其顶部至顶棚或梁的距离小于房间净高的 5% 时，每个被隔开的部分应至少安装一只点型探测器。

7.《自动报警》6.2.8　点型探测器至空调送风口边的水平距离不应小于 1.5 m，并宜接近回风口安装。探测器至多孔送风顶棚孔口的水平距离不应小于 0.5 m。

8.《自动报警》6.2.11　点型探测器宜水平安装。当倾斜安装时，倾斜角不应大于 45°。

9.《自动报警》6.2.14　火焰探测器和图像型火灾探测器的设置，应符合下列规定：

(1) 应计及探测器的探测视角及最大探测距离，可通过选择探测距离长、火灾报警响应时间短的火焰探测器，提高保护面积要求和报警时间要求。

(2) 探测器的探测视角内不应存在遮挡物。

(3) 应避免光源直接照射在探测器的探测窗口。

(4) 单波段的火焰探测器不应设置在平时有阳光、白炽灯等光源直接或间接照射的场所。

10.《自动报警》6.2.15　线型光束感烟火灾探测器的设置应符合下列规定：

(1) 探测器的光束轴线至顶棚的垂直距离宜为 0.3 m～1.0 m，距地高度不宜超过 20 m。

(2) 相邻两组探测器的水平距离不应大于 14 m，探测器至侧墙水平距离不应大于 7 m，且不应小于 0.5 m，探测器的发射器和接收器之间的距离不宜超过 100 m。

(3) 探测器应设置在固定结构上。

(4) 探测器的设置应保证其接收端避开日光和人工光源直接照射。

(5) 选择反射式探测器时，应保证在反射板与探测器间任何部位进行模拟试验时，探测器均能正确响应。

11.《自动报警》6.2.16　线型感温火灾探测器的设置应符合下列规定：

(1) 探测器在保护电缆、堆垛等类似保护对象时，应采用接触式布置；在各种皮带输送装置上设置时，宜设置在装置的过热点附近。

(2) 设置在顶棚下方的线型感温火灾探测器，至顶棚的距离宜为 0.1 m。探测器的保护半径应符合点型感温火灾探测器的保护半径要求，探测器至墙壁的距离宜为 1 m～1.5 m。

(3) 光栅光纤感温火灾探测器每个光栅的保护面积和保护半径，应符合点型感温火灾探测器的保护面积和保护半径要求。

(4) 设置线型感温火灾探测器的场所有联动要求时,宜采用两只不同火灾探测器的报警信号组合。

(5) 与线型感温火灾探测器连接的模块不宜设置在长期潮湿或温度变化较大的场所。

12.《自动报警》6.2.17　管路采样式吸气感烟火灾探测器的设置,应符合下列规定:

(1) 非高灵敏型探测器的采样管网安装高度不应超过 16 m;高灵敏型探测器的采样管网安装高度可超过 16 m;采样管网安装高度超过 16 m 时,灵敏度可调的探测器应设置为高灵敏度,且应减小采样管长度和采样孔数量。

(2) 探测器的每个采样孔的保护面积、保护半径,应符合点型感烟火灾探测器的保护面积、保护半径的要求。

(3) 一个探测单元的采样管总长不宜超过 200 m,单管长度不宜超过 100 m,同一根采样管不应穿越防火分区。采样孔总数不宜超过 100 个,单管上的采样孔数量不宜超过 25 个。

(4) 当采样管道采用毛细管布置方式时,毛细管长度不宜超过 4 m。

(5) 吸气管路和采样孔应有明显的火灾探测器标识。

(6) 有过梁、空间支架的建筑中,采样管路应固定在过梁、空间支架上。

(7) 当采样管道布置形式为垂直采样时,每 2 ℃温差间隔或 3 m 间隔(取最小者)应设置一个采样孔,采样孔不应背对气流方向。

(8) 采样管网应按经过确认的设计软件或方法进行设计。

(9) 探测器的火灾报警信号、故障信号等信息应传给火灾报警控制器,涉及消防联动控制时,探测器的火灾报警信号还应传给消防联动控制器。

13.《自动报警》6.2.18　感烟火灾探测器在格栅吊顶场所的设置,应符合下列规定:

(1) 镂空面积与总面积的比例不大于 15% 时,探测器应设置在吊顶下方。

(2) 镂空面积与总面积的比例大于 30% 时,探测器应设置在吊顶上方。

(3) 镂空面积与总面积的比例为 15%～30% 时,探测器的设置部位应根据实际试验结果确定。

(4) 探测器设置在吊顶上方且火警确认灯无法观察时,应在吊顶下方设置火警确认灯。

(5) 地铁站台等有活塞风影响的场所,镂空面积与总面积的比例为 30%～70% 时,探测器宜同时设置在吊顶上方和下方。

≫ 问题解析

问题 1:对该生产综合楼火灾自动报警系统设置问题进行分析,提出改进措施。

【解析】1. 存在问题:每个总线回路最大负载能力为 256 个报警点,每层有 70 个报警点,共分 2 个总线回路,其中 1～3 层为第一回路,4～6 层为第二回路,每个楼层弱电井中安装 1 只总线短路隔离器。

2. 原因:

(1) 火灾自动报警控制器每个总线回路连接设备的总数不宜超过 200 点,且应留有不少于额定容量 10% 的余量。(2) 系统总线上应设置总线短路隔离器,每只总线短路隔离器保护的火灾探测器、手动火灾报警按钮和模块等消防设备的总数不应超过 32 点。

3. 改进措施:

(1) 1～6 层每 2 层分为一个总线回路。(2) 在每个楼层弱电井中安装 3 只总线短路隔离器。

问题 2:简述主控室气体灭火系统充压压力和启动时存在的问题。

【解析】1. 存在的问题:

(1) 充压压力为 4.2 MPa。(2) 自动联动模拟喷气检测时,有 2 台气体灭火装置没有启动,启动的 2 台灭火装置动作时差为 4 s。

2. 原因：

(1) 防护区内设置的预制灭火系统的充压压力不得大于 2.5 MPa。(2) 同一防护区内的预制灭火系统装置多于 1 台时,必须能同时启动,其动作响应时差不得大于 2 s。

问题 3:简述主控室 2 套气体灭火装置未启动的原因及解决措施。

【解析】灭火装置未启动的原因及解决措施:

(1) 氮气启动瓶上的电磁阀损坏,应更换电阀。(2) 灭火剂储瓶的瓶头阀损坏,应更换瓶头阀。(3) 储存容器压力不足,应进行充压。(4) 连接管有变形、裂纹或老化,应及时进行更换和维修。(5) 喷嘴口有堵塞,应及时进行疏通、吹扫。(6) 重量不足,应进行及时充装。(7) 灭火剂输送管道有损伤与堵塞,应按相关规范规定的管道强度试验和气密性试验方法进行严密性试验和吹扫。

问题 4:就使用单位的改造要求,提出探测器设置和安装应该注意的问题。

【解析】探测器设置和安装应注意的问题:

(1) 因为走道宽 1.5 m,采用通透面积占吊顶面积 12% 的格栅吊顶,探测器应设置在吊顶下方。(2) 在宽度小于 3 m 的内走道顶棚上设置点型探测器时,宜居中布置,感温火灾探测器的安装间距不应超过 10 m,感烟火灾探测器的安装间距不应超过 15 m,探测器至端墙的距离不应大于探测器安装间距的 1/2。(3) 点型探测器至墙壁、梁边的水平距离不应小于 0.5 m。(4) 点型探测器周围 0.5 m 内,不应有遮挡物。(5) 点型探测器至空调送风口边的水平距离不应小于 1.5 m,并宜接近回风口安装。(6) 点型探测器水平安装,当倾斜安装时,倾斜角不应大于 45°。(7) 探测器至端墙的距离不应大于探测器安装间距的 1/2,吸烟室应设置点型感温控制器。

案例 3　建筑水灭火系统案例分析

（2015 年消防安全案例分析第 5 题）

某建筑地下 2 层,地上 40 层,建筑高度 137 m,总面积 11 600 m³,设有相应的消防设施。

地下二层设有消防水泵房和 540 m³ 的室内消防水池。屋顶设置有效容积为 40 m³ 的高位消防水箱,其最低有效的水位为 141.000 m,屋顶水箱间内分别设置消火栓系统和自动喷水灭火系统的稳压装置。

消防水泵房分别设置 2 台(1 用 1 备)消火栓给水泵和自动喷水给水泵,室内消火栓系统和自动喷水灭火系统均为高、中、低三个分区,中、低区由减压阀减压供水。地下二层自动喷水灭火系统报警阀是集中设置 8 个湿式报警阀组,在此 8 个报警阀组前安装了 1 个比例式减压阀组,减压阀组前无过滤器。

2015 年 6 月,维保单位对该建筑室内消火栓系统和自动喷水灭火系统进行了检测,情况如下:

(1) 检查四十层屋顶试验消火栓时,其栓口静压为 0.1 MPa;打开试验消火栓放水,消火栓给水泵自动启动,栓口压力为 0.65 MPa。

(2) 检查发现,地下室 8 个湿式报警阀组前的减压阀组不定期出现超压现象。

(3) 检查自动喷水灭火系统,打开四十层末端试水装置,水流指示器报警,报警阀组的水力警铃未报警,消防控制室未收到压力开关动作信号,5 min 内未接收到自动喷水给水泵启动信号。

根据以上材料,回答下列问题(共 20 分)。

1. 简析高位消防水箱有效容积是否符合消防规范规定。
2. 屋顶试验消火栓静压和动压是否符合要求? 如不符合要求,应如何解决?
3. 简述针对该消火栓系统的检测方案。
4. 简述地下室湿式报警阀组前安装的减压阀组存在的问题及解决方法。
5. 指出四十层末端试水装置放水时,报警阀组的水力警铃、压力开关未动作的原因。

本考点主要依据《消防给水及消火栓系统技术规范》GB 50974—2014,简称《水规》。

一 高位水箱

1.《水规》6.1.9 室内采用临时高压消防给水系统时,高位消防水箱的设置应符合下列规定:

(1) 高层民用建筑、总建筑面积大于 10 000 m² 且层数超过 2 层的公共建筑和其他重要建筑,必须设置高位消防水箱。

(2) 其他建筑应设置高位消防水箱,但当设置高位消防水箱确有困难,且采用安全可靠的消防给水形式时,可不设高位消防水箱,但应设稳压泵。

(3) 当市政供水管网的供水能力在满足生产、生活最大小时用水量需求后,仍能满足初期火灾所需的消防流量和压力时,市政直接供水可替代高位消防水箱。

2.《水规》5.2.1 临时高压消防给水系统的高位消防水箱的有效容积应满足初期火灾消防用水量的要求,并应符合下列规定:

(1) 一类高层公共建筑,不应小于 36 m³,但当建筑高度大于 100 m 时,不应小于 50 m³,当建筑高度大于 150 m 时,不应小于 100 m³。

(2) 多层公共建筑、二类高层公共建筑和一类高层住宅,不应小于 18 m³,当一类高层住宅建筑高度超过 100 m 时,不应小于 36 m³。

(3) 二类高层住宅,不应小于 12 m³。

(4) 建筑高度大于 21 m 的多层住宅,不应小于 6 m³。

(5) 工业建筑室内消防给水设计流量当小于或等于 25 L/s 时,不应小于 12 m³,大于 25 L/s 时,不应小于 18 m³。

(6) 总建筑面积大于 10 000 m² 且小于 30 000 m² 的商店建筑,不应小于 36 m³,总建筑面积大于 30 000 m² 的商店,不应小于 50 m³,当与本条第 1 款规定不一致时应取其较大值。

3.《水规》5.2.2 高位消防水箱的设置位置应高于其所服务的水灭火设施,且最低有效水位应满足水灭火设施最不利点处的静水压力,并应按下列规定确定:

(1) 一类高层公共建筑,不应低于 0.10 MPa,但当建筑高度超过 100 m 时,不应低于 0.15 MPa。

(2) 高层住宅、二类高层公共建筑、多层公共建筑,不应低于 0.07 MPa,多层住宅不宜低于 0.07 MPa。

(3) 工业建筑不应低于 0.10 MPa,当建筑体积小于 20 000 m³ 时,不宜低于 0.07 MPa。

(4) 自动喷水灭火系统等自动水灭火系统应根据喷头灭火需求压力确定,但最小不应小于 0.10 MPa。

(5) 当高位消防水箱不能满足本条第 1 款~第 4 款的静压要求时,应设稳压泵。

4.《水规》5.2.6 高位消防水箱应符合下列规定:

(1) 高位消防水箱的有效容积、出水、排水和水位等,应符合规定。

(2) 高位消防水箱的最低有效水位应根据出水管喇叭口和防止旋流器的淹没深度确定,当采用出水管喇叭口时,应符合规定;当采用防止旋流器时应根据产品确定,且不应小于 150 mm 的保护高度。

(3) 高位消防水箱的通气管、呼吸管等应符合本规定。

(4) 高位消防水箱外壁与建筑本体结构墙或其他池壁之间的净距,应满足施工或装配的需要,无管道的侧面,净距不宜小于 0.7 m;安装有管道的侧面,净距不宜小于 1.0 m,且管道外壁与建筑本体墙面之间的通道宽度不宜小于 0.6 m,设有人孔的水箱顶,其顶面与其上面的建筑物本体板底的净空不应小于 0.8 m。

(5) 进水管的管径应满足消防水箱 8h 充满水的要求,但管径不应小于 DN32,进水管宜设置液位阀或浮球阀。

(6) 进水管应在溢流水位以上接入,进水管口的最低点高出溢流边缘的高度应等于进水管管径,但最小不应小于 100 mm,最大不应大于 150 mm。

(7) 当进水管为淹没出流时,应在进水管上设置防止倒流的措施或在管道上设置虹吸破坏孔和真空破坏器,虹吸破坏孔的孔径不宜小于管径的 1/5,且不应小于 25 mm。但当采用生活给水系统补水时,进水管不应淹没出流。

（8）溢流管的直径不应小于进水管直径的 2 倍,且不应小于 DN100,溢流管的喇叭口直径不应小于溢流管直径的 1.5 倍~2.5 倍。

（9）高位消防水箱出水管管径应满足消防给水设计流量的出水要求,且不应小于 DN100。

（10）高位消防水箱出水管应位于高位消防水箱最低水位以下,并应设置防止消防用水进入高位消防水箱的止回阀。

（11）高位消防水箱的进、出水管应设置带有指示启闭装置的阀门。

二　消火栓检测验收

《水规》12.3.9　室内消火栓及消防软管卷盘或轻便水龙的安装应符合下列规定:

（1）室内消火栓及消防软管卷盘和轻便水龙的选型、规格应符合设计要求。

（2）同一建筑物内设置的消火栓、消防软管卷盘和轻便水龙应采用统一规格的栓口、消防水枪和水带及配件。

（3）试验用消火栓栓口处应设置压力表。

（4）当消火栓设置减压装置时,应检查减压装置符合设计要求,且安装时应有防止砂石等杂物进入栓口的措施。

（5）室内消火栓及消防软管卷盘和轻便水龙应设置明显的永久性固定标志,当室内消火栓因美观要求需要隐蔽安装时,应有明显的标志,并应便于开启使用。

（6）消火栓栓口出水方向宜向下或与设置消火栓的墙面成 90°角,栓口不应安装在门轴侧。

（7）消火栓栓口中心距地面应为 1.1 m,特殊地点的高度可特殊对待,允许偏差±20 mm。

检查数量:按数量抽查 30％,但不应小于 10 个。

检验方法:核实设计图、核对产品的性能检验报告、直观检查。

》》 问题解析

问题 1:简析高位消防水箱有效容积是否符合消防规范规定。

【解析】因此建筑高度为 137 m＞100 m,屋顶设置有效容积为 40 m³ 的高位消防水箱不符合消防规范。因为消防规范要求建筑高度大于 100 m 时,高位消防水箱的有效容积对于公共建筑不应小于 50 m³,对于住宅建筑不应小于 36 m³。

问题 2:屋顶试验消火栓静压和动压是否符合要求? 如不符合要求,应如何解决?

【解析】屋顶消火栓静压、动压存在的问题:

（1）建筑高度大于 100 m 时,高层建筑最不利点消火栓静水压力不低于 0.15 MPa,当不能满足要求时,应设增压设施。（2）消火栓栓口动压力不应大于 0.5 MPa,但当大于 0.7 MPa 时,必须设置减压装置。

问题 3:简述针对该消火栓系统的检测方案。

【解析】检测方案:

（1）室内消火栓的选型、规格应符合设计要求。（2）同一建筑物内设置的消火栓应采用统一规格的栓口、水枪和水带及配件。（3）试验用消火栓栓口处应设置压力表。（4）室内消火栓处应设置直接启动消防水泵的按钮,并设按钮保护设施,与按钮相连接的控制线应穿管保护。（5）当消火栓设置减压装置时,应检查减压装置是否符合设计要求。（6）室内消火栓应设置明显的永久固定标志。

问题 4:简述地下室湿式报警阀组前安装的减压阀组存在的问题及解决方法。

【解析】存在的问题及解决的方案:

（1）存在问题:在 8 个报警阀组前安装了 1 个比例式减压阀组,因为当连接两个及以上报警阀组时,应设置备用减压阀。

解决方法:增加备用减压阀组,同时注意用1备1的减压阀组应定期轮换工作,为使并列的两套减压阀通道能正常工作,常规是一个月轮流交换一次,搁置时间过长减压通道死水结垢,减压元件阀芯会卡住失效。

(2) 存在问题:减压阀组前无过滤器。

解决方法:在减压阀的进口处安装过滤器,过滤器的孔网直径不宜小于 4～5 目/cm²,过流面积不应小于管道截面积的 4 倍。

(3) 存在问题:过滤器和减压阀前后没有设置压力表。

解决方法:在过滤器和减压阀前后设压力表,且压力表的表盘直径不应小于 100 mm,最大量程宜为设计压力的 2 倍。

4. 存在问题:减压阀不定期出现超压现象。

解决方法:消防给水系统减压阀的减压比不宜大于 4∶1,可不进行气蚀校核,当减压比大于 4∶1 时宜采用串联减压方式或选用双级减压阀。

问题 5:指出四十层末端试水装置放水时,报警阀组的水力警铃、压力开关未动作的原因。

【解析】1. 水力警铃不工作原因

(1)产品质量问题或者安装调试不符合要求。(2)控制口阻塞或者铃锤机构被卡住。

2. 压力开关不工作原因

(1)压力开关没有复位。(2)压力开关损坏。(3)压力开关设置值不正确。(4)压力开关没有竖直安装在通往水力警铃的管道上,安装中进行了拆装改动。(5)没有按照消防设计文件或者厂家提供的安装图样安装管网上的压力控制装置。

案例 4　高层公共建筑消防设施配置案例分析

（2016 年消防安全案例分析第 1 题）

» **情景描述**

　　某寒冷地区公共建筑，地下 3 层，地上 37 层，建筑高度 160 m，总建筑面积 121 000 m²，按照国家标准设置相应的消防设施。

　　该建筑室内消火栓系统采用消防水泵串联分区供水形式，分高、低区两个分区。消防水泵房和消防水池位于地下 1 层，设置低区消火栓泵 2 台（1 用 1 备）和高区消火栓转输泵 2 台（1 用 1 备），中间消防水泵房和转输水箱位于地上七层，设置高区消火栓加压泵 2 台（1 用 1 备），高区消火栓加压泵控制柜与消防水泵置在同一房间。房顶设置高位消防水箱和稳压泵等稳压装置。低区消火栓由中间转输水箱和低区消火栓泵供水，高区消火栓由屋顶消防水箱和高区消火栓转输泵，高区消火栓加压泵联锁启动供水。

　　室外消防用水由市政给水管网供水，室内消火栓和自动喷水灭火系统用水由消防水池保证，室内消火栓系统的设计流量为 40 L/s，自动喷水灭火系统的设计流量为 40 L/s。

　　维保单位对该建筑室内消火栓进行检查，情况如下：

　　（1）在地下消防水泵房对消防水池有效容积、水位、供水管等情况进行了检查。

　　（2）在地下消防水泵房打开地区消火栓泵试验阀，低区消火栓泵没有启动。

　　（3）屋顶室内消火栓系统稳压装置气压水罐有效储水容积为 120 L；无法直接识别稳压泵出水管阀门的开闭情况，深入细查发现阀门处于关闭状态，稳压泵控制柜电源未接通，当场排除故障。

　　（4）检查屋顶消防水箱，发现水箱内的表面有结冰；水箱进水管管径为 DN25，出水管管径为 DN75；询问消防控制室消防水箱水位情况，控制室值班人员回答无法查看。

　　（5）在屋顶打开试验消火栓，放水 3 min（分钟）后测量栓口动压，测量值为 0.21 MPa；消防水枪充实水柱测量值为 12 m；询问消防控制室有关消防水泵和稳压泵的启动情况，控制室值班人员回答不清楚。

　　根据以上材料，回答下列问题（共 18 分，每题 2 分。每题的备选项中，有 2 个或 2 个以上符合题意，至少有 1 个错项。错选，本题不得分；少选，所选的每个选项得 0.5 分）。

　　1. 关于该建筑消防水池，下列说法正确的有（　　）。

　　A. 不考虑补水时，消防水池的有效容积不应小于 432 m³

　　B. 消防控制室应能显示消防水池的正常水位

　　C. 消防水池玻璃水位计两端的角阀应常开

　　D. 应设置就地水位显示装置

E. 消防控制室应能显示消防水池高水位、低水位报警信号

2. 低区消火栓泵没有启动的原因主要有( )。

A. 消防水泵控制柜处于手动启泵状态　　　　B. 消防联动控制器处于自动启泵状态

C. 消防联动控制器处于手动启泵状态　　　　D. 消防水泵的控制线路故障

E. 消防水泵的电源处于关闭状态

3. 关于该建筑屋顶消火栓稳压装置,下列说法正确的是( )。

A. 气压水罐有效储水容积符合规范要求　　　B. 出水管阀门应常开并锁定

C. 气压水罐有效储水容积不符合规范要求　　D. 出水管应设置明杆闸阀

E. 稳压泵控制柜平时应处于停止启泵状态

4. 关于该建筑屋顶消防水箱,下列说法正确的有( )。

A. 应采取防冻措施

B. 进水管管径符合规范要求

C. 出水管管径符合规范要求

D. 消防控制室应能显示消防水箱高水位、低水位报警信号

E. 消防控制室应能显示消防水箱正常水位

5. 关于屋顶试验消火栓检测,下列说法正确的有( )。

A. 栓口动压符合规范要求

B. 消防控制室应能显示高区消火栓加压泵的运行状态

C. 检查人员应到消防水泵房确认高区消火栓加压泵的启动情况

D. 消防控制室应能显示屋顶消火栓稳压泵的运行状态

E. 消防水枪充实水柱符合规范要求

6. 关于该建筑中间传输水箱及屋顶消防水箱的有效储水容积,下列说法正确的有( )。

A. 中间传输水箱有效储水容积不应小于 36 m³

B. 屋顶消防水箱有效储水容积不应小于 50 m³

C. 中间传输水箱有效储水容积不应小于 60 m³

D. 屋顶消防水箱有效储水容积不应小于 36 m³

E. 屋顶消防水箱有效储水容积不应小于 100 m³

7. 关于该建筑高区消火栓加压泵,下列说法正确的是( )。

A. 应有自动停泵的控制功能

B. 消防控制室应能手动远程启动该泵

C. 流量不应小于 40 L/s

D. 从接到启泵信号到水泵正常运转的自动启动时间不应大于 5 min

E. 应能机械应急启动

8. 关于该建筑高区消火栓加压泵控制柜,下列说法错误的是( )。

A. 机械应急启动时,应确保消防水泵在报警后 5 min 内正常工作

B. 应采取防止被水淹的措施

C. 防护等级不应低于 IP30

D. 应具有自动巡检可调、显示巡检状态和信号功能

E. 控制柜对话界面应有英汉双语语言

9. 关于该建筑室内消火栓系统维护管理,下列说法正确的有( )。

A. 每季度应对消防水池、消防水箱的水位进行一次检查

B. 每月应手动启动消防水泵运转一次

C. 每月应模拟消防水泵自动控制的条件自动启动消防水泵运转一次

D. 每月应对控制阀门铅封、锁链进行一次检查

E. 每周应对稳压泵的停泵启泵压力和启泵次数等进行检查,并记录运行情况

关键考点依据

本考点主要依据《消防给水及消火栓系统技术规范》GB 50974—2014,简称《水规》。

消防水泵的启动及动力装置

1. 消防水泵的启动装置

(1)《水规》11.0.2 消防水泵不应设置自动停泵的控制功能,停泵应由具有管理权限的工作人员根据火灾扑救情况确定。

(2)《水规》11.0.3 消防水泵应确保从接到启泵信号到水泵正常运转的自动启动时间不应大于 2 min。

(3)《水规》11.0.4 消防水泵应由消防水泵出水干管上设置的压力开关、高位消防水箱出水管上的流量开关,或报警阀压力开关等开关信号直接自动启动消防水泵。消防水泵房内的压力开关宜引入消防水泵控制柜内。

(4)《水规》11.0.5 消防水泵应能手动启停和自动启动。

(5)《水规》11.0.19 消火栓按钮不宜作为直接启动消防水泵的开关,但可作为发出报警信号的开关或启动干式消火栓系统的快速启闭装置等。

2. 消防水泵控制柜的设置要求

(1)《水规》11.0.1 消防水泵控制柜应设置在消防水泵房或专用消防水泵控制室内,并应符合下列要求:

① 消防水泵控制柜在平时应使消防水泵处于自动启泵状态。

② 当自动水灭火系统为开式系统,且设置自动启动确有困难时,经论证后消防水泵可设置在手动启动状态,并应确保 24 h 有人工值班。

(2)《水规》11.0.10 消防水泵控制柜应采取防止被水淹没的措施。在高温潮湿环境下,消防水泵控制柜内应设置自动防潮除湿的装置。

(3)《水规》11.0.12 消防水泵控制柜应设置机械应急启泵功能,并应保证在控制柜内的控制线路发生故障时,由有管理权限的人员在紧急时启动消防水泵。机械应急启动时,应确保消防水泵在报警后 5.0 min 内正常工作。

3. 消防水泵的动力装置

《水规》11.0.17 消防水泵的双电源切换应符合下列规定:

(1)双路电源自动切换时间不应大于 2 s。

(2)一路电源与内燃机动力的切换时间不应大于 15 s。

问题解析

1.【答案】A、B、D、E。解析:(1)根据《消防给水及消火栓系统技术规范》3.6.1、3.6.2,按火灾延续时间为

2 h 时,消防水池的有效容积＝40×2×3.6＋40×1×3.6＝432 m³;按火灾延续时间为 3 h 时,消防水池的有效容积＝40×3×3.6＋40×1×3.6＝576 m³。选项 A 正确。

(2) 根据《水规》1.0.7,消防控制室或值班室内消防控制柜或控制盘应能显示消防水池与高位消防水箱等水源的高水位、低水位报警信号以及正常水位。选项 B、E 正确。

(3) 根据《水规》14.0.3,每月应对消防水池、高位消防水池、高位消防水箱等消防水源设施的水位等进行一次检测;消防水池(箱)玻璃水位计两端的角阀在不进行水位观察时应关闭。选项 C 错误。

(4) 根据《水规》4.3.9,消防水池应设置就地水位显示装置,并应在消防控制中心或值班室等地点设置显示消防水池水位的装置,同时应有最高和最低报警水位。选项 D 正确。

2.【答案】A、D、E。解析:(1) 根据《消防给水及消火栓系统技术规范》(GB 50974—2014)11.0.1,消防水泵控制柜应设置在消防水泵房或专用消防水泵控制室内,并应符合下列要求:

① 消防水泵控制柜在平时应使消防水泵处于自动启泵状态。

② 当自动水灭火系统为开式系统,且设置自动启动确有困难时,经论证后消防水泵可设置在手动启动状态,并应确保 24 h 有人工值班。选项 A 正确。

(2) 根据《火灾自动报警系统设计规范》(GB 50116—2013)4.3.1,联动控制方式,应由消火栓系统出水干管上设置的低压压力开关、高位消防水箱出水管上设置的流量开关或报警阀压力开关等信号作为触发信号,直接控制启动消火栓泵,联动控制不应受消防联动控制器处于自动或手动状态影响。选项 B、C 错误。

(3) 消防水泵的控制线路故障、电源处于关闭状态,水泵无法启动。选项 D、E 正确。

3.【答案】B、C、D。解析:(1) 根据《消防给水及消火栓系统技术规范》(GB 50974—2014)5.3.4,设置稳压泵的临时高压消防给水系统应设置防止稳压泵频繁启停的技术措施,当采用气压水罐时,其调节容积应根据稳压泵启泵次数不大于 15 次/h 计算确定,但有效储水容积不宜小于 150 L。本题屋顶消火栓系统稳压装置气压水罐的有效容积为 120 L,不符合规范要求。选项 A 错误,选项 C 正确。

(2) 根据《水规》13.2.6,工作泵、备用泵、吸水管、出水管及出水管上的泄压阀,水锤消除设施,止回阀、信号阀等的规格、型号、数量,应符合设计要求;吸水管、出水管上的控制阀应锁定在常开位置,并应有明显标记。选项 B 正确。

(3) 根据《水规》5.3.5,稳压泵吸水管应设置明杆闸阀,稳压泵出水管应设置消声止回阀和明杆闸阀。选项 D 正确。

(4) 根据《水规》11.0.6,稳压泵应由消防给水管网或气压水罐上设置的稳压泵自动启停泵压力开关或压力变送器控制。选项 E 错误。

4.【答案】A、D、E。解析:(1) 根据《消防给水及消火栓系统技术规范》(GB 50974—2014)5.2.5条,高位消防水箱间应通风良好,不应结冰,当必须设置在严寒、寒冷等冬季结冰地区的非采暖房间时,应采取防冻措施,环境温度或水温不应低于 5 ℃。选项 A 正确。

(2) 根据《水规》5.2.6,进水管的管径应满足消防水箱 8 h 充满水的要求,但管径不应小于 DN32,进水管宜设置液位阀或浮球阀。题干进水管管径为 DN25。选项 B 错误。

(3) 根据《水规》5.2.6,高位消防水箱出水管管径应满足消防给水设计流量的出水要求,且不应小于 DN100。选项 C 出水管管径为 DN75。选项 C 错误。

(4) 根据《水规》11.0.7,消防控制室或值班室内消防控制柜或控制盘应能显示消防水池、高位消防水箱等水源的高水位、低水位报警信号以及正常水位。选项 D、E 正确。

5.【答案】B、C、D。解析:(1) 根据《消防给水及消火栓系统技术规范》(GB 50974—2014)7.4.12,高层建筑、厂房、库房和室内净空高度超过 8 m 的民用建筑等场所,消火栓栓口动压不应小于 0.35 MPa,且消防水枪充实水柱应按 13 m 计算;其他场所,消火栓栓口动压不应小于 0.25 MPa,且消防水枪充实水柱应按 10 m 计算。本题该建筑屋顶打开试验消火栓,放水 3 min 后测量栓口动压,测量值为 0.21 MPa,消防水枪充实水柱测量值为 12 m。选项 A、E 错误。

(2) 根据《水规》11.0.7,消防控制柜或控制盘应能显示消防水泵和稳压泵的运行状态。选项 B、D 正确。

(3) 尽管消防控制室可以显示消防水泵和稳压泵的运行状态,但是栓口动压、消防水枪充实水柱不符合规范要求,不能仅仅从加压泵的运行状态来排查,还可能是阀门存在问题、管网漏水等原因。故检查人员应到中间消防水泵房确认高区消火栓加压泵的启动情况。选项 C 正确。

6.【答案】C、E。解析:(1) 根据《消防给水及消火栓系统技术规范》(GB 50974—2014)6.2.3,采用消防水泵串联分区供水时,宜采用消防水泵转输水箱串联供水方式,当采用消防水泵转输水箱串联时,转输水箱的有效储水容积不应小于 60 m³,转输水箱可作为高位消防水箱。选项 C 正确。选项 A 错误。

(2) 根据《水规》5.2.1,当建筑高度大于 150 m 时,临时高压消防给水系统的高位消防水箱的有效容积应满足初期火灾消防用水量的要求,并不应小于 100 m³。选项 E 正确,选项 B、D 错误。

7.【答案】B、C、E。解析:(1) 根据《消防给水及消火栓系统技术规范》(GB 50974—2014)11.0.2,消防水泵不应设置自动停泵的控制功能,停泵应由具有管理权限的工作人员根据火灾扑救情况确定。选项 A 错误。

(2) 根据《水规》11.0.7,消防控制柜或控制盘应设置专用线路连接的手动直接启泵按钮。选项 B 正确。

(3) 该建筑室内消火栓设计流量为 40 L/s。选项 C 正确。

(4) 根据《水规》11.0.3,消防水泵应确保从接到启泵信号到水泵正常运转的自动启动时间不应大于 2 min。选项 D 错误。

(5) 根据《水规》11.0.12,消防水泵控制柜应设置机械应急启泵功能,并应保证在控制柜内的控制线路发生故障时由有管理权限的人员在紧急时启动消防水泵。机械应急启动时,应确保消防水泵在报警后 5 min 内正常工作。选项 E 正确。

8.【答案】C、E。解析:(1) 根据《消防给水及消火栓系统技术规范》(GB 50974—2014)11.0.12,消防水泵控制柜应设置机械应急启泵功能,并应保证在控制柜内的控制线路发生故障时由有管理权限的人员在紧急时启动消防水泵。机械应急启动时,应确保消防水泵在报警后 5 min 内正常工作。选项 A 正确。

(2) 根据《水规》11.0.10,消防水泵控制柜应采取防止被水淹没的措施。选项 B 正确。

(3) 根据《水规》11.0.9,消防水泵控制柜设置在专用消防水泵控制室时,其防护等级不应低于 IP30;与消防水泵设置在同一空间时,其防护等级不应低于 IP55。本题高区消火栓加压泵控制柜与消防水泵布置在同一房间,故防护等级不应低于 IP55。选项 C 错误。

(4) 根据《水规》11.0.18,消防水泵控制柜应有显示消防水泵工作状态和故障状态的出端子及远程控制消防水泵启动的输入端子。控制柜应具有自动巡检可调、显示巡检状态和信号等功能,且对话界面应有汉语语言,图标应便于识别和操作。选项 D 正确,选项 E 错误。

9.【答案】B、D。解析:(1) 根据《消防给水及消火栓系统技术规范》(GB 50974—2014)14.0.3,每月应对消防水池、高位消防水池、高位消防水箱等消防水源设施的水位等进行一次检测。选项 A 错误。

(2) 根据《水规》14.0.4,每月应手动启动消防水泵运转一次,并应检查供电电源的情况。选项 B 正确。

(3) 根据《水规》14.0.4,每周应模拟消防水泵自动控制的条件自动启动消防水泵运转一次,且应自动记录自动巡检情况,每月应检测记录。选项 C 错误。

(4) 根据《水规》14.0.6,系统上所有的控制阀门均应采用铅封或锁链固定在开启或规定的状态,每月应对铅封、锁链进行一次检查,当有破坏或损坏时应及时修理更换。选项 D 正确。

(5) 根据《水规》14.0.4,每日应对稳压泵的停泵启泵压力和启泵次数等进行检查和记录运行情况。选项 E 错误。

案例 5　生产厂房水灭火系统检测案例分析

（2016 年消防安全案例分析第 3 题）

情景描述

消防技术服务机构受东北某造纸企业委托,对其成品仓库设置的干式自动喷水灭火系统进行检测。该仓库地上 2 层,耐火等级为二级,建筑高度 15.8 m,建筑面积 7 800 m²,还设置了室内消火栓系统、火灾自动报警系统等消防设施,厂区内环状消防供水管网（管径 DN250 mm）保证室内外消防用水,消防水泵设计扬程为 1.0 MPa。屋顶消防水箱最低有效水位至仓库地面的高差为 20 m,水箱的有效水位高度为 3 m。厂区共有 2 个相互连通的地下消防水池,总容积为 1 120 m³。干式自动喷水灭火系统设有一台干式报警阀,放置在距离仓库约 980 m 的值班室内（有采暖）、喷头型号为 ZSTX15-68（℃）。

检测人员核查相关系统试压及调试记录后,有如下发现:

（1）干式自动喷水灭火系统管网水压强度及严密性试验均采用气压试验替代,且未对管进行冲洗。

（2）干式报警阀调试记录中,没有发现开启系统试验阀后报警阀启动时间及水流到试验装置出口所需时间的记录值。

随后进行现场测试,情况为:在干式自动喷水灭火系统最不利点处开启末端试水装置,干式报警阀、加速排气阀随之开启,6.5 min 后干式报警阀水力警铃开始报警,后又停止（警铃及配件质量、连接管路均正常）,末端试水装置出水量不足。人工启动消防泵加压,首层的水流指示器动作后始终不复位。查阅水流指示器产品进场验收记录、系统竣工验收试验记录等,均未发现问题。

根据以上材料,回答下列问题（共 21 分）。

1. 指出干式自动喷水灭火系统有关组件选型、配置存在的问题,并说明如何改正。

2. 分析该仓库消防给水设施存在的主要问题。

3. 检测该仓库消火栓系统是否符合设计要求时,应出几支水枪? 按照国家标准有关自动喷水灭火系统设置场所火灾危险等级的划分规定,该仓库属于什么级别? 自动喷水灭火系统的设计喷水持续时间为多少?

4. 干式自动喷水灭火系统试压及调试记录中存在的主要问题是什么?

5. 开启末端试水装置测出哪些问题? 原因是什么?

6. 指出导致水流指示器始终不复位的原因。

》》 关键考点依据

本考点主要依据《自动喷水灭火系统施工及验收规范》GB 50261－2005。

自动喷水灭火系统常见故障分析

(一)湿式报警阀组常见故障分析、处理

1. 报警阀组漏水

(1) 故障原因分析：

① 排水阀门未完全关闭。

② 阀瓣密封垫老化或者损坏。

③ 系统侧管道接口渗漏。

④ 报警管路测试控制阀渗漏。

⑤ 阀瓣组件与阀座之间因变形或者污垢、杂物阻挡出现不密封状态。

(2) 故障处理：

① 关紧排水阀门。

② 更换阀瓣密封垫。

③ 检查系统侧管道接口渗漏点，密封垫老化、损坏的，更换密封垫；密封垫错位的，重新调整密封垫位置；管道接口锈蚀、磨损严重的，更换管道接口相关部件。

④ 更换报警管路测试控制阀。

⑤ 先放水冲洗阀体、阀座，存在污垢、杂物的，经冲洗后，渗漏减少或者停止；否则，关闭进水口侧和系统侧控制阀，卸下阀板，仔细清洁阀板上的杂质；拆卸报警阀阀体，检查阀瓣组件、阀座，存在明显变形、损伤、凹痕的，更换相关部件。

2. 报警阀启动后报警管路不排水

(1) 故障原因分析：

① 报警管路控制阀关闭。

② 限流装置过滤网被堵塞。

(2) 故障处理：

① 开启报警管路控制阀。

② 卸下限流装置，冲洗干净后重新安装回原位。

3. 报警阀报警管路误报警

(1) 故障原因分析：

① 未按照安装图纸安装或者未按照调试要求进行调试。

② 报警阀组渗漏通过报警管路流出。

③ 延迟器下部孔板溢出水孔堵塞，发生报警或者缩短延迟时间。

(2) 故障处理：

① 按照安装图纸核对报警阀组组件安装情况,重新对报警阀组伺应状态进行调试。

② 按照故障"(1)"查找渗漏原因,进行相应处理。

③ 延迟器下部孔板溢出水孔堵塞,卸下筒体,拆下孔板进行清洗。

4. 水力警铃工作不正常(不响、响度不够、不能持续报警)

(1) 故障原因分析：

① 产品质量问题或者安装调试不符合要求。

② 控制口阻塞或者铃锤机构被卡住。

(2) 故障处理：

① 属于产品质量问题的,更换水力警铃;安装缺少组件或者未按照图纸安装的,重新进行安装调试。

② 拆下喷嘴、叶轮及铃锤组件,进行冲洗,重新装后使叶轮转动灵活。

5. 开启测试阀,消防水泵不能正常启动。

(1) 故障原因分析：

① 压力开关设定值不正确。

② 消防联动控制设备中的控制模块损坏。

③ 水泵控制柜、联动控制设备的控制模式未设定在"自动"状态。

(2) 故障处理：

① 将压力开关内的调压螺母调整到规定值。

② 逐一检查控制模块,采用其他方式启动消防水泵,核定问题模块,并予以更换。

③ 将控制模式设定为"自动"状态。

(二) 预作用装置常见故障分析、处理

1. 报警阀漏水

(1) 故障原因分析：

① 排水控制阀门未关紧。

② 阀瓣密封垫老化者损坏。

③ 复位杆未复位或者损坏。

(2) 故障处理：

① 关紧排水控制阀门。

② 更换阀瓣密封垫。

③ 重新复位,或者更换复位装置。

2. 压力表读数不在正常范围

(1) 故障原因分析：

① 预作用装置前的供水控制阀未打开。

② 压力表管路堵塞。

③ 预作用装置的报警阀体漏水。

④ 压力表管路控制阀未打开或者开启不完全。

(2) 故障处理：

① 完全开启报警阀前的供水控制阀。

② 拆卸压力表及其管路,疏通压力表管路。

③ 按照湿式报警阀组渗漏的原因进行检查、分析,查找预作用装置的报警阀体的漏水部位,进行修复或者组件更换。

④ 完全开启压力表管路控制阀。

3. 系统管道内有积水

(1)故障原因分析:复位或者试验后,未将管道内的积水排完。

(2)故障处理:开启排水控制阀,完全排除系统内积水。

4. 传动管喷头被堵塞

(1)故障原因分析:

① 消防用水水质存在问题,如,有杂物等。

② 管道过滤器不能正常工作。

(2)故障处理:

① 对水质进行检测,清理不干净、影响系统正常使用的消防用水。

② 检查管道过滤器,清除滤网上的杂质或者更换过滤器。

(三)雨淋报警阀组常见故障分析、处理

1. 自动滴水阀漏水

(1)故障原因分析:

① 产品存在质量问题。

② 安装调试或者平时定期试验、实施灭火后,没有将系统侧管内的余水排尽。

③ 雨淋报警阀隔膜球面中线密封处因施工遗留的杂物、不干净消防用水中的杂质等导致球状密封面不能完全密封。

(2)故障处理:

① 更换存在问题的产品或者部件。

② 开启放水控制阀排除系统侧管道内的余水。

③ 启动雨淋报警阀,采用洁净水流冲洗遗留在密封面处的杂质。

2. 复位装置不能复位

(1)故障原因分析:水质过脏,有细小杂质进入复位装置密封面。

(2)故障处理:拆下复位装置,用清水冲洗干净后重新安装,调试到位。

3. 长期无故报警

(1)故障原因分析:

① 未按照安装图纸进行安装调试。

② 误将试验管路控制阀常开。

(2)故障处理:

① 检查各组件安装情况,按照安装图纸重新进行安装调试。

② 关闭试验管路控制阀。

4. 系统测试不报警

(1)故障原因分析:

① 消防用水中的杂质堵塞了报警管道上过滤器的滤网。

② 水力警铃进水口处喷嘴被堵塞、未配置铃锤或者铃锤卡死。

(2)故障处理:

① 拆下过滤器,用清水将滤网冲洗干净后,重新安装到位。

② 检查水力警铃的配件,配齐组件;有杂物卡阻、堵塞的部件进行冲洗后重新装配到位。

5. 雨淋报警阀不能进入伺应状态

(1)故障原因分析:

① 复位装置存在问题。

② 未按照安装调试说明书将报警阀组调试到伺应状态(隔膜室控制阀、复位球阀未关闭)。

③ 消防用水水质存在问题,杂质堵塞了隔膜室管道上的过滤器。

(2) 故障处理:

① 修复或者更换复位装置。

② 按照安装调试说明书将报警阀组调试到伺应状态(开启隔膜室控制阀、复位球阀)。

③ 将供水控制阀关闭,拆下过滤器的滤网,用清水冲洗干净后,重新安装到位。

(四)水流指示器

水流指示器故障表现为打开末端试水装置,达到规定流量时水流指示器不动作,或者关闭末端试水装置后,水力指示器反馈信号仍然显示为动作信号。

(1) 故障原因分析:

① 桨片被管腔内杂物卡阻。

② 调整螺母与触头未调试到位。

③ 电路接线脱落。

(2) 故障处理:

① 清除水流指示器管腔内的杂物。

② 将调整螺母与触头调试到位。

③ 检查并重新将脱落电路接通。

》》 问题解析

问题 1:指出干式自动喷水灭火系统有关组件选型、配置存在的问题,并说明如何改正。

【解析】干式自动喷水灭火系统存在的问题:

(1) 组件选型存在的问题:选一喷头型号为 ZSTX15-68(℃)不符合要求。

改正措施:应采用干式下垂型或直立型喷头。

原因:干式系统、预作用系统应采用直立型喷头或干式下垂型喷头。喷头型号为 ZSTX15-68(℃)表示:标准响应,下垂型,公称口径为 15 mm,公称动作温度为 68 ℃的喷头。

(2) 配置存在的问题:干式报警阀组数量不符合要求。

改正措施:应增加 3 个干式报警阀组。

原因:该堆垛储物仓库的自动喷水灭火系统设置场所的火灾危险等级为仓库危险级 Ⅱ 级,堆垛最高为 6.3 m,其喷水强度为 22 L/(min·m²),一只喷头的最大保护面为 9 m²,由此可得出该仓库所需喷头个数为 2×7 800/9≈1 734 只。对于干式系统一个报警阀组控制的喷头数不宜超过 500 只,该仓库需要配置至少 4 个干式报警阀组,应增设 3 个干式报警阀组。

问题 2:分析该仓库消防给水设施存在的主要问题。

【解析】存在的主要问题如下:

(1) 消防水箱的最低有效水位不满足喷头最不利点处的静水压力要求。

原因:尽管消防水箱的最低有效水位满足最不利点消火栓的设施的设置要求,但是喷头的设置高度远远大于消火栓栓口的高度,因此消防水箱的最低有效水位不满足喷头最不利点处的静水压力要求。

(2) 消防水池的有效容积不满足要求。

消防水池的有效容积=$V_{室外}$+$V_{室内}$+$V_{自喷}$,该仓库室外消火栓的设计流量为 45 L/s,室自内消火栓的设计流量为 25 L/s,火灾延续时间为 3.0 h,喷头喷水强度为 22 L/(min·m²),喷水持续时间为 2 h。

则消防水池的有效容积 $V=45×3.6×3+25×3.6×3+22×200×13×2×0.06=1\ 442.4\ m^3>1\ 120\ m^3$,因此,消防水池有效容积不足。

问题 3:检测该仓库消火栓系统是否符合设计要求时,应出几支水枪?按照国家标准有关自动喷水灭火系

统设置场所火灾危险等级的划分规定,该仓库属于什么级别? 自动喷水灭火系统的设计喷水持续时间为多少?

【解析】1. 该仓库同时使用的消防水枪为 5 支。

2. 该仓库的火灾危险级别为仓库危险级 Ⅱ 级。

3. 该仓库的火灾危险级别为仓库危险级 Ⅱ 级,其堆垛最高为 6.3 m,介于 6.0 m~7.5 m 之间,因此其喷水持续时间为 2 h。

问题 4:干式自动喷水灭火系统试压及调试记录中存在的主要问题是什么?

【解析】存在的主要问题如下:

(1) 干式自动喷水灭火系统管网水压强度及严密性试验均采用气压试验替代。

原因:① 管网安装完毕后,应对其进行强度试验、严密性试验和冲洗。② 试验使用的介质不同。水压强度及严密性试验宜用水进行,而气压试验的介质宜采用空气或氮气。③ 干式喷水灭火系统应做水压试验和气压试验。

(2) 未对管网进行冲洗。

原因:① 管网安装完毕后,应对其进行强度试验、严密性试验和冲洗。② 水压严密性试验应在水压强度试验和管网冲洗合格后进行。

(3) 干式报警阀调试记录中,没有发现开启系统试验阀后报警阀启动时间及水流到试验装置出口所需时间的记录值。

原因:干式报警阀调试时,开启系统试验阀,报警阀的启动时间、启动点压力、水流到试验装置出口所需时间,均应符合设计要求。

自动喷水灭火系统联动试验记录应由施工单位质量检查员填写,监理工程师(建设单位项目负责人)组织施工单位项目负责人等进行验收。

问题 5:开启末端试水装置测出哪些问题? 原因是什么?

【解析】1. 开启末端试水装置测试出的问题:(1) 干式报警阀水力警铃报警太迟,即系统排气充水时间过长,超过 l min。(2) 水力警铃报警不持续。(3) 末端试水装置出水量不足。

2. 造成以上故障的原因:(1) 报警阀组管路过长。(2) 消防水箱的出水管连接在了湿式报警阀出水管道上,消防水池的管路连接正常,导致高位消防水箱没有经过报警阀的进水侧而直接向管路系统供水。发生火灾后,闭式喷头动作后,使管网压力下降,报警阀由于下腔压力大于上腔使阀瓣打开,消防水箱里的水一部分流向配水管网,另一部分流向报警阀的下腔,这时水力警铃和压力开关先后动作,启动消防水泵由消防水池供水给整个管网系统。只有一部分水流向水力警铃,6.5 min 后才响,时间耽误在消防水箱的水是在阀瓣打开后才流入下腔进而推动水力警铃,而正常情况下水箱的水是直接流入下腔推动水力警铃的。水力警铃又不响了,说明水箱的水用完了,而末端试水装置的流量不足是因为水箱的位置设置不正确、压力不足。

问题 6:指出导致水流指示器始终不复位的原因。

【解析】导致水流指示器始终不复位的原因有:(1) 桨片被管腔内杂物卡阻。(2) 调整螺母与触头未调试到位。(3) 电路接线脱落。

案例6 综合楼自动报警和灭火系统检测案例分析

（2016年消防安全案例分析第5题）

情景描述

消防技术服务机构受托对某地区银行办公的综合楼进行消防设施的专项检查,该综合楼火灾自动报警系统采用双电源供电,双电源切换控制箱安装在一层低压配电室,考虑到系统供电的可靠性,在供电回路上设置剩余电流电气火灾探测器,实现电流故障动作保护和过负载保护。火灾报警控制器显示12只感烟探测器被屏蔽(洗衣房2只,其他楼层10只),1只防火阀模块故障。

对火灾自动报警系统进行测试,过程如下:切断控制器与备用电源之间的连接,控制器无异常显示;恢复控制器与备用电源之间的连接,切断火灾报警控制器的主电源,控制器自动切换到备用电源工作,显示主电故障;测试8只感烟探测器,6只正常报警,2只不报警,试验过程中控制器出现重启现象,继续试验报警功能,控制器关机,无法重新启动;恢复控制器主电源,控制器启动并正常工作;使探测器底座上的总线接线端子短路,控制器上显示该探测器所在回路总线故障;触发满足防排烟系统启动条件的报警信号,消防联动控制器发出了同时启动5个排烟阀和5个送风阀的控制信号,控制器显示了3个排烟阀和5个送风阀的开启反馈信号,相对应的排烟机和送风机正常启动并在联动控制器上显示启动反馈信号。

银行数据中心机房设置了IG 541气体灭火系统,以组合分配方式设置A、B、C三个气体灭火防护区。断开气体灭火控制器与各防护区气体灭火驱动装置的连接线,进行联动控制功能试验,过程如下:

按下A防护区门外设置的气体灭火手动自动按钮,A防护区内声光警报器启动。然后按下气体灭火器手动停止按钮,测量气体灭火控制控制器启动输出端电压,一直为0 V。

按下B防护区内1只火灾手动报警按钮,测量气体灭火控制器输出端电压,25 s后电压为24 V。

测试C防护区,按下气体灭火控制器上的启动按钮。再按下相对应的停止按钮,测量气体灭火控制器启动输出端电压,25 s后电压为24 V。

据了解,消防维保单位进行系统试验过程中不慎碰坏了两端驱动气体管道,维保人员直接更换了损坏的驱动气体管道并填写了维修更换记录。

根据以上材料,回答下列问题(共21分)。

1. 根据检查测试情况指出消防供电及火灾报警系统中存在的问题。
2. 导致排烟阀未反馈开启信号的原因是什么?
3. 三个气体灭火防护区的气体灭火联动控制功能是否正常?为什么?
4. 维保人员对配电室气体灭火系统驱动气体管道维修的做法是否正常?为什么?

》 关键考点依据

本考点主要依据《火灾自动报警系统设计规范》GB 50116—2014,简称《自动报警》。

一 气体(泡沫)灭火系统的联动控制设计

1.《自动报警》4.4.1 气体灭火系统、泡沫灭火系统应分别由专用的气体灭火控制器、泡沫灭火控制器控制。

2.《自动报警》4.4.2 气体灭火控制器、泡沫灭火控制器直接连接火灾探测器时,气体灭火系统、泡沫灭火系统的自动控制方式应符合下列规定:

(1) 应由同一防护区域内两只独立的火灾探测器的报警信号、一只火灾探测器与一只手动火灾报警按钮的报警信号或防护区外的紧急启动信号,作为系统的联动触发信号,探测器的组合宜采用感烟火灾探测器和感温火灾探测器,各类探测器应按本规范第 6.2 节的规定分别计算保护面积。

(2) 气体灭火控制器、泡沫灭火控制器在接收到满足联动逻辑关系的首个联动触发信号后,应启动设置在该防护区内的火灾声光警报器,且联动触发信号应为任一防护区域内设置的感烟火灾探测器、其他类型火灾探测器或手动火灾报警按钮的首次报警信号;在接收到第二个联动触发信号后,应发出联动控制信号,且联动触发信号应为同一防护区域内与首次报警的火灾探测器或手动火灾报警按钮相邻的感温火灾探测器、火焰探测器或手动火灾报警按钮的报警信号。

(3) 联动控制信号应包括下列内容:

① 关闭防护区域的送(排)风机及送(排)风阀门。

② 停止通风和空气调节系统及关闭设置在该防护区域的电动防火阀。

③ 联动控制防护区域开口封闭装置的启动,包括关闭防护区域的门、窗。

④ 启动气体灭火装置、泡沫灭火装置,气体灭火控制器、泡沫灭火控制器,可设定不大于 30 s 的延迟喷射时间。

(4) 平时无人工作的防护区,可设置为无延迟的喷射,应在接收到满足联动逻辑关系的首个联动触发信号后按本条第 3 款规定执行除启动气体灭火装置、泡沫灭火装置外的联动控制;在接收到第二个联动触发信号后,应启动气体灭火装置、泡沫灭火装置。

(5) 气体灭火防护区出口外上方应设置表示气体喷洒的火灾声光警报器,指示气体释放的声信号应与该保护对象中设置的火灾声警报器的声信号有明显区别。启动气体灭火装置、泡沫灭火装置的同时,应启动设置在防护区入口处表示气体喷洒的火灾声光警报器;组合分配系统应首先开启相应防护区域的选择阀,然后启动气体灭火装置、泡沫灭火装置。

3.《自动报警》4.4.3 气体灭火控制器、泡沫灭火控制器不直接连接火灾探测器时,气体灭火系统、泡沫灭火系统的自动控制方式应符合下列规定:

(1) 气体灭火系统、泡沫灭火系统的联动触发信号应由火灾报警控制器或消防联动控制器发出。

(2) 气体灭火系统、泡沫灭火系统的联动触发信号和联动控制均应符合规定。

4.《自动报警》4.4.4 气体灭火系统、泡沫灭火系统的手动控制方式应符合下列规定:

(1) 在防护区疏散出口的门外应设置气体灭火装置、泡沫灭火装置的手动启动和停止按钮,手动启动按钮按下时,气体灭火控制器、泡沫灭火控制器应执行符合规定的联动操作;手动停止按钮按下时,气体灭火控制器、泡沫灭火控制器应停止正在执行的联动操作。

(2)气体灭火控制器、泡沫灭火控制器上应设置对应于不同防护区的手动启动和停止按钮,手动启动按钮按下时,气体灭火控制器、泡沫灭火控制器应执行符合规定的联动操作;手动停止按钮按下时,气体灭火控制器、泡沫灭火控制器应停止正在执行的联动操作。

5.《自动报警》4.4.5 气体灭火装置、泡沫灭火装置启动及喷放各阶段的联动控制及系统的反馈信号,应反馈至消防联动控制器。系统的联动反馈信号应包括下列内容:

(1)气体灭火控制器、泡沫灭火控制器直接连接的火灾探测器的报警信号。

(2)选择阀的动作信号。

(3)压力开关的动作信号。

6.《自动报警》4.4.6 在防护区域内设有手动与自动控制转换装置的系统,其手动或自动控制方式的工作状态应在防护区内、外的手动和自动控制状态显示装置上显示,该状态信号应反馈至消防联动控制器。

二 防烟排烟系统的联动控制设计

1.《自动报警》4.5.1 防烟系统的联动控制方式应符合下列规定:

(1)应由加压送风口所在防火分区内的两只独立的火灾探测器或一只火灾探测器与一只手动火灾报警按钮的报警信号,作为送风口开启和加压送风机启动的联动触发信号,并应由消防联动控制器联动控制相关层前室等需要加压送风场所的加压送风口开启和加压送风机启动。

(2)应由同一防烟分区内且位于电动挡烟垂壁附近的两只独立的感烟火灾探测器的报警信号,作为电动挡烟垂壁降落的联动触发信号,并应由消防联动控制器联动控制电动挡烟垂壁的降落。

2.《自动报警》4.5.2 排烟系统的联动控制方式应符合下列规定:

(1)应由同一防烟分区内的两只独立的火灾探测器的报警信号,作为排烟口、排烟窗或排烟阀开启的联动触发信号,并应由消防联动控制器联动控制排烟口、排烟窗或排烟阀的开启,同时停止该防烟分区的空气调节系统。

(2)应由排烟口、排烟窗或排烟阀开启的动作信号,作为排烟风机启动的联动触发信号,并应由消防联动控制器联动控制排烟风机的启动。

3.《自动报警》4.5.3 防烟系统、排烟系统的手动控制方式,应能在消防控制室内的消防联动控制器上手动控制送风口、电动挡烟垂壁、排烟口、排烟窗、排烟阀的开启或关闭及防烟风机、排烟风机等设备的启动或停止,防烟、排烟风机的启动、停止按钮应采用专用线路直接连接至设置在消防控制室内的消防联动控制器的手动控制盘,并应直接手动控制防烟、排烟风机的启动、停止。

4.《自动报警》4.5.4 送风口、排烟口、排烟窗或排烟阀开启和关闭的动作信号,防烟、排烟风机启动和停止及电动防火阀关闭的动作信号,均应反馈至消防联动控制器。

5.《自动报警》4.5.5 排烟风机入口处的总管上设置的280℃排烟防火阀在关闭后应直接联动控制风机停止,排烟防火阀及风机的动作信号应反馈至消防联动控制器。

问题解析

问题1:根据检查测试情况指出消防供电及火灾报警系统中存在的问题。

【解析】存在的问题:

(1)在供电回路上设置剩余电流电气火灾探测器。

(2)双电源切换控制箱安装在一层低压配电室。

(3)切断控制器与备用电源之间的连接,控制器无异常显示。

(4)火灾报警控制器显示12只感烟探测器被屏蔽(洗衣房2只,其他楼层10只)。

(5)备用电源容量不足。

(6)总线短路隔离器指示被隔离部件的部位号功能损坏。

问题2:导致排烟阀未反馈开启信号的原因是什么?

【解析】原因是:

(1)控制排烟阀的控制器模块损坏。

(2)排烟阀故障。

(3)连接排烟阀的控制器与输入模块之间线路出现故障。

问题3:三个气体灭火防护区的气体灭火联动控制功能是否正常?为什么?

【解析】1. A防护区正常。

原因:手动停止按钮按下时,气体灭火控制器应停止正在执行的联动操作,在对A防护区进行联动控制功能试验过程中,按下A防护区门外设置的气体灭火手动启动按钮,A防护区内声光警报器启动。然后按下气体灭火器手动停止按钮,测量气体灭火控制器启动输出端电压,一直为0 V,说明系统停止了正在执行的联动操作。

2. B防护区不正常。

原因:同一防护区域内两只独立的火灾探测器的报警信号,一只火灾探测器与一只手动火灾报警按钮的报警信号或防护区外的紧急启动信号,作为气体灭火系统的联动触发信号。在对B防护区进行联动控制功能试验过程中,按下B防护区内1只火灾手动报警按钮,测量气体火灾控制器输出端电压,25 s后电压为24 V,说明一只手动报警按下就能启动气体灭火系统。

3. C防护区不正常。

原因:手动停止按钮按下时,气体灭火控制器应停止正在执行的联动操作。在对C防护区进行联动控制功能试验过程中,按下相对应的停止按钮,测量气体灭火控制器启动输出端电压,25 s后电压为24 V,说明25 s后系统仍在运行,不符合规范要求。

问题4:维保人员对配电室气体灭火系统驱动气体管道维修的做法是否正常?为什么?

【解析】不正确。

原因:维护人员直接更换了损坏的驱动气体管道并填写了维修更换记录,气动驱动装置的管道安装后,要进行气压严密性试验。更换了损坏的驱动气体管道以后需要对整个系统进行调试,调试项目包括:模拟启动试验、模拟喷气试验和模拟切换试验,调试完成后应将系统各部件及联动设备恢复到正常工作状态。

案例7 商业大厦水灭火系统检测案例分析

（2017年消防安全案例分析第4题）

》》 情景描述

消防技术服务机构对某商业大厦中的湿式自动喷水灭火系统进行验收前检测。该大厦地上5层,地下1层,建筑高度22.8 m,层高均为4.5 m,每层建筑面积均为1 080 m²。5层经营地方特色风味餐饮,一至四层为服装、百货、手机电脑经营等,地下一层为停车库及设备用房。该大厦顶层的钢屋架采用自动喷水灭火系统保护,其给水管网串联接入大厦湿式自动喷水灭火系统的配水干管。大厦屋顶设置符合国家标准要求的高位消防水箱及稳压泵,消防水池和消防水泵房均设置在地下一层。消防水池为两路供水,有效容积为105 m³且无消防水泵吸水井。自动喷水灭火系统的供水泵为两台流量为40 L/s,扬程为0.85 MPa的卧式离心水泵(一用一备)。

检查时发现:钢屋架处的自动喷水管网未设置独立的湿式报警阀,且未安装水流指示器,消防技术服务机构人员认为这种做法是错误的,随后又发现如下情况:消防水泵出水口处的止回阀下游与明杆闸阀之间的管路上安装了压力表,但吸水管路上未安装压力表;湿式报警阀的报警口与延迟器之间的阀门处于关闭状态,业主解释说,此阀一开,报警阀就异常灵敏而频繁动作报警。检测人员对于湿式报警阀相关的管路及附件、控制线路、模块、压力开关等进行了全面检查,未发现异常。

消防技术服务机构人员将末端试水装置打开,湿式报警阀、压力开关相继动作,主泵启动,运行15 min后,在业主建议下,将其余各层喷淋系统给水管网上的试水阀打开,观察给水管网是否畅通。全部试水阀打开10 min后,主泵仍运行,但出口压力显示为零;切换至备用泵试验,结果同前。经核查,电气设备、主备用水泵均无故障。

根据以上材料,回答以下问题(共20分)。

1. 水泵出水管路处压力表的安装位置是否正确?说明理由。

2. 有人说,水泵吸水管上应安装与出水管上相同规格型号的压力表,这种说法是否正确?说明理由。

3. 消防技术服务机构人员认为该大厦钢屋架处独立的自动喷水管网上应安装湿式报警阀及水流指示器,这种说法正确吗?简述理由。

4. 分析有可能导致报警阀异常灵敏而频繁启动的原因,并给出解决方法。

5. 分析有可能导致自动喷水灭火系统主、备用水泵出水管路压力为零的原因。

》》关键考点依据

本考点主要依据《自动喷水灭火系统设计规范》GB 50084－2001（2005 年版）；《自动喷水灭火系统施工及验收规范》GB50261—2005。

湿式报警阀组常见故障分析、处理

1. 报警阀组漏水

（1）故障原因分析

① 排水阀门未完全关闭。

② 阀瓣密封垫老化或者损坏。

③ 系统侧管道接口渗漏。

④ 报警管路测试控制阀渗漏。

⑤ 阀瓣组件与阀座之间因变形或者污垢、杂物阻挡出现不密封状态。

（2）故障处理

① 关紧排水阀门。

② 更换阀瓣密封垫。

③ 检查系统侧管道接口渗漏点，密封垫老化、损坏的，更换密封垫；密封垫错位的，重新调整密封垫位置；管道接口锈蚀、磨损严重的，更换管道接口相关部件。

④ 更换报警管路测试控制阀。

⑤ 先放水冲洗阀体、阀座，存在污垢、杂物的，经冲洗后，渗漏减少或者停止；否则，关闭进水口侧和系统侧控制阀，卸下阀板，仔细清洁阀板上的杂质；拆卸报警阀阀体，检查阀瓣组件、阀座，存在明显变形、损伤、凹痕的，更换相关部件。

2. 报警阀启动后报警管路不排水

（1）故障原因分析

① 报警管路控制阀关闭。

② 限流装置过滤网被堵塞。

（2）故障处理

① 开启报警管路控制阀。

② 卸下限流装置，冲洗干净后重新安装回原位。

3. 报警阀报警管路误报警

（1）故障原因分析

① 未按照安装图纸安装或者未按照调试要求进行调试。

② 报警阀组渗漏通过报警管路流出。

③ 延迟器下部孔板溢出水孔堵塞，发生报警或者缩短延迟时间。

（2）故障处理

① 按照安装图纸核对报警阀组组件安装情况；重新对报警阀组伺应状态进行调试。

② 按照故障"（1）"查找渗漏原因，进行相应处理。

③ 延迟器下部孔板溢出水孔堵塞,卸下筒体,拆下孔板进行清洗。

4. 水力警铃工作不正常(不响、响度不够、不能持续报警)

(1) 故障原因分析

① 产品质量问题或者安装调试不符合要求。

② 控制口阻塞或者铃锤机构被卡住。

(2) 故障处理

① 属于产品质量问题的,更换水力警铃;安装缺少组件或者未按照图纸安装的,重新进行安装调试。

② 拆下喷嘴、叶轮及铃锤组件,进行冲洗,重新装合使叶轮转动灵活。

5. 开启测试阀,消防水泵不能正常启动。

(1) 故障原因分析

① 压力开关设定值不正确。

② 消防联动控制设备中的控制模块损坏。

③ 水泵控制柜、联动控制设备的控制模式未设定在"自动"状态。

(2) 故障处理

① 将压力开关内的调压螺母调整到规定值。

② 逐一检查控制模块,采用其他方式启动消防水泵,核定问题模块,并予以更换。

③ 将控制模式设定为"自动"状态。

》 问题解析

问题1:水泵出水管路处压力表的安装位置是否正确?说明理由。

【解析】1. 不正确。

2. 出水管路处压力表应设在止回阀的上游,观察水锤消除后的压力是否超过消防水泵出口设计额定压力的 1.4 倍。

问题2:有人说,水泵吸水管上应安装与出水管上相同规格型号的压力表,这种说法是否正确?说明理由。

【解析】1. 不正确。

2. 消防水泵出水管压力表的最大量程不应低于设计工作压力的 2 倍,且不应低于 1.6 MPa。

3. 消防水泵吸水管宜设置真空表、压力表或真空压力表,压力表的最大量应根据工程具体情况确定,但不应低于 0.7 MPa,真空表的最大量程宜为 -0.1 MPa。

问题3:消防技术服务机构人员认为该大厦钢屋架处独立的自动喷水管网上应安装湿式报警阀及水流指示器,这种说法正确吗?简述理由。

【解析】1. 应安装湿式报警阀,不正确。理由:保护室内钢屋架等建筑构件的闭式系统,应设置独立的报警阀组。

2. 应安装水流指示器,不正确。理由:当一个湿式报警阀组仅控制 1 个防火分区或一个层面的喷头时,允许不设水流指示器。

问题4:分析有可能导致报警阀异常灵敏而频繁启动的原因,并给出解决方法。

【解析】1. 原因1:未按照调试要求进行调试。解决方法:重新对报警阀组伺应状态进行调试。

2. 原因2:报警阀组渗漏通过报警管路流出,可能是阀瓣密封垫老化或损害。解决方法:更换阀瓣密封垫。

3. 原因3:延迟器下部节流孔板出水孔堵塞,发生报警或者缩短延迟时间。解决方法:卸下筒体,拆下节流孔板进行清洗。

问题5:分析有可能导致自动喷水灭火系统主、备用水泵出水管路压力为零的原因。

【解析】1. 压力表管路堵塞。

2. 压力表管路控制阀未打开。

3. 压力表损坏。

案例 8 商业大厦自动报警及灭火系统检测案例分析

（2017 年消防安全案例分析第 5 题）

>> **情景描述**

某商业大厦按规范要求设置了火灾自动报警系统、自动喷水灭火系统以及气体灭火系统等建筑消防设施，消防技术服务机构受业主委托，对相关消防设施进行检测，有关情况如下：

1. 火灾自动报警设施功能性检测

消防技术服务机构人员切断火灾报警控制器主电源，控制器显示主电故障，选择 2 只感烟探测器加烟测试，控制器正确显示报警信息，5 min 后，控制器自行关机。恢复控制器主电源供电，控制器重新开机工作正常。现场拆下一只探测器，将探测器底座上的总线信号端子短路，控制器上显示 48 条探测器故障信息。检测过程中控制器显示屏上显示 2 只感烟探测器报故障情况，据业主值班人员介绍，经常有此类故障出现，一般取下后用高压气枪吹扫几次后就可以回复。检测人员到现场找到故障探测器，取下后用高压气枪吹扫，然后重新安装到原来位置，其中一只探测器恢复正常，另一只探测器故障依然存在；更换新的探测器后，该故障依然存在。

该商业大厦中庭 15 m 高，设置了 1 台管路吸气式火灾探测器，安装在距地面 1.5 m 高的墙面上，探测器采样管路长 90 m，垂直管路上每隔 4 m 设置一个采样孔。消防技术服务机构人员随机选择一个采样孔加烟进行报警功能测试，125 s 后探测器报警；封堵末端采样孔后，120 s 时探测器报气流故障。

2. 自动喷水灭火系统联动控制功能检测

消防技术服务机构人员开启末端试水装置，湿式报警阀、压力开关随之动作，但喷淋泵一直未启动，再将火灾报警控制器的联动启泵功能设置为自动方式后，喷淋泵自动启动。

3. 气体灭火联动控制功能检测

配电室设置了 5 套预制七氟丙烷气体灭火装置，消防技术服务人员加烟触发配电室内一只感烟探测器报警，再加温触发一只感温探测器报警，配电室内声光报警器随之启动，但气体灭火控制器一直没有输出灭火启动及联动控制信号；按下气体灭火控制器上的启动按钮，气体灭火控制器仍然一直没有输出灭火启动及联动控制信号。经检查，确认气体灭火控制连接线路及接线均无问题。

根据以上材料，回答以下问题（共 20 分）。

1. 指出火灾自动报警系统存在的问题，并简要说明原因。

2. 指出消防技术服务机构检测人员处理探测器故障的方式是否正确并说明理由。探测器故障的原因可能有哪些？

3. 指出吸气式探测器设置功能及测试方法有哪些不符合规范之处，并说明理由。

4. 指出自动喷水灭火系统的喷淋泵启动控制是否符合规范要求，并说明理由。

5. 指出配电室气体灭火控制功能不符合规范之处，并说明理由。

6. 气体灭火控制器没有输出灭火启动及联动控制信号的原因主要有哪些？

》》 关键考点依据

> 本考点主要依据《火灾自动报警系统设计规范》GB 50116－2013，简称《自动报警》。

一 管路采样式吸气感烟火灾探测器的设置

《自动报警》6.2.17　管路采样式吸气感烟火灾探测器的设置，应符合下列规定：

（1）非高灵敏型探测器的采样管网安装高度不应超过16 m；高灵敏型探测器的采样管网安装高度可超过16 m；采样管网安装高度超过16 m时，灵敏度可调的探测器应设置为高灵敏度，且应减小采样管长度和采样孔数量。

（2）探测器的每个采样孔的保护面积、保护半径，应符合点型感烟火灾探测器的保护面积、保护半径的要求。

（3）一个探测单元的采样管总长不宜超过200 m，单管长度不宜超过100 m，同一根采样管不应穿越防火分区。采样孔总数不宜超过100个，单管上的采样孔数量不宜超过25个。

（4）当采样管道采用毛细管布置方式时，毛细管长度不宜超过4 m。

（5）吸气管路和采样孔应有明显的火灾探测器标识。

（6）有过梁、空间支架的建筑中，采样管路应固定在过梁、空间支架上。

（7）当采样管道布置形式为垂直采样时，每2 ℃温差间隔或3 m间隔（取最小者）应设置一个采样孔，采样孔不应背对气流方向。

（8）采样管网应按经过确认的设计软件或方法进行设计。

（9）探测器的火灾报警信号、故障信号等信息应传给火灾报警控制器，涉及消防联动控制时，探测器的火灾报警信号还应传给消防联动控制器。

二 自动喷水灭火系统的联动控制设计

1. 《自动报警》4.2.1　湿式系统和干式系统的联动控制设计，应符合下列规定：

（1）联动控制方式，应由湿式报警阀压力开关的动作信号作为触发信号，直接控制启动喷淋消防泵，联动控制不应受消防联动控制器处于自动或手动状态影响。

（2）手动控制方式，应将喷淋消防泵控制箱（柜）的启动、停止按钮用专用线路直接连接至设置在消防控制室内的消防联动控制器的手动控制盘，直接手动控制喷淋消防泵的启动、停止。

（3）水流指示器、信号阀、压力开关、喷淋消防泵的启动和停止的动作信号应反馈至消防联动控制器。

2. 《自动报警》4.2.2　预作用系统的联动控制设计，应符合下列规定：

（1）联动控制方式，应由同一报警区域内两只及以上独立的感烟火灾探测器或一只感烟火灾探测器与一只手动火灾报警按钮的报警信号，作为预作用阀组开启的联动触发信号。由消防联动控制器控制预作用阀组的开启，使系统转变为湿式系统；当系统设有快速排气装置时，应联动控制排气阀前的电动阀的开启。湿式系统的联动控制设计应符合规定。

（2）手动控制方式，应将喷淋消防泵控制箱（柜）的启动和停止按钮、预作用阀组和快速排气阀入口前的电动阀的启动和停止按钮,用专用线路直接连接至设置在消防控制室内的消防联动控制器的手动控制盘,直接手动控制喷淋消防泵的启动、停止及预作用阀组和电动阀的开启。

(3) 水流指示器、信号阀、压力开关、喷淋消防泵的启动和停止的动作信号,有压气体管道气压状态信号和快速排气阀入口前电动阀的动作信号应反馈至消防联动控制器。

3.《自动报警》4.2.3 雨淋系统的联动控制设计,应符合下列规定:

(1) 联动控制方式,应由同一报警区域内两只及以上独立的感温火灾探测器或一只感温火灾探测器与一只手动火灾报警按钮的报警信号,作为雨淋阀组开启的联动触发信号。应由消防联动控制器控制雨淋阀组的开启。

(2) 手动控制方式,应将雨淋消防泵控制箱(柜)的启动和停止按钮、雨淋阀组的启动和停止按钮,用专用线路直接连接至设置在消防控制室内的消防联动控制器的手动控制盘,直接手动控制雨淋消防泵的启动、停止及雨淋阀组的开启。

(3) 水流指示器,压力开关,雨淋阀组、雨淋消防泵的启动和停止的动作信号应反馈至消防联动控制器。

4.《自动报警》4.2.4 自动控制的水幕系统的联动控制设计,应符合下列规定:

(1) 联动控制方式,当自动控制的水幕系统用于防火卷帘的保护时,应由防火卷帘下落到楼板面的动作信号与本报警区域内任一火灾探测器或手动火灾报警按钮的报警信号作为水幕阀组启动的联动触发信号,并应由消防联动控制器联动控制水幕系统相关控制阀组的启动;仅用水幕系统作为防火分隔时,应由该报警区域内两只独立的感温火灾探测器的火灾报警信号作为水幕阀组启动的联动触发信号,并应由消防联动控制器联动控制水幕系统相关控制阀组的启动。

(2) 手动控制方式,应将水幕系统相关控制阀组和消防泵控制箱(柜)的启动、停止按钮用专用线路直接连接至设置在消防控制室内的消防联动控制器的手动控制盘,并应直接手动控制消防泵的启动、停止及水幕系统相关控制阀组的开启。

(3) 压力开关、水幕系统相关控制阀组和消防泵的启动、停止的动作信号,应反馈至消防联动控制器。

三 气体(泡沫)灭火系统的联动控制设计

1.《自动报警》4.4.1 气体灭火系统、泡沫灭火系统应分别由专用的气体灭火控制器、泡沫灭火控制器控制。

2.《自动报警》4.4.2 气体灭火控制器、泡沫灭火控制器直接连接火灾探测器时,气体灭火系统、泡沫灭火系统的自动控制方式应符合下列规定:

(1) 应由同一防护区域内两只独立的火灾探测器的报警信号、一只火灾探测器与一只手动火灾报警按钮的报警信号或防护区外的紧急启动信号,作为系统的联动触发信号,探测器的组合宜采用感烟火灾探测器和感温火灾探测器,各类探测器应按本规范第6.2节的规定分别计算保护面积。

(2) 气体灭火控制器、泡沫灭火控制器在接收到满足联动逻辑关系的首个联动触发信号后,应启动设置在该防护区内的火灾声光警报器,且联动触发信号应为任一防护区域内设置的感烟火灾探测器、其他类型火灾探测器或手动火灾报警按钮的首次报警信号;在接收到第二个联动触发信号后,应发出联动控制信号,且联动触发信号应为同一防护区域内与首次报警的火灾探测器或手动火灾报警按钮相邻的感温火灾探测器、火焰探测器或手动火灾报警按钮的报警信号。

(3) 联动控制信号应包括下列内容:

① 关闭防护区域的送(排)风机及送(排)风阀门。

② 停止通风和空气调节系统及关闭设置在该防护区域的电动防火阀。

③ 联动控制防护区域开口封闭装置的启动,包括关闭防护区域的门、窗。

④ 启动气体灭火装置、泡沫灭火装置,气体灭火控制器、泡沫灭火控制器,可设定不大于30 s的延迟喷射时间。

(4) 平时无人工作的防护区,可设置为无延迟的喷射,应在接收到满足联动逻辑关系的首个联动触发信号后按本条第3款规定执行除启动气体灭火装置、泡沫灭火装置外的联动控制;在接收到第二个联动触发信号后,应启动气体灭火装置、泡沫灭火装置。

(5) 气体灭火防护区出口外上方应设置表示气体喷洒的火灾声光警报器,指示气体释放的声信号应与该保护对象中设置的火灾声警报器的声信号有明显区别。启动气体灭火装置、泡沫灭火装置的同时,应启动设置在防护区入口处表示气体喷洒的火灾声光警报器;组合分配系统应首先开启相应防护区域的选择阀,然后启动气体灭火装置、泡沫灭火装置。

3.《自动报警》4.4.3 气体灭火控制器、泡沫灭火控制器不直接连接火灾探测器时,气体灭火系统、泡沫灭火系统的自动控制方式应符合下列规定:

(1) 气体灭火系统、泡沫灭火系统的联动触发信号应由火灾报警控制器或消防联动控制器发出。

(2) 气体灭火系统、泡沫灭火系统的联动触发信号和联动控制均应符合规定。

4.《自动报警》4.4.4 气体灭火系统、泡沫灭火系统的手动控制方式应符合下列规定:

(1) 在防护区疏散出口的门外应设置气体灭火装置、泡沫灭火装置的手动启动和停止按钮,手动启动按钮按下时,气体灭火控制器、泡沫灭火控制器应执行符合规定的联动操作;手动停止按钮按下时,气体灭火控制器、泡沫灭火控制器应停止正在执行的联动操作。

(2) 气体灭火控制器、泡沫灭火控制器上应设置对应于不同防护区的手动启动和停止按钮,手动启动按钮按下时,气体灭火控制器、泡沫灭火控制器应执行符合规定的联动操作;手动停止按钮按下时,气体灭火控制器、泡沫灭火控制器应停止正在执行的联动操作。

5.《自动报警》4.4.5 气体灭火装置、泡沫灭火装置启动及喷放各阶段的联动控制及系统的反馈信号,应反馈至消防联动控制器。系统的联动反馈信号应包括下列内容:

(1) 气体灭火控制器、泡沫灭火控制器直接连接的火灾探测器的报警信号。

(2) 选择阀的动作信号。

(3) 压力开关的动作信号。

6.《自动报警》4.4.6 在防护区域内设有手动与自动控制转换装置的系统,其手动或自动控制方式的工作状态应在防护区内、外的手动和自动控制状态显示装置上显示,该状态信号应反馈至消防联动控制器。

四 系统常见故障及处理方法

(一)常见故障及处理方法

1. 火灾探测器常见故障

(1) 故障现象:火灾报警控制器发出故障报警,故障指示灯亮、打印机打印探测器故障类型、时间、部位等。

(2) 故障原因:探测器与底座脱落、接触不良;报警总线与底座接触不良;报警总线开路或接地性能不良造成短路;探测器本身损坏;探测器接口板故障。

(3) 排除方法:重新拧紧探测器或增大底座与探测器卡簧的接触面积;重新压接总线,使之与底座有良好接触;查出有故障的总线位置,予以更换;更换探测器;维修或更换接口板。

2. 主电源常见故障

(1) 故障现象:火灾报警控制器发出故障报警,主电源故障灯亮,打印机打印主电故障、时间。

(2) 故障原因:市电停电;电源线接触不良;主电熔断丝熔断等。

(3) 排除方法:连续供停电8 h时应关机,主电正常后再开机;重新接主电源线,或使用烙铁焊接牢固;更换熔断丝或保险管。

3. 备用电源常见故障

(1) 故障现象:火灾报警控制器发出故障报警、备用电源故障灯亮,打印机打印备电故障、时间。

(2) 故障原因:备用电源损坏或电压不足;备用电池接线接触不良;熔断丝熔断等。

(3) 排除方法:开机充电24 h后,备电仍报故障,更换备用蓄电池;用烙铁焊接备电的连接线,使备电与主机良好接触;更换熔断丝或保险管。

4. 通信常见故障

(1) 故障现象:火灾报警控制器发出故障报警,通信故障灯亮,打印机打印通信故障、时间。

(2) 故障原因:区域报警控制器或火灾显示盘损坏或未通电、开机;通信接口板损坏;通信线路短路、开路或接地性能不良造成短路。

(3) 排除方法:更换设备,使设备供电正常,开启报警控制器;检查区域报警控制器与集中报警控制器的通信线路,若存在开路、短路、接地接触不良等故障,更换线路;检查区域报警控制器与集中报警控制器的通信板,若存在故障,维修或更换通信板;若因为探测器或模块等设备造成通信故障,更换或维修相应设备。

(二) 重大故障

1. 强电串入火灾自动报警及联动控制系统

(1) 产生原因:主要是弱电控制模块与被控设备的启动控制柜的接口处,如卷帘、水泵、防排烟风机、防火阀等处发生强电的串入。

(2) 排除办法:控制模块与受控设备间增设电气隔离模块。

2. 短路或接地故障而引起控制器损坏

(1) 产生原因:传输总线与大地、水管、空调管等发生电气连接,从而造成控制器接口板的损坏。

(2) 解决办法:按要求做好线路连接和绝缘处理,使设备尽量与水管、空调管隔开,保证设备和线路的绝缘电阻满足设计要求。

(三)火灾自动报警系统误报原因

1. 产品质量

产品技术指标达不到要求,稳定性比较差,对使用环境非火灾因素如温度、湿度、灰尘、风速等引起的灵敏度漂移得不到补偿或补偿能力低,对各种干扰及线路分析参数的影响无法自动处理而误报。

2. 设备选择和布置不当

(1) 探测器选型不合理:灵敏度高的火灾探测器能在很低的烟雾浓度下报警,相反灵敏度低的探测器只能在高浓度烟雾环境中报警,如在会议室、地下车库等易集烟的环境选用高灵敏度的感烟探测器,在锅炉房高温度环境中选用定温探测器。

(2) 使用场所性质变化后未及时更换相适应的探测器,例如将办公室、商场等改作厨房、洗沐房、会议室时,原有的感烟火灾探测器会受新场所产生油烟、香烟烟雾、水蒸气、灰尘、杀虫剂以及醇类、酮类、醚类等腐蚀性气体等非火灾报警因素影响而误报警。

3. 环境因素

(1) 电磁环境干扰主要表现为:空中电磁波干扰、电源及其他输入输出线上的窄脉冲群、人体静电。

(2) 气流可影响烟气的流动线路,对离子感烟探测影响比较大,对光电感烟探测器也有一定影响。

(3) 感温探测器布置距高温光源过近、感烟探测器距空调送风口过近、感温探测器安装装在易产生水蒸气、车库等场所。

(4) 光电感烟探测器安装在可能产生黑烟、大量粉尘、可能产生蒸气和油雾等场所。

4. 其他原因

(1) 系统接地被忽略或达不到标准要求、线路绝缘达不到要求、线路接头压接不良或布线不合理、系统开通前对防尘、防潮、防腐措施处理不当。

(2) 元件老化,一般火灾探测器使用寿命约 10 年,每 3 年要求全面清洗。

(3) 灰尘和昆虫,据有关统计,60% 的误报是因灰尘影响。

(4) 探测器损坏。

问题解析

问题1:指出火灾自动报警系统存在的问题,并简要说明原因。

【解析】1. 问题1:切断火灾报警控制器主电源,5 min 后,控制器自行关机。

原因:火灾报警控制器的备用电源电量不足。

2. 问题2:控制器上显示48条探测器故障信息。

原因:系统总线上应设置总线短路隔离器,每只总线短路隔离器保护消防设备总数不应超过32点。

问题2:指出消防技术服务机构检测人员处理探测器故障的方式是否正确并说明理由。探测器故障的原因可能有哪些?

【解析】1. 不正确。

2. 理由:检查人员应按照下列方法进行故障排除:重新拧紧探测器或增大底座与探测器卡簧的接触面积,查看是否恢复正常;重新压接总线,使之与底座有良好接触,查看是否恢复正常;更换探测器,查看是否恢复正常;维修或更换接口板,查看是否恢复正常。

3. 原因:探测器与底座脱线、接触不良;报警总线与底座接触不良;报警总线开路或接地性能不良造成短路;探测器损坏;探测器接口板故障。

问题3:指出吸气式探测器设置功能及测试方法有哪些不符合规范之处,并说明理由。

【解析】1. 垂直管路上每隔4 m设置一个采样孔,不正确。

理由:当采样管道布置形式为垂直采样时,每2 ℃温差间隔或3 m间隔(取最小者)应设置一个采样孔,采样孔不应背对气流方向。

2. 消防技术服务机构人员随机选择一个采样孔加烟进行报警功能测试,不正确。

理由:应在采样管最末端采样孔加入实验烟。

3. 125 s后探测器报警,不正确。

理由:管路吸气式火灾探测器应在120 s内发出火灾报警信号。

4. 封堵末端采样孔后,120 s时探测器报气流故障,不正确。

理由:管路吸气式火灾探测器应在100 s内发出故障信号。

问题4:指出自动喷水灭火系统的喷淋泵启动控制是否符合规范要求,并说明理由。

【解析】1. 压力开关不能直接启动消防水泵,不符合。

理由:压力开关动作应能连锁启动消防水泵,不受联动控制器处于手动的影响。

2. 火灾报警控制器的联动启泵功能设置为自动方式后,喷淋泵自动启动,不符合。

理由:火灾报警控制器的联动启动消防水泵的需要2路报警信号,应有与报警阀同一防护区的压力开关和任一火灾探测器或手动报警按钮的报警信号联动启动消防水泵。

问题5:指出配电室气体灭火控制功能不符合规范之处,并说明理由。

【解析】1. 加烟触发配电室内一只感烟探测器报警,再加温触发一只感温探测器报警,配电室内声光报警器随之启动,不合理。

理由:气体灭火控制器在接收到一路报警信号,配电室内声光报警器启动。

2. 气体灭火控制器接收到2个报警信号一直没有输出灭火启动及联动控制信号,不合理。

理由:气体灭火控制器在接收到满足联动逻辑关系的首个联动触发信号后,应启动设置在该防护区内的火灾声光警报器;在接收到第二个联动触发信号后,应发出联动控制信号。

3. 按下气体灭火控制器上的启动按钮,气体灭火控制器仍然一直没有输出灭火启动及联动控制信号,不合理。

理由:按下气体灭火控制器上的启动按钮,应发出联动控制信号。

问题6:气体灭火控制器没有输出灭火启动及联动控制信号的原因主要有哪些?

【解析】1. 控制器故障。

2. 未按照规范要求安装和进行功能调试。

3. 控制模块损坏。

案例 9 高层公共建筑消防给水及消火栓系统案例分析

（2018 年消防安全案例分析考试第 1 题）

》》 **情景描述**

华北地区的某高层公共建筑,地上 7 层,地下 3 层,建筑高度 35 m,总建筑面积 70 345 m²,建筑外墙采用玻璃幕墙,其中地下总建筑面积 28 934 m²,地下一层层高 6 m,为仓储式超市(货品高度 3.5 m)和消防控制室及设备用房;地下二、三层层高均为 3.9 m,为汽车库及设备用房,设计停车位 324 个;地上总建筑面积 41 411 m²,每层层高为 5 m,一至五层为商场,六、七层为餐饮、健身、休闲场所,屋顶设消防水箱间和稳压泵,水箱间地面高出屋面 0.45 m。

该建筑消防给水由市政枝状供水管引入 1 条 DN150 的管道供给,并在该地块内形成环状管网,建筑物四周外缘 5～150 m 内设有 3 个市政消火栓,市政供水管道压力为 0.25 MPa。每个市政消火栓的流量按 10 L/s 设计,消防储水量不考虑火灾期间的市政补水。地下一层设消防水池和消防泵房,室内外消火栓系统分别设置消防水池,并用 DN300 管道联通,水池有效水深 3 m,室内消火栓水泵扬程 84 m,室内外消火栓系统均采用环状管网。

根据该建筑物业管理记录,稳压泵启动次数 20 次/h。

根据以上材料,回答下列问题(共 18 分,每题 2 分,每题的备选项中,有 2 个或以上符合题意,至少有 1 个错项。错选,本题不得分;少选,所选的每个选项得 0.5 分)

1. 该建筑消防给水及消火栓系统的下列设计方案中,符合规范的有(   )。

A. 室内外消火栓系统合用消防水池

B. 室内消火栓系统采用高位水箱稳压的临时高压消防给水系统

C. 室内外消火栓系统分别设置独立的消防给水管网系统

D. 室内消火栓系统设置气压罐,不设水锤消除设施

E. 室内消火栓系统采用由稳压泵稳压的临时高压消防给水系统

2. 该建筑室内消火栓的下列设计方案中,正确的有(   )。

A. 室内消火栓栓口动压不小于 0.35 MPa,消防水枪充实水柱按 13 m 计算

B. 消防电梯前室未设置室内消火栓

C. 室内消火栓的最小保护半径为 29.23 m,消火栓的间距不大于 30 m

D. 室内消火栓均采用减压稳压消火栓

E. 屋顶试验消火栓设在水箱间

3. 该建筑室内消火栓系统的下列设计方案中,不符合相关规范的有(   )。

A. 室内消火栓系统采用一个供水分区

B. 室内消火栓水泵出水管设置低压压力开关

C. 消防水泵采用离心式水泵

D. 每台消防水泵在消防泵房内设置一套流量和压力测试装置

E. 消防水泵接合器沿幕墙设置

4. 该建筑供水设施的下列设计方案中,正确的有(   )。

A. 高位消防水箱间采用采暖防冻措施,室内温度设计为 10℃

B. 高位消防水箱材质采用钢筋混凝土材料

C. 高位消防水箱的设计有效容量为 50 m^3

D. 高位消防水箱的进、出水管道上的阀门采用信号阀门

E. 屋顶水箱间设置高位水箱和稳压泵,稳压泵流量为 0.5 L/s

5. 该建筑消火栓水泵控制的下列设计方案中,不符合规范的有(   )。

A. 消防水泵由高位水箱出水管道上的流量开关直接自动启停控制

B. 火灾时消防水泵工频直接启动,并保持工频运行消防水泵

C. 消防水泵就地设置有保护装置的启停控制按钮

D. 消防水泵由报警阀压力开关信号直接自动启停控制

E. 消火栓按钮信号直接启动消防水泵

6. 确定该建筑消防水泵主要技术参数时,应考虑的因素有(   )。

A. 室内消火栓设计流量

B. 室内消火栓管道管径

C. 消防水泵的抗震技术措施

D. 消防水泵控制模式

E. 试验用消火栓标高和消防水池水位标高

7. 该建筑室内消火栓系统稳压泵出现频繁启停的原因有(   )。

A. 管网漏水量超过设计值

B. 稳压泵配套气压水罐有效储水 200 L

C. 压力开关或控制柜失灵

D. 稳压泵设在屋顶

E. 稳压泵选型不当

8. 建筑消火栓系统施工的做法正确的有(   )。

A. 消火栓控制阀采用沟槽式阀门或法兰式阀门

B. 钢丝网骨架塑料复合管的过渡接头钢管端与钢管采用焊接连接

C. 室内消火栓管道的热浸镀锌钢管采用法兰连接时二次镀锌

D. 室内消火栓架空管道采用钢丝网骨架塑料复合管

E. 吸水管变径连接时,采用偏心异径管件并采用管顶平接

9. 该建筑消防供水的下列设计方案中,不符合规范的有(   )。

A. 距该建筑 18 m 处,设置消防水池取水口

B. 消防水池水泵房设在地下一层

C. 消防水池地面与室外地面高差 8 m

D. 将距建筑物外缘 5 m～150 m 范围内的 3 个市政消火栓计入建筑的室外消火栓数量

E. 室外消火栓采用湿式地上式消火栓

》 关键考点依据

本考点主要依据《消防给水及消火栓系统技术规范》GB 50974—2014,简称《水规》。

一 消防水池

《水规》4.3.7 储存室外消防用水的消防水池或供消防车取水的消防水池,应符合下列规定:
(1)消防水池应设置取水口(井),且吸水高度不应大于 6.0 m。
(2)取水口(井)与建筑物(水泵房除外)的距离不宜小于 15 m。
(3)取水口(井)与甲、乙、丙类液体储罐等构筑物的距离不宜小于 40 m。
(4)取水口(井)与液化石油气储罐的距离不宜小于 60 m,当采取防止辐射热保护措施时,可为 40 m。

二 消防水泵

1.《水规》5.1.5 当消防水泵采用离心泵时,泵的型式宜根据流量、扬程、气蚀余量、功率和效率、转速、噪声,以及安装场所的环境要求等因素综合确定。

2.《水规》5.1.11 一组消防水泵应在消防水泵房内设置流量和压力测试装置,并应符合下列规定:
(1)单台消防水泵的流量不大于 20 L/s、设计工作压力不大于 0.50 MPa 时,泵组应预留测量用流量计和压力计接口,其他泵组宜设置泵组流量和压力测试装置。
(2)消防水泵流量检测装置的计量精度应为 0.4 级,最大量程的 75%应大于最大一台消防水泵设计流量值的 175%。
(3)消防水泵压力检测装置的计量精度应为 0.5 级,最大量程的 75%应大于最大一台消防水泵设计压力值的 165%。
(4)每台消防水泵出水管上应设置 DN65 的试水管,并应采取排水措施。

三 高位消防水箱

《水规》5.2.2 高位消防水箱的设置位置应高于其所服务的水灭火设施,且最低有效水位应满足水灭火设施最不利点处的静水压力,并应按下列规定确定:
(1)一类高层公共建筑,不应低于 0.10 MPa,但当建筑高度超过 100 m 时,不应低于 0.15 MPa。
(2)高层住宅、二类高层公共建筑、多层公共建筑,不应低于 0.07 MPa,多层住宅不宜低于 0.07 MPa。
(3)工业建筑不应低于 0.10 MPa,当建筑体积小于 20 000 m³ 时,不宜低于 0.07 MPa。
(4)自动喷水灭火系统等自动水灭火系统应根据喷头灭火需求压力确定,但最小不应小于 0.10 MPa。
(5)当高位消防水箱不能满足本条第 1 款~第 4 款的静压要求时,应设稳压泵。

四 稳压泵

《水规》5.3.4 设置稳压泵的临时高压消防给水系统应设置防止稳压泵频繁启停的技术措施,当采用气压水罐时,其调节容积应根据稳压泵启泵次数不大于15次/h计算确定,但有效储水容积不宜小于150 L。

五 水泵接合器

《水规》5.4.8 墙壁消防水泵接合器的安装高度距地面宜为0.70 m;与墙面上的门、窗、孔、洞的净距离不应小于2.0 m,且不应安装在玻璃幕墙下方;地下消防水泵接合器的安装,应使进水口与井盖底面的距离不大于0.40 m,且不应小于井盖的半径。

六 消防泵房

《水规》5.5.12 消防水泵房应符合下列规定:

(1) 独立建造的消防水泵房耐火等级不应低于二级。

(2) 附设在建筑物内的消防水泵房,不应设置在地下三层及以下,或室内地面与室外出入口地坪高差大于10 m的地下楼层。

(3) 附设在建筑物内的消防水泵房,应采用耐火极限不低于2.0 h的隔墙和1.50 h的楼板与其他部位隔开,其疏散门应直通安全出口,且开向疏散走道的门应采用甲级防火门。

七 消防给水形式

1. 《水规》6.1.5 市政消火栓或消防车从消防水池吸水向建筑供应室外消防给水时,应符合下列规定:

供消防车吸水的室外消防水池的每个取水口宜按一个室外消火栓计算,且其保护半径不应大于150 m。

距建筑外缘5 m~150 m的市政消火栓可计入建筑室外消火栓的数量,但当为消防水泵接合器供水时,距建筑外缘5 m~40 m的市政消火栓可计入建筑室外消火栓的数量。

当市政给水管网为环状时,符合本条上述内容的室外消火栓出流量宜计入建筑室外消火栓设计流量;但当市政给水管网为枝状时,计入建筑的室外消火栓设计流量不宜超过一个市政消火栓的出流量。

2. 《水规》6.1.6 当室外采用高压或临时高压消防给水系统时,宜与室内消防给水系统合用。

3. 《水规》6.2.1 符合下列条件时,消防给水系统应分区供水:

(1) 系统工作压力大于2.40 MPa。

(2) 消火栓栓口处静压大于1.0 MPa。

(3) 自动水灭火系统报警阀处的工作压力大于1.60 MPa或喷头处的工作压力大于1.20 MPa。

八 室内消火栓

1. 《水规》7.4.2 室内消火栓的配置应符合下列要求:

(1) 应采用DN65室内消火栓,并可与消防软管卷盘或轻便水龙设置在同一箱体内。

(2) 应配置公称直径65有内衬里的消防水带,长度不宜超过25.0 m;消防软管卷盘应配置内径不小于Φ19的消防软管,其长度宜为30.0 m;轻便水龙应配置公称直径25有内衬里的消防水带,长度宜为30.0 m。

(3) 宜配置当量喷嘴直径16 mm或19 mm的消防水枪,但当消火栓设计流量为2.5 L/s时宜配置当量喷嘴直径11 mm或13 mm的消防水枪;消防软管卷盘和轻便水龙应配置当量喷嘴直径6 mm的消防水枪。

2. 《水规》7.4.5 消防电梯前室应设置室内消火栓,并应计入消火栓使用数量。

3. 《水规》7.4.8 建筑室内消火栓栓口的安装高度应便于消防水龙带的连接和使用,其距地面高度宜为1.1 m;其出水方向应便于消防水带的敷设,并宜与设置消火栓的墙面成90°角或向下。

4. 《水规》7.4.10 室内消火栓宜按直线距离计算其布置间距,并应符合下列规定:

(1) 消火栓按 2 支消防水枪的 2 股充实水柱布置的建筑物,消火栓的布置间距不应大于 30.0 m。

(2) 消火栓按 1 支消防水枪的 1 股充实水柱布置的建筑物,消火栓的布置间距不应大于 50.0 m。

5. 《水规》7.4.12 室内消火栓栓口压力和消防水枪充实水柱,应符合下列规定:

(1) 消火栓栓口动压力不应大于 0.50 MPa;当大于 0.70 MPa 时必须设置减压装置。

(2) 高层建筑、厂房、库房和室内净空高度超过 8 m 的民用建筑等场所,消火栓栓口动压不应小于 0.35 MPa,且消防水枪充实水柱应按 13 m 计算;其他场所,消火栓栓口动压不应小于 0.25 MPa,且消防水枪充实水柱应按 10 m 计算。

九 管网

1. 《水规》8.1.4 室外消防给水管网应符合下列规定:

(1) 室外消防给水采用两路消防供水时应采用环状管网,但当采用一路消防供水时可采用枝状管网。

(2) 管道的直径应根据流量、流速和压力要求经计算确定,但不应小于 DN100。

(3) 消防给水管道应采用阀门分成若干独立段,每段内室外消火栓的数量不宜超过 5 个。

(4) 管道设计的其他要求应符合现行国家标准《室外给水设计规范》GB 50013 的有关规定。

2. 《水规》8.1.5 室内消防给水管网应符合下列规定:

(1) 室内消火栓系统管网应布置成环状,当室外消火栓设计流量不大于 20 L/s,且室内消火栓不超过 10 个时,除本规范第 8.1.2 条外,可布置成枝状。

(2) 当由室外生产生活消防合用系统直接供水时,合用系统除应满足室外消防给水设计流量以及生产和生活最大小时设计流量的要求外,还应满足室内消防给水系统的设计流量和压力要求。

(3) 室内消防管道管径应根据系统设计流量、流速和压力要求经计算确定;室内消火栓竖管管径应根据竖管最低流量经计算确定,但不应小于 DN100。

3. 《水规》8.3.3 消防水泵出水管上的止回阀宜采用水锤消除止回阀,当消防水泵供水高度超过 24 m 时,应采用水锤消除器。当消防水泵出水管上设有囊式气压水罐时,可不设水锤消除设施。

十 消火栓水力计算

1. 《水规》10.1.7 消防水泵或消防给水所需要的设计扬程或设计压力,宜按下式计算:

$$P = k_2(\sum P_f + \sum P_P) + 0.01H + P_0$$

式中:P——消防水泵或消防给水系统所需要的设计扬程或设计压力(MPa);

k_2——安全系数,可取 1.20~1.40;宜根据管道的复杂程度和不可预见发生的管道变更所带来的不确定性;

H——当消防水泵从消防水池吸水时,H 为最低有效水位至最不利水灭火设施的几何高差;当消防水泵从市政给水管网直接吸水时,H 为火灾时市政给水管网在消防水泵入口处的设计压力值的高程至最不利水灭火设施的几何高差(m);

P_0——最不利点水灭火设施所需的设计压力(MPa)。

2. 《水规》10.2.1 室内消火栓的保护半径可按下式计算:

$$R_0 = k_3 L_d + L_s$$

式中:R_0——消火栓保护半径(m);

k_3——消防水带弯曲折减系数,宜根据消防水带转弯数量取 0.8~0.9;

L_d——消防水带长度(m);

L_s——水枪充实水柱长度在平面上的投影长度。按水枪倾角为45°时计算,取0.71S_k(m);

S_k——水枪充实水柱长度,按本规范第7.4.12条第2款和第7.4.16条第2款的规定取值(m)。

十一 控制与操作

1.《水规》11.0.4 消防水泵应由消防水泵出水干管上设置的压力开关、高位消防水箱出水管上的流量开关,或报警阀压力开关等开关信号应能直接自动启动消防水泵。消防水泵房内的压力开关宜引入消防水泵控制柜内。

2.《水规》11.0.8 消防水泵、稳压泵应设置就地强制启停泵按钮,并应有保护装置。

3.《水规》11.0.19 消火栓按钮不宜作为直接启动消防水泵的开关,但可作为发出报警信号的开关或启动干式消火栓系统的快速启闭装置等。

十二 施工

1.《水规》12.3.2 消防水泵的安装应符合下列要求:

(1)消防水泵安装前应校核产品合格证,以及其规格、型号和性能与设计要求应一致,并应根据安装使用说明书安装。

(2)消防水泵安装前应复核水泵基础混凝土强度、隔振装置、坐标、标高、尺寸和螺栓孔位置。

(3)消防水泵的安装应符合现行国家标准《机械设备安装工程施工及验收通用规范》GB 50231和《风机、压缩机、泵安装工程施工及验收规范》GB 50275的有关规定。

(4)消防水泵安装前应复核消防水泵之间,以及消防水泵与墙或其他设备之间的间距,并应满足安装、运行和维护管理的要求。

(5)消防水泵吸水管上的控制阀应在消防水泵固定于基础上后再进行安装,其直径不应小于消防水泵吸水口直径,且不应采用没有可靠锁定装置的控制阀,控制阀应采用沟漕式或法兰式阀门。

(6)当消防水泵和消防水池位于独立的两个基础上且相互为刚性连接时,吸水管上应加设柔性连接管。

(7)吸水管水平管段上不应有气囊和漏气现象。变径连接时,应采用偏心异径管件并应采用管顶平接。

(8)消防水泵出水管上应安装消声止回阀、控制阀和压力表;系统的总出水管上还应安装压力表和压力开关;安装压力表时应加设缓冲装置。压力表和缓冲装置之间应安装旋塞;压力表量程在没有设计要求时,应为系统工作压力的2倍~2.5倍。

(9)消防水泵的隔振装置、进出水管柔性接头的安装应符合设计要求,并应有产品说明和安装使用说明。

2.《水规》12.3.7 市政和室外消火栓的安装应符合下列规定:

(1)市政和室外消火栓的选型、规格应符合设计要求。

(2)管道和阀门的施工和安装,应符合现行国家标准《给水排水管道工程施工及验收规范》GB 50268、《建筑给水排水及采暖工程施工质量验收规范》GB 50242的有关规定。

(3)地下式消火栓顶部进水口或顶部出水口应正对井口。顶部进水口或顶部出水口与消防井盖底面的距离不应大于0.4 m,井内应有足够的操作空间,并应做好防水措施。

(4)地下式室外消火栓应设置永久性固定标志。

(5)当室外消火栓安装部位火灾时存在可能落物危险时,上方应采取防坠落物撞击的措施。

(6)市政和室外消火栓安装位置应符合设计要求,且不应妨碍交通,在易碰撞的地点应设置防撞设施。

3.《水规》12.3.11 当管道采用螺纹、法兰、承插、卡压等方式连接时,应符合下列要求:

(1)采用螺纹连接时,热浸镀锌钢管的管件宜采用现行国家标准《可锻铸铁管路连接件》GB 3287、《可锻铸铁管路连接件验收规则》GB 3288、《可锻铸铁管路连接件型式尺寸》GB 3289的有关规定,热浸镀锌无缝钢管的管件宜采用现行国家标准《锻钢制螺纹管件》GB/T 14626的有关规定。

（2）螺纹连接时螺纹应符合现行国家标准《55°密封管螺纹第2部分：圆锥内螺纹与圆锥外螺纹》GB 7306.2的有关规定，宜采用密封胶带作为螺纹接口的密封，密封带应在阳螺纹上施加。

（3）法兰连接时法兰的密封面形式和压力等级应与消防给水系统技术要求相符合；法兰类型宜根据连接形式采用平焊法兰、对焊法兰和螺纹法兰等，法兰选择应符合现行国家标准《钢制管法兰类型与参数》GB 9112、《整体钢制管法兰》GB/T 9113、《钢制对焊无缝管件》GB/T 12459和《管法兰用聚四氟乙烯包覆垫片》GB/T 13404的有关规定。

（4）当热浸镀锌钢管采用法兰连接时应选用螺纹法兰，当必须焊接连接时，法兰焊接应符合现行国家标准《现场设备、工业管道焊接工程施工规范》GB 50236和《工业金属管道工程施工规范》GB 50235的有关规定。

（5）球墨铸铁管承插连接时，应符合现行国家标准《给水排水管道工程施工及验收规范》GB 50268的有关规定。

（6）钢丝网骨架塑料复合管施工安装时除应符合本规范的有关规定外，还应符合现行行业标准《埋地聚乙烯给水管道工程技术规程》CJJ101的有关规定。

（7）管径大于DN50的管道不应使用螺纹活接头，在管道变径处应采用单体异径接头。

4.《水规》12.3.16　钢丝网骨架塑料复合管道钢塑过渡接头连接应符合下列要求：

（1）钢塑过渡接头的钢丝网骨架塑料复合管管端与聚乙烯管道连接，应符合热熔连接或电熔连接的规定。

（2）钢塑过渡接头钢管端与金属管道连接应符合相应的钢管焊接、法兰连接或机械连接的规定。

（3）钢塑过渡接头钢管端与钢管应采用法兰连接，不得采用焊接连接，当必须焊接时，应采取降温措施。

（4）公称外径大于或等于dn110的钢丝网骨架塑料复合管与管径大于或等于DN100的金属管连接时，可采用人字形柔性接口配件，配件两端的密封胶圈应分别与聚乙烯管和金属管相配套。

（5）钢丝网骨架塑料复合管和金属管、阀门相连接时，规格尺寸应相互配套。

5.《水规》12.3.18　架空管道应采用热浸镀锌钢管，并宜采用沟槽连接件、螺纹、法兰和卡压等方式连接；架空管道不应安装使用钢丝网骨架塑料复合管等非金属管道。

》问题解析

1.【答案】A、C、D、E。解析：（1）根据《建规》5.1.1，该建筑为二类高层公共建筑。根据《水规》6.1.6，当室外采用高压或临时高压消防给水系统时，给水系统宜与室内消防给水系统合用；该建筑室内外消火栓系统分别设置消防水池，并用DN300管道联通，选项A正确。

（2）根据《水规》5.2.2.2，二类高层公共建筑高位消防水箱最低有效水位应满足灭火设施最不利点处的静水压力，不应低于0.07 MPa；根据《水规》7.4.8，室内消火栓栓口的安装高度距地面高度宜为1.1 m，高位消防水箱仅高出屋顶地面0.45 m，最不利点静压为0.45+5−1.1=4.35 m，不能用高位消防水箱进行稳压，选项B错误。

（3）根据《水规》8.1.4、8.1.5规定，室内外消火栓系统宜分别设置独立的消防给水管网系统，选项C。

（4）根据《水规》8.3.3，当消防水泵出水管上设有囊式气压水罐时，可不设水锤消除设施，选项D正确。

（5）根据《水规》5.2.2.5，当高位消防水箱不能满足灭火设施最不利点处的静水压力，应设稳压泵，选项E正确。

2.【答案】A、C、E。解析：（1）根据《水规》7.4.12.2，高层建筑消火栓栓口动压不应小于0.35 MPa，且消防水枪充实水柱应按13 m计算，选项A正确。

（2）根据《水规》7.4.5，消防电梯前室应设置消火栓，选项B错误。

（3）根据《水规》7.4.2.2，室内消火栓应配置公称直径65有内衬里的消防水带，长度不宜超过25.0 m；根据《水规》10.2.1，保护半径 $R_0 = K_3 L_d + L_s = (0.8 \sim 0.9) \times 25 + 0.71 \times 13 = 29.23 \sim 31.73$ m；该建筑地上总建筑面积

41 411 m²,每层层高为5 m,则该建筑商店每层体积为41 411×5/7＝29 579.28 m³,根据《水规》3.5.2,该建筑同时使用消防水枪的数量为8支;根据《水规》7.4.10.1,消火栓的布置间距不应大于30.0 m,选项C正确。

(4) 根据《水规》7.4.12条文说明2,消火栓栓口压力 H_{xh}＝(0.13＋0.05)＋0.046＋0.02＝0.246 MPa;根据《水规》7.4.12条文说明1,消火栓栓口水压若大于0.70 MPa必须采取减压措施,一般采用减压阀、减压稳压消火栓、减压孔板等,选项D错误。

(5) 根据《水规》7.4.9.1,高层建筑应在屋顶设置试验消火栓,冬季结冰地区可设置在水箱间内,选项E正确。

3.【答案】D、E。解析:(1)地下三层消火栓栓口处静压为0.45＋35＋6＋3.9＋3.9＝49.25 m,根据《水规》6.2.1.2,消火栓栓口处静压大于1.0 MPa,消防给水系统应分区供水,室内消火栓不应采取分区供水,选项A正确。

(2) 根据《水规》12.3.2.8,消防水泵系统的总出水管上应安装压力开关,选项B正确。

(3) 根据《水规》5.1.5,当消防水泵采用离心泵时,泵的型式宜根据流量等因素综合确定,选项C正确。

(4) 根据《水规》5.1.11,一组消防水泵应在消防水泵房内设置流量和压力测试装置,选项D错误。

(5) 根据《水规》5.4.8,墙壁消防水泵接合器不应安装在玻璃幕墙下方,选项E错误。

4.【答案】A、B、C、D。解析:(1)根据《水规》5.2.5,高位消防水箱间环境温度不应低于5℃,选项A正确。

(2) 根据《水规》12.3.3.5,钢筋混凝土制作的消防水池和消防水箱的进出水等管道应加设防水套管,选项B正确。

(3) 根据《水规》5.2.1.6,总建筑面积大于30 000 m²的商店,高位消防水箱的有效容积不应小于50 m³,选项C正确。

(4) 根据《水规》5.2.6.11,高位消防水箱的进、出水管应设置带有指示启闭装置的阀门,选项D正确。根据《水规》5.3.2.2,当没有管网泄露量数据时,稳压泵的设计流量宜按消防给水设计流量的1%～3%计,且不易小于1 L/s,选项E错误。

5.【答案】B、E。解析:(1)根据《水规》11.0.4,消防水泵应由消防水泵出水干管上设置的压力开关、高位消防水箱出水管道上的流量开关,或报警阀压力开关等信号直接启动消防水泵,选项A、D正确。

(2) 根据《水规》11.0.14,火灾时消防水泵应工频运行,消防水泵应工频直接启泵;当功率较大时,宜采用星三角和自耦变压器启动,选项B错误。

(3) 根据《水规》11.0.8,消防水泵应设置就地强制启停按钮,并应有保护装置,选项C正确。

(4) 根据《水规》11.0.19,消火栓按钮不宜作为直接启动消防水泵的开关,选项E错误。

6.【答案】A、B、E。解析:(1)根据《水规》5.1.6.1,消防水泵的性能应满足消防给水系统所需流量和压力的要求,选项A正确。

(2) 根据《水规》10.1.7,消防水泵所需要的压力按照公式 $P＝k_2(\sum P_f＋\sum P_P)＋0.01H＋P_0$ 计算,安全系数 k_2、P_f 与管道复杂程度有关,选项B正确;P_0 与试验消火栓标高有关,H 与高位消防水箱标高有关,选项E正确。消防水泵主要技术参数与消防水泵的抗震技术措施、控制模式无关。

7.【答案】A、C、E。解析:根据《水规》5.3.4,设置稳压泵的临时高压消防给水系统应设置防止稳压泵频繁启停的技术措施,当采用气压水罐时,其调节容积应根据稳压泵启泵次数不大于15次/h计算确定,但有效储水容积不宜小于150 L。选项B不是导致频繁启停的原因。稳压泵出现频繁启停与稳压泵设置在屋顶或水泵房无关。管网漏水量超过设计值,导致补水频次增加;压力开关压力调节范围变小或控制柜失灵,能够导致稳压泵频繁启停;稳压泵选型较小也能导致补水稳压频率增加,故选项A、C、E为该建筑室内消火栓系统稳压泵出现频繁启停的原因。

8.【答案】A、C、E。解析:(1)根据《水规》12.3.2.5,消防水泵吸水管上的控制阀应在消防水泵固定于基础上后再进行安装,其直径不应小于消防水泵吸水口直径,且不应采用没有可靠锁定装置的控制阀,控制阀应采用沟漕式或法兰式阀门,选项A正确。

(2) 根据《水规》12.3.16.3,钢塑过渡接头钢管端与钢管应采用法兰连接,不得采用焊接连接,当必须焊接时,应采取降温措施,选项 B 错误。

(3) 根据《水规》12.3.11 条文说明,消防给水系统管道连接的方式:法兰连接时,如采用焊接法兰连接,焊接后要求必须重新镀锌或采用其他有效防锈蚀的措施,法兰连接采用螺纹法兰可不要二次镀锌,选项 C 正确。

(4) 根据《水规》12.3.18,架空管道不应安装使用钢丝网骨架塑料复合管等非金属管道,选项 D 错误。

(5) 根据《水规》12.3.2.7,吸水管水平管段上不应有气囊和漏气现象。变径连接时,应采用偏心异径管件并应采用管顶平接,选项 E 正确。

9.【答案】C、D。解析:(1) 根据《水规》4.3.7.2,储存室外消防用水的消防水池或供消防车取水的消防水池,应符合下列规定:取水口(井)与建筑物(水泵房除外)的距离不宜小于 15 m,选项 A 符合要求。

(2) 根据《水规》5.5.12.2,附设在建筑物内的消防水泵房,不应设置在地下三层及以下,或室内地面与室外出入口地坪高差大于 10 m 的地下楼层,本建筑水泵房设置在地下一层切层高为 6 m,选项 B 符合要求。

(3) 根据《水规》4.3.7.1,消防水池应设置取水口(井),且吸水高度不应大于 6.0 m;根据《〈水规〉图示》(15S909)4.3.7 图示(三)、(四)提示,因规范规定吸水高度不应大于 6.0 m,考虑消防车高度 1 m,故取水井连通管道的标高定为小于等于 5 m,且管顶低于水池最低有效水位。该建筑水池有效水深 3 m,如消防水池地面与室外地面高差 8 m,则取水井连通管管顶与消防水池最高液位齐平,无法取消防水池内的水,选项 C 错误。

(4) 根据《水规》6.1.5,距建筑外缘 5 m~150 m 的市政消火栓可计入建筑室外消火栓的数量,但当为消防水泵接合器供水时,距建筑外缘 5 m~40 m 的市政消火栓可计入建筑室外消火栓的数量。但当市政给水管网为枝状时,计入建筑的室外消火栓设计流量不宜超过一个市政消火栓的出流量。该建筑消防给水由市政枝状供水管引入,选项 D 错误。

根据《水规》7.1.1 市政消火栓和建筑室外消火栓应采用湿式消火栓系统;根据《水规》7.3.1,建筑室外消火栓的布置除应符合本节的规定外,还应符合本规范第 7.2 节的有关规定;根据《水规》7.2.1,市政消火栓宜采用地上式室外消火栓,选项 E 符合要求。

案例 10　高架成品仓库消防系统检测案例分析

（2018 年消防安全案例分析考试第 3 题）

》情景描述

　　消防技术服务机构对东北地区某公司的高架成品仓库开展消防设施检测工作。该仓库建筑高度 24 m，建筑面积 4 590 m²，储存物品为单层机涂布白板纸成品。业主介绍，仓库内曾安装干式自动喷水灭火系统，后改为由火灾自动报警系统和充气管道上设置的压力开关联动开启的预作用自动喷水灭火系统。该仓库的高位消防水箱、消防水池以及消防水泵的设置符合现行国家消防技术标准规定。检测中发现：

　　1. 仓库顶板下设置了早期抑制快速响应喷头，自地面起每 4 m 设置一层货架内置洒水喷头，最高层货架内置洒水喷头与储存货物顶部的距离为 3.85 m。

　　2. 确认火灾报警控制器（联动型）、消防水泵控制柜均处于自动状态后，检查人员触发防护区内的一个火灾探测器，并手动开启预作用阀组上的试验排气阀，仅火灾报警控制器（联动型）发出声光报警信号，系统的其他部件及消防水泵均未动作。

　　3. 检测人员关闭预作用阀组上的排气阀后再次触发另一火灾探测器，电磁阀、排气阀、入口处电动阀、报警阀组压力开关等部件动作；消防水泵启动，火灾报警控制器（联动型）接收反馈信号正常。

　　4. 火灾报警及联动控制信号发出后 2 min，检查末端试水装置，先是仅有气体排出，50 s 后出现断续水流。

　　根据以上材料，回答下列问题（共 20 分）。

　　1. 该仓库顶板下的喷头选型是否正确？简要说明理由。

　　2. 该仓库货架内置洒水喷头的设置是否正确？为什么？

　　3. 预作用自动喷水灭火系统的实际开启方式与业主介绍的是否一致？这种开启方式合理吗？为什么？

　　4. 除气泵外，对该仓库预作用自动喷水灭火系统至少应检测哪些内容？

　　5. 火灾报警及联动控制信号发出后 2 min，检查末端试水装置，先是仅有气体排出，50 s 后出现断续水流的现象，说明为什么？分析其最有可能的原因。

关键考点依据

本考点主要依据《自动喷水灭火系统设计规范》GB 50084－2017,简称《自喷》。

1.《自喷》4.2.7　符合下列条件之一的场所,宜采用设置早期抑制快速响应喷头的自动喷水灭火系统。当采用早期抑制快速响应喷头时,系统应为湿式系统,且系统设计基本参数应符合本规范第5.0.5条的规定。

(1) 最大净空高度不超过13.5 m且最大储物高度不超过12.0 m,储物类别为仓库危险级Ⅰ、Ⅱ级或沥青制品、箱装不发泡塑料的仓库及类似场所。

(2) 最大净空高度不超过12.0 m且最大储物高度不超过10.5 m,储物类别为袋装不发泡塑料、箱装发泡塑料和袋装发泡塑料的仓库及类似场所。

2.《自喷》5.0.8　货架仓库的最大净空高度或最大储物高度超过本规范第5.0.5条的规定时,应设货架内置洒水喷头,且货架内置洒水喷头上方的层间隔板应为实层板。货架内置洒水喷头的设置应符合下列规定:

(1) 仓库危险级Ⅰ级、Ⅱ级场所应在自地面起每3.0 m设置一层货架内置洒水喷头,仓库危险级Ⅲ级场所应在自地面起每1.5 m～3.0 m设置一层货架内置洒水喷头,且最高层货架内置洒水喷头与储物顶部的距离不应超过3.0 m;

(2) 当采用流量系数等于80的标准覆盖面积洒水喷头时,工作压力不应小于0.20 MPa;当采用流量系数等于115的标准覆盖面积洒水喷头时,工作压力不应小于0.10 MPa。

(3) 洒水喷头间距不应大于3 m,且不应小于2 m。计算货架内开放洒水喷头数量不应小于表5.0.8的规定。

(4) 设置2层及以上货架内置洒水喷头时,洒水喷头应交错布置。

3.《自喷验收》8.0.6　消防水泵验收应符合下列要求:

(1) 工作泵、备用泵、吸水管、出水管及出水管上的阀门、仪表的规格、型号、数量,应符合设计要求;吸水管、出水管上的控制阀应锁定在常开位置,并有明显标记。

(2) 消防水泵应采用自灌式引水或其他可靠的引水措施。

(3) 分别开启系统中的每一个末端试水装置和试水阀,水流指示器、压力开关等信号装置的功能应均符合设计要求。湿式自动喷水灭火系统的最不利点做末端放水试验时,自放水开始至水泵启动时间不应超过5 min。

(4) 打开消防水泵出水管上试水阀,当采用主电源启动消防水泵时,消防水泵应启动正常;关掉主电源,主、备电源应能正常切换。备用电源切换时,消防水泵应在1 min或2 min内投入正常运行。自动或手动启动消防泵时应在55 s内投入正常运行。

(5) 消防水泵停泵时,水锤消除设施后的压力不应超过水泵出口额定压力的1.3倍～1.5倍。

(6) 对消防气压给水设备,当系统气压下降到设计最低压力时,通过压力变化信号应能启动稳压泵。

(7) 消防水泵启动控制应置于自动启动档,消防水泵应互为备用。

4.《自喷验收》8.0.7　报警阀组的验收应符合下列要求:

(1) 报警阀组的各组件应符合产品标准要求。

(2) 打开系统流量压力检测装置放水阀,测试的流量、压力应符合设计要求。

(3) 水力警铃的设置位置应正确。测试时,水力警铃喷嘴处压力不应小于0.05 MPa,且距水力警铃3 m远处警铃声声强不应小于70dB。

(4) 打开手动试水阀或电磁阀时,雨淋阀组动作应可靠。

(5) 控制阀均应锁定在常开位置。

(6) 空气压缩机或火灾自动报警系统的联动控制,应符合设计要求。

(7) 打开末端试(放)水装置,当流量达到报警阀动作流量时,湿式报警阀和压力开关应及时动作,带延迟器的报警阀应在 90 s 内压力开关动作,不带延迟器的报警阀应在 15 s 内压力开关动作。

雨淋报警阀动作后 15 s 内压力开关动作。

5.《自喷验收》8.0.8　管网验收应符合下列要求:

(1) 管道的材质、管径、接头、连接方式及采取的防腐、防冻措施。应符合设计规范及设计要求。

(2) 管网排水坡度及辅助排水设施,应符合本规范第 5.1.17 条的规定。

(3) 系统中的末端试水装置、试水阀、排气阀应符合设计要求。

(4) 管网不同部位安装的报警阀组、闸阀、止回阀、电磁阀、信号阀、水流指示器、减压孔板、节流管、减压阀、柔性接头、排水管、排气阀、泄压阀等,均应符合设计要求。

(5) 干式系统、由火灾自动报警系统和充气管道上设置的压力开关开启预作用装置的预作用系统,其配水管道充水时间不宜大于 1 min;雨淋系统和仅由火灾自动报警系统联动开启预作用装置的预作用系统,其配水管道充水时间不宜大于 2 min。

6.《自喷验收》8.0.9　喷头验收应符合下列要求:

(1) 喷头设置场所、规格、型号、公称动作温度、响应时间指数(RTI)应符合设计要求。

(2) 喷头安装间距,喷头与楼板、墙、梁等障碍物的距离应符合设计要求。

检查数量:抽查设计喷头数量 5%,总数不少于 20 个,距离偏差 ±15 mm,合格。

(3) 有腐蚀性气体的环境和有冰冻危险场所安装的喷头,应采取防护措施。

(4) 有碰撞危险场所安装的喷头应加设防护罩。

(5) 各种不同规格的喷头均应有一定数量的备用品,其数量不应小于安装总数的 1%,且每种备用喷头不应少于 10 个。

7.《自喷验收》8.0.10　水泵接合器数量及进水管位置应符合设计要求,消防水泵接合器应进行充水试验,且系统最不利点的压力、流量应符合设计要求。

8.《自喷验收》8.0.11　系统流量、压力的验收,应通过系统流量压力检测装置进行放水试验,系统流量、压力应符合设计要求。

9.《自喷验收》8.0.12　系统应进行系统模拟灭火功能试验,且应符合下列要求:

(1) 报警阀动作,水力警铃应鸣响。

(2) 水流指示器动作,应有反馈信号显示。

(3) 压力开关动作,应启动消防水泵及与其联动的相关设备,并应有反馈信号显示。

(4) 电磁阀打开,雨淋阀应开启,并应有反馈信号显示。

(5) 消防水泵启动后,应有反馈信号显示。

(6) 加速器动作后,应有反馈信号显示。

(7) 其他消防联动控制设备启动后,应有反馈信号显示。

问题解析

问题 1:该仓库顶板下的喷头选型是否正确? 简要说明理由。

【解析】不正确。

根据《自喷》4.2.7.1,符合下列条件之一的场所,宜采用设置早期抑制快速响应喷头的自动喷水灭火系统:最大净空高度不超过 13.5 m 且最大储物高度不超过 12.0 m,储物类别为仓库危险级Ⅰ、Ⅱ级或沥青制品、箱装不发泡塑料的仓库及类似场所。该场所空间净高大于 13.5 m,喷头选型不正确。

问题 2:该仓库货架内置洒水喷头的设置是否正确? 为什么?

【解析】不正确。

理由:根据《自喷》5.0.8.1,货架仓库的最大净空高度或最大储物高度超过本规范第 5.0.5 条的规定时,应设货架内置洒水喷头,且货架内置洒水喷头上方的层间隔板应为实层板。货架内置洒水喷头的设置应符合下列规定:仓库危险级 I 级、II 级场所应在自地面起每 3.0 m 设置一层货架内置洒水喷头,仓库危险级 III 级场所应在自地面起每 1.5 m～3.0 m 设置一层货架内置洒水喷头,且最高层货架内置洒水喷头与储物顶部的距离不应超过 3.0 m。根据《自喷》附录 A,该仓库属于仓库危险级 I 级。该仓库自地面起每 4 m 设置一层货架内置洒水喷头,最高层货架内置洒水喷头与储存货物顶部的距离为 3.85 m,不符合规范要求。

问题 3:预作用自动喷水灭火系统的实际开启方式与业主介绍的是否一致? 这种开启方式合理吗? 为什么?

【解析】实际开启方式与业主介绍的一致。开启方式合理。

理由:根据上述背景材料,仓库位于东北地区,属于准工作状态时严禁充水的预作用系统。根据《自喷》11.0.5 条文说明,采用火灾自动报警系统和充气管道上设置的压力开关两组探测信号,组成"与"门,在两组信号都动作之后才能打开预作用装置,防止误动作启动系统。

问题 4:除气泵外,对该仓库预作用自动喷水灭火系统至少应检测哪些内容?

【解析】上述背景材料提及高位消防水箱、消防水池以及消防水泵的设置符合现行国家消防技术标准规定。根据《自喷验收》8.0.7～8.0.12,除气泵外,还应检测以下内容:

(1) 报警阀组检测:放水阀流量、压力应符合要求;水力警铃设置正确,喷嘴处压力不应小于 0.05 MPa,3 m 远处警铃声声强不应小于 70 dB;打开手动试水阀或电磁阀,雨淋阀组动作应可靠;末端试水装置流量达到要求时,雨淋报警阀应及时动作,15 s 内压力开关应动作。

(2) 管网检测:该系统配水管道充水时间不宜大于 1 min。

(3) 喷头安装间距等应符合要求。

(4) 水泵接合器应进行充水试验,系统最不利点的压力、流量应符合设计要求。

(5) 系统流量、压力应符合设计要求。

(6) 系统应进行模拟灭火功能试验:报警阀、水流指示器、压力开关、加速器应动作,雨淋阀组应开启,消防水泵应启动;相关反馈信号应显示。

问题 5:火灾报警及联动控制信号发出后 2 min,检查末端试水装置,先是仅有气体排出,50 s 后出现断续水流的现象,说明为什么? 分析其最有可能的原因。

【解析】根据《自喷验收》8.0.6.4,自动或手动启动消防泵时应在 55 s 内投入正常运行;根据《自喷验收》8.0.8.5,由火灾自动报警系统和充气管道上设置的压力开关开启预作用装置的预作用系统,配水管道充水时间不宜大于 1 min。上述情况的产生最有可能的原因是消防水泵未启动且高位消防水箱水量不足:(1) 报警阀组未完全开启;(2) 压力开关或流量开关设定值过高;(3) 压力开关与消防水泵控制柜连线断路;(4) 消防水泵控制元器件或模块故障;(5) 水泵控制柜未设置在"自动"状态;(6) 配水管控制阀未完全开启。

案例 11 高层公共建筑消防系统年度检查案例分析

（2018 年消防安全案例分析考试第 5 题）

情景描述

某高层公共建筑，地下 2 层，地上 30 层。地下各层均为车库及设备用房，地上一层至四层为商场，五至三十层为办公楼，商场中庭贯通一至四层，二至四层中庭回廊按规范要求设置防火卷帘，其他部位按规范要求设置了火灾自动报警系统、防排烟系统以及消防应急照明和疏散指示系统等。某消防技术服务机构对该项目进行年度检查，情况如下：

1. 火灾报警控制器（联动型）功能检测

消防技术服务人员拆下安装在消防控制室顶棚上的 1 只感烟探测器，火灾报警控制器（联动型）在 50 s 内显示故障信息并发出故障声音，选取另外 1 只感烟探测器加烟测试，火灾报警控制器（联动型）在 50 s 内显示探测器火灾报警信息和故障报警信息，并切换为火灾报警声音。

2. 防火卷帘联动控制功能检测

消防技术服务机构人员将联动控制功能设置为自动工作方式，在一层模拟触发 2 只火灾探测器报警，二至四层中庭回廊防火卷帘下降到楼板面，复位后在二层模拟触发 2 只火灾探测器报警，二至四层中庭回廊防火卷帘下降到距楼面 1.8 m 处。

3. 排烟系统联动控制功能检测

消防技术服务机构人员将联动控制功能设置为自动工作方式，在二十八层模拟触发 2 只感烟探测器，排烟风机联动启动，现场查看该层排烟阀没有打开；通过消防联动控制器手动启动二十八层排烟阀，该排烟阀打开。

4. 消防应急照明和疏散指示系统功能检测

系统由一台应急照明集中控制器、消防应急灯具、消防应急照明配电箱组成，应急照明控制器显示工作正常。现场发现 5 个消防应急标志灯不同程度损坏，消防控制室发出十层以上应急转换联动控制信号，十层以上除十一层、十二层以外的消防应急灯具均转入应急工作状态。

5. 消防控制室记录

消防技术服务机构人员检查了消防控制室值班记录，发现地下车库有 2 只感烟探测器近半年来多次报警，但现场核实均没有发生火灾，确认为误报火警后，值班人员做复位处理。

根据以上材料，回答下列问题（共 20 分）。

1. 该建筑火灾报警控制（联动型）功能检测过程中的火灾报警功能是否正常？火灾报警控制器（联动型）功能检测还应包含哪些内容？

2. 该建筑防火卷帘的联动控制功能是否正常？为什么？

3. 该建筑排烟系统的联动控制功能是否正常？为什么？

4. 对 5 个损坏的消防应急标志灯应更换为什么类型的消防应急灯具？十一层、十二层的消防应急灯具未转入应急工作状态的原因是什么？

5. 该建筑地下车库感烟探测误报火警的可能原因有哪些？值班人员对误报火警的处理是否正确？为什么？

》 关键考点依据

本考点主要依据《火灾自动报警系统设计规范》GB 50116－2013,简称《自动报警》。

1.《自动报警》4.5.2　排烟系统的联动控制方式应符合下列规定:

(1) 应由同一防烟分区内的两只独立的火灾探测器的报警信号,作为排烟口、排烟窗或排烟阀开启的联动触发信号,并应由消防联动控制器联动控制排烟口、排烟窗或排烟阀的开启,同时停止该防烟分区的空气调节系统。

(2) 应由排烟口、排烟窗或排烟阀开启的动作信号,作为排烟风机启动的联动触发信号,并应由消防联动控制器联动控制排烟风机的启动。

2.《自动报警》4.6.4　非疏散通道上设置的防火卷帘的联动控制设计,应符合下列规定:

(1) 联动控制方式,应由防火卷帘所在防火分区内任两只独立的火灾探测器的报警信号,作为防火卷帘下降的联动触发信号,并应联动控制防火卷帘直接下降到楼板面。

(2) 手动控制方式,应由防火卷帘两侧设置的手动控制按钮控制防火卷帘的升降,并应能在消防控制室内的消防联动控制器上手动控制防火卷帘的降落。

3.《防烟排烟》5.2.3　机械排烟系统中的常闭排烟阀或排烟口应具有火灾自动报警系统自动开启、消防控制室手动开启和现场手动开启功能,其开启信号应与排烟风机联动。当火灾确认后,火灾自动报警系统应在 15 s 内联动开启相应防烟分区的全部排烟阀、排烟口、排烟风机和补风设施,并应在 30 s 内自动关闭与排烟无关的通风、空调系统。

》 问题解析

问题 1:该建筑火灾报警控制(联动型)功能检测过程中的火灾报警功能是否正常？火灾报警控制器(联动型)功能检测还应包含哪些内容？

【解析】该建筑检测过程中火灾报警功能正常。

功能检测还应包含:

(1) 自检功能和操作级别。

(2) 检查消音、复位功能。

(3) 检查屏蔽功能。

(4) 检查总线隔离器的隔离保护功能。

(5) 检查控制器的负载功能。

(6) 检查主、备电源的自动转换功能。

(7) 检查控制器特有的其他功能。

问题 2:该建筑防火卷帘的联动控制功能是否正常？为什么？

【解析】1. 一层 2 只探测器动作联动二至四层防火卷帘动作不正确。

原因：根据《自动报警》4.6.4.1,非疏散通道上设置的防火卷帘的联动控制设计,应符合下列规定：联动控制方式,应由防火卷帘所在防火分区内任两只独立的火灾探测器的报警信号,作为防火卷帘下降的联动触发信号,并应联动控制防火卷帘直接下降到楼板面。一层2只探测器动作,不应联动其他楼层的卷帘门动作。

2. 二层2只探测器动作,二至四层中庭回廊防火卷帘下降到距楼面1.8 m处,不正确。

原因：根据《自动报警》4.6.4条文说明,非疏散通道上设置的防火卷帘大多仅用于建筑的防火分隔作用,建筑共享大厅回廊楼层间等处设置的防火卷帘不具有疏散功能,仅用作防火分隔。因此,设置在防火卷帘所在防火分区内的两只独立的火灾探测器的报警信号即可联动控制防火卷帘一步降到楼板面。

问题3:该建筑排烟系统的联动控制功能是否正常？为什么？

【解析】该建筑排烟系统的联动控制功能不正确。

原因：(1) 根据《自动报警》4.5.2,排烟系统的联动控制方式应符合下列规定：应由同一防烟分区内的两只独立的火灾探测器的报警信号,作为排烟口、排烟窗或排烟阀开启的联动触发信号,并应由消防联动控制器联动控制排烟口、排烟窗或排烟阀的开启,同时停止该防烟分区的空气调节系统;应由排烟口、排烟窗或排烟阀开启的动作信号,作为排烟风机启动的联动触发信号,并应由消防联动控制器联动控制排烟风机的启动。排烟风机不应启动。

(2) 根据《防烟排烟》5.2.3,机械排烟系统中的常闭排烟阀或排烟口应具有火灾自动报警系统自动开启、消防控制室手动开启和现场手动开启功能,其开启信号应与排烟风机联动。当火灾确认后,火灾自动报警系统应在15 s内联动开启相应防烟分区的全部排烟阀、排烟口、排烟风机和补风设施,并应在30 s内自动关闭与排烟无关的通风、空调系统。排烟阀应打开。

问题4:对5个损坏的消防应急标志灯应更换为什么类型的消防应急灯具？十一层、十二层的消防应急灯具未转入应急工作状态的原因是什么？

【解析】应采用自带电源集中控制型灯具。

故障原因：(1) 十一、十二层消防应急照明配电箱线路故障。(2) 应急照明集中控制器与消防应急照明配电箱之间的通信线路故障。(3) 应急照明集中控制器故障。

问题5:该建筑地下车库感烟探测误报火警的可能原因有哪些？值班人员对误报火警的处理是否正确？为什么？

【解析】1. 地下车库感烟探测误报火警的可能原因：探测器本身故障;探测器选型不合理。

2. 值班人员对误报警的处理不正确。根据《维护管理》8.2,值班、巡查、检测、灭火演练中发现建筑消防设施存在问题和故障的,相关人员应填写《建筑消防设施故障维修记录表》,并向单位消防安全管理人报告。根据《维护管理》8.3,单位消防安全管理人对建筑消防设施存在的问题和故障,应立即通知维修人员进行维修。维修期间,应采取确保消防安全的有效措施。故障排除后应进行相应功能试验并经单位消防安全管理人检查确认。维修情况应记入《建筑消防设施故障维修记录表》。

案例 12　消防给水系统设计案例分析

>> **情景描述**

　　某新建大型商业项目建筑地下 3 层,地上 26 层,建筑高度为 88 m。地下一层层高 5.5 m,建筑面积为 1.5 万 m²,为设备用房和汽车库,地下二到三层层高均为 3.2 m,建筑面积均为 1.5 万 m²,使用功能为汽车库。地上一至六层为商场、早教、餐饮、运动健身,其中首层层高 5.4 m,二至六层层高均为 4.2 m,各层建筑面积均为 1.2 万 m²。七层以上为写字间、高星级酒店。

　　设置的水灭火系统和设计流量分别为:室外消火栓系统,设计流量地上为 40 L/s,汽车库 20 L/s;全楼设置室内消火栓系统,设计流量地上 40 L/s,汽车库为 10 L/s;全楼设自动喷水灭火系统,设计流量地上为 30 L/s,地下车库为 40 L/s;地上一至六层中庭部分设有自动跟踪定位射流灭火系统,设计流量 20 L/s,地下车库的防火分区分隔部位采用防火分隔水幕分隔,设计流量为 15 L/s。自动喷水灭火系统和自动跟踪定位射流灭火系统火灾延续时间取 1 h,其他火灾延续时间均取 3.00 h。

　　室内消火栓系统采用临时高压给水系统。室外地面标高为 ±0.0 m,屋顶消防水箱最低水位标高为 90 m,最高水位标高为 93 m,室内最不利点消火栓标高为 87 m。稳压泵设在屋顶,消火栓泵设在地下一层,吸水口标高为 −4 m。

　　根据以上材料,回答下列问题。

　　1. 该建筑消防用水最大流量是多少?

　　2. 该建筑采用消防水池保证消防供水,当消防水池连续补水量为 100 m³/h,消防水池容量最小应为多少?

　　3. 稳压泵启泵压力 P_1 应如何设定?

　　4. 当稳压泵启泵压力 P_1 设定为 12 m,停泵压力 P_2 和消防水泵启动压力 P 应如何设定?

>> **关键考点依据**

本考点主要依据《消防给水及消火栓系统技术规范》GB 50974—2014,简称《水规》。

一　消防水池

1.《水规》4.3.1　合下列规定之一时,应设置消防水池:

(1) 当生产、生活用水量达到最大时,市政给水管网或入户引入管不能满足室内、室外消防给水设计流量。

(2) 当采用一路消防供水或只有一条入户引入管,且室外消火栓设计流量大于 20 L/s 或建筑高度大于

50 m。

(3) 市政消防给水设计流量小于建筑室内外消防给水设计流量。

2.《水规》4.3.2　消防水池有效容积的计算应符合下列规定：

(1) 当市政给水管网能保证室外消防给水设计流量时,消防水池的有效容积应满足在火灾延续时间内室内消防用水量的要求。

(2) 当市政给水管网不能保证室外消防给水设计流量时,消防水池的有效容积应满足火灾延续时间内室内消防用水量和室外消防用水量不足部分之和的要求。

3.《水规》4.3.3　消防水池进水管应根据其有效容积和补水时间确定,补水时间不宜大于 48 h,但当消防水池有效总容积大于 2 000 m³ 时,不应大于 96 h。消防水池进水管管径应经计算确定,且不应小于 DN100。

4.《水规》4.3.4　当消防水池采用两路消防供水且在火灾情况下连续补水能满足消防要求时,消防水池的有效容积应根据计算确定,但不应小于 100 m³。当仅设有消火栓系统时不应小于 50 m³。

5.《水规》4.3.6　消防水池的总蓄水有效容积大于 500 m³ 时,宜设两格能独立使用的消防水池;当大于 1 000 m³ 时,应设置能独立使用的两座消防水池。每格(座)消防水池应设置独立的出水管,并应设置满足最低有效水位的连通管,且其管径应能满足消防给水设计流量的要求。

6.《水规》4.3.11　高位消防水池的最低有效水位应能满足其所服务的水灭火设施所需的工作压力和流量,且其有效容积应满足火灾延续时间内所需消防用水量,并应符合下列规定：

(1) 高位消防水池的有效容积、出水、排水和水位,应符合规定。

(2) 高位消防水池的通气管和呼吸管等应符合规定。

(3) 除可一路消防供水的建筑物外,向高位消防水池供水的给水管不应少于两条。

(4) 当高层民用建筑采用高位消防水池供水的高压消防给水系统时,高位消防水池储存室内消防用水量确有困难,但火灾时补水可靠,其总有效容积不应小于室内消防用水量的50%。

(5) 高层民用建筑高压消防给水系统的高位消防水池总有效容积大于 200 m³ 时,宜设置蓄水有效容积相等且可独立使用的两格;当建筑高度大于 100 m 时应设置独立的两座。每格或座应有一条独立的出水管向消防给水系统供水。

(6) 高位消防水池设置在建筑物内时,应采用耐火极限不低于 2.00 h 的隔墙和耐火极限不低于 1.50 h 的楼板与其他部位隔开,并应设甲级防火门,且消防水池及其支承框架与建筑构件应连接牢固。

二 消防用水量

1.《水规》3.6.1　消防给水一起火灾灭火用水量,应按需要同时作用的室内外消防给水用水量之和计算,两座及以上建筑合用时,应取最大者,并应按下列公式计算：

$$V = V_1 + V_2$$

$$V_1 = 3.6 \sum_{i=1}^{i=n} (q_{1i} t_{1i})$$

$$V_2 = 3.6 \sum_{i=1}^{i=m} (q_{2i} t_{2i})$$

式中：V——建筑消防给水一起火灾灭火用水总量(m^3)；

V_1——室外消防给水一起火灾灭火用水量(m^3)；

V_2——室内消防给水一起火灾灭火用水量(m^3)；

q_{1i}——室外第 i 种水灭火系统的设计流量(L/s)；

t_{1i}——室外第 i 种水灭火系统的火灾延续时间(h)；

q_{2i}——室内第 i 种水灭火系统的设计流量(L/s)；

t_{2i}——室内第 i 种水灭火系统的火灾延续时间(h);

n——建筑需要同时作用的室外水灭火系统数量;

m——建筑需要同时作用的室内水灭火系统数量。

2.《水规》3.6.2　民用公共建筑中高层建筑中的商业楼、展览楼、综合楼,建筑高度大于 50 m 的财贸金融楼、图书馆、书库、重要的档案楼、科研楼和高级宾馆等,消火栓系统的火灾延续时间不应小于 3.00 h。

3.《自喷》5.0.11　除规范另有规定外,自动喷水灭火系统的持续喷水时间,应按火灾延续时间不小于 1.0 h 确定。

三　高位水箱

1.《水规》6.1.9　室内采用临时高压消防给水系统时,高位消防水箱的设置应符合下列规定:

(1)高层民用建筑总建筑面积大于 10 000 m² 且层数超过 2 层的公共建筑和其他重要建筑,必须设置高位消防水箱。

(2)其他建筑应设置高位消防水箱,但当设置高位消防水箱确有困难,且采用安全可靠的消防给水形式时,可不设高位消防水箱,但应设稳压泵。

(3)当市政供水管网的供水能力在满足生产、生活最大小时用水量后,仍能满足初期火灾所需的消防流量和压力时,市政直接供水可替代高位消防水箱。

2.《水规》5.2.1　临时高压消防给水系统的高位消防水箱的有效容积应满足初期火灾消防用水量的要求,并应符合下列规定:

(1)一类高层公共建筑,不应小于 36 m³,但当建筑高度大于 100 m 时,不应小于 50 m³,当建筑高度大于 150 m 时,不应小于 100 m³。

(2)多层公共建筑、二类高层公共建筑和一类高层住宅,不应小于 18 m³,当一类高层住宅建筑高度超过 100 m 时,不应小于 36 m³。

(3)二类高层住宅,不应小于 12 m³。

(4)建筑高度大于 21 m 的多层住宅,不应小于 6 m³。

(5)工业建筑室内消防给水设计流量当小于或等于 25 L/s 时,不应小于 12 m³,大于 25 L/s 时,不应小于 18 m³。

(6)总建筑面积大于 10 000 m² 且小于 30 000 m² 的商店建筑,不应小于 36 m³;总建筑面积大于 30 000 m² 的商店,不应小于 50 m³。当与本条第 1 款规定不一致时应取其较大值。

3.《水规》5.2.2　高位消防水箱的设置位置应高于其所服务的水灭火设施,且最低有效水位应满足水灭火设施最不利点处的静水压力,并应按下列规定确定:

(1)一类高层公共建筑,不应低于 0.10 MPa,但当建筑高度超过 100 m 时,不应低于 0.15 MPa。

(2)高层住宅、二类高层公共建筑、多层公共建筑,不应低于 0.07 MPa,多层住宅不宜低于 0.07 MPa。

(3)工业建筑不应低于 0.10 MPa,当建筑体积小于 20 000 m³ 时,不宜低于 0.07 MPa。

(4)自动喷水灭火系统等自动水灭火系统应根据喷头灭火需求压力确定,但最小不应小于 0.10 MPa。

(5)当高位消防水箱不能满足本条第 1 款—第 4 款的静压要求时,应设稳压泵。

四　稳压泵

1.《水规》5.3.3　稳压泵的设计压力应符合下列要求:

(1)稳压泵的设计压力应满足系统自动启动和管网充满水的要求。

(2)稳压泵的设计压力应保持系统自动启泵压力设置点处的压力在准工作状态时大于系统设置自动启泵

压力值,且增加值宜为 0.07 MPa~0.10 MPa;

(3)稳压泵的设计压力应保持系统最不利点处水灭火设施在准工作状态时的静水压力应大于 0.15 MPa。

2.《水规》5.3.4 设置稳压泵的临时高压消防给水系统应设置防止稳压泵频繁启停的技术措施,当采用气压水罐时,其调节容积应根据稳压泵启泵次数不大于 15 次/h 计算确定,但有效储水容积不宜小于 150 L。

3.《水规》5.3.5 稳压泵吸水管应设置明杆闸阀,稳压泵出水管应设置消声止回阀和明杆闸阀。

4.《水规》5.3.6 稳压泵应设置备用泵。

五 室外消火栓系统

1.《建规》8.1.2 城镇(包括居住区、商业区、开发区、工业区等)应沿可通行消防车的街道设置市政消火栓系统。

民用建筑、厂房、仓库、储罐(区)和堆场周围应设置室外消火栓系统。

用于消防救援和消防车停靠的屋面上,应设置室外消火栓系统。

注:耐火等级不低于二级且建筑体积不大于 3 000 m³ 的戊类厂房,居住区人数不超过 500 人且建筑层数不超过两层的居住区,可不设置室外消火栓系统。

2.《水规》7.2.8 当市政给水管网设有市政消火栓时,其平时运行工作压力不应小于 0.14 MPa,火灾时水力最不利市政消火栓的出水流量不应小于 15 L/s。且供水压力从地面算起不应小于 0.10 MPa。

六 室内消火栓

1.《水规》8.2.1 消防给水系统中采用的设备、器材、管材管件、阀门和配件等系统组件的产品工作压力等级,应大于消防给水系统的系统工作压力,且应保证系统在可能最大运行压力时安全可靠。

2.《水规》8.2.2 低压消防给水系统的系统工作压力应根据市政给水管网和其他给水管网等的系统工作压力确定,且不应小于 0.60 MPa。

3.《水规》8.2.3 高压和临时高压消防给水系统的系统工作压力应根据系统在供水时,可能的最大运行压力确定,并应符合下列规定:

(1)高位消防水池、水塔供水的高压消防给水系统的系统工作压力,应为高位消防水池、水塔最大静压;

(2)市政给水管网直接供水的高压消防给水系统的系统工作压力,应根据市政给水管网的工作压力确定;

(3)采用高位消防水箱稳压的临时高压消防给水系统的系统工作压力,应为消防水泵零流量时的压力与水泵吸水口最大静水压力之和;

(4)采用稳压泵稳压的临时高压消防给水系统的系统工作压力,应取消防水泵零流量时的压力、消防水泵吸水口最大静压二者之和与稳压泵维持系统压力时两者其中的较大值。

4.《水规》6.2.1 符合下列条件时,消防给水系统应分区供水:

(1)系统工作压力大于 2.40 MPa。

(2)消火栓栓口处静压大于 1.0 MPa。

(3)自动水灭火系统报警阀处的工作压力大于 1.60 MPa 或喷头处的工作压力大于 1.20 MPa。

5.《水规》6.2.3 采用消防水泵串联分区供水时,宜采用消防水泵转输水箱串联供水方式,并应符合下列规定:

(1)当采用消防水泵转输水箱串联时,转输水箱的有效储水容积不应小于 60 m³,转输水箱可作为高位消防水箱。

(2)串联转输水箱的溢流管宜连接到消防水池。

(3)当采用消防水泵直接串联时,应采取确保供水可靠性的措施,且消防水泵从低区到高区应能依次顺序启动。

(4) 当采用消防水泵直接串联时,应校核系统供水压力,并应在串联消防水泵出水管上设置减压型倒流防止器。

问题解析

问题 1:该建筑消防用水最大流量是多少?

【解析】1. 消防用水最大流量应分别计算不同防护区(或防护对象)室内、外水灭火系统设计流量之和,比较后取最大值。

2. 地上部分发生火灾时流量计算

(1) 室外消火栓设计流量为 40 L/s。

(2) 室内部分设计流量如下:

① 室内消火栓设计流量:40 L/s。

② 自动喷水灭火系统设计流量:30 L/s。

③ 自动跟踪定位射流灭火系统设计流量:20 L/s。

自动灭火系统只取其中最大的一个。自动跟踪定位射流灭火系统设计流量小于自动喷水灭火系统设计流量,因此计算时只取大值,取 30 L/s。

(3) 地上部分发生火灾时消防用水最大流量=40+40+30=110 L/s。

3. 地下车库发生火灾时流量计算

(1) 室外消火栓设计流量为 20 L/s。

(2) 室内部分设计流量如下:

① 室内消火栓设计流量:10 L/s。

② 自动喷水灭火系统设计流量:40 L/s。

③ 防火分隔水幕设计流量:15 L/s。

(3) 消防用水最大流量=20+10+40+15=85 L/s。

4. 该建筑消防用水最大流量应取 110 L/s,系统管网应按此标准设计。

问题 2:该建筑采用消防水池保证消防供水,当消防水池连续补水量为 100 m^3/h,消防水池容量最小应为多少?

【解析】1. 计算消防用水量,应分别计算不同防护区(或防护对象)室内、外水灭火系统消防用水量之和,比较后取最大值。

2. 地上部分发生火灾时用水量计算

(1) 室外消火栓用水量为 40×3×3.6=432 m^3。

(2) 室内部分消防用水量:

① 室内消火栓系统:40×3×3.6=432 m^3。

② 自动喷水灭火系统:30×1×3.6=108 m^3。

③ 自动跟踪定位射流灭火系统设计流量小于自动喷水灭火系统设计流量,火灾延续时间相同,只取自动喷水灭火系统灭火用水量。

(3) 地上部分发生火灾时消防用水量为:432+432+108=972 m^3。

3. 地下部分发生火灾时用水量计算

(1) 室外消火栓用水量为 20×3×3.6=216 m^3。

(2) 室内部分设计用水量:

① 室内消火栓:10×3×3.6=108 m^3。

② 自动喷水灭火系统:40×1×3.6=144 m³。

③ 防火分隔水幕:15×3×3.6=162 m³。

(3)地下部分发生火灾时消防用水量为:216+108+144+162=630 m³。

4. 取地上、地下部分发生火灾时用水量两者的大值,火灾最大消防用水量为 972 m³。

5. 火灾延续时间内消防水池的补水量:100×3=300 m³。

6. 消防水池最小容量应为 972-300=672 m³。

7. 消防水池应均分为两格,每格最小容量 336 m³。

问题 3:稳压泵启泵压力 P_1 应如何设定?

【解析】1. 稳压泵起泵设计压力应保持系统最不利点消火栓在准工作状态上静水压力大于 0.15 MPa,即启泵压力 $P_1>15-h$,h 为高位消防水箱最低水位至最不利点消火栓几何高度。则 $P_1>15-(90-87)=12$ m。稳压泵起泵设计压力应大于 12 m。

2. 根据《〈消防给水及消火栓系统技术规范〉图示》(国家建筑标准设计图集 15S909),稳压泵起泵设计压力 P_1 还应大于高位消防水箱最高水位与最低水位差 7 m。即 $P_1>(93-90)+7=10$ m。

3. 综上,稳压泵起泵设计压力应大于 12 m。

问题 4:当稳压泵启泵压力 P_1 设定为 12 m,停泵压力 P_2 和消防水泵启动压力 P 应如何设定?

【解析】1. $P_1=12$ m,则稳压泵停泵压力 $P_2=P_1/0.8=15$ m。

2. 稳压泵起泵设计压力应保持系统自动启泵压力设置点在准工作状态时大于系统设置自动启泵压力值,增加值宜为 0.07-0.1 MPa,则消防水泵启泵压力 $P=P_1+$高位消防水箱最低水位与消防水泵高差-7,即 $P=12+90+4-7=99$ m。

案例 13　大型商业建筑自动喷水灭火案例分析

情景描述

　　某新建大型商业项目建筑地下 3 层,地上 56 层,建筑高度为 186 m。地下一层层高 5.5 m,建筑面积为 1.5 万 m²,为设备用房和汽车库,地下二至三层层高均为 3.2 m,建筑面积均为 1.5 万 m²,使用功能为汽车库。地上一至六层为商场、早教、餐饮、运动健身,其中首层层高 5.4 m,二至六层层高均为 4.2 m,各层建筑面积均为 1.2 万 m²。7 层以上为写字间、高星级酒店。

　　该建筑第 2 层设有儿童早教中心,建筑面积 1 000 m²,采用了格栅吊顶。设置了预作用系统,由火灾自动报警系统和充气管道上设置的压力开关控制预作用装置。

　　2018 年春节前,当地消防支队对辖区消防安全重点单位进行了拉网式检查。检查中发现,该建筑高位水箱的有效容积合格,最低有效水位距最不利点消火栓垂直距离为 10 m,距自动喷水灭火系统最不利点垂直距离为 7 m,该系统消防水泵设计工作压力为 1.2 MPa,放水测试中当流量达到设计流量的 150% 时,出水压力为 0.70 MPa。

　　根据以上材料,回答下列问题。

　　1. 判断该建筑分类和自动喷水灭火系统设置场所火灾危险等级。

　　2. 指出水灭火系统中存在的问题,并提出整改建议。

　　3. 判断儿童早教中心区域自动喷水灭火系统火灾危险性、喷水强度及作用面积。

　　4. 水压强度试验该如何进行?

　　5. 试分析消防监控室未收到水流指示器反馈信号的原因?

　　6. 简述安装前闭式喷头的密封性能试验要求及合格标准。

关键考点依据

　　本考点主要依据《自动喷水灭火系统设计规范》GB 50084—2017,简称《自喷》。

一　建筑分类

　　按建筑使用性质,可分为民用建筑、工业建筑、农业建筑。

民用建筑可分为住宅建筑、公共建筑。

住宅建筑是指供单身或家庭成员短期或长期居住使用的建筑。

公共建筑是指供人们进行各种公共活动的建筑,包括教育、办公、科研、文化、商业、服务、体育、医疗、交通、纪念、园林、综合类建筑等。

表 2-13-1   民用建筑的分类

名称	高层民用建筑		单、多层民用建筑
	一类	二类	
住宅建筑	$H>54$ m	27 m$<H\leqslant$54 m	$H\leqslant$27 m
公共建筑	1. $H>50$ m 的公共建筑 2. $H>24$ m 且任一楼层 $S>1\,000$ m^2 的商店、展览、电信、邮政、财贸金融建筑和其他多种功能组合建筑 3. 医疗建筑、重要公共建筑、独立建造的老年人照料设施 4. 省级及以上的广播电视和防灾指挥调度建筑、网局级和省级电力调度建筑 5. 藏书超过 100 万册的图书馆、书库	除住宅建筑、一类高层建筑外的其他高层民用建筑	$H>24$ 米的单层公共建筑 $H\leqslant$24 米的其他公共建筑

备注:① H 为民用建筑的建筑高度,单位 m;S 为楼层建筑面积,单位 m^2。② 表中"住宅建筑"均包括设置商业服务网点的住宅建筑。③ 除另有规定外,裙房的防火要求应符合有关高层民用建筑的规定。④ 除另有规定外,宿舍、公寓等非住宅类居住建筑应符合有关公共建筑的防火要求。

重要公共建筑是指发生火灾可能造成重大人员伤亡、财产损失和严重社会影响的公共建筑。一般包括党政机关办公楼,人员密集的大型公共建筑或集会场所,较大规模的中小学校教学楼、宿舍楼,重要的通信、调度和指挥建筑,广播电视建筑,医院等以及城市集中供水设施、主要的电力设施等涉及城市或区域生命线的支持性建筑或工程。

商业服务网点是指设置在住宅建筑的首层或首层及二层,每个分隔单元建筑面积 $S\leqslant$300 m^2 的小型营业性用房,包括百货店、副食店、粮店、邮政所、储蓄所、理发店、洗衣店、药店、洗车店、餐饮店等。"建筑面积"是指设置在住宅建筑首层或一层及二层,且相互完全分隔后的每个小型商业用房的总建筑面积。比如,一个上、下两层室内直接相通的商业服务网点,该"建筑面积"为该商业服务网点一层和二层商业用房的建筑面积之和。

GA 654—2006《人员密集场所消防安全管理》3.2   人员密集场所是人员聚集的室内场所。如:宾馆、饭店等旅馆,餐饮场所,商场、市场、超市等商店,体育场馆,公共展览馆、博物馆的展览厅,金融证券交易场所,公共娱乐场所,医院的门诊楼、病房楼,老年人建筑,托儿所、幼儿园,学校的教学楼、图书馆和集体宿舍,公共图书馆的阅览室,客运车站、码头、民用机场的候车、候船、候机厅(楼),人员密集的生产加工车间、员工集体宿舍等。

二 火灾危险等级

《自喷》3.0.1   设置场所的火灾危险等级应划分为轻危险级、中危险级(Ⅰ级、Ⅱ级)、严重危险级(Ⅰ级、Ⅱ级)和仓库危险级(Ⅰ级、Ⅱ级、Ⅲ级)。

常见自动喷水灭火系统设置场所火灾危险等级划分举例见表 2-13-2。

表 2-13-2 自动喷水灭火系统设置场所火灾危险等级举例

火灾危险等级		设置场所
轻危险级		住宅建筑、幼儿园、老年人照料设施、建筑高度为 24 m 及以下的旅馆、办公楼;仅在走道设置闭式系统的建筑等
中危险级	Ⅰ级	(1)高层民用建筑:旅馆、办公楼、综合楼、邮政楼、金融电信楼、指挥调度楼、广播电视楼(塔)等 (2)公共建筑(含单、多高层):医院、疗养院;图书馆(书库除外)、档案馆、展览馆(厅);影剧院、音乐厅和礼堂(舞台除外)及其他娱乐场所;火车站和飞机场及码头的建筑;总建筑面积小于 5 000 m² 的商场、总建筑面积小于 1 000 m² 的地下商场等 (3)文化遗产建筑:木结构古建筑、国家文物保护单位等 (4)工业建筑:食品、家用电器、玻璃制品等工厂的备料与生产车间等;冷藏库、钢屋架等建筑构件
	Ⅱ级	(1)民用建筑:书库、舞台(葡萄架除外)、汽车停车场,总建筑面积 5 000 m² 及以上的商场,总建筑面积 1 000 m² 及以上的地下商场,净空高度不超过 8 m,物品高度不超过 3.5 m 的自选商场等 (2)工业建筑:棉毛麻丝及化纤的纺织、织物及制品,木材木器及胶合板谷物加工,烟草及制品,饮用酒(啤酒除外),皮革及制品,造纸及纸制品,制药工厂的备料与生产车间
严重危险级	Ⅰ级	印刷厂、酒精制品、可燃液体制品等工厂的备料与车间,净空高度不超过 8 m、物品高度超过 3.5 m 的自选商场等
	Ⅱ级	易燃液体喷雾操作区域、固体易燃物品、可燃的气溶胶制品、溶剂清洗、喷涂油漆、沥青制品等工厂的备料及生产车间、摄影棚、舞台葡萄架下部
仓库危险级	Ⅰ级	食品、烟酒,木箱、纸箱包装的不燃难燃物品等
	Ⅱ级	木材、纸、皮革、谷物及制品,棉毛麻丝化纤及制品,家用电器,电缆,B组塑料与橡胶及其制品,钢塑混合材料制品,各种塑料瓶盒包装的不燃物品及各类物品混杂储存的仓库等
	Ⅲ级	A组塑料与橡胶及其制品,沥青制品等
备注		A组塑料、橡胶:丙烯腈-丁二烯—苯乙烯共聚物(ABS)、缩醛(聚甲醛)、聚甲基丙烯酸甲酯、玻璃纤维增强聚酯(FRP)、热塑性聚酯(PET)、聚丁二烯、聚碳酸酯、聚乙烯、聚丙烯、聚苯乙烯、聚氨基甲酸酯、高增塑聚氯乙烯(PVC,如人造革、胶片等)、苯乙烯—丙烯腈(SAN)等。丁基橡胶、乙丙橡胶(EPD m)、发泡类天然橡胶、腈橡胶(丁腈橡胶)、聚酯合成橡胶、丁苯橡胶(SBR)等。 B组塑料、橡胶:醋酸纤维素、醋酸丁酸纤维素、乙基纤维素、氟塑料、锦纶(锦纶 6、锦纶 6/6)、三聚氰胺甲醛、酚醛塑料、硬聚氯乙烯(PVC,如管道、管件等)、聚偏二氟乙烯(PVDC)、聚偏氟乙烯(PVDF)、聚氟乙烯(PVF)、脲甲醛等;氯丁橡胶、不发泡类天然橡胶、硅橡胶等。粉末、颗粒、压片状的 A组塑料。

三 系统设计基本参数

(一)民用建筑和工业厂房的系统设计基本参数

1.《自喷》5.0.1 民用建筑和厂房采用湿式系统时的设计基本参数不应低于表 2-13-3 的规定。

表 2-13-3 民用建筑和工业厂房的系统设计基本参数

火灾危险等级		净空高度 h/m	喷水强度/[L/(min·m²)]	作用面积/m²
轻危险级			4	160
中危险级	Ⅰ级	$h \leqslant 8$	6	
	Ⅱ级		8	
严重危险级	Ⅰ级		12	260
	Ⅱ级		16	

注:系统最不利点处洒水喷头的工作压力不应低于 0.05 MPa。

2.《自喷》5.0.2　民用建筑和厂房高大空间场所采用湿式系统的设计基本参数不应低于表 2-13-4 的规定。

表 2-13-4　　　　　　　　　民用建筑和厂房高大空间场所采用湿式系统的设计基本参数

适用场所		最大净空高度 h/m	喷水强度/[L/(min·m²)]	作用面积/m²	喷头间距 S/m
民用建筑	中庭、体育馆、航站楼等	8<h≤12	12	160	1.8<S≤3.0
		12<h≤18	15		
	影剧院、音乐厅、会展中心等	8<h≤12	15		
		12<h≤18	20		
厂房	制衣制鞋、玩具、木器、电子生产车间等	8<h≤12	15		
	棉纺厂、麻纺厂、泡沫塑料生产车间等		20		

注：① 表中未列入的场所，应根据本表规定场所的火灾危险性类比确定。② 当民用建筑高大空间场所的最大净空高度为 12 m<h≤18 m 时，应采用非仓库型特殊应用喷头。

3.《自喷》5.0.10　干式系统和雨淋系统的设计要求应符合下列规定：

(1) 干式系统的喷水强度应按表 2-13-3 的规定值确定，系统作用面积应按对应值的 1.3 倍确定。

(2) 雨淋系统的喷水强度和作用面积应按表 2-13-3 规定值的规定值确定，且每个雨淋报警阀控制的喷水面积不宜大于表 2-13-3 规定值的作用面积。

4.《自喷》5.0.11　预作用系统的设计要求应符合下列规定：

(1) 系统的喷水强度应按表 2-13-3 规定值的规定值确定。

(2) 当系统采用仅由火灾自动报警系统直接控制预作用装置时，系统的作用面积应按表 2-13-3 规定值的规定值确定。

(3) 当系统采用由火灾自动报警系统和充气管道上设置的压力开关控制预作用装置时，系统的作用面积应按表 2-13-3 规定值的 1.3 倍确定。

5.《自喷》5.0.12　仅在走道设置洒水喷头的闭式系统，其作用面积应按最大疏散距离所对应的走道面积确定。

6.《自喷》5.0.13　装设网格、栅板类通透性吊顶的场所，系统的喷水强度应按表 2-13-3 规定值的 1.3 倍确定，且喷头布置应按《自喷》7.1.13 的规定执行。

7.《自喷》5.0.14　水幕系统的设计基本参数应符合表 2-13-5 的规定：

表 2-13-5　　　　　　　　　水幕系统的设计基本参数

水幕系统类别	喷水点高度 h/m	喷水强度/[L/(min·m²)]	喷头最低工作压力/MPa
防火分隔水幕	h≤12	2.0	0.1
防护冷却水幕	h≤4	0.5	

注：① 防护冷却水幕的喷水点高度每增加 1 m，喷水强度应增加 0.1 L/(s·m)，但超过 9 m 时喷水强度仍采用 1.0 L/(s·m)。② 系统持续喷水时间不应小于系统设置部位的耐火极限要求。③ 喷头布置应符合《自喷》7.1.6 的规定。

8.《自喷》5.0.15　当采用防护冷却系统保护防火卷帘、防火玻璃墙等防火分隔设施时，系统应独立设置，且应符合下列要求：

(1) 喷头设置高度不应超过 8 m；当设置高度为 4 m～8 m 时，应采用快速响应洒水喷头。

(2) 喷头设置高度不超过 4 m 时，喷水强度不应小于 0.5 L/(s·m)；当超过 4 m 时，每增加 1 m，喷水强度应增加 0.1 L/(s·m)。

(3) 喷头的设置应确保喷洒到被保护对象后布水均匀，喷头间距应为 1.8 m～2.4 m；喷头溅水盘与防火分隔设施的水平距离不应大于 0.3 m，与顶板的距离应符合《自喷》7.1.15 的规定。

(4) 持续喷水时间不应小于系统设置部位的耐火极限要求。

9.《自喷》5.0.16　除另有规定外,自动喷水灭火系统的持续喷水时间应按火灾延续时间不小于 1 h 确定。

10.《自喷》5.0.17　利用有压气体作为系统启动介质的干式系统和预作用系统,其配水管道内的气压值应根据报警阀的技术性能确定;利用有压气体检测管道是否严密的预作用系统,配水管道内的气压值不宜小于 0.03 MPa,且不宜大于 0.05 MPa。

四 报警阀组

(一)报警阀组分类

报警阀组分为湿式报警阀组、干式报警阀组、雨淋报警阀组、预作用报警装置。

(二)报警阀组设置要求

1.《自喷》6.2.1　自动喷水灭火系统应设报警阀组。保护室内钢屋架等建筑构件的闭式系统,应设独立的报警阀组。水幕系统应设独立的报警阀组或感温雨淋报警阀。

2.《自喷》6.2.2　串联接入湿式系统配水干管的其他自动喷水灭火系统,应分别设置独立的报警阀组,其控制的洒水喷头数计入湿式报警阀组控制的洒水喷头总数。

3.《自喷》6.2.3　一个报警阀组控制的洒水喷头数应符合下列规定:

(1) 湿式系统、预作用系统不宜超过 800 只;干式系统不宜超过 500 只。

(2) 当配水支管同时设置保护吊顶下方和上方空间的洒水喷头时,应只将数量较多一侧的洒水喷头计入报警阀组控制的洒水喷头总数。

4.《自喷》6.2.4　每个报警阀组供水的最高与最低位置洒水喷头,其高程差不宜大于 50 m。

5.《自喷》6.2.5　雨淋报警阀组的电磁阀,其入口应设过滤器。并联设置雨淋报警阀组的雨淋系统,其雨淋报警阀控制腔的入口应设止回阀。

6.《自喷》6.2.6　报警阀组宜设在安全及易于操作的地点,报警阀距地面的高度宜为 1.2 m。设置报警阀组的部位应设有排水设施。

7.《自喷》6.2.7　连接报警阀进出口的控制阀应采用信号阀。当不采用信号阀时,控制阀应设有锁定阀位的锁具。

8.《自喷》6.2.8　水力警铃的工作压力不应小于 0.05 MPa,并应符合下列规定:

(1) 应设在有人值班的地点附近或公共通道的外墙上。

(2) 与报警阀连接的管道,其管径应为 20 mm,总长不宜大于 20 m。

五 水流指示器

1.《自喷》6.3.1　除报警阀组控制的洒水喷头只保护不超过防火分区面积的同层场所外,每个防火分区、每个楼层均应设水流指示器。

2.《自喷》6.3.2　仓库内顶板下洒水喷头与货架内置洒水喷头应分别设置水流指示器。

3.《自喷》6.3.3　当水流指示器入口前设置控制阀时,应采用信号阀。

六 压力开关

1.《自喷》6.4.1　雨淋系统和防火分隔水幕,其水流报警装置应采用压力开关。

2.《自喷》6.4.2　自动喷水灭火系统应采用压力开关控制稳压泵,并应能调节启停压力。

七 末端试水装置

1.《自喷》6.5.1　　每个报警阀组控制的最不利点洒水喷头处应设末端试水装置,其他防火分区、楼层均应设直径为 25 mm 的试水阀。

2.《自喷》6.5.2　　末端试水装置应由试水阀、压力表以及试水接头组成。试水接头出水口的流量系数,应等同于同楼层或防火分区内的最小流量系数洒水喷头。末端试水装置的出水,应采取孔口出流的方式排入排水管道,排水立管宜设伸顶通气管,且管径不应小于 75 mm。

八 系统常见故障分析

(一)湿式报警阀组常见故障分析、处理

1. 报警阀组漏水

(1) 故障原因分析

① 排水阀门未完全关闭。

② 阀瓣密封垫老化或者损坏。

③ 系统侧管道接口渗漏。

④ 报警管路测试控制阀渗漏。

⑤ 阀瓣组件与阀座之间因变形或者污垢、杂物阻挡出现不密封状态。

(2) 故障处理

① 关紧排水阀门。

② 更换阀瓣密封垫。

③ 检查系统侧管道接口渗漏点,密封垫老化、损坏的,更换密封垫;密封垫错位的,重新调整密封垫位置;管道接口锈蚀、磨损严重的,更换管道接口相关部件。

④ 更换报警管路测试控制阀。

⑤ 先放水冲洗阀体、阀座,存在污垢、杂物的,经冲洗后,渗漏减少或者停止;否则,关闭进水口侧和系统侧控制阀,卸下阀板,仔细清洁阀板上的杂质;拆卸报警阀阀体,检查阀瓣组件、阀座,存在明显变形、损伤、凹痕的,更换相关部件。

2. 报警阀启动后报警管路不排水

(1) 故障原因分析

① 报警管路控制阀关闭。

② 限流装置过滤网被堵塞。

(2) 故障处理

① 开启报警管路控制阀。

② 卸下限流装置,冲洗干净后重新安装回原位。

3. 报警阀报警管路误报警

(1) 故障原因分析

① 未按照安装图纸安装或者未按照调试要求进行调试。

② 报警阀组渗漏通过报警管路流出。

③ 延迟器下部孔板溢出水孔堵塞,发生报警或者缩短延迟时间。

(2) 故障处理

① 按照安装图纸核对报警阀组组件安装情况,重新对报警阀组伺应状态进行调试。

② 按照故障"(1)"查找渗漏原因,进行相应处理。

③ 延迟器下部孔板溢出水孔堵塞,卸下筒体,拆下孔板进行清洗。

4. 水力警铃工作不正常(不响、响度不够、不能持续报警)

(1) 故障原因分析

① 产品质量问题或者安装调试不符合要求。

② 控制口阻塞或者铃锤机构被卡住。

(2) 故障处理

① 属于产品质量问题的,更换水力警铃;安装缺少组件或者未按照图纸安装的,重新进行安装调试。

② 拆下喷嘴、叶轮及铃锤组件,进行冲洗,重新装合使叶轮转动灵活。

5. 开启测试阀,消防水泵不能正常启动。

(1) 故障原因分析

① 压力开关设定值不正确。

② 消防联动控制设备中的控制模块损坏。

③ 水泵控制柜、联动控制设备的控制模式未设定在"自动"状态。

(2) 故障处理

① 将压力开关内的调压螺母调整到规定值。

② 逐一检查控制模块,采用其他方式启动消防水泵,核定问题模块,并予以更换。

③ 将控制模式设定为"自动"状态。

(二) 预作用装置常见故障分析、处理

1. 报警阀漏水

(1) 故障原因分析

① 排水控制阀门未关紧。

② 阀瓣密封垫老化或者损坏。

③ 复位杆未复位或者损坏。

(2) 故障处理

① 关紧排水控制阀门。

② 更换阀瓣密封垫。

③ 重新复位,或者更换复位装置。

2. 压力表读数不在正常范围

(1) 故障原因分析

① 预作用装置前的供水控制阀未打开。

② 压力表管路堵塞。

③ 预作用装置的报警阀体漏水。

④ 压力表管路控制阀未打开或者开启不完全。

(2) 故障处理

① 完全开启报警阀前的供水控制阀。

② 拆卸压力表及其管路,疏通压力表管路。

③ 按照湿式报警阀组渗漏的原因进行检查、分析,查找预作用装置的报警阀体的漏水部位,进行修复或者组件更换。

④ 完全开启压力表管路控制阀。

3. 系统管道内有积水

(1) 故障原因分析:复位或者试验后,未将管道内的积水排完。

(2)故障处理:开启排水控制阀,完全排除系统内积水。

4．传动管喷头被堵塞

(1)故障原因分析

① 消防用水水质存在问题,如有杂物等。

② 管道过滤器不能正常工作。

(2)故障处理

① 对水质进行检测,清理不干净、影响系统正常使用的消防用水。

② 检查管道过滤器,清除滤网上的杂质或者更换过滤器。

(三)雨淋报警阀组常见故障分析、处理

1．自动滴水阀漏水

(1)故障原因分析

① 产品存在质量问题。

② 安装调试或者平时定期试验或实施灭火后,没有将系统侧管内的余水排尽。

③ 雨淋报警阀隔膜球面中线密封处因施工遗留的杂物、不干净消防用水中的杂质等导致球状密封面不能完全密封。

(2)故障处理

① 更换存在问题的产品或者部件。

② 开启放水控制阀排除系统侧管道内的余水。

③ 启动雨淋报警阀,采用洁净水流冲洗遗留在密封面处的杂质。

2．复位装置不能复位

(1)故障原因分析:水质过脏,有细小杂质进入复位装置密封面。

(2)故障处理:拆下复位装置,用清水冲洗干净后重新安装,调试到位。

3．长期无故报警

(1)故障原因分析

① 未按照安装图纸进行安装调试。

② 误将试验管路控制阀常开。

(2)故障处理

① 检查各组件安装情况,按照安装图纸重新进行安装调试。

② 关闭试验管路控制阀。

4．系统测试不报警

(1)故障原因分析

① 消防用水中的杂质堵塞了报警管道上过滤器的滤网。

② 水力警铃进水口处喷嘴被堵塞,未配置铃锤或者铃锤卡死。

(2)故障处理

① 拆下过滤器,用清水将滤网冲洗干净后,重新安装到位。

② 检查水力警铃的配件,配齐组件;有杂物卡阻、堵塞的部件进行冲洗后重新装配到位。

5．雨淋报警阀不能进入伺应状态

(1)故障原因分析

① 复位装置存在问题。

② 未按照安装调试说明书将报警阀组调试到伺应状态(隔膜室控制阀、复位球阀未关闭)。

③ 消防用水水质存在问题,杂质堵塞了隔膜室管道上的过滤器。

（2）故障处理

① 修复或者更换复位装置。

② 按照安装调试说明书将报警阀组调试到伺应状态(开启隔膜室控制阀、复位球阀)。

③ 将供水控制阀关闭,拆下过滤器的滤网,用清水冲洗干净后,重新安装到位。

(四)水流指示器

水流指示器故障表现为打开末端试水装置,达到规定流量时水流指示器不动作,或者关闭末端试水装置后,水力指示器反馈信号仍然显示为动作信号。

（1）故障原因分析

① 桨片被管腔内杂物卡阻。

② 调整螺母与触头未调试到位。

③ 电路接线脱落。

（2）故障处理

① 清除水流指示器管腔内的杂物。

② 将调整螺母与触头调试到位。

③ 检查并重新将脱落电路接通。

》》问题解析

问题1:判断该建筑分类和自动喷水灭火系统设置场所火灾危险等级。

【解析】1. 该建筑为建筑高度186 m,属于一类高层公共建筑。

2. 该建筑内商场建筑面积大于5 000 m²,自动喷水灭火系统设置场所火灾危险等级为中危险Ⅱ级。

问题2:指出水灭火系统中存在的问题,并提出整改建议。

【解析】1. 自动喷水灭火系统最不利点处的静水压力,最小不应小于0.1 MPa。高位水箱最低有效水位距自动喷水灭火系统最不利点垂直距离为7 m,静水压力不能满足,应增设稳压泵。

2. 当出流量为设计流量的150%时,其出口压力不应低于设计工作压力的65%。该系统消防水泵设计工作压力为1.2 MPa,放水测试中当流量达到设计流量的150%时,出水压力0.7 MPa,不满足0.78 MPa的要求,应当更换水泵的型号以满足此要求。

问题3:判断儿童早教中心区域自动喷水灭火系统火灾危险性、喷水强度及作用面积。

【解析】1. 该儿童早教中心自动喷水灭火系统火灾危险性为中危险Ⅱ级。

2. 因采用格栅吊顶,喷水强度应为规定值的1.3倍。喷水强度为:$8 \times 1.3 = 10.4$ L/(min · m²)。

3. 设置了预作用系统并系统采用由火灾自动报警系统和充气管道上设置的压力开关控制预作用装置,系统的作用面积应规定值的1.3倍确定,应为:$160 \times 1.3 = 208$ m²。

问题4:水压强度试验该如何进行?

【解析】水压强度试验的测试点设在系统管网的最低点。对管网进行注水,将管网内的空气排净,并应缓慢升压,达到试验压力后,稳压30 min后,管网应无泄漏、无变形,且压力降不应大于0.05 MPa。

问题5:试分析消防监控室未收到水流指示器反馈信号的原因?

【解析】不能收到反馈信号原因可能有:

(1)水流指示器桨片被管道内杂物卡死,不能动作发出信号。

(2)水流指示器电线接线脱落。

(3)水流指示器调整螺母与触头未调试到位。

问题6:简述安装前闭式喷头的密封性能试验要求及合格标准。

【解析】喷头安装前密封性能试验:试验数量宜从每批中抽取1%,且不少于5只,试验压力应为3.0 MPa,保压时间不少于3 min,以无渗漏、无损伤为合格。当有两只以上不合格时,不得使用该批喷头;当仅有一只不合格时,应再抽查2%,且不少于10只的喷头进行重复试验,当仍有不合格时,不得使用该批喷头。

案例 14　泡沫灭火系统设计案例分析

情景描述

某油料储运基地,设置有固定顶重油储罐 2 个,内浮顶汽油储罐 3 个。基地内储罐均采用了固定式半液下泡沫灭火系统,并采用普通蛋白泡沫进行扑救,泡沫输送至最不利点储罐的输送时间为 8 min。

某次消防检测中,空桶质量为 5 kg,装满清水后桶重 25 kg,采用 PQ8 泡沫枪在最不利点储罐处接取泡沫液两次并测量后分别得到桶重 10 kg 和 11 kg。

根据以上材料,回答下列问题。

1. 当采用液下喷射泡沫灭火时,应选用何种类型泡沫液? 泡沫产生器必须选用什么类型?
2. 低倍数泡沫灭火系统的调试步骤有哪些?
3. 低倍数泡沫灭火系统的泡沫试验合格标准有哪些?
4. 上述描述中存在哪些问题? 如何整改?
5. 计算该次检测中的发泡倍数。

关键考点依据

本考点主要依据《泡沫灭火系统设计规范》GB 50151—2010,简称《泡沫》。

一　泡沫液选择

1.《泡沫》3.2.1　非水溶性甲、乙、丙类液体储罐低倍数泡沫液的选择,应符合下列规定:

(1) 当采用液上喷射系统时,应选用蛋白、氟蛋白、成膜氟蛋白或水成膜泡沫液。

(2) 当采用液下喷射系统时,应选用氟蛋白、成膜氟蛋白或水成膜泡沫液。

(3) 当选用水成膜泡沫液时,其抗烧水平不应低于现行国家标准《泡沫灭火剂》GB 15308 规定的 C 级。

2.《泡沫》3.2.2　保护非水溶性液体的泡沫-水喷淋系统、泡沫枪系统、泡沫炮系统泡沫液的选择,应符合下列规定:

(1) 当采用吸气型泡沫产生装置时,可选用蛋白、氟蛋白、水成膜或成膜氟蛋白泡沫液。

(2) 当采用非吸气型喷射装置时,应选用水成膜或成膜氟蛋白泡沫液。

3.《泡沫》3.2.3　水溶性甲、乙、丙类液体和其他对普通泡沫有破坏作用的甲、乙、丙类液体,以及用一套系统同时保护水溶性和非水溶性甲、乙、丙类液体的,必须选用抗溶泡沫液。

4.《泡沫》3.2.5　高倍数泡沫灭火系统利用热烟气发泡时,应采用耐温耐烟型高倍数泡沫液。

5.《泡沫》3.2.6　当采用海水作为系统水源时,必须选择适用于海水的泡沫液。

二　系统选择基本要求

1. 甲、乙、丙类液体储罐区:
(1) 宜选用低倍数泡沫灭火系统。
(2) 单罐容量不大于 5 000 m³ 的甲、乙类固定顶、内浮顶油罐,可选用中倍数泡沫系统。
(3) 单罐容量不大于 10 000 m³ 的丙类固定顶与内浮顶油罐,可选用中倍数泡沫系统。
2. 甲、乙、丙类液体储罐区固定式、半固定式或移动式泡沫灭火系统的选择应符合下列规定:
(1) 低倍数泡沫灭火系统,应符合相关现行国家标准的规定。
(2) 油罐中倍数泡沫灭火系统宜为固定式。
3. 储罐区泡沫灭火系统的选择,应符合下列规定:
(1) 烃类液体固定顶储罐,可选用液上喷射、液下喷射或半液下喷射泡沫系统。
(2) 水溶性甲、乙、丙液体的固定顶储罐,应选用液上喷射或半液下喷射泡沫系统。
(3) 外浮顶和内浮顶储罐应选用液上喷射泡沫系统。
(4) 烃类液体外浮顶储罐、内浮顶储罐、直径大于 18 m 的固定顶储罐、水溶性液体的立式储罐,不得选用泡沫炮作为主要灭火设施。
(5) 高度大于 7 m 直径大于 9 m 的固定顶储罐,不得选用泡沫枪作为主要灭火设施。
(6) 油罐中倍数泡沫灭火系统,应选用液上喷射系统。

三　系统适用场所

1. 全淹没式高倍数、中倍数泡沫灭火系统可用于下列场所:
(1) 封闭空间场所。
(2) 设有阻止泡沫流失的固定围墙或其他围挡设施的场所。
2. 局部应用式高倍数泡沫灭火系统可用于下列场所:
(1) 不完全封闭的 A 类可燃物火灾与甲、乙、丙类液体火灾场所。
(2) 天然气液化站与接收站的集液池或储罐围堰区。
3. 局部应用式中倍数泡沫灭火系统可用于下列场所:
(1) 不完全封闭的 A 类可燃物火灾场所。
(2) 限定位置的甲、乙、丙类液体流散火灾。
(3) 固定位置面积不大于 100 m² 的甲、乙、丙类液体流淌火灾场所。
4. 移动式高倍数泡沫灭火系统可用于下列场所:
(1) 发生火灾的部位难以确定或人员难以接近的火灾场所。
(2) 甲、乙、丙类液体流淌火灾场所。
(3) 发生火灾时需要排烟、降温或排除有害气体的封闭空间。
5. 移动式中倍数泡沫灭火系统可用于下列场所:
(1) 发生火灾的部位难以确定或人员难以接近的较小火灾场所。
(2) 甲、乙、丙类液体流散火灾场所。
(3) 不大于 100 m² 的甲、乙、丙类液体流淌火灾场所。
6. 泡沫-水喷淋系统可用于下列场所:

(1) 具有烃类液体泄漏火灾危险的室内场所。

(2) 单位面积存放量不超过 25 L/m² 或超过 25 L/m² 但有缓冲物的水溶性甲、乙、丙类液体室内场所。

(3) 汽车槽车或火车槽车的甲、乙、丙类液体装卸站台。

(4) 设有围堰的甲、乙、丙类液体室外流淌火灾区域。

7. 泡沫炮系统可用于下列场所：

(1) 室外烃类液体流淌火灾区域。

(2) 大空间室内烃类液体流淌火灾场所。

(3) 汽车槽车或火车槽车的甲、乙、丙类液体装卸站台。

(4) 烃类液体卧式储罐与小型烃类液体固定顶储罐。

8. 泡沫枪系统可用于下列场所：

(1) 小型烃类液体卧式与立式储罐。

(2) 甲、乙、丙类液体储罐区流散火灾。

(3) 小面积甲、乙、丙类液体流淌火灾。

9. 泡沫喷雾系统可适用于下列场所：

保护面积不大于 200 m² 的烃类液体室内场所、独立变电站的油浸电力变压器。

四 低倍数泡沫灭火系统设计要求

（一）基本要求

1.《泡沫》4.1.3　储罐区泡沫灭火系统扑救一次火灾的泡沫混合液设计用量，应按罐内用量、该罐辅助泡沫枪用量、管道剩余量三者之和最大的储罐确定。

2.《泡沫》4.1.4　设置固定式泡沫灭火系统的储罐区，应配置用于扑救液体流散火灾的辅助泡沫枪，泡沫枪的数量及其泡沫混合液连续供给时间不应小于表 2-14-1 的规定。每支辅助泡沫枪的泡沫混合液流量不应小于 240 L/min。

表 2-14-1　　　　　　　　　泡沫枪数量及其泡沫混合液连续供给时间

储罐直径 D/m	配备泡沫枪数量（支）	连续供给时间/min
≤10	1	10
10<D≤20	1	20
20<D≤30	2	20
30<D≤40	2	30
D>40	3	30

3.《泡沫》4.1.8　采用固定式泡沫灭火系统的储罐区，宜沿防火堤外均匀布置泡沫消火栓，且泡沫消火栓的间距不应大于 60 m。

4.《泡沫》4.1.10　固定式泡沫灭火系统的设计应满足在泡沫消防水泵或泡沫混合液泵启动后，将泡沫混合液或泡沫输送到保护对象的时间不大于 5 min。

（二）固定顶储罐

1.《泡沫》4.2.1　固定顶储罐的保护面积应按其横截面积确定。

2.《泡沫》4.2.2　泡沫混合液供给强度及连续供给时间应符合下列规定：

(1) 非水溶性液体储罐液上喷射系统，其泡沫混合液供给强度和连续供给时间不应小于表 2-14-2 的规定。

表 2-14-2 泡沫混合液供给强度和连续供给时间表

系统形式	泡沫液种类	供给强度/L/[(min · m²)]	连续供给时间/min	
			甲、乙类	丙类
固定、半固定式系统	蛋白	6	40	30
	氟蛋白、水成膜、成膜氟蛋白	5	45	30
移动式系统	蛋白、氟蛋白	8	60	45
	水成膜、成膜氟蛋白	65	60	45

注：① 如果采用大于上表规定的混合液供给强度,混合液连续供给时间可按相应的比例缩短,但不得小于上表规定时间的 80%。② 含氧添加剂含量体积比大于 10% 的无铅汽油,其抗溶泡沫混合液供给强度不应小于 6 L/(min · m²),连续供给时间不应小于 40 min。③ 沸点低于 45 ℃ 的烃类液体,设置泡沫灭火系统的适用性及其泡沫混合液供给强度,应由试验确定。

(2) 非水溶性液体储罐液下或半液下喷射系统,其泡沫混合液供给强度不应小于 5.0 L/(min · m²),连续供给时间不应小于 40 min。

注：沸点低于 45 ℃ 的非水溶性液体、储存温度超过 50 ℃ 或黏度大于 40 mm²/s 的非水溶性液体,液下喷射系统的适用性及其泡沫混合液供给强度,应由试验确定。

(3) 水溶性液体和其他对普通泡沫有破坏作用的甲、乙、丙类液体储罐液上或半液下喷射系统,其泡沫混合液供给强度和连续供给时间不应小于表 2-14-3 的规定。

表 2-14-3 水溶性液体泡沫混合液供给强度和连续供给时间

液体类别	供给强度/L/[(min · m²)]	连续供给时间/min
丙酮、丁醇	12	30
甲醇、乙醇、丁酮、丙烯腈、醋酸乙酯	12	25

3. 《泡沫》4.2.6 储罐上液上喷射系统泡沫混合液管道的设置,应符合下列规定:

(1) 每个泡沫产生器应用独立的混合液管道引至防火堤外。

(2) 除立管外,其他泡沫混合液管道不得设置在罐壁上。

(3) 连接泡沫产生器的泡沫混合液立管应用管卡固定在罐壁上,管卡间距不宜大于 3 m。

(4) 泡沫混合液的立管下端应设置锈渣清扫口。

(三)外浮顶储罐

1. 《泡沫》4.3.1 钢制单盘式与双盘式外浮顶储罐的保护面积,应按罐壁与泡沫堰板间的环形面积确定。

2. 《泡沫》4.3.2 非水溶性液体的泡沫混合液供给强度不应小于 12.5 L/(min · m²),连续供给时间不应小于 30 min。

3. 《泡沫》4.3.3 外浮顶储罐泡沫堰板的设计,应符合下列规定:

(1) 当泡沫喷射口设置在罐壁顶部,密封或挡雨板上方时,泡沫堰板应高出密封 0.2 m;当泡沫喷射口设置在金属挡雨板下部时,泡沫堰板高度不应小于 0.3 m。

(2) 当泡沫喷射口设置在罐壁顶部时,泡沫堰板与罐壁的间距不应小于 0.6 m;当泡沫喷射口设置在浮顶上时,泡沫堰板与罐壁的间距不宜小于 0.6 m。

(3) 应在泡沫堰板的最低部位设置排水孔,排水孔的开孔面积宜按每 1 m² 环形面积 280 mm² 确定,排水孔高度不宜大于 9 mm。

4. 《泡沫》4.3.5 当泡沫产生器与泡沫喷射口设置在罐壁顶部时,储罐上泡沫混合液管道的设置应符合下列规定:

(1) 可每两个泡沫产生器合用一根泡沫混合液立管。

(2) 当三个或三个以上泡沫产生器一组在泡沫混合液立管下端合用一根管道时,宜在每个泡沫混合液立管上设置常开控制阀。

(3) 每根泡沫混合液管道应引至防火堤外,且半固定式泡沫灭火系统的每根泡沫混合液管道所需的混合液流量不应大于 1 辆消防车的供给量。

(4) 连接泡沫产生器的泡沫混合液立管应用管卡固定在罐壁上,管卡间距不宜大于 3 m,泡沫混合液的立管下端应设置锈渣清扫口。

(四)内浮顶储罐

1. 《泡沫》4.4.1   钢制单盘式、双盘式与敞口隔舱式内浮顶储罐的保护面积,应按罐壁与泡沫堰板间的环形面积确定;其他内浮顶储罐应按固定顶储罐对待。

2. 《泡沫》4.4.2   钢制单盘式、双盘式与敞口隔舱式内浮顶储罐的泡沫堰板设置、单个泡沫产生器保护周长及泡沫混合液供给强度与连续供给时间,应符合下列规定:

(1) 泡沫堰板与罐壁的距离不应小于 0.55 m,其高度不应小于 0.5 m。

(2) 单个泡沫产生器保护周长不应大于 24 m。

(3) 非水溶性液体的泡沫混合液供给强度不应小于 12.5 L/(min • m²)。

(4) 水溶性液体的泡沫混合液供给强度不应小于第 3 款规定的 1.5 倍。

(5) 泡沫混合液连续供给时间不应小于 30 min。

五 中倍数泡沫灭火系统设计要求

1. 《泡沫》5.1.5   对于 A 类火灾场所,局部应用系统的设计应符合下列规定:

(1) 覆盖保护对象的时间不应大于 2 min。

(2) 覆盖保护对象最高点的厚度宜由试验确定。

(3) 泡沫混合液连续供给时间不应小于 12 min。

2. 《泡沫》5.2.2   油罐中倍数泡沫灭火系统应采用液上喷射形式,且保护面积应按油罐的横截面积确定。

3. 《泡沫》5.2.4   系统泡沫混合液供给强度不应小于 4 L/(min • m²),连续供给时间不应小于 30 min。

六 高倍数泡沫灭火系统设计要求

1. 《泡沫》6.1.2   全淹没系统或固定式局部应用系统应设置火灾自动报警系统,并应符合下列规定:

(1) 全淹没系统应同时具备自动、手动和应急机械手动启动功能。

(2) 自动控制的固定式局部应用系统应同时具备手动和应急机械手动启动功能;手动控制的固定式局部应用系统应具备应急机械手动启动功能。

(3) 消防控制中心(室)和防护区应设置声光报警装置。

(4) 消防自动控制设备宜与防护区内门窗的关闭装置、排气口的开启装置,以及生产、照明电源的切断装置等联动。

2. 《泡沫》6.2.2   全淹没系统的防护区应为封闭或设置灭火所需的固定围挡的区域,且应符合下列规定:

(1) 泡沫的围挡应为不燃结构,且应在系统设计灭火时间内具备围挡泡沫的能力。

(2) 在保证人员撤离的前提下,门、窗等位于设计淹没深度以下的开口,应在泡沫喷放前或泡沫喷放的同时自动关闭;对于不能自动关闭的开口,全淹没系统应对其泡沫损失进行相应补偿。

(3) 利用防护区外部空气发泡的封闭空间,应设置排气口,排气口的位置应避免燃烧产物或其他有害气体回流到高倍数泡沫产生器进气口。

(4) 在泡沫淹没深度以下的墙上设置窗口时,宜在窗口部位设置网孔基本尺寸不大于 3.15 mm 的钢丝网或钢丝纱窗。

(5) 排气口在灭火系统工作时应自动或手动开启,其排气速度不宜超过 5 m/s。

（6）防护区内应设置排水设施。

3.《泡沫》6.2.3　泡沫淹没深度的确定应符合下列规定：

（1）当用于扑救 A 类火灾时，泡沫淹没深度不应小于最高保护对象高度的 1.1 倍，且应高于最高保护对象最高点 0.6 m。

（2）当用于扑救 B 类火灾时，汽油、煤油、柴油或苯火灾的泡沫淹没深度应高于起火部位 2 m；其他 B 类火灾的泡沫淹没深度应由试验确定。

4.《泡沫》6.2.5　全淹没系统自接到火灾信号至开始喷放泡沫的延时不应超过 1 min。

5.《泡沫》6.2.7　泡沫液和水的连续供给时间应符合下列规定：

（1）当用于扑救 A 类火灾时，不应小于 25 min。

（2）当用于扑救 B 类火灾时，不应小于 15 min。

6.《泡沫》6.2.8　对于 A 类火灾，其泡沫淹没体积的保持时间应符合下列规定：

（1）单独使用高倍数泡沫灭火系统时，应大于 60 min。

（2）与自动喷水灭火系统联合使用时，应大于 30 min。

7.《泡沫》6.3.3　当用于扑救 A 类火灾或 B 类火灾时，局部应用系统泡沫供给速率应符合下列规定：

（1）覆盖 A 类火灾保护对象最高点的厚度不应小于 0.6 m。

（2）对于汽油、煤油、柴油或苯，覆盖起火部位的厚度不应小于 2 m；其他 B 类火灾的泡沫覆盖厚度应由试验确定。

（3）达到规定覆盖厚度的时间不应大于 2 min。

8.《泡沫》6.3.4　当用于扑救 A 类火灾和 B 类火灾时，局部应用系统泡沫液和水的连续供给时间不应小于 12 min。

9.《泡沫》6.4.7　当两个或两个以上移动式高倍数泡沫产生器同时使用时，其泡沫液和水供给源应满足最大数量的泡沫产生器的使用要求。

七　泡沫-水喷淋系统与泡沫喷雾系统设计要求

（一）一般规定

1.《泡沫》7.1.3　泡沫-水喷淋系统泡沫混合液与水的连续供给时间，应符合下列规定：

（1）泡沫混合液连续供给时间不应小于 10 min。

（2）泡沫混合液与水的连续供给时间之和不应小于 60 min。

（二）泡沫-水雨淋系统

1.《泡沫》7.2.1　泡沫-水雨淋系统的保护面积应按保护场所内的水平面面积或水平面投影面积确定。

2.《泡沫》7.2.3　系统应设置雨淋阀、水力警铃，并应在每个雨淋阀出口管路上设置压力开关，但喷头数小于 10 个的单区系统可不设雨淋阀和压力开关。

（三）闭式泡沫-水喷淋系统

1.《泡沫》7.3.5　闭式泡沫-水喷淋系统的供给强度不应小于 6.5 L/(min·m²)。

2.《泡沫》7.3.6　闭式泡沫-水喷淋系统输送的泡沫混合液应在 8 L/s 至最大设计流量范围内达到额定的混合比。

3.《泡沫》7.3.10　泡沫-水预作用系统与泡沫-水干式系统的管道充水时间不宜大于 1 min。泡沫-水预作用系统每个报警阀控制喷头数不应超过 800 只，泡沫-水干式系统每个报警阀控制喷头数不宜超过 500 只。

（四）泡沫喷雾系统

1.《泡沫》7.4.2　当保护油浸电力变压器时，系统设计应符合下列规定：

（1）保护面积应按变压器油箱本体水平投影且四周外延 1 m 计算确定。

（2）泡沫混合液或泡沫预混液供给强度不应小于 8 L/(min • m²)。

（3）泡沫混合液或泡沫预混液连续供给时间不应小于 15 min。

（4）喷头的设置应使泡沫覆盖变压器油箱顶面,且每个变压器进出线绝缘套管升高座孔口应设置单独的喷头保护。

（5）保护绝缘套管升高座孔口喷头的雾化角宜为 60 ℃,其他喷头的雾化角不应大于 90 ℃。

（6）所用泡沫灭火剂的灭火性能级别应为Ⅰ级,抗烧水平不应低于 C 级。

2.《泡沫》7.4.3　当保护非水溶性液体室内场所时,泡沫混合液或预混液供给强度不应小于 6.5 L/(min • m²),连续供给时间不应小于 10 min。系统喷头的布置应符合下列规定:

（1）保护面积内的泡沫混合液供给强度应均匀。

（2）泡沫应直接喷洒到保护对象上。

（3）喷头周围不应有影响泡沫喷洒的障碍物。

3.《泡沫》7.4.4　喷头应带过滤器,其工作压力不应小于其额定压力,且不宜高于其额定压力 0.1 MPa。

4.《泡沫》7.4.6　泡沫喷雾系统应同时具备自动、手动和应急机械手动启动方式。在自动控制状态下,灭火系统的响应时间不应大于 60 s。

八　泡沫消防泵站设计要求

1.《泡沫》8.1.5　泡沫消防泵站内应设置水池(罐)水位指示装置。泡沫消防泵站应设置与本单位消防站或消防保卫部门直接联络的通信设备。

2.《泡沫》8.1.6　当泡沫比例混合装置设置在泡沫消防泵站内无法满足本规范第 4.1.10 条的规定时,应设置泡沫站,且泡沫站的设置应符合下列规定:

（1）严禁将泡沫站设置在防火堤内、围堰内、泡沫灭火系统保护区或其他火灾及爆炸危险区域内。

（2）当泡沫站靠近防火堤设置时,其与各甲、乙、丙类液体储罐罐壁的间距应大于 20 m,且应具备远程控制功能。

（3）当泡沫站设置在室内时,其建筑耐火等级不应低于二级。

九　系统功能测试

1. 系统喷水试验

《泡沫验收》6.2.6　当为手动灭火系统时,要以手动控制的方式进行一次喷水试验;当为自动灭火系统时,要以手动和自动控制的方式各进行一次喷水试验,其各项性能指标均要达到设计要求。检测方法:用压力表、流量计、秒表测量。当系统为手动灭火系统时,选择最远的防护区或储罐进行喷水试验;当系统为自动灭火系统时选择最大和最远两个防护区或储罐分别以手动和自动的方式进行喷水试验。

2. 低、中倍数泡沫灭火系统喷泡沫试验。

《泡沫验收》6.2.6　低、中倍数泡沫灭火系统喷水试验完毕,将水放空后,进行喷泡沫试验:当为自动灭火系统时,要以自动控制的方式进行喷射泡沫的时间不小于 1 min;实测泡沫混合液的混合比和泡沫混合液的发泡倍数,以及到达最不利点防护区或储罐的时间和湿式联用系统水与泡沫的转换时间要符合设计要求。

检测方法:对于蛋白、氟蛋白等折射指数高的泡沫液,可用手持折射仪测量混合比,对于水成膜、抗溶水成膜等折射指数低的泡沫液,可用手持导电度测量仪测量混合比。泡沫混合液的发泡倍数按现行国家标准《泡沫灭火剂》(GB 15308－2006)规定的方法测量:喷射泡沫的时间和泡沫混合液或泡沫到达最不利点防护区或储罐的时间及湿式系统自喷水至喷泡沫的转换时间,用秒表测量。喷泡沫试验要选择最不利点的防护区或储罐进行,为了节约试验成本,进行一次试验即可。

问题解析

问题1：当采用液下喷射泡沫灭火时，应选用何种类型泡沫液？泡沫产生器必须选用什么类型？

【解析】1. 当采用液下喷射泡沫灭火时，应选用氟蛋白泡沫液、水成膜泡沫液、成膜氟蛋白泡沫液。

2. 泡沫产生器选用高背压泡沫产生器。

问题2：低倍数泡沫灭火系统的调试步骤有哪些？

【解析】1. 当为手动灭火系统时，要以手动控制的方式进行一次喷水试验；当为自动灭火系统时，要以手动和自动控制的方式各进行一次喷水试验，其各项性能指标均要达到设计要求。检测方法：用压力表、流量计、秒表测量。当系统为手动灭火系统时，选择最远的防护区或储罐进行喷水试验；当系统为自动灭火系统时选择最大和最远两个防护区或储罐分别以手动和自动的方式进行喷水试验。

2. 低倍数泡沫灭火系统喷水试验完毕，将水放空后，进行喷泡沫试验：当为自动灭火系统时，要以自动控制的方式进行喷射泡沫的时间不小于 1 min；实测泡沫混合液的混合比和泡沫混合液的发泡倍数，以及到达最不利点防护区或储罐的时间和湿式联用系统水与泡沫的转换时间要符合设计要求。

问题3：低倍数泡沫灭火系统的泡沫试验合格标准有哪些？

【解析】储罐区低倍数泡沫灭火系统的功能验收应进行泡沫试验，试验应满足：

(1) 应选择最远端储罐进行试验。

(2) 应以自动控制的方式进行喷泡沫试验，喷射泡沫的时间不宜小于 1 min。

(3) 喷泡沫时应测量比例混合装置的混合比。

(4) 应对发泡倍数进行测量，发泡倍数不宜低于 5 倍。

(5) 应对系统自开启消防泵至泡沫混合液输送至最远端罐的时间进行测量，该时间不应大于 5 min。

问题4：上述描述中存在哪些问题？如何整改？

【解析】1. 问题：采用了固定式半液下泡沫灭火系统，并采用普通蛋白泡沫进行扑救。

整改措施：应选用氟蛋白泡浓液、水成膜泡沫液、成膜氟蛋白泡沫液。

2. 问题：泡沫输送至最不利点储罐的输送时间为 8 min。

整改措施：加大泡沫液泵功率，使泡沫输送至最不利点储罐的输送时间不大于 5 min。

问题5：计算该次检测中的发泡倍数。

【解析】因空桶质量为 5 kg，装满清水后桶重 25 kg，采用 PQ8 泡沫枪在最不利点储罐处接取泡沫液两次并测量后分别得到桶重 10 kg 和 11 kg。

1. 根据装满清水的条件计算空桶容积：$V = (25-5)\ kg/(1.0\ t/m^3) = 20\ kg/(1.0\ kg/L) = 20\ L$。

2. 计算发泡倍数：

第一次：$N_1 = V \times \rho/(W_1 - W_0) = 20\ L \times 1.0\ (kg/L)/(10\ kg - 5\ kg) = 4$ 倍

第二次：$N_2 = V \times \rho/(W_2 - W_0) = 20\ L \times 1.0\ (kg/L)/(11\ kg - 5\ kg) = 3.33$ 倍

3. 发泡倍数 $N = (N_1 + N_2)/2 = 3.67$ 倍

案例 15 二氧化碳气体灭火系统设计案例分析

情景描述

某通信枢纽的通信机房,采用组合分配式高压二氧化碳全淹没气体灭火系统,系统服务五个防护区,共有155 组钢瓶。气瓶储存容器间设在中心机房,用砖墙单独隔开,门开向中心机房,采用甲级防火门,储存容器间设置了机械排风装置,排风口距储存容器间地面高度为 1.0 m,排出口应直接通向室外,正常排风量设计换气次数 3 次/h,事故排风量设计换气次数不小于 6 次/h。该系统的启动方式采用自动控制和手动控制系统,每个防护区内设有火灾声光警报器,防护区的入口处设有警铃警报器。

该系统已经运行 7 年,系统按照规范要求开展了各项检查。

根据以上材料,回答下列问题。

1. 本系统存在哪些问题?原因是什么?

2. 系统的模拟启动试验如何进行?其结果要求有哪些?

3. 系统的模拟喷气试验如何进行?其结果要求有哪些?

4. 系统的年度维护检查的主要内容和要求有哪些?

5. 系统还应做哪些检查?

关键考点依据

本考点依据《二氧化碳灭火系统设计规范》GB 50193—93(2010 年版),简称《碳规》。

一 二氧化碳灭火系统的设计

(一)一般规定

1.《碳规》3.1.2 采用全淹没灭火系统的防护区,应符合下列规定:

(1) 对气体、液体、电气火灾和固体表面火灾,在喷放二氧化碳前不能自动关闭的开口,其面积不应大于防护区总内表面积的 3%,且开口不应设在底面。

(2) 对固体深位火灾,除泄压口以外的开口,在喷放二氧化碳前应自动关闭。

(3) 防护区的围护结构及门、窗的耐火极限不应低于 0.50 h,吊顶的耐火极限不应低于 0.25 h;围护结构及门窗的允许压强不宜小于 1 200 Pa。

（4）防护区用的通风机和通风管道中的防火阀，在喷放二氧化碳前应自动关闭。

2.《碳规》3.1.3　采用局部应用灭火系统的保护对象，应符合下列规定：

（1）保护对象周围的空气流动速度不宜大于 3 m/s。必要时，应采取挡风措施。

（2）在喷头与保护对象之间，喷头喷射角范围内不应有遮挡物。

（3）当保护对象为可燃液体时，液面至容器缘口的距离不得小于 150 mm。

3.《碳规》3.1.4　启动释放二氧化碳之前或同时，必须切断可燃、助燃气体的气源。

4.《碳规》3.1.4A　组合分配系统的二氧化碳储存量，不应小于所需储存量最大的一个防护区或保护对象的储存量。

5.《碳规》3.1.5　当组合分配系统保护 5 个及以上的防护区或保护对象时，或者在 48 h 内不能恢复时，二氧化碳应有备用量，备用量不应小于系统设计的储存量。

对于高压系统和单独设置备用量储存容器的低压系统，备用量的储存容器应与系统管网相连，应能与主储存容器切换使用。

（二）全淹没灭火系统的设计

1.《碳规》3.2.1　二氧化碳设计浓度不应小于灭火浓度的 1.7 倍，并不得低于 34%。可燃物的二氧化碳设计浓度可按规定采用。

2.《碳规》3.2.8　全淹没灭火系统二氧化碳的喷放时间不应大于 1 min。当扑救固体深位火灾时，喷放时间不应大于 7 min，并应在前 2 min 内使二氧化碳的浓度达到 30%。

二　二氧化碳灭火系统系统组件及设置要求

（一）灭火剂储存装置

1.《碳规》5.1.1　高压系统的储存装置应由储存容器、容器阀、单向阀、灭火剂泄露检测装置和集流管等组成，并应符合下列规定：

（1）储存容器的工作压力不应小于 15 MPa，储存容器或容器阀上应设泄压装置，其泄压动作压力应为 19 MPa±0.95 MPa。

（2）储存容器中二氧化碳的充装系数应按国家现行《气瓶安全监察规程》执行。

（3）储存装置的环境温度应为 0 ℃～49 ℃。

2.《碳规》5.1.1A　低压系统的储存装置应由储存容器、容器阀、安全泄压装置、压力表、压力报警装置和制冷装置等组成，并应符合下列规定：

（1）储存容器的设计压力不应小于 2.5 MPa，并应采取良好的绝热措施。储存容器上至少应设置两套安全泄压装置，其泄压动作压力应为 2.38 MPa±0.12 MPa。

（2）储存装置的高压报警压力设定值应为 2.2 MPa，低压报警压力设定值应为 1.8 MPa。

（3）储存容器中二氧化碳的装量系数应按国家现行《固定式压力容器安全技术监察规程》执行。

（4）容器阀应能在喷出要求的二氧化碳量后自动关闭。

（5）储存装置应远离热源，其位置应便于再充装，其环境温度宜为 -23 ℃～49 ℃。

3.《碳规》5.1.2　储存容器中充装的二氧化碳应符合现行国家标准《二氧化碳灭火剂》的规定。

4.《碳规》5.1.4　储存装置应具有灭火剂泄漏检测功能，当储存容器中充装的二氧化碳损失量达到其初始充装量的 10% 时，应能发出声光报警信号并及时补充。

5.《碳规》5.1.6　储存装置的布置应方便检查和维护，并应避免阳光直射。

6.《碳规》5.1.7　储存装置宜设在专用的储存容器间内。局部应用灭火系统的储存装置可设置在固定的安全围栏内。专用的储存容器间的设置应符合下列规定：

(1) 应靠近防护区,出口应直接通向室外或疏散走道。

(2) 耐火等级不应低于二级。

(3) 室内应保持干燥和良好通风。

(4) 不具备自然通风条件的储存容器间,应设置机械排风装置,排风口距储存容器间地面高度不宜大于 0.5 m,排出口应直接通向室外,正常排风量宜按换气次数不小于 4 次/h 确定,事故排风量应按换气次数不小于 8 次/h 确定。

(二) 容器阀

容器阀按其结构形式,可分为差动式和膜片式两种。容器阀的启动方式一般有手动启动、气启动、电磁启动和电爆启动等方式。与之对应的启动装置有手动启动器、拉索启动器、气启动器、电磁启动器、电爆启动器。

(三) 选择阀

1.《碳规》5.2.1　在组合分配系统中,每个防护区或保护对象应设一个选择阀。选择阀应设置在储存容器间内,并应便于手动操作,方便检查维护。选择阀上应设有标明防护区的铭牌。

2.《碳规》5.2.2　选择阀可采用电动、气动或机械操作方式。选择阀的工作压力:高压系统不应小于 12 MPa,低压系统不应小于 2.5 MPa。

3.《碳规》5.2.3　系统在启动时,选择阀应在二氧化碳存储容器的容器阀动作之前或同时打开;采用灭火剂自身作为启动气源打开的选择阀,可不受此限。

(四) 喷头

1.《碳规》5.2.3A　全淹没灭火系统的喷头布置应使防护区内二氧化碳分布均匀,喷头应接近天花板或屋顶安装。

2.《碳规》5.2.4　设置在有粉尘或喷漆作业等场所的喷头,应增设不影响喷射效果的防尘罩。

(五) 压力开关

压力开关可以将压力信号转换成电气信号,一般设置在选择阀前后,以判断各部位的动作正确与否。

(六) 安全阀

安全阀一般设置在储存容器的容器阀上及组合分配系统中的集流管部分。在组合分配系统的集流管部分,选择阀平时处于关闭状态,在容器阀的出口处至选择阀的进口端之间形成了一个封闭的空间,此空间内容易形成一个危险的高压区。为了防止储存器发生误喷射,在集流管末端设置一个安全阀或泄压装置,当压力值超过规定值时,安全阀自动开启泄压以保证管网系统的安全。

(七) 管道

1.《碳规》5.3.1　高压系统管道及其附件应能承受最高环境温度下二氧化碳的储存压力;低压系统管道及其附件应能承受 4.0 MPa 的压力。并应符合下列规定:

(1) 管道应采用符合现行国家标准《输送流体用无缝钢管》GB8163 的规定,并应进行内外表面镀锌防腐处理。(2) 对镀锌层有腐蚀的环境,管道可采用不锈钢管、铜管或其他抗腐蚀的材料。(3) 挠性连接的软管应能承受系统的工作压力和温度,并宜采用不锈钢软管。

2.《碳规》5.3.1A　低压系统的管网中应采取防膨胀收缩措施。

3.《碳规》5.3.2　管道可采用螺纹连接、法兰连接或焊接。公称直径等于或小于 80 mm 的管道,宜采用螺纹连接;公称直径大于 80 mm 的管道,宜采用法兰连接。

4.《碳规》5.3.2A　二氧化碳灭火剂输送管网不应采用四通管件分流。

5.《碳规》5.3.3　管网中阀门之间的封闭管段应设置泄压装置,其泄压动作压力;高压系统应为 15 MPa± 0.75 MPa,低压系统应为 2.38 MPa±0.12 MPa。

三 安装要求

(一)灭火剂储存装置安装

1. 储存装置的安装位置要符合设计文件的要求。

2. 灭火剂储存装置安装后,泄压装置的泄压方向不应朝向操作面。低压二氧化碳灭火系统的安全阀要通过专用的泄压管接到室外。

3. 储存装置上压力计、液位计、称重显示装置的安装位置便于人员观察和操作。

4. 储存容器的支架、框架固定牢靠,并做防腐处理。

5. 储存容器宜涂红色油漆,正面标明设计规定的灭火剂名称和储存容器的编号。

6. 安装集流管前检查内腔,确保清洁。

7. 集流管上的泄压装置的泄压方向不应朝向操作面。

8. 连接储存容器与集流管间的单向阀的流向指示箭头应指向介质流动方向。

9. 集流管应固定在支、框架上,支、框架应固定牢靠,并做防腐处理。

(二) 选择阀及信号反馈装置的安装

1. 选择阀操作手柄安装在操作面一侧,当安装高度超过 1.7 m 时采取便于操作的措施。

2. 采用螺纹连接的选择阀,其与管网连接处宜采用活接。

3. 选择阀的流向指示箭头要指向介质流动方向。

4. 选择阀上要设置标明防护区或保护对象名称或编号的永久性标志牌,并应便于观察。

5. 信号反馈装置的安装符合设计要求。

(三)阀驱动装置的安装

1. 拉索式机械驱动装置的安装要求:

(1)拉索除必要外露部分外,采用经内外防腐处理的钢管防护。

(2)拉索转弯处采用专用导向滑轮。

(3)拉索末端拉手设在专用的保护盒内。

(4)拉索套管和保护盒固定牢靠。

2. 安装以重力式机械驱动装置时,应保证重物在下落行程中无阻挡,其下落行程要保证驱动所需距离,且不小于 25 mm。

3. 电磁驱动装置驱动器的电气连接线要沿固定灭火剂储存容器的支架、框架或墙面固定。

4. 气动驱动装置的安装规定:

(1)驱动气瓶的支架、框架或箱体固定牢靠,并做防腐处理。

(2)驱动气瓶上有标明驱动介质名称、对应防护区或保护对象名称或编号的永久性标志,并便于观察。

5. 气动驱动装置的管道安装规定:

(1)管道布置符合设计要求。

(2)竖直管道在其始端和终端设防晃支架或采用管卡固定。

(3)水平管道采用管卡固定。管卡的间距不宜大于 0.6 m。转弯处应增设 1 个管卡。

6. 气动驱动装置的管道安装后,要进行气压严密性试验。

试验时,逐步缓慢增加压力,当压力升至试验压力的 50% 时,如未发现异状或泄漏,继续按试验压力的 10% 逐级升压,每级稳压 3 min,直至试验压力值。保持压力,检查管道各处无变形,无泄漏为合格。

(四)灭火剂输送管道的安装

1. 灭火剂输送管道连接要求

(1)采用螺纹连接时,管材宜采用机械切割;螺纹没有缺纹、断纹等现象;螺纹连接的密封材料均匀附着在管道的螺纹部分,拧紧螺纹时,不得将填料挤入管道内;安装后的螺纹根部应有 2～3 条外露螺纹;连接后,将连接处外部清理干净并做防腐处理。

(2)采用法兰连接时,衬垫不得凸入管内,其外边缘宜接近螺栓,不得放双垫或偏垫。连接法兰的螺栓,直径和长度符合标准,拧紧后,凸出螺母的长度不大于螺杆直径的 1/2 且保有不少于 2 条外露螺纹。

(3)已防腐处理的无缝钢管不宜采用焊接连接,与选择阀等个别连接部位需采用法兰焊接连接时,要对被焊接损坏的防腐层进行二次防腐处理。

2. 管道穿越墙壁、楼板处要安装套管。套管公称直径比管道公称直径至少大 2 级,穿越墙壁的套管长度应与墙厚相等,穿越楼板的套管长度应高出地板 50 mm。管道与套管间的空隙采用防火封堵材料填塞密实。当管道穿越建筑物的变形缝时,要设置柔性管段。

3. 管道支、吊架的安装规定:

(1)管道固定牢靠,管道支、吊架的最大间距应符合表 2-15-1 的规定。

表 2-15-1 支、吊架之间最大间距

DN/mm	15	20	25	32	40	50	65	80	100	150
最大间距/m	1.5	1.8	2.1	2.4	2.7	3.0	3.4	3.7	4.3	5.2

(2)管道末端采用防晃支架固定,支架与末端喷嘴间的距离不大于 500 mm。

(3)公称直径大于或等于 50 mm 的主干管道,垂直方向和水平方向至少各安装 1 个防晃支架。当管道穿过建筑物楼层时,每层设 1 个防晃支架。当水平管道改变方向时,增设防晃支架。

4. 灭火剂输送管道安装完毕后,要进行强度试验和气压严密性试验。

试验时,应逐步缓慢增加压力,当压力升至试验压力的 50% 时,如未发现异状或泄漏,继续按试验压力的 10% 逐级升压,每级稳压 3 min,直至试验压力值。保持压力,检查管道各处无变形,无泄漏为合格。

5. 灭火剂输送管道的外表面宜涂红色油漆。在吊顶内、活动地板下等隐蔽场所内的管道,可涂红色油漆色环,色环宽度不应小于 50 mm。每个防护区或保护对象的色环宽度要一致,间距应均匀。

(五)喷嘴的安装

1. 喷嘴安装时要按设计要求逐个核对其型号、规格及喷孔方向。

2. 安装在吊顶下的不带装饰罩的喷嘴,其连接管管端螺纹不能露出吊顶;安装在吊顶下的带装饰罩的喷嘴,其装饰罩要紧贴吊顶。

(六)预制灭火系统的安装

1. 热气溶胶灭火装置等预制灭火系统及其控制器、声光报警器的安装位置要符合设计要求,并固定牢靠。

2. 预制灭火系统装置周围空间环境符合设计要求。

(七)控制组件的安装

1. 灭火控制装置的安装符合设计要求,防护区内火灾探测器的安装符合国家标准《火灾自动报警系统施工及验收规范》GB 50166 的规定。

2. 设置在防护区处的手动、自动转换开关要安装在防护区入口便于操作的部位,安装高度为中心点距地(楼)面 1.5 m。

3. 手动启动、停止按钮安装在防护区入口便于操作的部位,安装高度为中心点距地(楼)面 1.5 m;防护区的声光报警装置安装符合设计要求,并安装牢固,不倾斜。

4. 气体喷放指示灯宜安装在防护区入口的正上方。

四 系统调试

调试项目包括模拟启动试验、模拟喷气试验和模拟切换操作试验。调试完成后将系统各部件及联动设备恢复正常工作状态。

(一)系统调试准备

1. 气体灭火系统调试前要具备完整的技术资料,并符合相关规范的规定。

2. 调试前按规定检查系统组件和材料的型号、规格、数量以及系统安装质量,并及时处理所发现的问题。

(二)系统调试要求

系统调试时,对所有防护区或保护对象按规定进行系统手动、自动模拟启动试验,并合格。

1. 模拟启动试验

☆ 调试要求

调试时,对所有防护区或保护对象按规范规定进行模拟喷气试验,并合格。

☆ 模拟启动试验方法

(1)手动模拟启动试验按下述方法进行:

按下手动启动按钮,观察相关动作信号及联动设备动作是否正常(如发出声、光报警,启动输出端的负载响应,关闭通风空调、防火阀等)。手动启动使压力信号反馈装置,观察相关防护区门外的气体喷放指示灯是否正常。

(2)自动模拟启动试验按下述方法进行:

① 将灭火控制器的启动输出端与灭火系统相应防护区驱动装置连接。驱动装置与阀门的动作机构脱离。也可用 1 个启动电压、电流与驱动装置的启动电压、电流相同的负载代替。

② 人工模拟火警使防护区内任意 1 个火灾探测器动作,观察单一火警信号输出后,相关报警设备动作是否正常(如警铃、蜂鸣器发出报警声等)。

③ 人工模拟火警使该防护区内另一个火灾探测器动作,观察复合火警信号输出后,相关动作信号及联动设备动作是否正常(如发出声、光报警,启动输出端的负载响应,关闭通风空调、防火阀等)。

(3)模拟启动试验结果要求:

① 延迟时间与设定时间相符,响应时间满足要求。

② 有关声、光报警信号正确。

③ 联动设备动作正确。

④ 驱动装置动作可靠。

2. 模拟喷气试验

☆ 调试要求

调试时,对所有防护区或保护对象进行模拟喷气试验,并合格。

预制灭火系统的模拟喷气试验宜各取 1 套进行试验,试验按产品标准中有关"联动试验"的规定进行。

☆ 模拟喷气试验方法

(1)模拟喷气试验的条件:

① IG 541 混合气体灭火系统及高压二氧化碳灭火系统采用其充装的灭火剂进行模拟喷气试验。试验采用的储存容器数应为选定试验的防护区或保护对象设计用量所需容器总数的 5%,且不少于 1 个。

② 低压二氧化碳灭火系统采用二氧化碳灭火剂进行模拟喷气试验。试验要选定输送管道最长的防护区或保护对象进行,喷放量不小于设计用量的 10%。

③ 卤代烷灭火系统模拟喷气试验不采用卤代烷灭火剂,宜采用氮气或压缩空气进行。氮气或压缩空气储存容器与被试验的防护区或保护对象用的灭火剂储存容器的结构、型号、规格应相同,连接与控制方式要一致,氮气或压缩空气的充装压力按设计要求执行。氮气或压缩空气储存容器数不少于灭火剂储存容器数的 20%,且不少于 1 个。

④ 模拟喷气试验宜采用自动启动方式。

(2)模拟喷气试验结果要符合下列规定:

① 延迟时间与设定时间相符,响应时间满足要求。

② 有关声、光报警信号正确。

③ 有关控制阀门工作正常。

④ 信号反馈装置动作后,气体防护区门外的气体喷放指示灯工作正常。

⑤ 储存容器间内的设备和对应防护区或保护对象的灭火剂输送管道无明显晃动和机械性损坏。

⑥ 试验气体能喷入被试防护区内或保护对象上,且能从每个喷嘴喷出。

3. 模拟切换操作试验

☆ 调试要求

设有灭火剂备用量且储存容器连接在同一集流管上的系统应进行模拟切换操作试验,并合格。

☆ 模拟切换操作试验方法

(1) 按使用说明书的操作方法,将系统使用状态从主用量灭火剂储存容器切换为备用量灭火剂储存容器的使用状态。

(2) 按本节方法进行模拟喷气试验。

☆ 试验结果符合上述模拟喷气试验结果的规定。

五 系统巡查

(一)巡查内容及要求

1. 气体灭火控制器工作状态,盘面紧急启动按钮保护措施有效,检查主电是否正常,指示灯、显示屏、按钮、标签正常,钥匙、开关等是否在平时正常位置,系统是否在通常设定的安全工作状态(自动或手动,手动是否容许等)。

2. 每日应对低压二氧化碳储存装置的运行情况、储存装置间的设备状态进行检查并记录。

3. 选择阀、驱动装置上标明其工作防护区的永久性铭牌应明显可见,且妥善固定。

4. 防护区外专用的空气呼吸器或氧气呼吸器。

5. 防护区入口处灭火系统防护标志是否设置、完好。

6. 预制灭火系统、柜式气体灭火装置喷口前2.0 m内不得有阻碍气体释放的障碍物。

7. 灭火系统的手动控制与应急操作处有防止误操作的警示显示与措施。

(二)巡查方法

采用目测观察的方法,检查系统及其组件外观、阀门启闭状态、用电设备及其控制装置工作状态和压力监测装置(压力表、压力开关)工作情况。

(三)巡查周期

建筑管理(使用单位)至少每日组织一次巡查。

六 系统周期性检查维护

(一)月检查项目

1. 检查项目及其检查周期

下列项目至少每月进行一次维护检查:

(1) 对灭火剂储存容器、选择阀、液流单向阀、高压软管、集流管、启动装置、管网与喷嘴、压力信号器、安全泄压阀及检漏报警装置等系统全部组成部件进行外观检查。系统的所有组件应无碰撞变形及其他机械损伤,表面应无锈蚀,保护层应完好,铭牌应清晰,手动操作装置的防护罩、铅封和安全标志应完整。

(2) 气体灭火系统组件的安装位置不得有其他物件阻挡或妨碍其正常工作。

（3）驱动控制盘面板上的指示灯应正常，各开关位置应正确，各连线应无松动现象。

（4）火灾探测器表面应保持清洁，应无任何会干扰或影响火灾探测器探测性能的擦伤、油渍及油漆。

（5）气体灭火系统贮存容器内的压力，气动型驱动装置的气动源的压力均不得小于设计压力的90%。

2. 检查维护要求

（1）对低压二氧化碳灭火系统储存装置的液位计进行检查，灭火剂损失10%时应及时补充。

（2）高压二氧化碳灭火系统、七氟丙烷管网灭火系统及IG541灭火系统等系统的检查内容及要求应符合下列规定：

① 灭火剂储存容器及容器阀、单向阀、连接管、集流管、安全泄放装置、选择阀、阀驱动装置、喷嘴、信号反馈装置、检漏装置、减压装置等全部系统组件应无碰撞变形及其他机械性损伤，表面应无锈蚀，保护涂层应完好，铭牌和保护对象标志牌应清晰，手动操作装置的防护罩、铅封和安全标志应完整。

② 灭火剂和驱动气体储存容器内的压力，不得小于设计储存压力的90%。

③ 预制灭火系统的设备状态和运行状况应正常。

（二）季度检查项目

1. 可燃物的种类、分布情况，防护区的开口情况，应符合设计规定。

2. 储存装置间的设备、灭火剂输送管道和支、吊架的固定，应无松动。

3. 连接管应无变形、裂纹及老化。必要时，送法定质量检验机构进行检测或更换。

4. 各喷嘴孔口应无堵塞。

5. 对高压二氧化碳储存容器逐个进行称重检查，灭火剂净重不得小于设计储存量的90%。

6. 灭火剂输送管道有损伤与堵塞现象时，应按相关规范规定的管道强度试验和气密性试验方法的规定进行严密性试验和吹扫。

（三）年度检查要求

1. 撤下1个区启动装置的启动线，进行电控部分的联动试验，应启动正常。

2. 对每个防护区进行一次模拟自动喷气试验。通过报警联动，检验气体灭火控制盘功能，并进行自动启动方式模拟喷气试验，检查比例为20%（最少一个分区）。此项检查每年进行一次。

3. 对高压二氧化碳、三氟甲烷储存容器逐个进行称重检查，灭火剂净重不得小于设计储存量的90%。

4. 预制气溶胶灭火装置、自动干粉灭火装置有效期限检查。

5. 泄漏报警装置报警定量功能试验，检查的钢瓶比例100%。

6. 主用量灭火剂储存容器切换为备用量灭火剂储存容器的模拟切换操作试验，检查比例为20%（最少一个分区）。

7. 灭火剂输送管道有损伤与堵塞现象时，应按有关规范的规定进行严密性试验和吹扫。

（四）五年后的维护保养工作（由专业维修人员进行）

1. 五年后，每三年应对金属软管（连接管）进行水压强度试验和气密性试验，性能合格方能继续使用，如发现老化现象，应进行更换。

2. 五年后，对释放过灭火剂的储瓶、相关阀门等部件进行一次水压强度和气体密封性试验，试验合格方可继续使用。

（五）其他

1. 低压二氧化碳灭火剂储存容器的维护管理应按国家现行《压力容器安全技术监察规程》的规定执行。

2. 钢瓶的维护管理应按国家现行《气瓶安全监察规程》的规定执行。

3. 灭火剂输送管道耐压试验周期应按《压力管道安全管理与监察规定》的规定执行。

七 系统年度检测

年度检测是建筑使用、管理单位按照相关法律法规和国家消防技术标准，每年度开展的定期功能性检查和测试;建筑使用、管理单位的年度检测可以委托具有资质的消防技术服务单位实施。年度检测内容和要求通本章第四节"系统检测"的内容。

问题解析

问题1:本系统存在哪些问题?原因是什么?

【解析】本系统存在以下问题:

1. 气瓶储存容器间设在中心机房,用砖墙单独隔开门开向中心机房。

原因:管网灭火系统的储存装置宜设在专用储瓶间内。储瓶间宜靠近防护区,并应符合建筑物耐火等级不低于二级的规定,且应有直接通向室外或疏散走道的出口。

2. 储存容器间设置了机械排风装置,排风口距储存容器间地面高度为1.0 m,排出口应直接通向室外,正常排风量设计换气次数3次/h,事故排风量设计换气次数不小于6次/h。

原因:不具备自然通风条件的储存容器间,应设置机械排风装置,排风口距储存容器间地面高度不宜大于0.5 m,排出口应直接通向室外,正常排风量宜按换气次数不小于4次/h确定,事故排风量应按换气次数不小于8次/h确定。

3. 防护区的入口处设有警铃报警器。

原因:防护区的入口处应设火灾声、光报警器和灭火剂喷放指示灯,以及防护区采用的相应气体灭火系统的永久性标志牌。

问题2:系统的模拟启动试验如何进行?其结果要求有哪些?

【解析】1. 模拟启动试验按照下列方法进行。

(1) 手动模拟启动试验按下述方法进行:

按下手动启动按钮,观察相关动作信号及联动设备动作是否正常(如发出声、光报警,启动输出端的负载响应,关闭通风空调、防火阀等)。手动启动使压力信号反馈装置,观察相关防护区门外的气体喷放指示灯是否正常。

(2) 自动模拟启动试验按下述方法进行:

① 将灭火控制器的启动输出端与灭火系统相应防护区驱动装置连接。驱动装置与阀门的动作机构脱离。也可用一个启动电压、电流与驱动装置的启动电压、电流相同的负载代替;

② 人工模拟火警使防护区内任意一个火灾探测器动作,观察单一火警信号输出后,相关报警设备动作是否正常(如警铃、蜂鸣器发出报警声等);

③ 人工模拟火警使该防护区内另一个火灾探测器动作,观察复合火警信号输出后,相关动作信号及联动设备动作是否正常(如发出声、光报警,启动输出端的负载响应,关闭通风空调、防火阀等)。

2. 模拟启动试验结果要求:

① 延迟时间与设定时间相符,响应时间满足要求;② 有关声、光报警信号正确;③ 联动设备动作正确;④ 驱动装置动作可靠。

问题3:系统的模拟喷气试验如何进行?其结果要求有哪些?

【解析】1. 模拟喷气试验按照下列方法进行。

(1) 模拟喷气试验的条件:

① IG 541 混合气体灭火系统及高压二氧化碳灭火系统采用其充装的灭火剂进行模拟喷气试验。试验采用的储存容器数应为选定试验的防护区或保护对象设计用量所需容器总数的5%,且不少于1个;

② 低压二氧化碳灭火系统采用二氧化碳灭火剂进行模拟喷气试验。试验要选定输送管道最长的防护区或保护对象进行,喷放量不小于设计用量的10%;

③ 卤代烷灭火系统模拟喷气试验不采用卤代烷灭火剂,宜采用氮气或压缩空气进行。氮气或压缩空气储

存容器与被试验的防护区或保护对象用的灭火剂储存容器的结构、型号、规格应相同,连接与控制方式要一致,氮气或压缩空气的充装压力按设计要求执行。氮气或压缩空气储存容器数不少于灭火剂储存容器数的20%,且不少于1个;

④ 模拟喷气试验宜采用自动启动方式。

2. 模拟喷气试验结果要符合下列规定:

① 延迟时间与设定时间相符,响应时间满足要求;② 有关声、光报警信号正确;③ 有关控制阀门工作正常;④ 信号反馈装置动作后,气体防护区门外的气体喷放指示灯工作正常;⑤ 储存容器间内的设备和对应防护区或保护对象的灭火剂输送管道无明显晃动和机械性损坏;⑥ 试验气体能喷入被试防护区内或保护对象上,且能从每个喷嘴喷出。

问题4:系统的年度维护检查的主要内容和要求有哪些?

【解析】年度维护检查的主要内容和要求:

(1) 撤下1个防护区启动装置的启动线进行电控部分的联动试验,应启动正常。

(2) 对每个防护区进行一次模拟自动喷气试验。通过报警联动,检验气体灭火控制盘功能,并进行自动启动方式模拟喷气试验,检查比例为20%(最少一个分区)。

(3) 对高压二氧化碳储存容器逐个进行称重检查,灭火剂净重不得小于设计储存量的90%。

(4) 进行泄漏报警装置报警定量功能试验,检查钢瓶的比例为100%。

(5) 进行主用量灭火剂储存容器切换为备用量灭火剂储存容器的模拟切换操作试验,检查比例为20%(最少一个分区)。

(6) 在灭火剂输送管道有损伤与堵塞现象时,应按有关规范的规定进行严密性试验和吹扫。

问题5:系统还应做哪些检查?

【解析】系统运行超过五年,还应做如下检查:

(1) 五年后,每三年应对金属软管(连接管)进行水压强度试验和气密性试验,性能合格方能继续使用,如发现老化现象,应进行更换。

(2) 五年后,对释放过灭火剂的储瓶、相关阀门等部件进行一次水压强度和气体密封性试验,试验合格方可继续使用。

案例 16　火灾自动报警系统设计案例分析

情景描述

　　某副省级省会城市 IT 产业"孵化器"，为圆形连体建筑，共 7 层，建筑高度均为 32 m，建筑总面积 35 万 m²，中间设置圆形中庭。该建筑采用控制中心消防控制系统，在南北两侧一楼分设分消防控制室。

　　该建筑在中庭布置了 8 组线型光束感烟探测器，同时还选用感烟、感温探测器。建筑内设置了火灾自动报警系统、自动喷水灭火系统、气体灭火系统等消防设施。中庭设置雨淋系统，中庭与周围连通空间采用防火卷帘进行防火分隔，并设置防护冷却水幕保护。数据中心面积 800 m²，采用组合分配式七氟丙烷全淹没灭火系统。

　　2015 年年底，该产业孵化中心物业管理单位委托有相关资质的检测机构开展消防检测，检测中发现以下情况：

　　（1）火灾报警控制器有故障报警时，使用发烟器再次模拟火灾信号，约 5 min 后报告火警信号。

　　（2）触发设置在疏散走道上的同一防火分区内两个独立感烟探测器，该疏散走道上设置的防火卷帘下降至距顶棚 1.8 m 处，再次触发专门用于该卷帘联动 1 m 范围内的感烟探测器，卷帘下降至底部。

　　（3）防火卷帘检查情况：触发相应的火灾探测器，防火卷帘下降到全关闭状态，同时水幕阀组启动，火灾报警控制器（联动型）接收到反馈信号。

　　（4）雨淋系统检查情况：触发报警区域内两只独立的感烟火灾探测器，电磁阀打开，雨淋阀动作，并有相应的信号反馈到消防控制室。

　　（5）七氟丙烷灭火系统检查情况：气体灭火控制器接收到第一个火灾探测器报警信号，防护区的火灾声光警报器启动。接收到第二个火灾探测器报警信号，延迟 30 s 后，选择阀在容器阀开启后打开，气体喷放指示灯工作。

　　（6）火灾自动报警系统检查情况：使控制器与探测器之间的连线断路，控控制器在 2 min 内发出故障信号；触发其他部位的探测器，控制器在 75 s 后发出火灾报警信号。

　　根据以上材料，回答下列问题。

　　1. 此次检测中有哪些异常情况？如何整改？

　　2. 火灾报警控制器的检测内容有哪些？

　　3. 雨淋系统检查情况是否合理？

　　4. 七氟丙烷灭火系统检查结果是否符合要求？在接收到第二个火灾探测器报警信号后，还应执行哪些联动操作？

　　5. 火灾自动报警系统检查结果是否符合要求？如不符合，请说明原因。

关键考点依据

本考点依据《火灾自动报警系统设计规范》GB 50116—2013,简称《自动报警》。

一 报警区域和探测区域的划分

1.《自动报警》3.3.1　报警区域的划分应符合下列规定:

(1) 报警区域应根据防火分区或楼层划分;可将一个防火分区或一个楼层划分为一个报警区域,也可将发生火灾时需要同时联动消防设备的相邻几个防火分区或楼层划分为一个报警区域。

(2) 电缆隧道的一个报警区域宜由一个封闭长度区间组成,一个报警区域不应超过相连的 3 个封闭长度区间;道路隧道的报警区域应根据排烟系统或灭火系统的联动需要确定,且不宜超过 150 m。

(3) 甲、乙、丙类液体储罐区的报警区域应由一个储罐区组成,每个 50 000 m³ 及以上的外浮顶储罐应单独划分为一个报警区域。

(4) 列车的报警区域应按车厢划分,每节车厢应划分为一个报警区域。

2.《自动报警》3.3.2　探测区域的划分应符合下列规定:

(1) 探测区域应按独立房(套)间划分。一个探测区域的面积不宜超过 500 m²;从主要入口能看清其内部,且面积不超过 1 000 m² 的房间,也可划为一个探测区域。

(2) 红外光束感烟火灾探测器和缆式线型感温火灾探测器的探测区域的长度,不宜超过 100 m;空气管差温火灾探测器的探测区域长度宜为 20 m～100 m。

3.《自动报警》3.3.3　下列场所应单独划分探测区域:

(1) 敞开或封闭楼梯间、防烟楼梯间。
(2) 防烟楼梯间前室、消防电梯前室、消防电梯与防烟楼梯间合用的前室、走道、坡道。
(3) 电气管道井、通信管道井、电缆隧道。
(4) 建筑物闷顶、夹层。

二 系统设备的设计

(一)火灾报警控制器的容量

《自动报警》3.1.5　任一台火灾报警控制器所连接的火灾探测器、手动火灾报警按钮和模块等设备总数和地址总数,均不应超过 3 200 点,其中每一总线回路连接设备的总数不宜超过 200 点,且应留有不少于额定容量 10%的余量。

(二)消防联动控制器的设计容量

《自动报警》3.1.5　任一台消防联动控制器地址总数或火灾报警控制器(联动型)所控制的各类模块总数不应超过 1 600 点,每一联动总线回路连接设备的总数不宜超过 100 点,且应留有不少于额定容量 10%的余量。

(三)总线短路隔离器的设计容量

《自动报警》3.1.6　系统总线上应设置总线短路隔离器,每只总线短路隔离器保护的火灾探测器、手动火灾报警按钮和模块等消防设备的总数不应超过 32 点;总线穿越防火分区时,应在穿越处设置总线短路隔离器。

(四)其他一般规定

1.《自动报警》3.1.2　火灾自动报警系统应设有自动和手动两种触发装置。

2.《自动报警》3.1.7　高度超过 100 m 的建筑中,除消防控制室内设置的控制器外,每台控制器直接控制的火灾探测器、手动报警按钮和模块等设备不应跨越避难层。

3.《自动报警》3.1.8　水泵控制柜、风机控制柜等消防电气控制装置不应采用变频启动方式。

4.《自动报警》3.1.9　地铁列车上设置的火灾自动报警系统,应能通过无线网络等方式将列车上发生火灾的部位信息传输给消防控制室。

三　火灾探测器的选择

(一)火灾探测器的选择的一般规定

《自动报警》5.1.1　火灾探测器的选择应符合下列规定:

(1)对火灾初期有阴燃阶段,产生大量的烟和少量的热,很少或没有火焰辐射的场所,应选择感烟火灾探测器。

(2)对火灾发展迅速,可产生大量热、烟和火焰辐射的场所,可选择感温火灾探测器、感烟火灾探测器、火焰探测器或其组合。

(3)对火灾发展迅速,有强烈的火焰辐射和少量烟、热的场所,应选择火焰探测器。

(4)对火灾初期有阴燃阶段,且需要早期探测的场所,宜增设一氧化碳火灾探测器。

(5)对使用、生产可燃气体或可燃蒸气的场所,应选择可燃气体探测器。

(6)应根据保护场所可能发生火灾的部位和燃烧材料的分析,以及火灾探测器的类型、灵敏度和响应时间等选择相应的火灾探测器,对火灾形成特征不可预料的场所,可根据模拟试验的结果选择火灾探测器。

(7)同一探测区域内设置多个火灾探测器时,可选择具有复合判断火灾功能的火灾探测器和火灾报警控制器。

(二)点型火灾探测器的选择

1.《自动报警》5.2.1　对不同高度的房间,可按表 2-16-1 选择点型火灾探测器。

表 2-16-1　　　　　　　　　　对不同高度的房间点型火灾探测器的选择

房间高度 h/m	点型感烟火灾探测器	点型感温火灾探测器			火焰探测器
		A1、A2	B	C、D、E、F、G	
12＜h≤20	不适合	不适合	不适合	不适合	适合
8＜h≤12	适合	不适合	不适合	不适合	适合
6＜h≤8	适合	适合	不适合	不适合	适合
4＜h≤6	适合	适合	适合	不适合	适合
h≤4	适合	适合	适合	适合	适合

注:表中 A1、A2、B、C、D、E、F、G 为点型感温探测器的不同类别,具体参数应符合表 2-16-2 的规定。

表 2-16-2　　　　　　　　　　　　点型感温火灾探测器分类

探测器类别	典型应用温度/℃	最高应用温度/℃	动作温度下限值/℃	动作温度上限值/℃
A1	25	50	54	65
A2	25	50	54	70
B	40	65	69	85
C	55	80	84	100
D	70	95	99	115
E	85	110	114	130
F	100	125	129	145
G	115	140	144	160

2.《自动报警》5.2.2　　下列场所宜选择点型感烟火灾探测器：

(1) 饭店、旅馆、教学楼、办公楼的厅堂、卧室、办公室、商场、列车载客车厢等。

(2) 计算机房、通信机房、电影或电视放映室等。

(3) 楼梯、走道、电梯机房、车库等。

(4) 书库、档案库等。

3.《自动报警》5.2.3　　符合下列条件之一的场所，不宜选择点型离子感烟火灾探测器：

(1) 相对湿度经常大于95%。

(2) 气流速度大于5 m/s。

(3) 有大量粉尘、水雾滞留。

(4) 可能产生腐蚀性气体。

(5) 在正常情况下有烟滞留。

(6) 产生醇类、醚类、酮类等有机物质。

4.《自动报警》5.2.4　　符合下列条件之一的场所，不宜选择点型光电感烟火灾探测器：

(1) 有大量粉尘、水雾滞留。

(2) 可能产生蒸气和油雾。

(3) 高海拔地区。

(4) 在正常情况下有烟滞留。

5.《自动报警》5.2.5　　符合下列条件之一的场所，宜选择点型感温火灾探测器；且应根据使用场所的典型应用温度和最高应用温度选择适当类别的感温火灾探测器：

(1) 相对湿度经常大于95%。

(2) 可能发生无烟火灾。

(3) 有大量粉尘。

(4) 吸烟室等在正常情况下有烟或蒸气滞留的场所。

(5) 厨房、锅炉房、发电机房、烘干车间等不宜安装感烟火灾探测器的场所。

(6) 需要联动熄灭"安全出口"标志灯的安全出口内侧。

(7) 其他无人滞留且不适合安装感烟火灾探测器，但发生火灾时需要及时报警的场所。

6.《自动报警》5.2.6　　可能产生阴燃火或发生火灾不及时报警将造成重大损失的场所，不宜选择点型感温火灾探测器；温度在0℃以下的场所，不宜选择定温探测器；温度变化较大的场所，不宜选择具有差温特性的探测器。

7.《自动报警》5.2.7　　符合下列条件之一的场所，宜选择点型火焰探测器或图像型火焰探测器：

(1) 火灾时有强烈的火焰辐射。

(2) 可能发生液体燃烧等无阴燃阶段的火灾。

(3) 需要对火焰做出快速反应。

8.《自动报警》5.2.8　　符合下列条件之一的场所，不宜选择点型火焰探测器和图像型火焰探测器：

(1) 在火焰出现前有浓烟扩散。

(2) 探测器的镜头易被污染。

(3) 探测器的"视线"易被油雾、烟雾、水雾和冰雪遮挡。

(4) 探测区域内的可燃物是金属和无机物。

(5) 探测器易受阳光、白炽灯等光源直接或间接照射。

9.《自动报警》5.2.9　　探测区域内正常情况下有高温物体的场所，不宜选择单波段红外火焰探测器。

10.《自动报警》5.2.10　　正常情况下有明火作业，探测器易受X射线、弧光和闪电等影响的场所，不宜选择紫外火焰探测器。

11.《自动报警》5.2.11　下列场所宜选择可燃气体探测器：

(1)使用可燃气体的场所。

(2)燃气站和燃气表房以及存储液化石油气罐的场所。

(3)其他散发可燃气体和可燃蒸气的场所。

12.《自动报警》5.2.12　在火灾初期产生一氧化碳的下列场所可选择点型一氧化碳火灾探测器：

(1)烟不容易对流或顶棚下方有热屏障的场所。

(2)在棚顶上无法安装其他点型火灾探测器的场所。

(3)需要多信号复合报警的场所。

13.《自动报警》5.2.13　污物较多且必须安装感烟火灾探测器的场所,应选择间断吸气的点型采样吸气式感烟火灾探测器或具有过滤网和管路自清洗功能的管路采样吸气式感烟火灾探测器。

(三)线型火灾探测器的选择

1.《自动报警》5.3.1　无遮挡的大空间或有特殊要求的房间,宜选择线型光束感烟火灾探测器。

2.《自动报警》5.3.2　符合下列条件之一的场所,不宜选择线型光束感烟火灾探测器：

(1)有大量粉尘、水雾滞留。

(2)可能产生蒸气和油雾。

(3)在正常情况下有烟滞留。

(4)固定探测器的建筑结构由于振动等原因会产生较大位移的场所。

3.《自动报警》5.3.3　下列场所或部位,宜选择缆式线型感温火灾探测器：

(1)电缆隧道、电缆竖井、电缆夹层、电缆桥架。

(2)不易安装点型探测器的夹层、闷顶。

(3)各种皮带输送装置。

(4)其他环境恶劣不适合点型探测器安装的场所。

4.《自动报警》5.3.4　下列场所或部位,宜选择线型光纤感温火灾探测器：

(1)除液化石油气外的石油储罐。

(2)需要设置线型感温火灾探测器的易燃易爆场所。

(3)需要监测环境温度的地下空间等场所宜设置具有实时温度监测功能的线型光纤感温火灾探测器。

(4)公路隧道、敷设动力电缆的铁路隧道和城市地铁隧道等。

5.《自动报警》5.3.5　线型定温火灾探测器的选择,应保证其不动作温度符合设置场所的最高环境温度的要求。

四　系统设备的设置

(一)火灾报警控制器和消防联动控制器的设置

1.《自动报警》6.1.1　火灾报警控制器和消防联动控制器,应设置在消防控制室内或有人值班的房间和场所。

2.《自动报警》6.1.3　火灾报警控制器和消防联动控制器安装在墙上时,其主显示屏高度宜为1.5 m~1.8 m,其靠近门轴的侧面距墙不应小于0.5 m,正面操作距离不应小于1.2 m。

3.《自动报警》6.1.4　集中报警系统和控制中心报警系统中的区域火灾报警控制器在满足下列条件时,可设置在无人值班的场所：

(1)本区域内无需要手动控制的消防联动设备。

(2)本火灾报警控制器的所有信息在集中火灾报警控制器上均有显示,且能接收起集中控制功能的火灾报警控制器的联动控制信号,并自动启动相应的消防设备。

（3）设置的场所只有值班人员可以进入。

（二）火灾探测器的设置

1.《自动报警》6.2.2 点型火灾探测器的设置应符合下列规定：探测区域的每个房间应至少设置一只火灾探测器。

2.《自动报警》6.2.3 在有梁的顶棚上设置点型感烟火灾探测器、感温火灾探测器时，应符合下列规定：

（1）当梁凸出顶棚的高度小于 200 mm 时，可不计梁对探测器保护面积的影响。

（2）当梁凸出顶棚的高度为 200 mm～600 mm 时，应按本规范附录 F、附录 G 确定梁对探测器保护面积的影响和一只探测器能够保护的梁间区域的数量。

（3）当梁凸出顶棚的高度超过 600 mm 时，被梁隔断的每个梁间区域应至少设置一只探测器。

（4）当被梁隔断的区域面积超过一只探测器的保护面积时，被隔断的区域应按规定计算探测器的设置数量。

（5）当梁间净距小于 1 m 时，可不计梁对探测器保护面积的影响。

3.《自动报警》6.2.4 在宽度小于 3 m 的内走道顶棚上设置点型探测器时，宜居中布置。感温火灾探测器的安装间距不应超过 10 m；感烟火灾探测器的安装间距不应超过 15 m；探测器至端墙的距离，不应大于探测器安装间距的 1/2。

4.《自动报警》6.2.5 点型探测器至墙壁、梁边的水平距离，不应小于 0.5 m。

5.《自动报警》6.2.6 点型探测器周围 0.5 m 内，不应有遮挡物。

6.《自动报警》6.2.7 房间被书架、设备或隔断等分隔，其顶部至顶棚或梁的距离小于房间净高的 5% 时，每个被隔开的部分应至少安装一只点型探测器。

7.《自动报警》6.2.8 点型探测器至空调送风口边的水平距离不应小于 1.5 m，并宜接近回风口安装。探测器至多孔送风顶棚孔口的水平距离不应小于 0.5 m。

8.《自动报警》6.2.11 点型探测器宜水平安装。当倾斜安装时，倾斜角不应大于 45°。

9.《自动报警》6.2.14 火焰探测器和图像型火灾探测器的设置，应符合下列规定：

（1）应计及探测器的探测视角及最大探测距离，可通过选择探测距离长、火灾报警响应时间短的火焰探测器，提高保护面积要求和报警时间要求。

（2）探测器的探测视角内不应存在遮挡物。

（3）应避免光源直接照射在探测器的探测窗口。

（4）单波段的火焰探测器不应设置在平时有阳光、白炽灯等光源直接或间接照射的场所。

10.《自动报警》6.2.15 线型光束感烟火灾探测器的设置应符合下列规定：

（1）探测器的光束轴线至顶棚的垂直距离宜为 0.3 m～1.0 m，距地高度不宜超过 20 m。

（2）相邻两组探测器的水平距离不应大于 14 m，探测器至侧墙水平距离不应大于 7 m，且不应小于 0.5 m，探测器的发射器和接收器之间的距离不宜超过 100 m。

（3）探测器应设置在固定结构上。

（4）探测器的设置应保证其接收端避开日光和人工光源直接照射。

（5）选择反射式探测器时，应保证在反射板与探测器间任何部位进行模拟试验时，探测器均能正确响应。

11.《自动报警》6.2.16 线型感温火灾探测器的设置应符合下列规定：

（1）探测器在保护电缆、堆垛等类似保护对象时，应采用接触式布置；在各种皮带输送装置上设置时，宜设置在装置的过热点附近。

（2）设置在顶棚下方的线型感温火灾探测器，至顶棚的距离宜为 0.1 m。探测器的保护半径应符合点型感温火灾探测器的保护半径要求；探测器至墙壁的距离宜为 1 m～1.5 m。

（3）光栅光纤感温火灾探测器每个光栅的保护面积和保护半径，应符合点型感温火灾探测器的保护面积和保护半径要求。

(4) 设置线型感温火灾探测器的场所有联动要求时,宜采用两只不同火灾探测器的报警信号组合。

(5) 与线型感温火灾探测器连接的模块不宜设置在长期潮湿或温度变化较大的场所。

12.《自动报警》6.2.17 管路采样式吸气感烟火灾探测器的设置,应符合下列规定:

(1) 非高灵敏型探测器的采样管网安装高度不应超过 16 m;高灵敏型探测器的采样管网安装高度可超过 16 m;采样管网安装高度超过 16 m 时,灵敏度可调的探测器应设置为高灵敏度,且应减小采样管长度和采样孔数量。

(2) 探测器的每个采样孔的保护面积、保护半径,应符合点型感烟火灾探测器的保护面积、保护半径的要求。

(3) 一个探测单元的采样管总长不宜超过 200 m,单管长度不宜超过 100 m,同一根采样管不应穿越防火分区。采样孔总数不宜超过 100 个,单管上的采样孔数量不宜超过 25 个。

(4) 当采样管道采用毛细管布置方式时,毛细管长度不宜超过 4 m。

(5) 吸气管路和采样孔应有明显的火灾探测器标识。

(6) 有过梁、空间支架的建筑中,采样管路应固定在过梁、空间支架上。

(7) 当采样管道布置形式为垂直采样时,每 2 ℃温差间隔或 3 m 间隔(取最小者)应设置一个采样孔,采样孔不应背对气流方向。

(8) 采样管网应按经过确认的设计软件或方法进行设计。

(9) 探测器的火灾报警信号、故障信号等信息应传给火灾报警控制器,涉及消防联动控制时,探测器的火灾报警信号还应传给消防联动控制器。

13.《自动报警》6.2.18 感烟火灾探测器在格栅吊顶场所的设置,应符合下列规定:

(1) 镂空面积与总面积的比例不大于 15% 时,探测器应设置在吊顶下方。

(2) 镂空面积与总面积的比例大于 30% 时,探测器应设置在吊顶上方。

(3) 镂空面积与总面积的比例为 15%～30% 时,探测器的设置部位应根据实际试验结果确定。

(4) 探测器设置在吊顶上方且火警确认灯无法观察时,应在吊顶下方设置火警确认灯。

(5) 地铁站台等有活塞风影响的场所,镂空面积与总面积的比例为 30%～70% 时,探测器宜同时设置在吊顶上方和下方。

(三)手动火灾报警按钮的设置

1.《自动报警》6.3.1 每个防火分区应至少设置一只手动火灾报警按钮。从一个防火分区内的任何位置到最邻近的手动火灾报警按钮的步行距离不应大于 30 m。手动火灾报警按钮宜设置在疏散通道或出入口处。列车上设置的手动火灾报警按钮,应设置在每节车厢的出入口和中间部位。

2.《自动报警》6.3.2 手动火灾报警按钮应设置在明显和便于操作的部位。当采用壁挂方式安装时,其底边距地高度宜为 1.3 m～1.5 m,且应有明显的标志。

(四)区域显示器的设置

1.《自动报警》6.4.1 每个报警区域宜设置一台区域显示器(火灾显示盘);宾馆、饭店等场所应在每个报警区域设置一台区域显示器。当一个报警区域包括多个楼层时,宜在每个楼层设置一台仅显示本楼层的区域显示器。

2.《自动报警》6.4.2 区域显示器应设置在出入口等明显和便于操作的部位。当采用壁挂方式安装时,其底边距地高度宜为 1.3 m～1.5 m。

(五)火灾警报器的设置

1.《自动报警》6.5.1 火灾光警报器应设置在每个楼层的楼梯口、消防电梯前室、建筑内部拐角等处的明显部位,且不宜与安全出口指示标志灯具设置在同一面墙上。

2.《自动报警》6.5.2 每个报警区域内应均匀设置火灾警报器,其声压级不应小于 60 dB;在环境噪声大于 60 dB 的场所,其声压级应高于背景噪声 15dB。

3.《自动报警》6.5.3　当火灾警报器采用壁挂方式安装时,其底边距地面高度应大于 2.2 m。

(六)消防应急广播的设置

1.《自动报警》6.6.1　消防应急广播扬声器的设置,应符合下列规定:

(1)民用建筑内扬声器应设置在走道和大厅等公共场所。每个扬声器的额定功率不应小于 3 W,其数量应能保证从一个防火分区内的任何部位到最近一个扬声器的直线距离不大于 25 m,走道末端距最近的扬声器距离不应大于12.5 m。(2)在环境噪声大于60 dB 的场所设置的扬声器,在其播放范围内最远点的播放声压级应高于背景噪声15 dB。(3)客房设置专用扬声器时,其功率不宜小于 1 W。

2.《自动报警》6.6.2　壁挂扬声器的底边距地面高度应大于 2.2 m。

(七)消防专用电话的设置

1.《自动报警》6.7.1　消防专用电话网络应为独立的消防通信系统。

2.《自动报警》6.7.2　消防控制室应设置消防专用电话总机。

3.《自动报警》6.7.3　多线制消防专用电话系统中的每个电话分机应与总机单独连接。

4.《自动报警》6.7.4　电话分机或电话插孔的设置,应符合下列规定:

(1)消防水泵房、发电机房、配变电室、计算机网络机房、主要通风和空调机房、防排烟机房、灭火控制系统操作装置处或控制室、企业消防站、消防值班室、总调度室、消防电梯机房及其他与消防联动控制有关的且经常有人值班的机房应设置消防专用电话分机。消防专用电话分机,应固定安装在明显且便于使用的部位,并应有区别于普通电话的标识。

(2)设有手动火灾报警按钮或消火栓按钮等处,宜设置电话插孔,并宜选择带有电话插孔的手动火灾报警按钮。

(3)各避难层应每隔 20 m 设置一个消防专用电话分机或电话插孔。

(4)电话插孔在墙上安装时,其底边距地面高度宜为 1.3 m～1.5 m。

5.《自动报警》6.7.5　消防控制室、消防值班室或企业消防站等处,应设置可直接报警的外线电话。

(八)模块的设置

1.《自动报警》6.8.1　每个报警区域内的模块宜相对集中设置在本报警区域内的金属模块箱中。

2.《自动报警》6.8.2　模块严禁设置在配电(控制)柜(箱)内。

3.《自动报警》6.8.3　本报警区域内的模块不应控制其他报警区域的设备。

4.《自动报警》6.8.4　未集中设置的模块附近应有尺寸不小于 100 mm×100 mm 的标识。

(九)消防控制室图形显示装置的设置

1.《自动报警》6.9.1　消防控制室图形显示装置应设置在消防控制室内,并应符合火灾报警控制器的安装设置要求。

2.《自动报警》6.9.2　消防控制室图形显示装置与火灾报警控制器、消防联动控制器、电气火灾监控器、可燃气体报警控制器等消防设备之间,应采用专用线路连接。

(十)火灾报警传输设备或用户信息传输装置的设置

1.《自动报警》6.10.1　火灾报警传输设备或用户信息传输装置,应设置在消防控制室内;未设置消防控制室时,应设置在火灾报警控制器附近的明显部位。

2.《自动报警》6.10.2　火灾报警传输设备或用户信息传输装置与火灾报警控制器、消防联动控制器等设备之间,应采用专用线路连接。

3.《自动报警》6.10.3　火灾报警传输设备或用户信息传输装置的设置,应保证有足够的操作和检修间距。

4.《自动报警》6.10.4　火灾报警传输设备或用户信息传输装置的手动报警装置,应设置在便于操作的明显部位。

(十一)防火门监控器的设置

1.《自动报警》6.11.1　防火门监控器应设置在消防控制室内,未设置消防控制室时,应设置在有人值班的场所。

2.《自动报警》6.11.2　电动开门器的手动控制按钮应设置在防火门内侧墙面上,距门不宜超过 0.5 m,底边距地面高度宜为 0.9 m～1.3 m。

3.《自动报警》6.11.3　防火门监控器的设置应符合火灾报警控制器的安装设置要求。

五　布线设计要求

(一)一般规定

1.《自动报警》11.1.1　火灾自动报警系统的传输线路和 50 V 以下供电的控制线路,应采用电压等级不低于交流 300 V/500 V 的铜芯绝缘导线或铜芯电缆。采用交流 220 V/380 V 的供电和控制线路,应采用电压等级不低于交流 450 V/750 V 的铜芯绝缘导线或铜芯电缆。

2.《自动报警》11.1.3　火灾自动报警系统的供电线路和传输线路设置在室外时,应埋地敷设。

3.《自动报警》11.1.4　灾自动报警系统的供电线路和传输线路设置在地(水)下隧道或湿度大于 90% 的场所时,线路及接线处应做防水处理。

4.《自动报警》11.1.5　采用无线通信方式的系统设计,应符合下列规定:

(1) 无线通信模块的设置间距不应大于额定通信距离的 75%。

(2) 无线通信模块应设置在明显部位,且应有明显标识。

(二) 室内布线设计

1.《自动报警》11.2.1　火灾自动报警系统的传输线路应采用金属管、可挠(金属)电气导管、B_1 级以上的钢性塑料管或封闭式线槽保护。

2.《自动报警》11.2.2　火灾自动报警系统的供电线路、消防联动控制线路应采用耐火铜芯电线电缆,报警总线、消防应急广播和消防专用电话等传输线路应采用阻燃或阻燃耐火电线电缆。

3.《自动报警》11.2.3　线路暗敷设时,应采用金属管、可挠(金属)电气导管或 B_1 级以上的刚性塑料管保护,并应敷设在不燃烧体的结构层内,且保护层厚度不宜小于 30 mm;线路明敷设时,应采用金属管、可挠(金属)电气导管或金属封闭线槽保护。矿物绝缘类不燃性电缆可直接明敷。

4.《自动报警》11.2.4　火灾自动报警系统用的电缆竖井,宜与电力、照明用的低压配电线路电缆竖井分别设置。受条件限制必须合用时,应将火灾自动报警系统用的电缆和电力、照明用的低压配电线路电缆分别布置在竖井的两侧。

5.《自动报警》11.2.5　不同电压等级的线缆不应穿入同一根保护管内,当合用同一线槽时,线槽内应有隔板分隔。

6.《自动报警》11.2.6　采用穿管水平敷设时,除报警总线外,不同防火分区的线路不应穿入同一根管内。

7.《自动报警》11.2.7　从接线盒、线槽等处引到探测器底座盒、控制设备盒、扬声器箱的线路,均应加金属保护管保护。

8.《自动报警》11.2.8　火灾探测器的传输线路,宜选择不同颜色的绝缘导线或电缆。正极"＋"线应为红色,负极"－"线应为蓝色或黑色。同一工程中相同用途导线的颜色应一致,接线端子应有标号。

六　消防联动控制设计要求

(一)一般规定

1.《自动报警》4.1.1　消防联动控制器应能按设定的控制逻辑向各相关的受控设备发出联动控制信号,并接受相关设备的联动反馈信号。

2.《自动报警》4.1.2　消防联动控制器的电压控制输出应采用直流 24 V,其电源容量应满足受控消防设备同时启动且维持工作的控制容量要求。

3.《自动报警》4.1.3 各受控设备接口的特性参数应与消防联动控制器发出的联动控制信号相匹配。

4.《自动报警》4.1.4 消防水泵、防烟和排烟风机的控制设备,除应采用联动控制方式外,还应在消防控制室设置手动直接控制装置。

5.《自动报警》4.1.5 启动电流较大的消防设备宜分时启动。

6.《自动报警》4.1.6 需要火灾自动报警系统联动控制的消防设备,其联动触发信号应采用两个独立的报警触发装置报警信号的"与"逻辑组合。

(二)自动喷水灭火系统的联动控制设计

1.《自动报警》4.2.1 湿式系统和干式系统的联动控制设计,应符合下列规定:

(1)联动控制方式,应由湿式报警阀压力开关的动作信号作为触发信号,直接控制启动喷淋消防泵,联动控制不应受消防联动控制器处于自动或手动状态影响。

(2)手动控制方式,应将喷淋消防泵控制箱(柜)的启动、停止按钮用专用线路直接连接至设置在消防控制室内的消防联动控制器的手动控制盘,直接手动控制喷淋消防泵的启动、停止。

(3)水流指示器、信号阀、压力开关、喷淋消防泵的启动和停止的动作信号应反馈至消防联动控制器。

2.《自动报警》4.2.2 预作用系统的联动控制设计,应符合下列规定:

(1)联动控制方式,应由同一报警区域内两只及以上独立的感烟火灾探测器或一只感烟火灾探测器与一只手动火灾报警按钮的报警信号,作为预作用阀组开启的联动触发信号。由消防联动控制器控制预作用阀组的开启,使系统转变为湿式系统;当系统设有快速排气装置时,应联动控制排气阀前的电动阀的开启。湿式系统的联动控制设计应符合规定。

(2)手动控制方式,应将喷淋消防泵控制箱(柜)的启动和停止按钮、预作用阀组和快速排气阀入口前的电动阀的启动和停止按钮,用专用线路直接连接至设置在消防控制室内的消防联动控制器的手动控制盘,直接手动控制喷淋消防泵的启动、停止及预作用阀组和电动阀的开启。

(3)水流指示器、信号阀、压力开关、喷淋消防泵的启动和停止的动作信号,有压气体管道气压状态信号和快速排气阀入口前电动阀的动作信号应反馈至消防联动控制器。

3.《自动报警》4.2.3 雨淋系统的联动控制设计,应符合下列规定:

(1)联动控制方式,应由同一报警区域内两只及以上独立的感温火灾探测器或一只感温火灾探测器与一只手动火灾报警按钮的报警信号,作为雨淋阀组开启的联动触发信号。应由消防联动控制器控制雨淋阀组的开启。

(2)手动控制方式,应将雨淋消防泵控制箱(柜)的启动和停止按钮、雨淋阀组的启动和停止按钮,用专用线路直接连接至设置在消防控制室内的消防联动控制器的手动控制盘,直接手动控制雨淋消防泵的启动、停止及雨淋阀组的开启。

(3)水流指示器,压力开关,雨淋阀组、雨淋消防泵的启动和停止的动作信号应反馈至消防联动控制器。

4.《自动报警》4.2.4 自动控制的水幕系统的联动控制设计,应符合下列规定:

(1)联动控制方式,当自动控制的水幕系统用于防火卷帘的保护时,应由防火卷帘下落到楼板面的动作信号与本报警区域内任一火灾探测器或手动火灾报警按钮的报警信号作为水幕阀组启动的联动触发信号,并应由消防联动控制器联动控制水幕系统相关控制阀组的启动;仅用水幕系统作为防火分隔时,应由该报警区域内两只独立的感温火灾探测器的火灾报警信号作为水幕阀组启动的联动触发信号,并应由消防联动控制器联动控制水幕系统相关控制阀组的启动。

(2)手动控制方式,应将水幕系统相关控制阀组和消防泵控制箱(柜)的启动、停止按钮用专用线路直接连接至设置在消防控制室内的消防联动控制器的手动控制盘,并应直接手动控制消防泵的启动、停止及水幕系统相关控制阀组的开启。

(3)压力开关、水幕系统相关控制阀组和消防泵的启动、停止的动作信号,应反馈至消防联动控制器。

（三）消火栓系统的联动控制设计

1.《自动报警》4.3.1　联动控制方式,应由消火栓系统出水干管上设置的低压压力开关、高位消防水箱出水管上设置的流量开关或报警阀压力开关等信号作为触发信号,直接控制启动消火栓泵,联动控制不应受消防联动控制器处于自动或手动状态影响。当设置消火栓按钮时,消火栓按钮的动作信号应作为报警信号及启动消火栓泵的联动触发信号,由消防联动控制器联动控制消火栓泵的启动。

2.《自动报警》4.3.2　手动控制方式,应将消火栓泵控制箱(柜)的启动、停止按钮用专用线路直接连接至设置在消防控制室内的消防联动控制器的手动控制盘,并应直接手动控制消火栓泵的启动、停止。

3.《自动报警》4.3.3　消火栓泵的动作信号应反馈至消防联动控制器。

（四）气体(泡沫)灭火系统的联动控制设计

1.《自动报警》4.4.1　气体灭火系统、泡沫灭火系统应分别由专用的气体灭火控制器、泡沫灭火控制器控制。

2.《自动报警》4.4.2　气体灭火控制器、泡沫灭火控制器直接连接火灾探测器时,气体灭火系统、泡沫灭火系统的自动控制方式应符合下列规定:

(1)应由同一防护区域内两只独立的火灾探测器的报警信号、一只火灾探测器与一只手动火灾报警按钮的报警信号或防护区外的紧急启动信号,作为系统的联动触发信号,探测器的组合宜采用感烟火灾探测器和感温火灾探测器,各类探测器应按本规范第6.2节的规定分别计算保护面积。

(2)气体灭火控制器、泡沫灭火控制器在接收到满足联动逻辑关系的首个联动触发信号后,应启动设置在该防护区内的火灾声光警报器,且联动触发信号应为任一防护区域内设置的感烟火灾探测器、其他类型火灾探测器或手动火灾报警按钮的首次报警信号;在接收到第二个联动触发信号后,应发出联动控制信号,且联动触发信号应为同一防护区域内与首次报警的火灾探测器或手动火灾报警按钮相邻的感温火灾探测器、火焰探测器或手动火灾报警按钮的报警信号。

(3)联动控制信号应包括下列内容:

① 关闭防护区域的送(排)风机及送(排)风阀门。

② 停止通风和空气调节系统及关闭设置在该防护区域的电动防火阀。

③ 联动控制防护区域开口封闭装置的启动,包括关闭防护区域的门、窗。

④ 启动气体灭火装置、泡沫灭火装置,气体灭火控制器、泡沫灭火控制器,可设定不大于30 s的延迟喷射时间。

(4)平时无人工作的防护区,可设置为无延迟的喷射,应在接收到满足联动逻辑关系的首个联动触发信号后按本条第3款规定执行除启动气体灭火装置、泡沫灭火装置外的联动控制;在接收到第二个联动触发信号后,应启动气体灭火装置、泡沫灭火装置。

(5)气体灭火防护区出口外上方应设置表示气体喷洒的火灾声光警报器,指示气体释放的声信号应与该保护对象中设置的火灾声警报器的声信号有明显区别。启动气体灭火装置、泡沫灭火装置的同时,应启动设置在防护区入口处表示气体喷洒的火灾声光警报器;组合分配系统应首先开启相应防护区域的选择阀,然后启动气体灭火装置、泡沫灭火装置。

3.《自动报警》4.4.3　气体灭火控制器、泡沫灭火控制器不直接连接火灾探测器时,气体灭火系统、泡沫灭火系统的自动控制方式应符合下列规定:

(1)气体灭火系统、泡沫灭火系统的联动触发信号应由火灾报警控制器或消防联动控制器发出。

(2)气体灭火系统、泡沫灭火系统的联动触发信号和联动控制均应符合规定。

4.《自动报警》4.4.4　气体灭火系统、泡沫灭火系统的手动控制方式应符合下列规定:

(1)在防护区疏散出口的门外应设置气体灭火装置、泡沫灭火装置的手动启动和停止按钮,手动启动按钮按下时,气体灭火控制器、泡沫灭火控制器应执行符合规定的联动操作;手动停止按钮按下时,气体灭火控制器、泡沫灭火控制器应停止正在执行的联动操作。

（2）气体灭火控制器、泡沫灭火控制器上应设置对应于不同防护区的手动启动和停止按钮，手动启动按钮按下时，气体灭火控制器、泡沫灭火控制器应执行符合规定的联动操作；手动停止按钮按下时，气体灭火控制器、泡沫灭火控制器应停止正在执行的联动操作。

5.《自动报警》4.4.5 气体灭火装置、泡沫灭火装置启动及喷放各阶段的联动控制及系统的反馈信号，应反馈至消防联动控制器。系统的联动反馈信号应包括下列内容：

（1）气体灭火控制器、泡沫灭火控制器直接连接的火灾探测器的报警信号。

（2）选择阀的动作信号。

（3）压力开关的动作信号。

6.《自动报警》4.4.6 在防护区域内设有手动与自动控制转换装置的系统，其手动或自动控制方式的工作状态应在防护区内、外的手动和自动控制状态显示装置上显示，该状态信号应反馈至消防联动控制器。

（五）防烟排烟系统的联动控制设计

1.《自动报警》4.5.1 防烟系统的联动控制方式应符合下列规定：

（1）应由加压送风口所在防火分区内的两只独立的火灾探测器或一只火灾探测器与一只手动火灾报警按钮的报警信号，作为送风口开启和加压送风机启动的联动触发信号，并应由消防联动控制器联动控制相关层前室等需要加压送风场所的加压送风口开启和加压送风机启动。

（2）应由同一防烟分区内且位于电动挡烟垂壁附近的两只独立的感烟火灾探测器的报警信号，作为电动挡烟垂壁降落的联动触发信号，并应由消防联动控制器联动控制电动挡烟垂壁的降落。

2.《自动报警》4.5.2 排烟系统的联动控制方式应符合下列规定：

（1）应由同一防烟分区内的两只独立的火灾探测器的报警信号，作为排烟口、排烟窗或排烟阀开启的联动触发信号，并应由消防联动控制器联动控制排烟口、排烟窗或排烟阀的开启，同时停止该防烟分区的空气调节系统。

（2）应由排烟口、排烟窗或排烟阀开启的动作信号，作为排烟风机启动的联动触发信号，并应由消防联动控制器联动控制排烟风机的启动。

3.《自动报警》4.5.3 防烟系统、排烟系统的手动控制方式，应能在消防控制室内的消防联动控制器上手动控制送风口、电动挡烟垂壁、排烟口、排烟窗、排烟阀的开启或关闭及防烟风机、排烟风机等设备的启动或停止，防烟、排烟风机的启动、停止按钮应采用专用线路直接连接至设置在消防控制室内的消防联动控制器的手动控制盘，并应直接手动控制防烟、排烟风机的启动、停止。

4.《自动报警》4.5.4 送风口、排烟口、排烟窗或排烟阀开启和关闭的动作信号，防烟、排烟风机启动和停止及电动防火阀关闭的动作信号，均应反馈至消防联动控制器。

5.《自动报警》4.5.5 排烟风机入口处的总管上设置的 280 ℃排烟防火阀在关闭后应直接联动控制风机停止，排烟防火阀及风机的动作信号应反馈至消防联动控制器。

（六）防火门及防火卷帘的联动控制设计

1.《自动报警》4.6.1 防火门系统的联动控制设计，应符合下列规定：

（1）应由常开防火门所在防火分区内的两只独立的火灾探测器或一只火灾探测器与一只手动火灾报警按钮的报警信号，作为常开防火门关闭的联动触发信号，联动触发信号应由火灾报警控制器或消防联动控制器发出，并应由消防联动控制器或防火门监控器联动控制防火门关闭。

（2）疏散通道上各防火门的开启、关闭及故障状态信号应反馈至防火门监控器。

2.《自动报警》4.6.2 防火卷帘的升降应由防火卷帘控制器控制。

3.《自动报警》4.6.3 疏散通道上设置的防火卷帘的联动控制设计，应符合下列规定：

（1）联动控制方式，防火分区内任两只独立的感烟火灾探测器或任一只专门用于联动防火卷帘的感烟火灾探测器的报警信号应联动控制防火卷帘下降至距楼板面 1.8 m 处；任一只专门用于联动防火卷帘的感温火灾探测器的报警信号应联动控制防火卷帘下降到楼板面；在卷帘的任一侧距卷帘纵深 0.5 m～5 m 内应设置不少于2只专门用于联动防火卷帘的感温火灾探测器。

(2)手动控制方式,应由防火卷帘两侧设置的手动控制按钮控制防火卷帘的升降。

4.《自动报警》4.6.4　非疏散通道上设置的防火卷帘的联动控制设计,应符合下列规定:

(1)联动控制方式,应由防火卷帘所在防火分区内任两只独立的火灾探测器的报警信号,作为防火卷帘下降的联动触发信号,并应联动控制防火卷帘直接下降到楼板面。

(2)手动控制方式,应由防火卷帘两侧设置的手动控制按钮控制防火卷帘的升降,并应能在消防控制室内的消防联动控制器上手动控制防火卷帘的降落。

5.《自动报警》4.6.5　防火卷帘下降至距楼板面1.8 m处、下降到楼板面的动作信号和防火卷帘控制器直接连接的感烟、感温火灾探测器的报警信号,应反馈至消防联动控制器。

(七)电梯的联动控制设计

1.《自动报警》4.7.1　消防联动控制器应具有发出联动控制信号强制所有电梯停于首层或电梯转换层的功能。

2.《自动报警》4.7.2　电梯运行状态信息和停于首层或转换层的反馈信号,应传送给消防控制室显示,轿厢内应设置能直接与消防控制室通话的专用电话。

(八)火灾警报和消防应急广播系统的联动控制设计

1.《自动报警》4.8.1　火灾自动报警系统应设置火灾声光警报器,并应在确认火灾后启动建筑内的所有火灾声光警报器。

2.《自动报警》4.8.2　未设置消防联动控制器的火灾自动报警系统,火灾声光警报器应由火灾报警控制器控制;设置消防联动控制器的火灾自动报警系统,火灾声光警报器应由火灾报警控制器或消防联动控制器控制。

3.《自动报警》4.8.3　公共场所宜设置具有同一种火灾变调声的火灾声警报器;具有多个报警区域的保护对象,宜选用带有语音提示的火灾声警报器;学校、工厂等各类日常使用电铃的场所,不应使用警铃作为火灾声警报器。

4.《自动报警》4.8.4　火灾声警报器设置带有语音提示功能时,应同时设置语音同步器。

5.《自动报警》4.8.5　同一建筑内设置多个火灾声警报器时,火灾自动报警系统应能同时启动和停止所有火灾声警报器工作。

6.《自动报警》4.8.6　火灾声警报器单次发出火灾警报时间宜为8 s～20 s,同时设有消防应急广播时,火灾声警报应与消防应急广播交替循环播放。

7.《自动报警》4.8.7　集中报警系统和控制中心报警系统应设置消防应急广播。

8.《自动报警》4.8.8　消防应急广播系统的联动控制信号应由消防联动控制器发出。当确认火灾后,应同时向全楼进行广播。

9.《自动报警》4.8.9　消防应急广播的单次语音播放时间宜为10 s～30 s,应与火灾声警报器分时交替工作,可采取1次火灾声警报器播放、1次或2次消防应急广播播放的交替工作方式循环播放。

10.《自动报警》4.8.10　在消防控制室应能手动或按预设控制逻辑联动控制选择广播分区、启动或停止应急广播系统,并应能监听消防应急广播。在通过传声器进行应急广播时,应自动对广播内容进行录音。

11.《自动报警》4.8.11　消防控制室内应能显示消防应急广播的广播分区的工作状态。

12.《自动报警》4.8.12　消防应急广播与普通广播或背景音乐广播合用时,应具有强制切入消防应急广播的功能。

(九)消防应急照明和疏散指示系统的联动控制设计

1.《自动报警》4.9.1　消防应急照明和疏散指示系统的联动控制设计,应符合下列规定:

(1)集中控制型消防应急照明和疏散指示系统,应由火灾报警控制器或消防联动控制器启动应急照明控制器实现。

(2)集中电源非集中控制型消防应急照明和疏散指示系统,应由消防联动控制器联动应急照明集中电源和应急照明分配电装置实现。

（3）自带电源非集中控制型消防应急照明和疏散指示系统，应由消防联动控制器联动消防应急照明配电箱实现。

2.《自动报警》4.9.2　当确认火灾后，由发生火灾的报警区域开始，顺序启动全楼疏散通道的消防应急照明和疏散指示系统，系统全部投入应急状态的启动时间不应大于 5 s。

（十）相关联动控制设计

1.《自动报警》4.10.1　消防联动控制器应具有切断火灾区域及相关区域的非消防电源的功能，当需要切断正常照明时，宜在自动喷淋系统、消火栓系统动作前切断。

2.《自动报警》4.10.2　消防联动控制器应具有自动打开涉及疏散的电动栅杆等的功能，宜开启相关区域安全技术防范系统的摄像机监视火灾现场。

3.《自动报警》4.10.3　消防联动控制器应具有打开疏散通道上由门禁系统控制的门和庭院电动大门的功能，并应具有打开停车场出入口挡杆的功能。

七　火灾自动报警系统常见故障

火灾自动报警系统常见故障有火灾探测器、通信、主电、备电等故障，处理方法详见表 2-16-3。

表 2-16-3　　　　　　　　　　　火灾自动报警系统常见故障、原原因及处理方法

故障部位	故障现象	故障原因	处理方法
火灾探测器	火灾报警控制器发出故障报警；故障指示灯亮；打印机打印探测器故障、时间、部位等	探测器与底座脱落、接触不良；报警总线与底座接触不良；报警总线开路或接地性能不良造成短路；探测器本身损坏；探测器接口板故障	重新拧紧探测器或增大底座与探测器卡簧的接触面积；重新压接总线，使之与底座有良好接触；查出有故障的总线位置，予以更换；更换探测器；维修或更换接口板
主电源	火灾报警控制器发出故障报警；主电源故障灯亮；打印机打印主电故障、时间	市电停电；电源线接触不良；主电熔丝熔断；等	连续停电 8 h 时应关机，主电正常后再开机；重新接主电源线，或使用烙铁焊接牢固；更换熔丝或熔丝管
备用电源	火灾报警控制器发出故障报警；备用电源故障灯亮；打印机打印备电故障、时间	备用电源损坏或电压不足；备用电池接线接触不良；熔丝熔断；等	开机充电 24h 后，备电仍报故障，更换备用蓄电池；用烙铁焊接备电的连接线，使电与主机良好接触；更换熔丝或熔丝管

八　系统测试

1. 火灾报警功能测试：采用发烟装置向一个任选的探测器施放烟气（或按下任一手动火灾报警按按钮），探测器（手动火灾报警按钮）红色报警确认灯点亮后，火灾报警控制器应在 100 s 内发出火灾声、光报警信号，记录报警时间，明　确指示火灾发生位置（信号来自火灾报警按钮及位置），并保持直至手动复位。

2. 故障报警功能测试：设置断路故障（般人为摘掉任一个探测器，也可模拟手动报警按钮断路），火灾报警控制器应在 100 s 内发出与火灾报警信号有明显区别的故障声、光信号，并显示故障部位，故障声信号应能手动消除，故障光信号应保持至故障排除。

3. 火警优先功能测试：断路故障期间，采用发烟装置向同一回路中的两个探测器施放烟气，火灾报警控制器能优先显示火灾报警信号。

问题解析

问题1:此次检测中有哪些问题?如何整改?

【解析】

1. 火灾报警控制器存在延迟。

整改措施:需满足60 s内火警优先报警。

2. 触发设置在疏散走道上的同一防火分区内的两个独立感烟探测器后,卷帘应下降至距地面1.8 m处;专门用于卷帘联动的探测器应为感温探测器,且设置在0.5—5 m的范围内。

整改措施:应重新设置卷帘控制逻辑、重新安装专门用于卷帘联动的感温探测器。

问题2:火灾报警控制器的检测内容有哪些?

【解析】火灾报警控制器的检测内容:

(1) 触摸自检键,对面板上的所有指示灯显示器和音响器件进行功能自检。

(2) 用点型感烟探测器触发任意探测器,查看控制器报警情况。之后断开任意探测器,100 s内应有故障报警,在故障报警期间再次触发任意两个火灾报警探测器,查看60 s内火警优先报警功能。

(3) 进行屏蔽、消音功能测试。

(4) 进行主备电源切换功能测试。

(5) 进行负载功能测试。

(6) 用万用表测试联动信号输出功能。

(7) 其他特有功能测试。

(8) 恢复系统至正常状态。

问题3:雨淋系统检查情况是否合理?

【解析】1. 不合理。

2. 雨淋系统的联动控制应由同一报警区域内两只及以上独立的感温火灾探测器或一只感温火灾探测器与一只手动火灾报警按钮的报警信号,作为雨淋阀组启动的联动触发信号。

问题4:七氟丙烷灭火系统检查结果是否符合要求?在接收到第二个火灾探测器报警信号后,还应执行哪些联动操作?

【解析】1. 不符合。

2. 组合分配系统启动时,选择阀应在容器阀开启前或同时打开。在接收到第一个火灾探测器报警后,还应执行的联动操作包括:

(1) 关闭防护区域的送(排)风机及送(排)风阀门。

(2) 停止通风和空气调节系统及关闭设置在防护区域的电动防火阀。

(3) 联动控制防护区域开口封闭装置的启动,包括关闭防护区域的门、窗。

问题5:火灾自动报警系统检查结果是否符合要求?如不符合,请说明原因。

【解析】1. 不符合。

2. 使控制器与探测器之间的连线断路,控制器应在100 s内发出故障信号;在故障状态下,使任一非故障状态的探测器发出火灾报警信号,控制器应在1 min内发出火灾报警信号。

案例 17　火灾自动报警系统检测验收案例分析

》 情景描述

　　某购物中心地上 4 层,地下 2 层,建筑高度为 23.75 m,建筑面积 14.2 万 m²。地下二层主要使用功能为汽车库、设备用房;地下一层为停车场、电站;一层主要使用功能为百货商店和主题餐厅;二至三层主要使用功能为百货商店、风味餐厅、儿童早教;四层使用功能为运动商城和电影院。

　　本建筑为一级保护对象,设有消火栓系统、自动喷水灭火系统(湿式)、机械防排烟系统、控制中心火灾自动报警系统等。建筑的火灾自动报警系统主要由火灾探测器、手动报警按钮、火灾报警控制器、消防联动控制器、消防广播、警报装置、消防电话等组成。

　　消防控制室内设有 16 台火灾报警控制器、16 台消防联动控制器、消防控制室图形显示装置、消防应急广播设备、消防专用电话设备等。

　　火灾探测器采用了点型感烟火灾探测器、点型感温火灾探测器、线型光束感烟火灾探测器。点型感烟火灾探测器主要设置在商场、办公室、机房、设备用房等独立房间内和走道;点型感温火灾探测器主要设置在汽车库、厨房等处;线型光束感烟火灾探测器设置在中庭。

　　在对该购物中心火灾自动报警系统进行消防检测时,共检查了 210 项,其中 A 类不合格为 0 项,B 类不合格 1 项,C 类不合格 9 项。

　　根据以上材料,回答下列问题。

　　1. 消防控制室内设备布置有哪些要求?

　　2. 该购物中心火灾自动报警系统工程质量是否合格?

　　3. 测试过程中火灾报警控制器发出故障报警,试分析故障发生时的原因并提出解决方案。

　　4. 线型光束感烟火灾探测器的设置要求有哪些?

　　5. 消防应急广播的设置要求有哪些?

》 关键考点依据

　　本考点依据《火灾自动报警系统设计规范》GB 50016—2013,简称《自动报警》。

一 消防控制室设备布置要求

《自动报警》3.4.8 消防控制室内设备的布置应符合下列规定：

(1) 设备面盘前的操作距离，单列布置时不应小于 1.5 m，双列布置时不应小于 2 m。

(2) 在值班人员经常工作的一面，设备面盘至墙的距离不应小于 3 m。

(3) 设备面盘后的维修距离不宜小于 1 m。

(4) 设备面盘的排列长度大于 4 m 时，其两端应设置宽度不小于 1 m 的通道。

(5) 与建筑其他弱电系统合用的消防控制室内，消防设备应集中设置，并应与其他设备间有明显间隔。

二 系统工程质量验收判定标准

《报警验收》5.1.7 系统工程质量验收判定标准应符合下列要求：

(1) 系统内的设备及配件规格型号与设计不符、无国家相关证书和检验报告的，系统内的任一控制器和火灾探测器无法发出报警信号，无法实现要求的联动功能的，为 A 类不合格。

(2) 验收前提供资料不符合要求的，为 B 类不合格。

(3) 其余不合格项均为 C 类不合格。

(4) 系统验收合格判定应为：$A=0$，且 $B \leqslant 2$，且 $B+C \leqslant$ 检查项的 5% 为合格，否则为不合格。

三 火灾自动报警系统重大故障原因及处理方法

火灾自动报警系统的重大故障原因及处理方法详见表 2-17-1。

表 2-17-1　　　　　　　　　火灾自动报警系统重大故障原因及处理方法

故障现象	故障原因	处理方法
强电串入火灾自动报警及联动控制系统	主要是弱电控制模块与被控设备的启动控制柜的接口处，如卷帘、水泵、防烟排烟风机、防火阀等处发生强电的串入	控制模块与受控设备间增设电气隔离模块
短路或接地故障而引起控制器损坏	传输总线与大地、水管、空调管等发生电气连接，从而造成控制器接口板的损坏	按要求做好线路连接和绝缘处理，使设备尽量与水管、空调管隔开，保证设备和线路的绝缘电阻满足设计要求

四 火灾自动报警系统误报原因

火灾自动报警系统误报原因见表 2-17-2。

表 2-17-2　　　　　　　　　火灾自动报警系统误报原因

原因	详情
产品质量	产品技术指标达不到要求，稳定性比较差，对使用环境非火灾因素（温度、湿度、灰尘、风速等）引起的灵敏度漂移不能得到补偿或补偿能力低，对各种干扰及线路分析参数的影响无法自动处理
设备选择和布置不当	(1) 探测器选型不合理 (2) 使用场所性质变化后未及时更换相适应的探测器

（续表）

原因	详情
环境因素	(1) 电磁环境干扰 (2) 气流的影响 (3) 感温探测器距高温光源过近 (4) 感温探测器安装在易产生水蒸气、车库等场所 (5) 感烟探测器距空调送风口过近 (6) 光电感烟探测器安装在可能产生黑烟、大量粉尘、蒸汽和油雾等场所
其他原因	(1) 系统接地被忽略或达不到标准要求 (2) 线路绝缘达不到要求 (3) 线路接头压接不良或布线不合理 (4) 系统开通前对防尘、防潮、防腐措施处理不当 (5) 元件老化 (6) 灰尘和昆虫 (7) 探测器损坏

五 火灾自动报警系统联动控制设计

1.《自动报警》4.8.1　火灾自动报警系统应设置火灾声光警报器,并应在确认火灾后启动建筑内的所有火灾声光警报器。

2.《自动报警》4.8.2　未设置消防联动控制器的火灾自动报警系统,火灾声光警报器应由火灾报警控制器控制;设置消防联动控制器的火灾自动报警系统,火灾声光警报器应由火灾报警控制器或消防联动控制器控制。

3.《自动报警》4.8.3　公共场所宜设置具有同一种火灾变调声的火灾声警报器;具有多个报警区域的保护对象,宜选用带有语音提示的火灾声警报器;学校、工厂等各类日常使用电铃的场所不应使用警铃作为火灾声警报器。

4.《自动报警》4.8.4　火灾声警报器设置带有语音提示功能时,应同时设置语音同步器。

5.《自动报警》4.8.5　同一建筑内设置多个火灾声警报器时,火灾自动报警系统应能同时启动和停止所有火灾声警报器的工作。

6.《自动报警》4.8.6　火灾声警报器单次发出火灾警报时间宜为 8 s～20 s,同时设有消防应急广播时,火灾声声警报应与消防应急广播交替循环播放。

7.《自动报警》4.8.7　集中报警系统和控制中心报警系统应设置消防应急广播。

8.《自动报警》4.8.8　消防应急广播系统的联动控制信号应由消防联动控制器发出。当确认火灾后,应同时向全楼进行广播。

9.《自动报警》4.8.9　消防应急广播的单次语音播放时间宜为 10 s～30 s,应与火灾声警报器分时交替工作,可采取 1 次声警报器播放、1 次或 2 次消防应急广播播放的交替工作方式循环播放。

10.《自动报警》4.8.10　在消防控制室应能手动或按预设控制逻辑联动控制选择广播分区、启动或停止应急广播系统,并应能监听消防应急广播。在通过传声器进行应急广播时,应自动对广播内容进行录音。

11.《自动报警》4.8.11　消防控制室内应能显示消防应急广播的广播分区的工作状态。

12.《自动报警》4.8.12　消防应急广播与普通广播或背景音乐广播合用时,应具有强制切入消防应急广播的功能。

六 线型火灾探测器的设置要求

1.《自动报警》6.2.15 线型光束感烟火灾探测器的设置应符合下列规定:

(1) 探测器的光束轴线至顶棚的垂直距离宜为 0.3 m~1.0 m,距地高度不宜超过 20 m。

(2) 相邻两组探测器的水平距离不应大于 14 m,探测器至侧墙水平距离不应大于 7 m,且不应小于 0.5 m,探测器的发射器和接收器之间的距离不宜超过 100 m。

(3) 探测器应设置在固定结构上。

(4) 探测器的设置应保证其接收端避开日光和人工光源直接照射。

(5) 选择反射式探测器时,应保证在反射板与探测器间任何部位进行模拟试验时,探测器均能正确响应。

2.《自动报警》6.2.16 线型感温火灾探测器的设置应符合下列规定:

(1) 探测器在保护电缆、堆垛等类似保护对象时,应采用接触式布置;在各种皮带输送装置上设置时,宜设置在装置的过热点附近。

(2) 设置在顶棚下方的线型感温火灾探测器,至顶棚的距离宜为 0.1 m。探测器的保护半径应符合点型感温火灾探测器的保护半径要求;探测器至墙壁的距离宜为 1 m~1.5 m。

(3) 光栅光纤感温火灾探测器每个光栅的保护面积和保护半径,应符合点型感温火灾探测器的保护面积和保护半径要求。

(4) 设置线型感温火灾探测器的场所有联动要求时,宜采用两只不同火灾探测器的报警信号组合。

(5) 与线型感温火灾探测器连接的模块不宜设置在长期潮湿或温度变化较大的场所。

七 消防应急广播的设置

1.《自动报警》6.6.1 消防应急广播扬声器的设置,应符合下列规定:

(1) 民用建筑内扬声器应设置在走道和大厅等公共场所。每个扬声器的额定功率不应小于 3 W,其数量应能保证从一个防火分区内的任何部位到最近一个扬声器的直线距离不大于 25 m,走道末端距最近的扬声器距离不应大于 12.5 m。

(2) 在环境噪声大于 60 dB 的场所设置的扬声器,在其播放范围内最远点的播放声压级应高于背景噪声 15 dB。

(3) 客房设置专用扬声器时,其功率不宜小于 1 W。

2.《自动报警》6.6.2 壁挂扬声器的底边距地面高度应大于 2.2 m。

问题解析

问题 1:消防控制室内设备布置有哪些要求?

【解析】消防控制室内设备布置要求:

(1) 设备面盘前的操作距离,单列布置时不应小于 1.5 m,双列布置不应小于 2 m。

(2) 在值班人员经常工作的一面,设备面盘至墙的距离不应小于 3 m。

(3) 设备面盘后的维修距离不应小于 1 m。

(4) 设备面盘排列长度大于 4 m 时,其两端应设置宽度不小于 1 m 的通道。

(5) 与建筑内其他弱电系统合用的消防控制室,消防设备应集中设置,并与其他设备间有明显间隔。

问题 2:该购物中心火灾自动报警系统工程质量是否合格?

【解析】该购物中心火灾自动报警系统工程质量合格。

（1）火灾自动报警系统检测合格判定标准为：$A=0$，且 $B\leqslant 2$，且 $B+C\leqslant$ 检查项的 5% 为合格，否则为不合格。

（2）本题 $B+C=10$，等于检查项的 5%（$210\times 5\%=10.5$，取 10）。

问题 3：测试过程中火灾报警控制器发出故障报警，试分析故障发生时的原因并提出解决方案。

【解析】故障原因：

（1）探测器与底座脱落，接触不良。解决方案：重新拧紧探测器或增大底座与探测器卡簧的接触面积。

（2）报警总线与底座接触不良。解决方案：重新压接总线，使之与底座有良好接触。

（3）报警总线开路或接地性能不良造成短路。解决方案：查出有故障的总线位置，予以更换；更换探测器。

（4）探测器本身损坏；探测器接口板故障。解决方案：维修或更换接口板。

问题 4：线型光束感烟火灾探测器的设置要求有哪些？

【解析】线型光束感烟火灾探测器的设置应符合下列规定：

（1）探测器的光束轴线至顶棚的垂直距离宜为 0.3 m～1.0 m，距地高度不宜超过 20 m。（2）相邻两组探测器的水平距离不应大于 14 m，探测器至侧墙水平距离不应大于 7 m，且不应小于 0.5 m，探测器的发射器和接收器之间的距离不宜超过 100 m。（3）探测器应设置在固定结构上。（4）探测器的设置应保证其接收端避开日光和人工光源直接照射。（5）选择反射式探测器时，应保证在反射板与探测器间任何部位进行模拟试验时，探测器均能正确响应。

问题 5：消防应急广播的设置要求有哪些？

【解析】设置要求：

（1）民用建筑内扬声器应设置在走道和大厅等公共场所。每个扬声器的额定功率不应小于 3 W，其数量应能保证从一个防火分区内地任何部位到最近一个扬声器的直线距离不大于 25 m，走道末端距最近的扬声器距离不应大于 12.5 m。（2）在环境噪声大于 60 dB 的场所设置扬声器，其播放范围内最远点的播放声压级应高于背景噪声 15 dB。（3）客房设置专用扬声器时，其功率不宜小于 1 W。（4）壁挂扬声器的底边距地面高度应大于 2.2 m。

案例 18 大型商业建筑消防设施应用综合案例分析

情景描述

某新建大型商业项目建筑地下 3 层,地上 56 层,建筑高度为 186 m。地下一层层高 5.5 m,建筑面积为 1.5 万 m²,为设备用房和汽车库,地下二至三层层高均为 3.2 m,建筑面积均为 1.5 万 m²,使用功能为汽车库。地上一至六层为商场,其中首层层高 5.4 m,二至六层层高均为 4.2 m,各层建筑面积均为 1.2 万 m²。7 层以上为写字间、高星级酒店。

该建筑采用临时高压消防给水系统,地下一层消防水泵房内设有消防水泵和的室内消防水池,屋顶设置高位消防水箱,其最低有效水位距室内最不利点消火栓的高度为 4.5 m。屋顶设消火栓稳压系统,消防水泵房内设置消防给水泵、喷淋泵各两台(均为一用一备)。该建筑内设有室内外消火栓系统、自动水灭火系统、火灾自动报警系统、防烟与排烟系统、消防应急照明、疏散指示系统、灭火器等消防设施。

工程项目施工完毕,施工单位对该项目进行竣工验收检查时,发现存在以下问题:

1. 3 层疏散走道上设置的一樘耐火极限为 3.00 h 的防火卷帘,调试时发现卷帘门启动后直接降落到地面。

2. 2 层疏散走道上设置的一樘耐火极限为 3.00 h 的防火卷帘,调试未动作。

3. 打开试验消火栓,消防泵自动启动,栓口压力为 0.25 MPa,消防水枪充实水柱达到 10 m。

4. 检查末端试水装置时,压力表显示为 0.06 MPa,开启末端试水装置控制阀进行放水试验,发现压力表指针显示压力值越来越小,水力警铃未在规定时间内报警,喷淋泵没有启动。消防控制室只显示水流指示器的报警信号,未显示压力开关报警信号。

5. 消火栓稳压泵启泵压力为 10 m。

排除故障后,建设单位邀请消防设施检测单位对该项目消防设施进行了竣工验收检测。检测结果为:火灾自动报警系统检测项目共 220 项,其中 $A=0,B=2,C=7$;消火栓系统检测项目共 56 项,其中 $A=0,B=1,C=5$;自动喷水灭火系统检测项目共 82 项,其中 $A=0,B=2,C=3$。

根据以上材料,回答下列问题。

1. 设置在疏散走道上的防火卷帘的联动控制逻辑应如何设置?

2. 该项目能否通过竣工验收,为什么?

3. 火灾自动报系统误报可能的原因有哪些?

4. 室内消火栓系统是否应采取分区供水?压力应满足什么要求?

5. 消火栓稳压泵启泵压力设定值是否合理?

6. 试分析喷淋系统未正常动作的可能原因。

关键考点依据

> 本考点依据《火灾自动报警系统设计规范》GB 50116－2013(简称《自动报警》);《消防给水及消火栓系统技术规范》GB 50974－2014(简称《水规》)。

一　消防卷帘门控制

1.《自动报警》4.6.3　疏散通道上设置的防火卷帘的联动控制设计,应符合下列规定。

(1)联动控制方式,防火分区内任两只独立的感烟火灾探测器或任一只专门用于联动防火卷帘的感烟火灾探测器的报警信号,应联动控制防火卷帘下降至距楼板面1.8 m处;任一只专门用于联动防火卷帘的感温火灾探测器的报警信号应联动控制防火卷帘下降到楼板面;在卷帘的任一侧距卷帘纵深0.5 m～5 m内应设置不少于2只专门用于联动防火卷帘的感温火灾探测器。

(2)手动控制方式,应由防火卷帘两侧设置的手动控制按钮控制防火卷帘的升降。

2.《自动报警》4.6.4　非疏散通道上设置的防火卷帘的联动控制设计,应符合下列规定。

(1)联动控制方式,应由防火卷帘所在防火分区内任两只独立的火灾探测器的报警信号,作为防火卷帘下降的联动触发信号,并应联动控制防火卷帘直接下降到楼板面。

(2)手动控制方式,应由防火卷帘两侧设置的手动控制按钮控制防火卷帘的升降,并应能在消防控制室内的消防联动控制器上手动控制防火卷帘的降落。

3.《自动报警》4.6.5　防火卷帘下降至距楼板面1.8 m处,下降到楼板面的动作信号和防火卷帘控制器直接连接的感烟、感温火灾探测器的报警信号,应反馈至消防联动控制器。

二　系统消防验收判据

消防设施验收、配置判定标准应符合表2-18-1的规定。

表 2-18-1　各系统验收合格标准

名称	验收判定标准
消防给水及消火栓系统	$A=0,B\leqslant 2$ 且 $B+C\leqslant 6$
自动喷水灭火系统	$A=0,B\leqslant 2$ 且 $B+C\leqslant 6$
防烟排烟系统	$A=0,B\leqslant 2$ 且 $B+C\leqslant 6$
火灾自动报警系统	$A=0,B\leqslant 2$ 且 $B+C\leqslant$ 检查项的 5%

三　分区供水

《水规》6.2.1　符合下列条件时,消防给水系统应分区供水。

(1)系统工作压力大于2.40 MPa。

(2)消火栓栓口处静压大于1.0 MPa。

(3)自动水灭火系统报警阀处的工作压力大于1.60 MPa或喷头处的工作压力大于1.20 MPa。

四 高位消防水箱

《水规》5.2.2   高位消防水箱的设置位置应高于其所服务的水灭火设施,且最低有效水位应满足水灭火设施最不利点处的静水压力,并应按下列规定确定。

(1) 一类高层公共建筑,不应低于 0.10 MPa,当建筑高度超过 100 m 时,不应低于 0.15 MPa。

(2) 高层住宅、二类高层公共建筑、多层公共建筑,不应低于 0.07 MPa;多层住宅不宜低于 0.07 MPa。

(3) 工业建筑,不应低于 0.10 MPa,当建筑体积小于 20 000 m³ 时,不宜低于 0.07 MPa。

(4) 自动喷水灭火系统等自动水灭火系统应根据喷头灭火需求压力确定,但最小不应小于 0.10 MPa。

(5) 当高位消防水箱不能满足本条 1~4 款的静压要求时,应设稳压泵。

五 室内消火栓

《水规》7.4.12   室内消火栓栓口压力和消防水枪充实水柱,应符合下列规定。

(1) 消火栓栓口动压力不应大于 0.50 MPa,当大于 0.70 MPa 时必须设置减压装置。

(2) 高层建筑、厂房、库房和室内净空高度超过 8 m 的民用建筑等场所,消火栓栓口动压不应小于 0.35 MPa,且消防水枪充实水柱应按 13 m 计算;其他场所,消火栓栓口动压不应小于 0.25 MPa,且消防水枪充实水柱应按 10 m 计算。

六 稳压泵设计

《水规》5.3.3   稳压泵的设计压力应符合下列要求。

(1) 稳压泵的设计压力应满足系统自动启动和管网充满水的要求。

(2) 稳压泵的设计压力应保持系统自动启泵压力设置点处的压力在准工作状态时大于系统设置自动启泵压力值,且增加值宜为 0.07 MPa~0.10 MPa。

(3) 稳压泵的设计压力应保持系统最不利点处水灭火设施在准工作状态时的静水压力应大于 0.15 MPa。

七 湿式报警阀故障分析

湿式报警阀的故障、原因及处理见表 2-18-2。

表 2-18-2   湿式报报警阀的故障、原因及处理

故障	原因分析	处理
报警阀组漏水	排水阀门未完全关闭	关紧排水阀门
	阀瓣密封老化或者损坏	更换密封垫
	系统侧管道接口泄露	检查系统侧管道接口点,密封垫老化、损坏的,更换密封;密封垫错位的,重新调整密封垫位置管道接口锈蚀、磨损严重的,更换管道接口相关部件
	报警管路测试控制阀渗漏	更换报警管路测试控制阀
	阀瓣组件与阀座之间因变形或者污垢、杂物阻挡出现不密封状态	先放水冲洗阀体、阀座,存在污垢、杂物的,经冲洗后,渗漏减少或者停止;否则,关时进水口侧和系统侧控制阀,卸下阀板,仔细清洁阀板上的杂质;拆卸报警阀阀体,检查阀组件、阀座,存在明显变形、损伤凹痕的,更换相关部件

（续表）

故障	原因分析	处理
报警阀启动后报警管路不排水	报警管路控制阀关闭	开启报警管路控制阀
	限流装置过滤网被堵塞	卸下限流装置,冲洗干净后重新安装回原位
报警阀报警管路误报警	未按照安装图纸安装或者未按照调试要求进行调试	按照安装图纸核对报警阀组组件安装情况;重新对报警阀组伺应状态进行调试
	报警阀组渗漏通过报警管路流出	查找渗漏原因,进行相应处理
	延迟器下部孔板溢出水孔堵塞,发生报警或者缩短延迟时间	延迟器下部孔板溢出水孔堵塞,卸下筒体,拆下孔板进行清洗
水力警铃工作不正常(不响、响度不够、不能持续报警)	产品质量问题或者安装调试不符合要求	属于产品质量问题的,更换水力警铃;安装缺少组件或者未按照图样安装的,重新进行安装调试
	控制口阻塞或者铃锤机构被卡住	拆下喷嘴、叶轮及铃锤组件,进行冲洗,重新装合使叶轮转动灵活
开启测试网阀,消防水泵不能正常启动	压力开关设定值不正确	将压力开关内的调压螺母调整到规定值
	消防联动控制设备中的控制模块损坏	逐一检查控制模块,采用其他方式启动消防水泵,核定问题模块,并予以更换
	水泵控制柜、联动控制设备的控制模式未设定在"自动"状态	将控制模式设定为"自动"状态

》 问题解析

问题1:设置在疏散走道上的防火卷帘的联动控制逻辑应如何设置?

【解析】该场所设置防火卷帘在疏散通道,联动控制逻辑应使防火卷帘分两步降:第一步,防火分区内任两只感烟火灾探测器,或者专门用于联动防火卷帘的感烟火灾探测器的报警信号应联动控制防火卷帘下降至距楼地面1.8 m处;第二步,任一只专门用于联动防火卷帘的感温探测器作为报警信号联动控制防火卷帘下降至楼板面。在卷帘的任一侧距卷帘纵深0.5 m～5 m内设置不少于两只专门1用于联动防火卷帘的感温火灾探测器。

问题2:该项目能否通过竣工验收,为什么?

【解析】1. 该项目能通过竣工验收。

2. 验证:

(1)火灾自动报警系统检测项目共220项,其中$A=0$,$B=2$,$C=7$,$B+C$为检查项的4.1%;符合$A=0$,$B\leqslant2$且$B+C\leqslant$(检查项的5%)的验收标准。

(2)消火栓系统检测项目共56项,其中$A=0$,$B=1$,$C=5$,$B+C=6$;符合$A=0$,$B\leqslant2$且$B+C\leqslant6$的验收标准。

(3)自动喷水灭火系统检测项目共82项,其中$A=0$,$B=2$,$C=3$,$B+C=5$;符合$A=0$,$B\leqslant2$且$B+C\leqslant6$的验收标准。

问题3:火灾自动报系统误报可能的原因有哪些?

【解析】可能的原因:

(1)产品质量:产品稳定性较差,环境引起的灵敏度漂移得不到补偿。

(2) 环境因素：电磁干扰和气流影响较大；感烟探测器离送风口距离太近；感温探测器布置离光源过近；光电探测器安装在可能产生黑烟和大量粉尘和产生水蒸气和油雾的场所。

(3) 设备选择和布置不当：选型不合理，灵敏度与环境不适应；环境变化未及时更换相适应的探测器。

(4) 其他因素：系统接地、线路绝缘达不到标准，线路压接不良或布线不合理；元器件老化，灰尘昆虫对探测器的影响及探测器本身质量问题。

问题 4：室内消火栓系统是否应采取分区供水？压力应满足什么要求？

【解析】1. 应该采取分区供水。因该商业建筑高度 186 m 且消防泵房设置在地下一层，最低消火栓栓口的静水压力大于 1.0 MPa。

2. 消火栓栓口动压不应大于 0.5 MPa，当大于 0.7 MPa 时，必须设置减压装置。该商业建筑属于一类高层建筑，消火栓栓口处的压力不应小于 0.35 MPa，且消防水枪充实水柱应按 13 m 计算。

问题 5：消火栓稳压泵启泵压力设定值是否合理？

【解析】不合理。稳压泵设计压力应保持系统最不利点消火栓在准工作状态下静水压力大于 0.15 MPa，所以启泵压力 $P > 15 - 4.5 = 10.5$ m，而实际启泵压力为 10 m。

问题 6：试分析喷淋系统未正常动作的可能原因。

【解析】可能的原因：

(1) 高位消防水箱接在了湿式报警阀组后的管道。

(2) 报警管路的阀门被关闭或管路堵塞。

(3) 延迟器排水口径过大，导致水流无法使水力警铃及压力开关动作。

(4) 水力警铃故障导致不能正常工作；压力开关模块损坏、接线断路。

第三篇　消防安全评估案例分析

案例1 大型商业综合体消防性能化设计评估案例分析

情景描述

某大型商业综合体地上6层,地下3层,占地面积4万 m^2,总建筑面积32万 m^2,其中地上建筑面积22万 m^2,地下建筑面积10万 m^2。该建筑地下二至三层为停车场,地下一层主要是设备用房、物业管理用房,部分区域为车库。地上一至三层设计为室内步行街,通过若干中庭互相连通。步行街建筑面积12万 m^2,步行街净宽度为11 m~15 m。地上四至六层主要使用性质为百货、高档餐饮、电影院。

该建筑除室内步行街的防火分区划分、安全疏散以及部分疏散楼梯间在首层需借助室内步行街进行疏散等问题以外,其他消防设计均满足现行有关国家工程消防技术标准的规定。

根据以上材料,回答下列问题。

1. 性能化设计评估的适用范围有哪些?

2. 建筑物性能化消防设计的基本程序有哪些?

3. 该工程性能化设计中的火灾场景应如何设计?

4. 改造方案实施后,步行街及地下建筑内应设置哪些消防设施?

5. 请简述针对本项目中室内步行街防火分区面积扩大、借用室内步行街进行疏散的消防问题,应当采取何种消防措施解决?

关键考点依据

本考点依据《建筑设计防火规范》GB 50016—2014(2018版),简称《建规》。

一 建设工程消防性能化设计评估

(一)概念

建设工程消防性能化设计评估是指根据建设工程使用功能和消防安全要求,运用消防安全工程学原理,采用先进适用的计算分析工具和方法,为建设工程消防设计提供设计参数、方案,或对建设工程消防设计方案进行综合分析评估,完成相关技术文件的工作过程。

(二) 性能化设计评估的适用范围

1. 可采用性能化设计评估方法的情况

(1) 超出现行国家消防技术标准适用范围的。

(2) 按照现行国家消防技术标准进行防火分隔、防烟排烟、安全疏散、建筑构件耐火等设计时,难以满足工程项目特殊使用功能的。

2. 不应采用性能化设计评估方法的情况

(1) 国家法律法规和现行国家消防技术标准中有严禁规定的。

(2) 现行国家消防技术标准已有明确规定,且工程项目无特殊使用功能的。

(3) 居住建筑。

(4) 医疗建筑、教学建筑、幼儿园、托儿所、老年人照料设施、歌舞娱乐游艺场所。

(5) 室内净高小于 8.0 m 的丙、丁、戊类厂房和丙、丁、戊类仓库。

(6) 甲、乙类厂房、甲、乙类仓库,可燃液体气体储存设施及其他易燃、易爆工程或场所。

(三)从事性能化设计评估工作的单位和人员应具备的条件

1. 具有独立法人资格,有固定的办公地点。

2. 法定代表人具有大学本科以上学历、高级技术职称。

3. 具有高级技术职称的专业人员不少于 8 人,其中性能化设计评估专业技术人员不少于 4 人,建筑防火、消防给水、防烟排烟、消防电气专业技术人员各不少于 1 人。

4. 专业技术人员具有大学本科及以上学历,且从事本专业工作经历不少于 5 年。

5. 专业技术人员不同时被两家及以上从事性能化设计评估的单位聘用。

6. 具有满足性能化设计评估需要的计算软件及计算设备。

7. 不从事影响性能化设计评估工作公正性的业务。

(四)建筑物性能化消防设计的基本程序

1. 确定建筑物的使用功能和用途、建筑设计的适用标准。

2. 确定需要采用性能化设计方法进行设计的问题。

3. 确定建筑物的消防安全总体目标。

4. 进行性能化消防设计和评估验证。

5. 修改、完善设计并进一步评估验证,确定是否满足所确定的消防安全目标。

6. 编制设计说明与分析报告,提交审查与批准。

二 火灾场景的确定

(一)火灾场景的设计

1. 火灾场景应根据最不利的原则确定,选择火灾风险较大的火灾场景作为设定火灾场景。例如,火灾发生在疏散出口附近并令该疏散出口不可利用、自动灭火系统或排烟系统由于某种原因而失效等。

火灾风险较大的火灾场景一般为最有可能发生,但火灾危害不一定最大的火灾场景;或者火灾危害大,但发生的可能性较小的火灾场景。

2. 火灾场景必须能描述火灾引燃、增长和受控火灾的特征以及烟气和火势蔓延的可能途径、设置在建筑室内外的所有灭火设施的作用、每一个火灾场景的可能后果。

3. 在设计火灾场景时,应确定设定火源在建筑物内的位置及起火房间的一间几何特征。例如,火源是在房间中央、墙边、墙角还是门边等以及空间高度、开间面积和几何形状等。

4. 疏散场景的选择应考虑建筑的功能及其内部的设备情况、人员类型等因素,反映可能的火灾场景和影响人员疏散过程的人员条件及环境条件。

5. 确定可能火灾场景可采用下述方法：故障类型和影响分析、故障分析、如果……怎么办分析、相关统计数据、工程核查表、危害指数、危害和操作性研究、初步危害分析、故障树分析、事件树分析、原因后果分析和可靠性分析等。

（二）建筑物内的初起火灾增长的确定方法

1. 对于建筑物内的初起火灾增长，可根据建筑物内的空间特征和可燃物特性采用下述方法之一确定：

（1）试验火灾模型。

（2）t^2 火灾模型。

（3）MRFC 火灾模型。

（4）按叠加原理确定火灾增长的模型。

2. 在有条件时应尽量采用试验模型，但由于目前很多试验数据是在大空间条件下采用大型锥形量热计的试验结果，并没有考虑维护结构对试验结果的影响，因此在应用中应注意试验边界条件、通风条件与应用条件的差异。

3. t^2 火灾模型

上述几种方法中，t^2 火灾模型是性能化设计评估中最常采用的描述火灾增长的方法。t^2 火灾模型描述火灾过程中火源热释放速率随时间的变化过程。当不考虑火灾的初期点燃过程时，可表示为

$$Q=\alpha t^2$$

式中：Q——火源热释放速率（kW）；

　　　α——火灾发展系数（kW/s²）；

　　　t——火灾的发展时间（s）；

根据火灾发展系数 α，火灾发展阶段可分为极快速、快速、中速和慢速四种。火焰水平蔓延速度参数值见下表。

表 3-1-1　　　　火焰水平蔓延速度参数值

可燃材料	火焰蔓延分级	$\alpha/(kJ/s^2)$	$Q_0=1$ MW 时的时间/s
没有注明	慢速	0.002 9	584
无棉制品 聚酯床垫	中速	0.011 7	292
塑料泡沫 堆积的木板 装满邮件的邮袋	快速	0.046 9	146
甲醇 快速燃烧的软垫座椅	极快	0.187 6	73

三　确定针对性的消防措施

《建规》5.3.6　餐饮、商店等商业设施通过有顶棚的步行街连接，且步行街两侧的建筑需利用步行街进行安全疏散时，应符合下列规定：

（1）步行街两侧建筑的耐火等级不应低于二级。

（2）步行街两侧建筑相对面的最近距离均不应小于本规范对相应高度建筑的防火间距要求且不应小于 9 m。步行街的端部在各层均不宜封闭，确需封闭时，应在外墙上设置可开启的门窗，且可开启门窗的面积不应小于该部位外墙面积的一半。步行街的长度不宜大于 300 m。

（3）步行街两侧建筑的商铺之间应设置耐火极限不低于 2.00 h 的防火隔墙，每间商铺的建筑面积不宜大

于300 m²。

（4）步行街两侧建筑的商铺，其面向步行街一侧的围护构件的耐火极限不应低于1.00 h，并宜采用实体墙，其门、窗应采用乙级防火门、窗；当采用防火玻璃墙（包括门、窗）时，其耐火隔热性和耐火完整性不应低于1.00 h；当采用耐火完整性不低于1.00 h的非隔热性防火玻璃墙（包括门、窗）时，应设置闭式自动喷水灭火系统进行保护。相邻商铺之间面向步行街一侧应设置宽度不小于1.0 m、耐火极限不低于1.00 h的实体墙。

当步行街两侧的建筑为多个楼层时，每层面向步行街一侧的商铺均应设置防止火灾竖向蔓延的措施，并应符合《建规》6.2.5的规定；设置回廊或挑檐时，其出挑宽度不应小于1.2 m；步行街两侧的商铺在上部各层需设置回廊和连接天桥时，应保证步行街上部各层楼板的开口面积不应小于步行街地面面积的37％，且开口宜均匀布置。

（5）步行街两侧建筑内的疏散楼梯应靠外墙设置并宜直通室外，确有困难时，可在首层直接通至步行街；首层商铺的疏散门可直接通至步行街，步行街内任一点到达最近室外安全地点的步行距离不应大于60 m。步行街两侧建筑二层及以上各层商铺的疏散门至该层最近疏散楼梯口或其他安全出口的直线距离不应大于37.5 m。

（6）步行街的顶棚材料应采用不燃或难燃材料，其承重结构的耐火极限不应低于1.00 h。步行街内不应布置可燃物。

（7）步行街的顶棚下檐距地面的高度不应小于6.0 m，顶棚应设置自然排烟设施并宜采用常开式的排烟口，且自然排烟口的有效面积不应小于步行街地面面积的25％。常闭式自然排烟设施应能在火灾时手动和自动开启。

（8）步行街两侧建筑的商铺外应每隔30 m设置DN65的消火栓，并应配备消防软管卷盘或消防水龙，商铺内应设置自动喷水灭火系统和火灾自动报警系统；每层回廊均应设置自动喷水灭火系统。步行街内宜设置自动跟踪定位射流灭火系统。

（9）步行街两侧建筑的商铺内外均应设置疏散照明、灯光疏散指示标志和消防应急广播系统。

根据以上材料，回答下列问题。

问题1:性能化设计评估的适用范围有哪些?

【解析】1. 可采用性能化设计评估方法的情况

（1）超出现行国家消防技术标准适用范围的。

（2）按照现行国家消防技术标准进行防火分隔、防烟排烟、安全疏散、建筑构件耐火等设计时，难以满足工程项目特殊使用功能的。

2. 不应采用性能化设计评估方法的情况

（1）国家法律法规和现行国家消防技术标准中有严禁规定的。

（2）现行国家消防技术标准已有明确规定，且工程项目无特殊使用功能的。

（3）居住建筑。

（4）医疗建筑、教学建筑、幼儿园、托儿所、老年人照料设施、歌舞娱乐游艺场所。

（5）室内净高小于8.0 m的丙、丁、戊类厂房和丙、丁、戊类仓库。

（6）甲、乙类厂房，甲、乙类仓库，可燃液体气体储存设施及其他易燃、易爆工程或场所。

问题2:建筑物性能化消防设计的基本程序有哪些?

【解析】（1）确定建筑物的使用功能和用途、建筑设计的适用标准。

（2）确定需要采用性能化设计方法进行设计的问题。

（3）确定建筑物的消防安全总体目标。

（4）进行性能化消防设计和评估验证。

（5）修改、完善设计并进一步评估验证，确定是否满足所确定的消防安全目标。

（6）编制设计说明与分析报告，提交审查与批准。

问题3：该工程性能化设计中的火灾场景应如何设计？

【解析】(1) 火灾场景应根据最不利的原则确定，选择火灾风险较大的火灾场景作为设定火灾场景。例如，火灾发生在疏散出口附近并令该疏散出口不可利用、自动灭火系统或排烟系统由于某种原因而失效等。

火灾风险较大的火灾场景一般为最有可能发生，但火灾危害不一定最大的火灾场景；或者火灾危害大，但发生的可能性较小的火灾场景。

(2) 火灾场景必须能描述火灾引燃、增长和受控火灾的特征以及烟气和火势蔓延的可能途径、设置在建筑室内外的所有灭火设施的作用、每一个火灾场景的可能后果。

(3) 在设计火灾场景时，应确定设定火源在建筑物内的位置及起火房间的一间几何特征。例如，火源是在房间中央、墙边、墙角还是门边等以及空间高度、开间面积和几何形状等。

(4) 疏散场景的选择应考虑建筑的功能及其内部的设备情况、人员类型等因素，反映可能的火灾场景和影响人员疏散过程的人员条件及环境条件。

(5) 确定可能火灾场景可采用下述方法：故障类型和影响分析、故障分析、如果……怎么办分析、相关统计数据、工程核查表、危害指数、危害和操作性研究、初步危害分析、故障树分析、事件树分析、原因后果分析和可靠性分析等。

问题4：改造方案实施后，步行街及地下建筑内应设置哪些消防设施？

【解析】改造方案实施后，应设置如下消防设施：

室内消火栓系统、消防软管卷盘或轻便消防水龙、自动喷水灭火系统、火灾自报警系统、排烟设施、疏散照明、灯光疏散指示标志；保持视觉连续的灯光疏散指示标志；回廊应设置自动喷水灭火系统；步行街内宜设置自动跟踪定位射流灭火系统。

问题5：请简述针对本项目中室内步行街防火分区面积扩大、借用室内步行街进行疏散的消防问题，应当采取何种消防措施解决？

【解析】1. 解决防火分区面积超大问题：

① 剥离危险源，将步行街两侧分隔为面积不超过 300 m² 的商铺，面向步行街一侧采用耐火极限不应低于 1.00 h 的维护结构分隔。② 室内步行街不应布置可燃物，应采用不燃烧或难燃材料。③ 室内步行街设置有效的排烟措施、自动灭火措施。

2. 解决安全疏散问题：

① 室内步行街应采取有效的自然排烟措施，自然排烟口的有效面积不应小于其地面面积的 25%。② 通过步行街到达最近室外安全地点的步行距离不应大于 60 m。③ 通过数值模拟确定人员疏散所需时间小于危险来临时间。

案例 2 大型会展建筑消防性能化设计评估案例分析

》 情景描述

某市国际会展中心工程地上 2 层,建筑高度为 22 m,总建筑面积 90 000 m²,耐火等级一级。该建筑一层层高 15 m,建筑面积 80 000 m²,主要使用性质为登录大厅、主会议厅、展览厅;二层建筑面积 10 000 m²,主要使用性质为会议室及设备用房。该建筑根据使用功能的特殊需要,共划分为 15 个防火分区。首层有 10 个防火分区,二层有 5 个防火分区;每个防火分区均有两个以上安全出口,安全出口之间的距离均大于 5 m。本项目中除防火分区划分、疏散设计不符合现行规范的规定而采用消防性能化设计评估之外,室内外消火栓、自动喷水灭火系统、火灾自动报警系统等建筑消防设施、器材均满足现行有关国家工程建设消防技术标准的规定。

在本项目的消防性能化设计评估中,为了解决登录大厅内部疏散距离过长、2 层会议室楼梯在首层无直接对外出口的问题,将首层大、小展览厅之间的多条通道通过防火墙、防火卷帘分隔,火灾时自动加压送风构成安全疏散通道。针对展览厅防火分区面积扩大问题,通过提高烟控系统的设计水平,并经数值模拟确保火灾时人员能够安全疏散来解决。

根据以上材料,回答下列问题。

1. 性能化设计评估的有哪些管理流程?
2. 不同类型建筑的火灾荷载密度如何确定?
3. 如何防止火灾辐射蔓延?
4. 结合该大型会展建筑的特点,请确定该类建筑消防性能化设计评估的两个主要目标。

》 关键考点依据

本考点主要依据《建筑设计防火规范》GB 50016—2014(2018 版),简称《建规》。

一 防止火灾辐射蔓延

造成火灾辐射蔓延的因素很多,如飞火、热对流、热辐射等。在性能化分析中,是在一定的设定火灾规模下通过控制可燃物间距,或在一定间距条件下控制火灾的规模等方式来防止火灾的蔓延。性能化分析中通常采用辐射热分析方法来分析火灾蔓延情况。

火灾发生时,火源对周围产生热辐射和热对流。火源周围的可燃物在热辐射和热对流的作用下温度会逐渐升高,当达到其点燃温度时可能会发生燃烧,导致火灾的蔓延。

一般情况下,在火灾通过辐射蔓延的设计中,当被引燃物是很薄很轻的窗帘、松散地堆放的报纸等非常容易被点燃的物品时,临界辐射强度可取 10 kW/m²;当被引燃物是带软垫的家具等一般物品时,临界辐射强度可取 20 kW/m²;对于 5 cm 或更厚的木板等很难被引燃的物品,临界辐射强度可取 40 kW/m²。

二 性能化设计评估的管理流程

1. 建设单位提交申请材料。

2. 工程项目管辖地公安消防机构初审核。对经初审同意的,书面报送省级公安消防机构。省级公安消防机构做出是否同意进行性能化设计评估的复函。

3. 建设单位委托符合条件的性能化设计评估单位进行性能化设计评估。

4. 建设单位、设计单位、性能化设计评估单位和公安消防机构共同研究确定消防安全目标及性能判据。

5. 对于性质重要的工程项目的性能化设计评估,可根据需要由另一家性能化设计评估单位进行复核评估。

6. 性能化设计评估工作完成后,建设单位提交申请召开论证会的材料。

7. 工程项目管辖地公安消防机构初审。对经初审同意的,书面报送省级公安消防机构。

8. 省级公安消防机构做出是否组织专家论证的决定,如同意则由省级公安消防机构会同同级建设行政主管部门组织召开专家论证会。

9. 当专家组认为设计方案存在需进一步研究解决的关键问题或专家意见存在较大分歧时,应做进一步研究,修改完善后,由省级公安消防机构再次组织专家论证。

10. 专家论证会组织单位应将专家组论证意见形成专家论证会议纪要,并印发有关单位。

三 建筑物的消防安全总目标

1. 减小火灾发生的可能性。

2. 在火灾条件下,保证建筑物内使用人员以及救援人员的人身安全。

3. 建筑物的结构不会因火灾作用而受到严重破坏或发生垮塌,或虽有局部垮塌,但不会发生连续垮塌而影响建筑物结构的整体稳定性。

4. 减少由于火灾而造成的商业运营、生产过程的中断。

5. 保证建筑物内财产的安全。

6. 建筑物发生火灾后,不会引燃其相邻建筑物。

7. 尽可能减少火灾对周围环境的污染。

建筑物的消防安全总目标视其使用功能、性质及建筑高度而有所区别,设计时应根据实际情况在上述几个目标中确定一个或者两个目标作为主要目标,并列出其他目标的先后次序。例如,对于人员聚集场所或旅馆等公共建筑,其主要目标是保护人员的生命安全;对于仓库,则更注重于保护财产和建筑结构的安全。

四 火灾场景的确定原则

火灾场景应根据最不利的原则确定,选择火灾风险较大的火灾场景作为设定火灾场景。例如,火灾发生在疏散出口附近并令该疏散出口不可利用、自动灭火系统或排烟系统由于某种原因而失效等。

火灾风险较大的火灾场景一般为最有可能发生,但火灾危害不一定是最大的火灾场景;或者火灾危害大,但发生的可能性较小的火灾场景。

五 不同类型建筑的火灾荷载密度确定

火灾荷载密度是指单位建筑面积上的火灾荷载。火灾荷载密度是可以比较准确地衡量建筑物室内所容纳可燃物数量多少的一个参数,是研究火灾全面发展阶段性状的基本要素。在建筑物发生火灾时,火灾荷载密度直接决定火灾持续时间的长短和室内温度的变化情况。建筑物内的可燃物可分为固定可燃物和容载可燃物两类。固定可燃物的数量很容易通过建筑物的设计图样准确地求得。容载可燃物数量很难准确计算,一般由调查统计确定。

六 注意事项

展览厅内展位如果连续布置,则一旦发生火灾,火灾将蔓延迅速。因此,应当合理布置展位,形成顺畅的疏散通道。展览厅的有利条件是空间高、储烟能力大,人员疏散受火灾烟气影响较小。

登录大厅作为人员集散的场所,不利条件是人数多,有利条件是可燃物分散摆放,空间开敞,净高大,疏散出口清晰,人员疏散较为有利。

》》 问题解析

问题1:性能化设计评估的有哪些管理流程?

【解析】1. 建设单位提交申请材料。

2. 工程项目管辖地公安消防机构初审核。对经初审同意的,书面报送省级公安消防机构。省级公安消防机构做出是否同意进行性能化设计评估的复函。

3. 建设单位委托符合条件的性能化设计评估单位进行性能化设计评估。

4. 建设单位、设计单位、性能化设计评估单位和公安消防机构共同研究确定消防安全目标及性能判据。

5. 对于性质重要的工程项目的性能化设计评估,可根据需要由另一家性能化设计评估单位进行复核评估。

6. 性能化设计评估工作完成后,建设单位提交申请召开论证会的材料。

7. 工程项目管辖地公安消防机构初审。对经初审同意的,书面报送省级公安消防机构。

8. 省级公安消防机构做出是否组织专家论证的决定,如同意则由省级公安消防机构会同同级建设行政主管部门组织召开专家论证会。

9. 当专家组认为设计方案存在需进一步研究解决的关键问题或专家意见存在较大分歧时,应做进一步研究,修改完善后,由省级公安消防机构再次组织专家论证。

10. 专家论证会组织单位应将专家组论证意见形成专家论证会议纪要,并印发有关单位。

问题2:不同类型建筑的火灾荷载密度如何确定?

【解析】火灾荷载密度是指单位建筑面积上的火灾荷载。火灾荷载密度是可以比较准确地衡量建筑物室内所容纳可燃物数量多少的一个参数,是研究火灾全面发展阶段性状的基本要素。在建筑物发生火灾时,火灾荷载密度直接决定火灾持续时间的长短和室内温度的变化情况。建筑物内的可燃物可分为固定可燃物和容载可燃物两类。固定可燃物的数量很容易通过建筑物的设计图样准确地求得。容载可燃物数量很难准确计算,一般由调查统计确定。

问题3:如何防止火灾辐射蔓延?

【解析】造成火灾辐射蔓延的因素很多,如飞火、热对流、热辐射等。在性能化分析中,是在一定的设定火灾规模下通过控制可燃物间距,或在一定间距条件下控制火灾的规模等方式来防止火灾的蔓延。性能化分析中通常采用辐射热分析方法来分析火灾蔓延情况。

火灾发生时,火源对周围产生热辐射和热对流。火源周围的可燃物在热辐射和热对流的作用下温度会逐渐升高,当达到其点燃温度时可能会发生燃烧,导致火灾的蔓延。

一般情况下,在火灾通过辐射蔓延的设计中,当被引燃物是很薄很轻的窗帘、松散地堆放的报纸等非常容易被点燃的物品时,临界辐射强度可取 10 kW/m²;当被引燃物是带软垫的家具等一般物品时,临界辐射强度可取 20 kW/m²;对于 5 cm 或更厚的木板等很难被引燃的物品,临界辐射强度可取 40 kW/m²。

问题 4:结合该大型会展建筑的特点,请确定该类建筑消防性能化设计评估的两个主要目标。

【解析】1. 对于人员聚集场所和会展类建筑,主要目标是保证建筑结构安全,保护人员的生命安全,保证建筑物内财产的安全,同时为消防救援提供有利的条件。

2. 次要目标是避免引燃相邻建筑物,减小火灾发生的可能性,减少商业运营中断,减少火灾对环境的污染。

第四篇　消防安全管理案例分析

案例1 大型商业综合体消防安全管理防火案例分析

（2015年消防安全案例分析第3题）

》 **情景描述**

　　某公司投资建设的大型商业综合体由商业区、超高层写字楼、商品住宅楼及五星级酒店组成。除酒店外，综合体由建设单位下属的物业公司统一管理。建设单位明确了物业公司经理为消防安全管理人，建立了消防安全管理制度，成立了志愿消防组织，明确了专（兼）职消防人员及其职责。在物业管理合同中，约定了产权人、承租人的消防安全管理职责，明确了物业公司有权督促落实；确定了公共区域、未销售（租赁）区域的消防安全管理、室外消防设施（场地）以及建筑消防设施改造与维护管理等由物业公司统一组织实施，各方按照相关合同出资。

　　某天营业期间，商业区二层某商铺装修时，电焊引发火灾。起火后，装修工人慌乱中碰翻了正在使用的油漆桶，火势迅速扩大。在寻找灭火器无果后，装修工人迅速逃离火场。消防控制室（共2名值班人员）接到保安报警，向经理报告后，2人均赶往现场灭火；此时，火灾已向相邻防火分区蔓延，有多部楼梯间因防火门未关闭，大量进烟。

　　灾后倒查，起火点的装修现场采用木质胶合板与相邻区域隔离，现场无序堆放了大量的木质装修材料、油漆及有机溶剂等；现场的火灾探测器因频繁误报被火灾报警控制器屏蔽，二层的自动喷水灭火系统配水管控制阀因喷头漏水被关闭；动火现场安全监护人员脱岗。防火档案记载，保安在营业期间每3小时防火巡查一次，防火巡查记录均为"正常"；火灾前52天组织的最近一次防火检查，载录了商业区存在"楼梯间防火门未常闭""有的商铺装修现场管理混乱，无消防安全防护措施""二层多个商铺装修现场火灾探测器误报，喷头损坏漏水"等3项火灾隐患。

　　根据以上材料，回答下列问题（共20分）。

　　1. 简述该大型商业综合体对多个产权（使用）单位的消防安全管理是否合理，并说明原因。

　　2. 简述消防控制室值班人员在此次火灾应急处置中存在的问题。

　　3. 结合装修工人初起火灾处置行为，简述需要加强对装修工人消防安全教育培训的主要内容。

　　4. 指出起火点装修现场存在的火灾隐患。

　　5. 简析物业管理公司在防火巡查、防火检查及火灾隐患整改过程中存在的问题。

》》关键考点依据

> 本考点主要依据《多产权建筑消防安全管理》GA/T 1245—2015;《人员密集场所消防安全管理》GA 654—2006。

一　消防安全重点单位的界定标准

为了正确实施公安部 61 号令,科学、准确地界定消防安全重点单位,公安部《关于实施〈机关、团体、企业、事业单位消防安全管理规定〉有关问题的通知》(公通字〔2001〕97 号)进一步提出了消防安全重点单位的界定标准:

(一)商场(市场)、宾馆(饭店)、体育场(馆)、会堂、公共娱乐场所等公众聚集场所

1. 建筑面积在 1 000 m²(含本数,下同)以上且经营可燃商品的商场(商店、市场)。

2. 客房数在 50 间以上的(旅馆、饭店)。

3. 公共的体育场(馆)、会堂。

4. 建筑面积在 200 m² 以上的公共娱乐场所(公共娱乐场所是指向公众开放的下列室内场所)

(1) 影剧院、录像厅、礼堂等演出、放映场所。

(2) 舞厅、卡拉 OK 等歌舞娱乐场所。

(3) 具有娱乐功能的夜总会、音乐茶座和餐饮场所。

(4) 游艺、游乐场所。

(5) 保龄球馆、旱冰场、桑拿浴室等营业性健身、休闲场所。

(二) 医院、养老院和寄宿制的学校、托儿所、幼儿园

1. 住院床位在 50 张以上的医院。

2. 老人住宿床位在 50 张以上的养老院。

3. 学生住宿床位在 100 张以上的学校。

4. 幼儿住宿床位在 50 张以上的托儿所、幼儿园。

(三)国家机关

1. 县级以上的党委、人大、政府、政协。

2. 人民检察院、人民法院。

3. 中央和国务院各部委。

4. 共青团中央、全国总工会、全国妇联的办事机关。

(四)广播、电视和邮政、通信枢纽

1. 广播电台、电视台。

2. 城镇的邮政和通信枢纽单位。

(五)客运车站、码头、民用机场

1. 候车厅、候船厅的建筑面积在 500 m² 以上的客运车站和客运码头。

2. 民用机场。

(六)公共图书馆、展览馆、博物馆、档案馆以及具有火灾危险性的文物保护单位

1. 建筑面积在 2 000 m² 以上的公共图书馆、展览馆。

2.博物馆、档案馆。

3.具有火灾危险性的县级以上文物保护单位。

(七)发电厂(站)和电网经营企业

(八)易燃易爆化学物品的生产、充装、储存、供应、销售单位

1.生产易燃易爆化学物品的工厂。

2.易燃易爆气体和液体的灌装站、调压站。

3.储存易燃易爆化学物品的专用仓库(堆场、储罐场所)。

4.易燃易爆化学物品的专业运输单位。

5.营业性汽车加油站、加气站,液化石油气供应站(换瓶站)。

6.经营易燃易爆化学物品的化工商店(其界定标准,以及其他需要界定的易燃易爆化学物品性质的单位及其标准,由省级公安机关消防机构根据实际情况确定)。

(九)劳动密集型生产、加工企业

生产车间员工在100人以上的服装、鞋帽、玩具等劳动密集型企业。

(十)重要的科研单位

界定标准由省级公安机关消防机构根据实际情况确定。

(十一)高层公共建筑、地下铁道、地下观光隧道,粮、棉、木材、百货等物资仓库和堆场,重点工程的施工现场

1.高层公共建筑的办公楼(写字楼)、公寓楼等。

2.城市地下铁道、地下观光隧道等地下公共建筑和城市重要的交通隧道。

3.国家储备粮库、总储备量在10 000 t以上的其他粮库。

4.总储量在500 t以上的棉库。

5.总储量在10 000 m³以上的木材堆场。

6.总储存价值在1 000万元以上的可燃物品仓库、堆场。

7.国家和省级等重点工程的施工现场。

(十二)其他发生火灾可能性较大以及一旦发生火灾可能造成人身重大伤亡或者财产重大损失的单位

界定标准由省级公安机关消防机构根据实际情况确定。

二 消防安全重点单位消防安全职责

消防安全重点单位除了消防安全责任人对本单位的消防安全工作全面负责之外,还应当明确消防安全管理人,并将单位信息上报县级以上地方人民政府公安机关消防机构备案,同时履行下列消防安全职责:

1.确定消防安全管理人,组织实施本单位的消防安全管理工作。

2.建立消防档案,确定消防安全重点部位,设置防火标志,实行严格管理。

3.实行每日防火巡查,并建立巡查记录。

4.对职工进行岗前消防安全培训,定期组织消防安全培训和消防演练;每半年进行一次演练,并不断完善预案。

》》 问题解析

问题1: 简述该大型商业综合体对多个产权(使用)单位的消防安全管理是否合理,并说明原因。

【解析】1.不合理。

2.大型商业综合体属于消防安全重点单位,所以除了消防安全责任人对本单位的消防安全工作全面负责

之外,还应当明确消防安全管理人,并将单位信息上报县级以上地方人民政府公安机关消防机构备案,同时履行下列消防安全职责:

(1) 确定消防安全管理人,组织实施本单位的消防安全管理工作。

(2) 建立消防档案,确定消防安全重点部位,设置防火标志,实行严格管理。

(3) 实行每日防火巡查,并建立巡查记录。

(4) 对职工进行岗前消防安全培训,定期组织消防安全培训和消防演练;每半年进行一次演练,并不断完善预案。

问题2:简述消防控制室值班人员在此次火灾应急处置中存在的问题。

【解析】1. 存在的问题:消防控制室(共2名值班人员)接到保安报警,向经理报告后,2人均赶往现场灭火。

2. 正确的做法是:

(1) 接到火灾警报后,值班人员立即以最快方式确认火灾。

(2) 火灾确认后,值班人员立即确认火灾报警联动控制开关处于自动控制状态,同时拨打"119"报警电话准确报警,报警时需要说明着火单位地点、起火部位、着火物种类、火势大小、报警人姓名和联系电话等。

(3) 值班人员立即启动单位应急疏散和初期火灾扑救灭火预案,同时报告单位消防安全负责人。

问题3:结合装修工人初起火灾处置行为,简述需要加强对装修工人消防安全教育培训的主要内容。

【解析】培训的主要内容:

(1) 施工现场消防安全管理制度、防火技术方案、灭火及应急疏散预案的主要内容。

(2) 施工现场临时消防设施的性能及使用、维护方法。

(3) 扑灭初期火灾及自救逃生的知识和技能。

(4) 报火警、接警的程序和方法。

问题4:指出起火点装修现场存在的火灾隐患。

【解析】存在的火灾隐患有:

(1) 起火点的装修现场采用木质胶合板与相邻区域隔离,现场无序堆放了大量的木质装修材料、油漆及有机溶剂等。

(2) 现场的火灾探测器因频繁误报被火灾报警控制器屏蔽。

(3) 二层的自动喷水灭火系统配水管控制阀因喷头漏水被关闭。

(4) 动火现场安全监护人员脱岗。

问题5:简析物业管理公司在防火巡查、防火检查及火灾隐患整改过程中存在的问题。

【解析】1. 防火巡查中存在的问题:保安在营业期间每3小时巡查一次。

正确做法:因为大型商业综合体属于公众聚集场所,所以防火巡查应为每2小时巡查一次。

2. 防火检查中存在的问题:火灾前52天组织的最近一次检查。

正确做法:消防安全管理人应对本单位落实消防安全制度和消防安全管理措施、执行消防安全操作规程等情况,每月至少组织一次防火检查;部门负责人应对本部门落实消防安全制度和消防安全管理措施、执行消防安全操作规程等情况,每周至少开展一次防火检查;员工每天班前、班后进行本岗位防火检查,及时发现火灾隐患。

3. 火灾隐患整改过程中存在的问题:在防火检查中发现了商业区存在"楼梯间防火门未常闭""有的商铺装修现场管理混乱,无消防安全防护措施""二层多个商铺装修现场火灾探测器误报,喷头损坏漏水"等3项火灾隐患,但均未对这些隐患进行整改。

案例 2　生产厂房火灾案例分析

（2016 年消防安全案例分析第 2 题）

》》情景描述

某食品有限公司发生重大火灾事故,造成 18 人死亡,13 人受伤,着火面积约 4 000 m²,直接经济损失 4 000 余万元。

经调查,认定该起事故是由保鲜恒温库内的冷风机供电线路接头处过热短路,引燃墙面聚氨酸泡沫保温材料所致。起火的保鲜恒温库为单层砖混结构,吊顶和墙面均采用聚苯乙烯板,在聚苯乙烯板外表面直接喷涂聚氨酯泡沫。毗邻保鲜恒温库搭建的简易生产车间采用单层钢屋架结构,外围护采用聚苯乙烯夹芯彩钢板,吊顶为木龙骨和 PVC 板。车间按国家标准配置了灭火器材,无应急照明和疏散指示标志,部分疏散门采用卷帘门。起火时,南侧的安全出口被锁闭。着火当日,车间流水线南北两侧共有 122 人在进行装箱作业。保鲜库起火后,火势及有毒烟气迅速蔓延至整个车间。由于无人组织灭火和疏散,有 12 名员工在走道尽头的冰池处遇难。逃出车间的员工向领导报告了火情,10 分钟后才拨打"119"报火警,有 8 名受伤员工在冰池处被救出。

经查,该企业消防安全管理制度不健全,单位消防安全管理人曾接受过消防安全专门培训,但由于单位生产季节性强,员工流动性大,未组织员工进行消防安全培训和疏散演练。当日值班人员对用火、用电和消防设施、器材情况进行了一次巡查后离开了车间。

根据以上材料,回答下列问题(共 18 分,每题 2 分,每题的备选项中,有 2 个或 2 个以上符 合题意,至少有 1 个错项。错选,本题不得分;少选,所选的每个选项得 0.5 分)。

1. 该单位保鲜恒温库及简易生产车间在(　　)方面存在火灾隐患。

A. 电气线路　　　　　　　　　　　　　B. 防火分隔

C. 耐火等级　　　　　　　　　　　　　D. 安全疏散

E. 灭火器材

2. 保鲜恒温库及简易车间属于消防安全重点部位。根据消防安全重点部位管理的有关规定,应该采取的必备措施有(　　)。

A. 设置自动灭火设施　　　　　　　　　B. 设置明显的防火标志

C. 严格管理,定期重点巡查　　　　　　D. 制定和完善事故应急处理预案

E. 采用电气防爆措施

3. 这次事故中,造成人员伤亡的主要因素有(　　)。

A. 当日值班人员事发时未在岗

B. 建筑构件及墙体内保温采用了易燃有毒材料

C. 消防安全重点部位不明确

D. 部分安全出口被封锁闭,疏散通道不畅通

E. 员工未经过消防安全培训和疏散逃生演练

4. 关于单位员工消防安全培训,根据有关规定必须培训的内容有(   )。

A. 消防技术规范

B. 本单位、本岗位的火灾危险性和防火措施

C. 报火警、扑救初起火灾的知识和技能

D. 组织疏散逃生的知识和技能

E. 有关消防设施的性能,灭火器材的使用方法

5. 根据有关规定,下列应该接受消防安全专门培训的人员有(   )。

A. 单位的消防安全责任人   B. 装卸人员

C. 专、兼职消防管理人员   D. 电工

E. 消防控制室值班、操作人员

6. 根据中华人民共和国公安部令第 61 号《机关、团体、企业、事业单位消防安全管理规定》,消防安全制度应包括的主要内容有(   )。

A. 消防安全责任制   B. 消防设施、器材维护管理

C. 用火、用电安全管理   D. 仓库收发管理

E. 防火巡查、检查

7. 根据本案例描述,该单位存在的下列违反消防安全规定的情况,应根据《机关、团体、企业、事业单位消防安全管理规定》责令当场改正的有(   )。

A. 违章使用明火作业或者在具有火灾、爆炸危险的场所吸烟、使用明火

B. 消防设施管理、值班人员和防火巡查人员脱岗

C. 常闭式防火门处于开启状态,防火卷帘下堆放物品影响使用

D. 消防控制室值班人员未持证上岗

E. 将安全出口上锁、遮挡,或者占用、堆放物品影响使用

8. 按照有关规定,消防安全重点单位制定的灭火和应急疏散预案应当包括(   )。

A. 领导机构及其职责   B. 报警和接警处置程序

C. 自动消防设施保养程序   D. 应急疏散的组织程序和措施

E. 扑救初期火灾的程序和措施

9. 根据本案例描述和消防安全管理的相关规定,单位发生火灾时,应当立即实施灭火和应急疏散预案。在这次火灾事故中,该单位未能做到(   )。

A. 及时报警   B. 启动消防灭火系统

C. 组织扑救火灾   D. 启动防排烟系统

E. 及时疏散人员

》 关键考点依据

本考点主要依据《机关、团体、企业、事业单位消防安全管理规定》(公安部第 61 号令)。

一 消防安全制度的种类和主要内容

(一)消防安全责任制

消防安全责任制是单位消防安全管理制度中最根本的制度,明确单位消防安全责任人,明确消防安全管理人及全体人员应履行的消防安全职责,明确逐级和岗位消防安全职责,确定各级、各岗位的消防安全责任人,层层签订责任书,层层落实消防安全责任,是消防安全责任制的核心。消防安全责任制主要内容包括:

1. 规定消防安全委员会(或消防安全领导小组)领导机构及其责任人的消防安全职责;

2. 规定消防安全归口管理部门和消防安全管理人的消防安全职责;

3. 规定单位下属部门和岗位消防安全责任人以及安全员的职责;

4. 规定单位义务消防队和专职消防队的领导和成员的职责;

5. 规定全体职工在各自工作岗位上的消防安全职责。

(二)消防安全教育、培训制度

主要包括——确定消防安全教育、培训责任部门、责任人,明确消防安全教育的对象(包括特殊工种及新员工)、培训形式、培训内容、培训要求、培训组织程序,确定消防安全教育的频次、考核办法、情况记录等要点。

(三)防火检查、巡查制度

主要包括——确定防火检查、巡查责任部门和责任人,防火检查的时间、频次和方法;确定防火检查和防火巡查的内容;确定检查部位、内容和方法;明确处理火灾隐患和报告程序、防范措施,进行防火检查记录管理等要点。

(四)消防安全疏散设施管理制度

主要包括——确定消防安全疏散设施管理责任部门、责任人和日常管理方法,明确隐患整改程序及惩戒措施、安全疏散部位、设施检测和管理要求,进行情况记录等要点。

(五)消防设施器材维护管理制度

主要包括——确定消防设施器材维护保养的责任部门、责任人和管理方法,制定消防设施维护保养和维修检查的要求,制定每日检查、月(季)度试验检查和年度检查内容和方法,检查记录管理,定期进行建筑消防设施维护保养报告备案等要点。

(六)消防(控制室)值班制度

主要包括——确定消防控制室责任部门、责任人以及操作人员的职责,确定执行值班操作人员岗位资格、消防控制设备操作规程、值班制度、突发事件处置程序、报告程序、工作交接等要点。

(七)火灾隐患整改制度

主要包括——确定火灾隐患整改的责任部门、责任人,火灾隐患的确定,火灾隐患整改期间安全防范措施,火灾整改的期限、程序,整改合格的标准,所需经费保障等要点。

(八)用火、用电安全管理制度

主要包括——确定安全用电管理责任部门、责任人,定期检查制度,用火、用电审批范围、程序和要求,操作人员的岗位资格及其职责要求,违规惩处措施等要点。

(九)灭火和应急疏散预案演练制度

主要包括——确定单位灭火和应急疏散预案的编制和演练的责任部门和责任人,确定预案制定、修改、审批程序,明确演练范围、演练频次、演练程序、注意事项、演练情况记录、演练后的总结和自评、预案修订等要点。

(十)易燃易爆危险物品和场所防火防爆管理制度

主要包括——确定易燃易爆危险物品和场所防火防爆管理责任部门和责任人,明确危险物品的贮存方法、贮存数量、防火措施和灭火方法,明确危险物品的入口登记、使用与出库审批登记、特殊环境安全防范等要点。

(十一)专职(志愿)消防队的组织管理制度

主要包括——确定专职(志愿)消防队的人员组成,明确专职(志愿)消防队员调整、补充归口管理,明确培训内容、频次、实施方法和要求,明确组织演练考核方法、奖惩措施等要点。

(十二)燃气和电气设备的检查和管理(包括防雷、防静电)制度

主要包括——确定燃气和电气设备的检查和管理的责任部门和责任人,明确消防安全工作考评和奖惩内容及频次,确定电气设备检查、燃气管理检查的内容、方法、频次,记录检查中发现的隐患,落实整改措施等要点。

(十三)消防安全工作考评和奖惩制度

主要包括——确定消防安全工作考评和奖惩实施的责任部门和责任人,确定考评目标、频次、考评内容(执行规章制度和操作规程的情况、履行岗位职责的情况等)、考评方法、奖励和惩戒的具体行为等要点。

二 单位消防安全制度的落实

(一)确定消防安全责任

全面落实单位的消防安全主体责任,是提高单位消防安全管理能力和水平的根本。《消防安全责任书》具有敦促下一级消防安全责任主体切实履行消防安全责任的作用,但并不能起到通过"契约"的方式,把上级消防安全主体的责任部分或者全部转换到下一级消防安全责任主体的效果,否则就构成不正当条款。签订《消防安全责任书》,只是上一级消防安全责任人实行消防安全管理的一种方法,而不能当作转移消防安全责任的手段。

(二) 定期进行消防安全检查、巡查,消除火灾隐患

1. 社会单位实行逐级防火检查制度和火灾隐患整改责任制。单位定期组织开展防火检查、防火巡查,及时发现并消除火灾隐患;消防安全责任人对火灾隐患整改负总责,消防安全管理人和消防工作归口管理职能部门具体负责组织火灾隐患整改工作,消防安全管理人、有关部门、员工应当认真履行火灾隐患整改责任。

2. 社会单位消防安全责任人、消防安全管理人应对本单位落实消防安全制度和消防安全管理措施、执行消防安全操作规程等情况,每月至少组织一次防火检查;社会单位内设部门负责人应对本部门落实消防安全制度和消防安全管理措施、执行消防安全操作规程等情况每周至少开展一次防火检查;员工每天班前、班后进行本岗位防火检查,及时发现火灾隐患。

3. 社会单位及其内设部门组织开展防火检查,应包括下列内容:灭火器材配置及完好情况,室内外消火栓、水泵接合器有无损坏、埋压、遮挡、圈占等影响使用情况;消防设施运行、记录情况;消防车通道、消防水源情况;安全出口、疏散通道是否畅通,有无堵塞、锁闭情况;安全疏散指示标志、应急照明设置及完好情况;有无违章使用易燃可燃材料装修情况;电气线路是否破损、老化、连接松动,有无私拉乱接电线、违章使用电器等违章用电情况;有无违章用火情况;消防控制室、消防值班室、消防安全重点部位的人员在岗在位情况;易燃易爆危险品生产、储存、销售单位、场所的工艺装置、紧急事故处理设施是否完好有效,防火、防爆、防雷、防静电措施落实情况。

4. 社会单位应对消防安全重点部位每日至少进行一次防火巡查;公众聚集场所在营业期间的防火巡查至少每2小时一次,营业结束时应当对营业现场进行检查,消除遗留火种;公众聚集场所、医院、养老院、寄宿制的学校、托儿所、幼儿园夜间防火巡查应不少于两次。

5. 社会单位组织开展防火巡查应包括下列内容:用火、用电有无违章情况;安全出口、疏散通道是否畅通,有无堵塞、锁闭情况;消防器材、消防安全标志完好情况;重点部位人员在岗在位情况;常闭式防火门是否处于关闭状态、防火卷帘下是否堆放物品等情况。

6. 员工应履行本岗位消防安全职责,遵守消防安全制度和消防安全操作规程,熟悉本岗位火灾危险性,掌握火灾防范措施,进行防火检查,及时发现本岗位的火灾隐患。员工班前、班后防火检查应包括下列内容:用火、用电有无违章情况;安全出口、疏散通道是否畅通,有无堵塞、锁闭情况;消防器材、消防安全标志完好情况;场所有无遗留火种。

7. 发现的火灾隐患应当立即改正;对不能立即改正的,发现人应当向消防工作归口管理职能部门或消防安全管理人报告,按程序整改并做好记录。消防工作归口管理职能部门或消防安全管理人接到火灾隐患报告后,应当立即组织核查。研究制定整改方案,确定整改措施、整改期限、整改责任人和部门,报单位消防安全责任人审批。社会单位的消防安全责任人应当督促落实火灾隐患整改措施,为整改火灾隐患提供经费和组织保障。

8. 火灾隐患整改责任人和部门应当按照整改方案要求,落实整改措施,并加强整改期间的安全防范,确保消防安全。火灾隐患整改完毕后,消防安全管理人应当组织验收,并将验收结果报告消防安全责任人。对公安机关消防机构责令改正的火灾隐患,应当立即着手整改,并将整改情况报告公安机关消防机构。

(三)组织消防安全知识宣传教育培训

(四)开展灭火和疏散逃生演练

(五)建立健全消防档案

(六)消防安全重点单位"三项"报告备案制度

"三项"报告备案包括以下三项内容:

1. 消防安全管理人员报告备案。消防安全重点单位依法确定的消防安全责任人、消防安全管理人、专(兼)职消防管理员、消防控制室值班操作人员等,自确定或变更之日起5个工作日内,向当地公安机关消防机构报告备案,确保消防安全工作有人抓、有人管。消防安全责任人、消防安全管理人要切实履行消防安全职责,接受公安机关消防机构的业务指导和培训,落实各项消防责任,全面提高本单位消防安全管理水平。

2. 消防设施维护保养报告备案。设有建筑消防设施的消防安全重点单位,应当对建筑消防设施进行日常维护保养,并每年至少进行一次功能检测,不具备维护保养和检测能力的消防安全重点单位应委托具有资质的机构进行维护保养和检测,保障消防设施完整好用。消防安全重点单位要将维护保养合同、维保记录、设备运行记录每月向当地公安机关消防机构报告备案。提供消防设施维护保养和检测的技术服务机构,必须具有相应等级的资质,依照签订的维护保养合同认真履行义务,承担相应责任,确保建筑消防设施正常运行,并自签订维护保养合同之日起5个工作日内向当地公安机关消防机构报告备案。

3. 消防安全自我评估报告备案。消防安全重点单位消防安全管理情况,每月组织一次自我评估,评估发现的问题和工作薄弱环节,要采取切实可行的措施及时整改。评估情况应自评估完成之日起5个工作日内向当地公安机关消防机构报告备案,并向社会公开。

》》 问题解析

1.【答案】A、D。解析:(1)保鲜恒温库内的冷风机供电线路接头处过热短路。选项A正确。

(2)车间按国家标准配置了灭火器材,无应急照明和疏散指示标志。部分疏散门采用卷帘门,起火时南侧的安全出口被锁闭。选项D正确。

2.【答案】B、C、D。解析:根据《机关、团体、企业、事业单位消防安全管理规定》(公安部第61号令)第十九条规定,单位应当将容易发生火灾、一旦发生火灾可能严重危及人身和财产安全以及对消防安全有重大影响的部位确定为消防安全重点部位,设置明显的防火标志,实行严格管理。

消防重点部位确定以后,应从管理的民主性、系统性和科学性着手,做好六个方面的管理,以保障单位的消防安全。"六个管理"包括制度管理、立牌管理、教育管理、档案管理、日常管理和应急备战管理。

3.【答案】A、B、D、E。解析:(1)当日值班人员对用火、用电和消防设施、器材情况进行了一次巡查后离开了车间。选项A正确。

(2)保鲜恒温库内的冷风机供电线路接头处过热短路,引燃墙面聚氨酯泡沫保温材料。在聚苯乙烯板外表面直接喷漆聚氨酯泡沫。聚氨酯的燃烧性能等级属于B_2级,而且燃烧时有大量烟和毒性。选项B正确。

(3)部分疏散门采用卷帘门,起火时,南侧的安全出口被锁闭。选项D正确。

(4)经查,该企业消防安全管理制度不健全,单位消防安全管理人曾接受过消防安全专门培训,但由于单位生产季节性强,员工流动性大,未组织员工进行消防安全培训和疏散演练。选项E正确。

4.【答案】B、C、E。解析:根据《机关、团体、企业、事业单位消防安全管理规定》(公安部第61号令)第三十六条规定,单位应当通过多种形式开展经常性的消防安全宣传教育。消防安全重点单位对每名员工应当至少每年进行一次消防安全培训。宣传教育和培训内容应当包括:

① 有关消防法规、消防安全制度和保障消防安全的操作规程;② 本单位、本岗位的火灾危险性和防火措施;③ 有关消防设施的性能、灭火器材的使用方法;④ 报火警、扑救初起火灾以及自救逃生的知识和技能。

公众聚集场所对员工的消防安全培训应当至少每半年进行一次,培训的内容还应当包括组织、引导在场群众疏散的知识和技能。

单位应当组织新上岗和进入新岗位的员工进行上岗前的消防安全培训。

5.【答案】A、C、E。解析:根据《机关、团体、企业、事业单位消防安全管理规定》(公安部第61号令)第三十八条规定,下列人员应当接受消防安全专门培训:

① 单位的消防安全责任人、消防安全管理人;② 专、兼职消防管理人员;③ 消防控制室的值班、操作人员;④ 其他依照规定应当接受消防安全专门培训的人员。

前款规定中的第③ 项人员应当持证上岗。

6.【答案】B、C、E。解析:根据《机关、团体、企业、事业单位消防安全管理规定》(公安部第61号令)第十八条规定,单位应当按照国家有关规定,结合本单位的特点,建立和健全各项消防安全制度和保障消防安全的操作规程,并公布执行。

单位消防安全制度主要包括以下内容:消防安全教育、培训;防火巡查、检查;安全疏散设施管理;消防(控制室)值班;消防设施、器材维护管理,火灾隐患整改;用火、用电安全管理;易燃易爆危险物品和场所防火防爆;专职和义务消防队的组织管理;灭火和应急疏散预案演练;燃气和电气设备的检查和管理(包括防雷、防静电);消防安全工作考评和奖惩;其他必要的消防安全内容。

7.【答案】A、B、C、E。解析:根据《机关、团体、企业、事业单位消防安全管理规定》(公安部第61号令)第三十一条规定,对下列违反消防安全规定的行为,单位应当责成有关人员当场改正并督促落实:

① 违章进入生产、储存易燃易爆危险物品场所的;② 违章使用明火作业或者在具有火灾、爆炸危险的场所吸烟、使用明火等违反禁令的;③ 将安全出口上锁、遮挡,或者占用、堆放物品影响疏散通道畅通的;④ 消火栓、灭火器材被遮挡影响使用或者被挪作他用的;⑤ 常闭式防火门处于开启状态,防火卷帘下堆放物品影响使用的;⑥ 消防设施管理,值班人员和防火巡查人员脱岗的;⑦ 违章关闭消防设施、切断消防电源的;⑧ 其他可以当场改正的行为。

违反前款规定的情况以及改正情况应当有记录并存档备查。

8.【答案】B、D、E。解析:根据《机关、团体、企业、事业单位消防安全管理规定》(公安部第61号令)第三十九条规定,消防安全重点单位制定的灭火和应急疏散预案应当包括下列内容:

① 组织机构,包括:灭火行动组、通讯联络组、疏散引导组、安全防护救护组;② 报警和接警处置程序;③ 应急疏散的组织程序和措施;④ 扑救初起火灾的程序和措施;⑤ 通信联络、安全防护救护的程序和措施。

9.【答案】A、C、E。解析:(1) 根据《机关、团体、企业、事业单位消防安全管理规定》(公安部第61号令)第二十四条规定,单位发生火灾时,应当立即实施灭火和应急疏散预案,务必做到及时报警,迅速扑救火灾,及时疏散人员。邻近单位应当给予支援。任何单位和人员都应当无偿为报火警提供便利,不得阻拦报警。单位应当为公安消防机构抢救人员、扑救火灾提供便利和条件。火灾扑灭后,起火单位应当保护现场,接受事故调查,如实提供火灾事故的情况,协助公安消防机构调查火灾原因,核定火灾损失,查明火灾事故责任,未经公安消防机构同意,不得擅自清理火灾现场。

(2) 保鲜库起火后,火势及有毒烟气迅速蔓延至整个车间。由于无人组织灭火和疏散,有12名员工在走道尽头的冰池处遇难。逃出车间的员工向领导报告了火情,10分钟后才拨打"119"报火警,有8名受伤员工在冰池处被救出。选项A、C、E正确。

案例 3 购物中心消防安全管理案例分析
（2017 年消防安全案例分析第 2 题）

》 **情景描述**

　　某购物中心地上 6 层，地下 3 层，总建筑面积 126 000 m²，建筑高度 35.0 m。地上一至五层为商场，六层为餐饮，地下一层为超市、汽车库、地下二层为发电机房、消防水泵房，空调机房、排烟风机房等设备用房和汽车库、地下三层为汽车库。

　　2017 年 6 月 5 日，当地公安消防机构对购物中心进行消防监督检查，购物中心消防安全管理人首先汇报了自己履职情况，主要有：(一)拟订年度消防工作计划，组织实施日常消防安全管理工作；(二)组织制定消防安全制度和保障消防安全的操作规程并检查监督其落实；(三)组织实施防火检查工作；(四)组织实施单位消防设施、灭火器材和消防安全标志的维护保养，确保其完好有效；(五)组织管理志愿消防队；(六)在员工中组织开展消防知识、技能的宣传教育和培训活动，组织灭火和应急疏散预案的实施和演练。

　　其次，检查组对该购物中心的消防安全管理档案进行了检查，其中包括：消防安全教育、培训，防火检查，巡查，灭火和应急疏预案演练，消防(控制室)值班，用火、用电安全管理，易燃易爆危险品和场所防火防爆，志愿消防队的组织管理，燃气和电气设备的检查和管理及消防安全工作考评和奖惩等。检查组还对该购物中心 2017 年消防教育培训的计划和内容进行检查，据调查，该单位消防培训的内容包括消防法规、消防安全制度和保障消防安全的操作规程；本单位的火灾危险性和防火措施；灭火器材的使用方法；报火警和扑救初起火灾的知识和技能等。

　　最后，检查组对该购物中心进行了实地检查。在检查中发现：个别防火卷帘无法手动起降或防火卷帘下堆放商品；个别消防栓被遮挡；部分疏散指示标志损坏；少数灭火器压力不足；承租方正在对三层部分商场(约 6 000 m²)进行重新装修并拟改为儿童游乐场所，未向当地公安消防机构申请消防设计审核。在检查消防控制室时，消防监督员对消防控制室的值班人员进行现场提问："接到火灾报警后，你如何处置？"值班人员回答："接到火灾报警后，通过对讲机通知安全巡场人员携带灭火器到达现场核实火情，确认发生火灾后，立即将火灾报警联动控制开关转换成自动状态，启动消防应急广播，同时拨打保安经理电话，保安经理同意后拨打"119"报警。报警时说明火灾地点，起火部位，着火物种类和火势大小，留下姓名和联系电话，报警后到路口迎接消防车。"

　　根据以上材料，回答下列问题(共 20 分，每题 2 分，每题的备选项中，有 2 个或 2 个以上符合题意，至少有一个错项，错选，本题不得分；少选，所选的每个选项得 0.5 分)。

　　1. 消防工程师考试真题中根据《机关、团体、企业、失业单位消防安全管理规定》(公安部第 61 号令)，消防安全管理人还应当实施和组织落实的消防安全管理工作有(　　)。

　　A. 确定逐级消防安全责任

B. 确保疏散通道和安全出口畅通

C. 拟订消防安全工作的资金投入和组织保障方案

D. 组织实施火灾隐患整改工作

E. 招聘消防控制室值班人员

2. 根据《机关、团体、企业、失业单位消防安全管理规定》(公安部第 61 号令),该购物中心还应当制定( )。

A. 安保组织制度   B. 安全疏散设施管理制度

C. 火灾隐患整改制度   D. 安全生产例会制度

E. 消防设施、器材维护管理制度

3. 根据《机关、团体、企业、失业单位消防安全管理规定》(公安部第 61 号令),该购物中心应确定为消防安全重点部位的有( )。

A. 空调机房   B. 消防控制室   C. 汽车库

D. 发电机房   E. 消防水泵房

4. 根据《机关、团体、企业、失业单位消防安全管理规定》(公安部第 61 号令),该购物中心消防档案中必须存放有( )。

A. 灭火和应急疏散预案

B. 灭火和应急疏散预案的演练记录

C. 消防控制室值班人员的消防控制室操作执业资格证书

D. 消防设施的设计图

E. 消防安全培训记录

5. 下列人员中,可以作为该购物中心志愿消防队成员的有( )。

A. 该单位的消防安全负责人   B. 该单位的消防安全管理人

C. 该单位的营业员   D. 维保公司维保该单位消防设施的技术人员

E. 该单位的保安员

6. 消防工程师考试真题中根据《机关、团体、企业、失业单位消防安全管理规定》(公安部第 61 号令),该购物中心的演练记录除了记明演练时间和参加部门外,还应当记明演练的( )。

A. 经费   B. 地点   C. 内容

D. 灭火器型号和数量   E. 参加人员

7. 根据《机关、团体、企业、失业单位消防安全管理规定》(公安部第 61 号令),2017 年该购物中心的消防宣传教育和培训内容还应该有( )。

A. 消防控制室值班人员操作职业资格   B. 有关现行国家消防技术标准

C. 该消防设施的性能   D. 自救逃生的知识和技能

E. 组织、引导在场群中疏散的知识和技能

8. 检查中发现的下列火灾隐患,根据《机关、团体、企业、失业单位消防安全管理规定》(公安部第 61 号令),应当责成当场改正的有( )。

A. 防火卷帘无法手动起降   B. 防火卷帘下堆放上物品

C. 消防栓被遮挡   D. 疏散指示标志损坏

E. 灭火器压力不足

9. 对承租方将部分商场改为儿童游乐场所的行为,根据《中华人民共和国消防法》,公安机关消防机构应责令停止施工并处罚款,罚款额度符合规定的有( )。

A. 一万元以上五万元以下   B. 二万元以上十万元以下

C. 三万元以上十五万元以下   D. 四万元以上二十万元以下

10. 消防控制室值班人员的回答内容,不符合《消防控制室通用技术要求》GB 255066—2010 规定的有( )。

A. 接到火灾报警后,通过对讲机通知安全巡视人员携带灭火器到达现场进行火情核实

B. 确认火灾后,立即将火灾报警联动控制开关转入自动状态,启动消防应急广播

C. 拨打保安经理电话,保安经理同意后拨打"119"报警

D. 报警时说明火灾地点,起火部位,着火物种类和火势大小,留下姓名和联系电话

E. 报警后到路口迎接消防车

» 关键考点依据

本考点主要依据《中华人民共和国消防法》。

一 各类人员职责

1. 消防安全责任人职责

法人单位的法定代表人或非法人单位的主要负责人是社会单位的"第一责任人",主要是指消防安全工作上的第一责任和事故追究顺序上的第一责任。

消防安全责任人应履行下列职责:

(1) 贯彻执行消防法规,保障单位消防安全符合规定,掌握本单位的消防安全情况。

(2) 将消防工作与本单位的生产、科研、经营、管理等活动统筹安排,批准实施年度消防工作计划。

(3) 为本单位的消防安全提供必要的经费和组织保障。

(4) 确定逐级消防安全责任,批准实施消防安全制度和保障消防安全的操作规程。

(5) 组织防火检查,督促落实火灾隐患整改,及时处理涉及消防安全的重大问题。

(6) 根据消防法规的规定建立专职消防队、志愿消防队。

(7) 组织制定符合本单位实际的灭火和应急疏散预案,并实施演练。

2. 消防安全管理人职责

消防安全管理人是指单位中负有一定领导职务和权限的人员,受消防安全责任人委托,具体负责管理单位的消防安全工作,对消防安全责任人负责。

消防安全管理人应当履行下列消防安全责任:

(1) 拟订年度消防工作计划,组织实施日常消防安全管理工作。

(2) 组织制定消防安全制度和保障消防安全的操作规程并检查督促其落实。

(3) 拟订消防安全工作的资金投入和组织保障方案。

(4) 组织实施防火检查和火灾隐患整改工作。

(5) 组织实施对本单位消防设施、灭火器材和消防安全标志的维护保养,确保其完好有效,确保疏散通道和安全出口畅通。

(6) 组织管理专职消防队和志愿消防队。

(7) 在员工中组织开展消防知识、技能的宣传教育和培训,组织灭火和应急疏散预案的实施和演练。

(8) 完成单位消防安全责任人委托的其他消防安全管理工作。

消防安全管理人应当定期向消防安全责任人报告消防安全情况,及时报告涉及消防安全的重大问题。未

确定消防安全管理人的单位,规定的消防安全管理工作由单位消防安全责任人负责实施。

3. 专(兼)职消防管理人员职责

专(兼)职消防安全管理人员是做好消防安全的重要力量,在消防安全责任人和消防安全管理人的领导下开展消防安全管理工作,应当履行下列消防安全责任:

(1)掌握消防法律法规,了解本单位消防安全状况,及时向上级报告。

(2)提请确定消防安全重点单位,提出落实消防安全管理措施的建议。

(3)实施日常防火检查、巡查,及时发现火灾隐患,落实火灾隐患整改措施。

(4)管理、维护消防设施、灭火器材和消防安全标志。

(5)组织开展消防宣传,对全体员工进行教育培训。

(6)编制灭火和应急疏散预案,组织演练。

(7)记录有关消防工作开展情况,完善消防档案。

(8)完成其他消防安全管理工作。

4. 自动消防系统的操作人员职责

自动消防系统的操作人员包括单位消防控制室的值班、操作人员以及从事气体灭火系统等自动消防设施管理、维护的人员等,应当履行下列职责:

(1)自动消防系统的操作人员必须持证上岗,掌握自动消防系统的功能及操作规程。

(2)每日测试主要消防设施功能,发现故障应在24小时内排除,不能排除的应逐级上报。

(3)核实、确认报警信息,及时排除误报和一般故障。

(4)发生火灾时,按照灭火和应急疏散预案,及时报警和启动相关消防设施。

5. 部门消防安全责任人职责

部门主要负责人为本部门消防安全责任人,对本部门消防安全工作负总责,应当带头并督促本部门员工遵守各种消防安全法律法规和各项消防安全管理制度,利用多种手段积极学习消防安全知识。应当履行下列职责:

(1)组织实施本部门的消防安全管理工作计划。

(2)根据本部门的实际情况开展消防安全教育与培训,制定消防安全管理制度,落实消防安全措施。

(3)按照规定实施消防安全巡查和定期检查,管理消防安全重点部位,维护管辖范围的消防设施。

(4)及时发现和消除火灾隐患,不能消除的,应采取相应措施并及时向消防安全管理人报告。

(5)发现火灾,及时报警,并组织人员疏散和初期火灾扑救。

6. 志愿消防队员职责

志愿消防队员是单位员工,定期组织训练、考核和应急疏散演练,是发生火灾时单位主要灭火力量。

(1)熟悉本单位灭火与应急疏散预案和本人在志愿消防队中的职责分工。

(2)参加消防业务培训及灭火和应急疏散演练,了解消防知识,掌握灭火与疏散技能,会使用灭火器材及消防设施。

(3)做好本部门、本岗位日常防火安全工作,宣传消防安全常识,督促他人共同遵守,开展群众性自防自救工作。

(4)发生火灾时须立即赶赴现场,服从现场指挥,积极参加扑救火灾、人员疏散、救助伤员、保护现场等工作。

7. 一般员工职责

(1)明确各自消防安全责任,认真执行本单位的消防安全制度和消防安全操作规程。维护消防安全、预防火灾。

(2)保护消防设施和器材,保障消防通道畅通。

(3)发现火灾、及时报警。

（4）参加有组织的灭火工作。

（5）公共场所的现场工作人员，在发生火灾后应当立即组织、引导在场群众安全疏散。

（6）接受单位组织的消防安全培训，做到懂火灾的危险性和预防火灾措施、懂火灾扑救方法、懂火灾现场逃生方法；会报火警、会使用灭火器材和扑救初起火灾、会逃生自救。

二　消防安全制度的种类和主要内容

（一）消防安全责任制

消防安全责任制是单位消防安全管理制度中最根本的制度，明确单位消防安全责任人，消防安全管理人及全体人员应履行的消防安全职责，明确逐级和岗位消防安全职责，确定各级、各岗位的消防安全责任人，层层签订责任书，层层落实消防安全责任，是消防安全责任制的核心。消防安全责任制主要内容包括：

1. 规定消防安全委员会（或消防安全领导小组）领导机构及其责任人的消防安全职责；

2. 规定消防安全归口管理部门和消防安全管理人的消防安全职责；

3. 规定单位下属部门和岗位消防安全责任人以及安全员的职责；

4. 规定单位义务消防队和专职消防队的领导和成员的职责；

5. 规定全体职工在各自工作岗位上的消防安全职责。

（二）消防安全教育、培训制度

主要包括——确定消防安全教育、培训责任部门、责任人，消防安全教育的对象（包括特殊工种及新员工）、培训形式、培训内容，培训要求，培训组织程序，确定消防安全教育的频次，考核办法、情况记录等要点。

（三）防火检查、巡查制度

主要包括——确定防火检查、巡查责任部门和责任人，防火检查的时间、频次和方法；确定防火检查和防火巡查的内容；检查部位、内容和方法；处理火灾隐患和报告程序、防范措施，防火检查记录管理等要点。

（四）消防安全疏散设施管理制度

主要包括——确定消防安全疏散设施管理责任部门、责任人和日常管理方法，隐患整改程序及惩戒措施，安全疏散部位、设施检测和管理要求，情况记录等要点。

（五）消防设施器材维护管理制度

主要包括——确定消防设施器材维护保养的责任部门、责任人和管理方法，制定消防设施维护保养和维修检查的要求，制定每日检查、月（季）度试验检查和年度检查内容和方法，检查记录管理，定期建筑消防设施维护保养报告备案等要点。

（六）消防（控制室）值班制度

主要包括——确定消防控制室责任部门、责任人以及操作人员的职责，执行值班操作人员岗位资格、消防控制设备操作规程、值班制度、突发事件处置程序、报告程序、工作交接等要点。

（七）火灾隐患整改制度

主要包括——确定火灾隐患整改的责任部门、责任人，火灾隐患的确定，火灾隐患整改期间安全防范措施，火灾整改的期限、程序，整改合格的标准，所需经费保障等要点。

（八）用火、用电安全管理制度

主要包括——确定安全用电管理责任部门、责任人，定期检查制度，用火、用电审批范围、程序和要求，操作人员的岗位资格及其职责要求，违规惩处措施等要点。

（九）灭火和应急疏散预案演练制度

主要包括——确定单位灭火和应急疏散预案的编制和演练的责任部门和责任人，确定预案制定、修改、审批程序，演练范围、演练频次、演练程序、注意事项、演练情况记录、演练后的总结和自评、预案修订等要点。

(十)易燃易爆危险物品和场所防火防爆管理制度

主要包括——确定易燃易爆危险物品和场所防火防爆管理责任部门和责任人,明确危险物品的贮存方法,贮存的数量,防火措施和灭火方法,危险物品的入口登记、使用与出库审批登记、特殊环境安全防范等要点。

(十一)专职(志愿)消防队的组织管理制度

主要包括——确定专职(志愿)消防队的人员组成,明确专职(志愿)消防队员调整、补充归口管理,明确培训内容、频次、实施方法和要求,组织演练考核方法,明确奖惩措施等要点。

(十二)燃气和电气设备的检查和管理(包括防雷、防静电)制度

主要包括——确定燃气和电气设备的检查和管理的责任部门和责任人,消防安全工作考评和奖惩内容及频次,确定电气设备检查、燃气管理检查的内容、方法、频次,记录检查中发现的隐患,落实整改措施等要点。

(十三)消防安全工作考评和奖惩制度

主要包括——确定消防安全工作考评和奖惩实施的责任部门和责任人,确定考评目标、频次、考评内容(执行规章制度和操作规程的情况、履行岗位职责的情况等),考评方法、奖励和惩戒的具体行为等要点。

问题解析

1.【答案】B、C、D。解析:消防安全管理人对单位的消防安全责任人负责,实施和组织落实下列消防安全管理工作:(1)拟订年度消防工作计划,组织实施日常消防安全管理工作;(2)组织制定消防安全制度和保障消防安全的操作规程并检查督促其落实;(3)拟订消防安全工作的资金投入和组织保障方案;(4)组织实施防火检查和火灾隐患整改工作;(5)组织实施对本单位消防设施、灭火器材和消防安全标志的维护保养,确保其完好有效,确保疏散通道和安全出口畅通;(6)组织管理专职消防队和义务消防队;(7)在员工中组织开展消防知识、技能的宣传教育和培训,组织灭火和应急疏散预案的实施和演练;(8)单位消防安全责任人委托的其他消防安全管理工作。故选B、C、D。

2.【答案】B、C、E。解析:单位的消防安全制度主要包括:(1)消防安全责任制;(2)消防安全教育、培训;(3)防火巡查、检查;安全疏散设施管理;(4)消防(控制室)值班;(5)消防设施、器材维护管理;(6)火灾隐患整改;(7)用火、用电安全管理;(8)易燃易爆危险物品和场所防火防爆;(9)专职(志愿)消防队的组织管理;(10)灭火和应急疏散预案演练;(11)燃气和电气设备的检查和管理(包括防雷、防静电);(12)消防安全工作考评和奖惩;(13)其他必要的消防安全内容。故选B、C、E。

3.【答案】B、C、D、E。解析:消防安全重点部位的确定:

(1)容易发生火灾的部位。如化工生产车间、油漆、烘烤、熬炼、木工、电焊气割操作间;化验室、汽车库、化学危险品仓库;易燃、可燃液体储罐,可燃、助燃气体钢瓶仓库和储罐,液化石油气瓶或储罐;氧气站、乙炔站、氢气站;易燃的建筑群等。

(2)发生火灾后对消防安全有重大影响的部位。如与火灾扑救密切相关的变配电站(室)、消防控制室、消防水泵房等。

(3)性质重要、发生事故影响全局的部位。如发电站,变配电站(室),通信设备机房,生产总控制室,电子计算机房,锅炉房,档案室,资料、贵重物品和重要历史文献收藏室等。

(4)财产集中的部位。如储存大量原料、成品的仓库、货场,使用或存放先进技术设备的实验室、车间、仓库等。

(5)人员集中的部位。如单位内部的礼堂(俱乐部)、托儿所、集体宿舍、医院病房等。故选B、C、D、E。

4.【答案】A、B、D、E。解析:(1)消防安全基本情况应当包括以下内容:①单位基本概况和消防安全重点部位情况;②建筑物或者场所施工、使用或者开业前的消防设计审核、消防验收以及消防安全检查的文件、资料;③消防管理组织机构和各级消防安全责任人;④消防安全制度;⑤消防设施、灭火器材情况;⑥专职消防队、义务消防队人员及其消防装备配备情况;⑦与消防安全有关的重点工种人员情况;⑧新增消防产品、防火材料的合格证明材料;⑨灭火和应急疏散预案。

(2) 消防安全管理情况应当包括以下内容:① 公安消防机构填发的各种法律文书;② 消防设施定期检查记录、自动消防设施全面检查测试的报告以及维修保养的记录;③ 火灾隐患及其整改情况记录;④ 防火检查、巡查记录;⑤ 有关燃气、电气设备检测(包括防雷、防静电)等记录资料;⑥ 消防安全培训记录;⑦ 灭火和应急疏散预案的演练记录;⑧ 火灾情况记录;⑨ 消防奖惩情况记录。故选A、B、D、E。

5.【答案】C、E。解析:志愿消防队员来自单位员工,是发生火灾时单位的主要灭火力量。故选C、E。

6.【答案】B、C、E。解析:《机关、团体、企业、事业单位和消防安全管理规定》(公安部令第61号)第四十三条 消防安全管理情况应当包括以下内容:(七)灭火和应急疏散预案的演练记录;第(七)项记录,应当记明演练的时间、地点、内容、参加部门以及人员等。故选B、C、E。

7.【答案】C、D、E。解析:(1) 消防安全重点单位对每名员工应当至少每年进行一次消防安全培训。宣传教育和培训内容应当包括:① 有关消防法规、消防安全制度和保障消防安全的操作规程;② 本单位、本岗位的火灾危险性和防火措施;③ 有关消防设施的性能、灭火器材的使用方法;④ 报火警、扑救初起火灾以及自救逃生的知识和技能。

(2) 公众聚集场所对员工的消防安全培训应当至少每半年进行一次,培训的内容还应当包括组织、引导在场群众疏散的知识和技能。

(3) 单位应当组织新上岗和进入新岗位的员工进行上岗前的消防安全培训。故选C、D、E。

8.【答案】B、C。解析:《机关、团体、企业、事业单位消防安全管理规定》第三十一条对下列违反消防安全规定的行为,单位应当责成有关人员当场改正并督促落实:① 违章进入生产、储存易燃易爆危险物品场所的;② 违章使用明火作业或者在具有火灾、爆炸危险的场所吸烟、使用明火等违反禁令的;③ 将安全出口上锁、遮挡,或者占用、堆放物品影响疏散通道畅通的;④ 消火栓、灭火器材被遮挡影响使用或者被挪作他用的;⑤ 常闭式防火门处于开启状态,防火卷帘下堆放物品影响使用的;⑥ 消防设施管理、值班人员和防火巡查人员脱岗的;⑦ 违章关闭消防设施、切断消防电源的;⑧ 其他可以当场改正的行为。

9.【答案】C、D。解析:(1)《建设工程消防监督管理规定》第十三条:对具有下列情形之一的人员密集场所,建设单位应当向公安机关消防机构申请消防设计审核,并在建设工程竣工后向出具消防设计审核意见的公安机关消防机构申请消防验收:① 建筑总面积大于20 000 m²的体育场馆、会堂,公共展览馆、博物馆的展示厅;② 建筑总面积大于15 000 m²的民用机场航站楼、客运车站候车室、客运码头候船厅;③ 建筑总面积大于10 000 m²的宾馆、饭店、商场、市场;④ 建筑总面积大于2 500 m²的影剧院,公共图书馆的阅览室,营业性室内健身、休闲场馆,医院的门诊楼,大学的教学楼、图书馆、食堂,劳动密集型企业的生产加工车间,寺庙、教堂;⑤ 建筑总面积大于1 000 m²的托儿所、幼儿园的儿童用房,儿童游乐厅等室内儿童活动场所,养老院、福利院,医院、疗养院的病房楼,中小学校的教学楼、图书馆、食堂,学校的集体宿舍,劳动密集型企业的员工集体宿舍;⑥ 建筑总面积大于500 m²的歌舞厅、录像厅、放映厅、卡拉OK厅、夜总会、游艺厅、桑拿浴室、网吧、酒吧,具有娱乐功能的餐馆、茶馆、咖啡厅。

(2)《中华人民共和国消防法》第五十八条:违反本法规定,有下列行为之一的,责令停止施工、停止使用或者停产停业,并处三万元以上三十万元以下罚款:① 依法应当经公安机关消防机构进行消防设计审核的建设工程,未经依法审核或者审核不合格,擅自施工的;② 消防设计经公安机关消防机构依法抽查不合格,不停止施工的;③ 依法应当进行消防验收的建设工程,未经消防验收或者消防验收不合格,擅自投入使用的;④ 建设工程投入使用后经公安机关消防机构依法抽查不合格,不停止使用的;⑤ 公众聚集场所未经消防安全检查或者经检查不符合消防安全要求,擅自投入使用、营业的。

建设单位未依照本法规定将消防设计文件报公安机关消防机构备案,或者在竣工后未依照本法规定报公安机关消防机构备案的,责令限期改正,处五千元以下罚款。故选C、D。

10.【答案】B、C。解析:火灾发生时,消防控制室的值班人员按照下列应急程序处置火灾:

① 接到火灾警报后,值班人员立即以最快方式确认火灾。

② 火灾确认后,值班人员立即确认火灾报警联动控制开关处于自动控制状态,同时拨打"119"报警电话准确报警;报警时需要说明着火单位地点、起火部位、着火物种类、火势大小、报警人姓名和联系电话等。

③ 值班人员立即启动单位应急疏散和初期火灾扑救灭火预案,同时报告单位消防安全负责人。故选B、C。

案例 4　食品加工厂火灾案例分析

（2018 年消防安全案例分析考试第 2 题）

》 情景描述

　　某企业的食品加工厂房,建筑高度 8.5 m,建筑面积 2 130 m²。主体单层,局部二层。厂房屋顶承重构件为钢结构,屋面板为聚氨酯夹心彩钢板,外墙 1.8 m 以下为砖墙,砖墙至屋檐为聚氨酯夹心彩钢板。厂房内设有室内消火栓系统。厂房一层为熟食车间,设有烘烤、蒸煮、预冷等工序;二层为倒班宿舍,熟食车间碳烤炉正上方设置不锈钢材质排烟罩,炭烤时热烟气经排烟道由排烟机排出屋面。

　　2017 年 11 月 5 日 6:00 时,该厂房发生火灾。最先发现起火的值班人员赵某准备报火警,被同时发现火灾的车间主任王某阻止。王某遂与赵某等人使用灭火器进行扑救,发现灭火器失效后,又使用室内消火栓进行扑灭,但消火栓无水,火势越来越大,王某与现场人员撤离车间,撤离后先向副总经理汇报再拨打"119"报警,因紧张,未说清起火厂房的具体位置,也未留下报警人员姓名。消防部门接群众报警后,迅速到达火场,2 小时后大火被扑灭。

　　此次火灾事故过火面积约 900 m²,造成倒班宿舍内 5 名员工死亡,4 名员工受伤。经济损失约 160 万元。经调查询问、现场勘察、综合分析,认定起火原因系生炭工刘某为加速炭烤炉升温,向已点燃的炭烤炉倒入汽油,瞬间火焰窜起,导致排烟管道内油垢起火,引燃厂房屋面彩钢板聚氯氨酯保温层,火势迅速蔓延。调查还发现,该车间生产有季节性,高峰期有工人 156 人。企业总经理为法定代表人,副总经理负责消防安全管理工作,消防部门曾责令将倒班宿合搬出厂房,拆除聚氨酯保温层板,企业总经理拒不执行;该企业未依法建立消防组织机构;消防安全管理制度不健全,未对员工进行必要的消防安全培训,虽然制定了灭火和应急疏散预案,但从未组织过消防演练;排烟管道使用多年,从未检查和清洗保养。

　　根据以上材料,回答下列问题(共 18 分,每题 2 分、每题的备选项中,有 2 个得或 2 个以上符合题意,至少有一个错项。错选,本题不得分;少选,所选的每个选项得 0.5 分)

　　1. 根据《中华人民共和国刑法》《中华人民共和国消防法》,下列对当事人的处理方案中正确的有(　　)。

　　A. 生炭工刘某犯有失火罪,处三年有期徒刑

　　B. 对值班人员赵某处五百元罚款

　　C. 对车间主任王某处十日拘留,并处五百元罚款

　　D. 该企业总经理犯有消防责任事故罪,处三年有期徒刑

　　E. 该企业副总经理犯有消防责任事故罪,处三年有期徒刑

　　2. 根据《中华人民共和国消防法》和《机关、团体、企业、事业单位消防安全管理规定》(公安部令第 61 号),关于该企业的说法,正确的有(　　)。

　　A. 该企业不属于消防安全重点单位　　　　　　　　B. 该企业属于消防安全重点单位

C. 该企业总经理是消防安全责任人　　　　　D. 该企业副总经理是消防安全责任人

E. 该企业副总经理是消防安全管理人

3. 在火灾处置上,车间主任王某违反《中华人民共和国消防法》《机关、团体、企业、事业单位消防安全管理规定》(公安部令第61号)的行为有(　　)。

A. 发现火灾时未及时组织、引导在场人员疏散　　　B. 发现火灾时未及时报警

C. 撤离现场后先向副总经理报告再拨打"119"报警　　D. 报警时未说明起火部位,未留下姓名

E. 组织人员灭火,但未能将火扑灭

4. 发生火灾前,该厂房存在直接或综合判定的重大火灾隐患要素的有(　　)。

A. 车间内设有倒班宿舍　　　　　　　　B. 倒班宿舍使用聚氨酯泡沫金属夹芯板材

C. 消防设施日常维护不善,灭火器失效,消火栓无水　　D. 排烟管道从未检查、清洗

E. 未设置企业专职消防队

5. 依据《中华人民共和国消防法》,对该企业消火栓无水、灭火器失效的情形,处罚正确的有(　　)。

A. 责令改正并处五千元罚款　　　　　　B. 责令改正并处三千元罚款

C. 责令改正并处四千元罚款　　　　　　D. 责令改正并处五万元罚款

E. 责令改正并处六万元罚款

6. 根据《机关、团体、企业、事业单位消防安全管理规定》(公安部令第61号),该企业制定的灭火和应急疏散预案中,组织机构应包括(　　)。

A. 疏散引导组　　　　　　　　　　　B. 安全防护救护组

C. 灭火行动组　　　　　　　　　　　D. 物资抢救组

E. 通讯联络组

7. 根据《机关、团体、企业、事业单位消防安全管理规定》(公安部令第61号),该企业应对每名员工进行培训,培训内容应包括(　　)。

A. 消防法规、消防安全制度和消防安全操作规程

B. 食品生产企业的火灾危险性和防火措施

C. 消火栓的使用方法

D. 初期火灾的报警、扑救及火场逃生技能

E. 灭火器的制造原理

8. 根据《机关、团体、企业、事业单位消防安全管理规定》(公安部令第61号),该企业总经理应当履行的消防安全职责有(　　)。

A. 批准实施消防安全制度和保障消防安全的操作规程

B. 拟订消防安全资金投入上报公司董事会批准

C. 指导本企业的消防安全管理人开展防火检查

D. 组织制定灭火和应急疏散预案,并实施演练

E. 统筹安排本单位的生产、经营、管理、消防工作

9. 根据《机关、团体、企业、事业单位消防安全管理规定》(公安部令第61号),关于该企业消防安全管理的说法,正确的有(　　)。

A. 该企业应报当地消防部门备案

B. 该企业总经理、副总经理应报当地消防部门备案

C. 该企业总经理、负责消防安全管理的副总经理应报当地消防部门备案

D. 该企业的灭火、应急疏散预案应报当地消防部门备案

E. 对于消防部门责令限期改正的火灾隐患,该企业应在规定期限内消除,将情况报告消防部门

关键考点依据

本考点主要依据《中华人民共和国刑法》《中华人民共和国消防法》《机关、团体、企业、事业单位消防安全管理规定》(公安部令第 61 号)、《重大火灾隐患判定方法》。相关内容解析中已包含,不再列举。

问题解析

1.【答案】A、C、D。解析:(1) 根据《刑法》第 115 条,生碳工刘某犯失火罪,可处三年有期徒刑,选项 A 正确。(2) 根据《刑法》第 134 条,该企业总经理犯有消防责任事故罪,可处三年有期徒刑,选项 D 正确。(3) 根据《消防法》第 64 条第 3 款,在火灾发生后阻拦报警,处十日以上十五日以下拘留,可以并处五百元以下罚款,选项 C 正确。值班人员赵某未违反《消防法》,该企业副总经理未违反《刑法》。故选 A、C、D。

2.【答案】B、C、E。解析:(1) 根据《61 号令》第 13 条第 9 款,该厂为人员密集型生产、加工企业,为消防安全重点单位,选项 A 错误,选项 B 正确。(2) 根据《61 号令》第 4 条,该企业总经理为法定代表人,为本单位的消防安全责任人,选项 C 正确,选项 D 错误。(3) 根据《消防法》第 17 条第 1 款,消防安全重点单位需确定消防安全管理人,该企业副总经理负责消防安全管理工作,为消防安全管理人,选项 E 正确。故选 B、C、E。

3.【答案】A、B、C、D。解析:根据《消防法》第 44 条、《第 61 号令》第 24 条,在火灾处置上,王某应及时报警、组织在场人员疏散,不应先报告后报警,报警时应说明起火部位。故选 A、B、C、D。

4.【答案】A、B、C。解析:(1) 根据《判定方法》7.1.3,在厂房内设置员工宿舍,属于重大火灾隐患综合判定要素,选项 A 符合。(2) 根据《判定方法》6.10,选项 B 属于重大火灾隐患直接判定要素。(3) 根据《判定方法》7.4.3、7.4.6,选项 C 属于重大火灾隐患综合判定要素,选项 C 符合。(4) 选项 D、E 不属于《判定方法》的判定要素。故选 A、B、C。

5.【答案】A、D。解析:根据《消防法》第 60 条第 1 款,消防设施、器材或者消防安全标志的配置、设置不符合国家标准、行业标准,或者未保持完好有效的,责令改正,处五千元以上五万元以下罚款。选项 A、D 正确。

6.【答案】A、B、C、E。解析:根据《第 61 号令》第 39 条第 1 款,组织机构包括:灭火行动组、通讯联络组、疏散引导组、安全防护救护组。故选 A、B、C、E。

7.【答案】A、B、C、D。解析:根据《第 61 号令》第 36 条,消防安全重点单位对每名员工应当至少每年进行一次消防安全培训。宣传教育和培训内容应当包括:有关消防法规、消防安全制度和保障消防安全的操作规程;本单位、本岗位的火灾危险性和防火措施;有关消防设施的性能、灭火器材的使用方法;报火警、扑救初起火灾以及自救逃生的知识和技能。故选 A、B、C、D。

8.【答案】A、D、E。解析:根据《第 61 号令》第 6 条,单位的消防安全责任人应当履行下列消防安全职责:贯彻执行消防法规,保障单位消防安全符合规定,掌握本单位的消防安全情况;将消防工作与本单位的生产、科研、经营、管理等活动统筹安排,批准实施年度消防工作计划;为本单位的消防安全提供必要的经费和组织保障;确定逐级消防安全责任,批准实施消防安全制度和保障消防安全的操作规程;组织防火检查,督促落实火灾隐患整改,及时处理涉及消防安全的重大问题;根据消防法规的规定建立专职消防队、义务消防队;组织制定符合本单位实际的灭火和应急疏散预案,并实施演练。选项 A、D、E 正确。

9.【答案】A、C、E。解析:(1) 根据《第 61 号令》第 14 条,消防安全重点单位及其消防安全责任人、消防安全管理人应当报当地公安消防机构备案,选项 A、C 正确。(2) 根据《第 61 号令》第 35 条,对公安消防机构责令限期改正的火灾隐患,单位应当在规定的期限内改正并写出火灾隐患整改复函,报送公安消防机构,选项 E 正确。

案例 5　施工单位消防安全管理案例分析

❯❯ 情景描述

　　某大型连锁企业拟新建一个大型商业综合体,主体设计层数为地上 5 层、地下 2 层,总建筑面积 20 万 m²。

　　通过前期筹备,由一级资质的建筑公司中标为总承包单位,考虑到中标工期内包含春播、麦收、秋收,届时施工用工紧张,且工期跨越雨季,存在施工降效的实际情况,总承包单位为了加快进度、避免合同工期违约,在建设方取得施工许可证后 15 天,将建设项目消防设计文件报市消防支队进行备案,随后开始施工。

　　监理单位在施工安全检查中,发现工地现场的灭火器未进场布置就开始施工,提出问题督促整改,但总承包单位未予以重视,未及时进行整改。

　　检查后第五天,因现场进行电焊,焊渣引燃了材料包装物,火势蔓延到附近工地办公室,导致 3 人重伤、5 人轻伤,直接经济损失 500 万元。

　　根据上述材料,回答下列问题。

　　1. 该建设项目的消防备案是否正确?会带来哪些后果?

　　2. 按灾害损失程度,该火灾事故属于哪类火灾?相关人员应承担何种处罚?

　　3. 该动火现场灭火器应如何配置?

　　4. 施工现场应急预案内容包括哪些?

　　5. 施工现场动火作业应如何管理?

　　6. 施工现场安全检查的内容有哪些?

❯❯ 关键考点依据

　　本考点主要依据《建筑工程施工现场消防安全技术规范》GB 50720—2011,简称《施工现场》。

一 建设工程消防制度

　　1.《消防法》明确了消防设计审核、消防验收的范围。规定对国务院公安部门规定的大型的人员密集场所和其他特殊建设工程,由公安机关消防机构实行建设工程消防设计审核、消防验收。

　　2.《消防法》明确了其他工程实行备案抽查制度。规定对国务院公安部门规定的大型的人员密集场所和其他特殊建设工程以外的按照国家建设工程消防技术标准需要进行消防设计的其他建设工程,建设单位应当自依法取得施工许可之日起七个工作日内,将消防设计文件报公安机关消防机构备案,公安机关消防机构应当进行抽查;经依法抽查不合格的,应当停止施工。建设单位在工程验收后应当报公安机关消防机构备案,公安机关消防机构应当进行抽查;经依法抽查不合格的,应当停止使用。

3.《消防法》规定,建设工程的消防设计未经依法审核或者审核不合格的,负责审批该工程施工许可的部门不得给予施工许可,建设单位、施工单位不得施工;建设工程未经依法进行消防验收或者消防验收不合格的,禁止投入使用。

4.《消防法》对违反建设工程消防设计审核、消防验收、备案抽查规定的违法行为,规定了责令停止施工、停止使用、停产停业和罚款的行政处罚。

5.《消防法》第五十八条　违反本法规定,有下列行为之一的,责令停止施工、停止使用或者停产停业,并处三万元以上三十万元以下罚款:

(1) 依法应当经公安机关消防机构进行消防设计审核的建设工程,未经依法审核或者审核不合格,擅自施工的。

(2) 消防设计经公安机关消防机构依法抽查不合格,不停止施工的。

(3) 依法应当进行消防验收的建设工程,未经消防验收或者消防验收不合格,擅自投入使用的。

(4) 建设工程投入使用后经公安机关消防机构依法抽查不合格,不停止使用的。

(5) 公众聚集场所未经消防安全检查或者经检查不符合消防安全要求,擅自投入使用、营业的。

建设单位未依照本法规定将消防设计文件报公安机关消防机构备案,或者在竣工后未依照本法规定报公安机关消防机构备案的,责令限期改正,处五千元以下罚款。

二 火灾分类

(一)按照燃烧对象的性质分类

表 4-5-1　　　　　　　　　　　燃烧对象性质火灾分类表

火灾类别	燃烧对象性质	燃烧对象举例
A	固体物质	木材、棉、毛、麻、纸张
B	液体物质	汽油、煤油、原油、甲醇乙醇
	可熔化固体	沥青、石蜡
C	气体	煤气、天然气、甲烷、乙烷、氢气、乙炔
D	金属	钾、钠、镁、锂、钛、锆
E	带电物体	变压器设备
F	烹饪器具内烹饪物	动物油、植物油

(二)按照火灾事故所造成的灾害损失程度分类

表 4-5-2　　　　　　　　　　　事故造成损失程度火灾分类表

火灾等级	死亡/人	重伤/人	直接经济损失/万元
特别重大	$P \geq 30$	$P \geq 100$	$m \geq 10\,000$
重大	$10 \leq P < 30$	$50 \leq P < 100$	$5000 \leq m < 10\,000$
较大	$3 \leq P < 10$	$10 \leq P < 50$	$1\,000 \leq m < 5\,000$
一般	$P < 3$	$P < 10$	$m < 1\,000$

同一火灾事故中的死亡人数、重伤人数、直接经济损失应分别进行判断,取其中最高的等级作为火灾事故的火灾等级。

三 施工现场安全管理

现场安全管理应执行《建设工程施工现场消防安全技术规范》GB 50720—2011,简称《施工现场》。

1.《施工现场》6.2.4　施工产生的可燃、易燃建筑垃圾或余料,应及时清理。

2.《施工现场》6.3.1　施工现场用火应符合下列规定:

(1)动火作业应办理动火许可证;动火许可证的签发人收到动火申请后,应前往现场查验并确认动火作业的防火措施落实后,再签发动火许可证。

(2)动火操作人员应具有相应资格。

(3)焊接、切割、烘烤或加热等动火作业前,应对作业现场的可燃物进行清理;作业现场及其附近无法移走的可燃物应采用不燃材料对其覆盖或隔离。

(4)施工作业安排时,宜将动火作业安排在使用可燃建筑材料的施工作业前进行。确需在使用可燃建筑材料的施工作业之后进行动火作业时,应采取可靠的防火措施。

(5)裸露的可燃材料上严禁直接进行动火作业。

(6)焊接、切割、烘烤或加热等动火作业应配备灭火器材,并应设置动火监护人进行现场监护,每个动火作业点均应设置1个监护人。

(7)五级(含五级)以上风力时,应停止焊接、切割等室外动火作业;确需动火作业时,应采取可靠的挡风措施。

(8)动火作业后,应对现场进行检查,并应在确认无火灾危险后,动火操作人员再离开。

(9)具有火灾、爆炸危险的场所严禁明火。

(10)施工现场不应采用明火取暖。

(11)厨房操作间炉灶使用完毕后,应将炉火熄灭,排油烟机及油烟管道应定期清理油垢。

3.《施工现场》5.2.2　施工现场灭火器配置应符合下列规定:

(1)灭火器的类型应与配备场所可能发生的火灾类型相匹配。

(2)灭火器的最低配置标准应符合表4-5-3的规定。

表4-5-3　　　　　　　　　　　　　　　灭火器的最低配置标准

项目	固体物质火灾		液体或可熔化固体物质火灾、气体火灾	
	单具灭火器最小灭火级别	单位灭火级别最大保护面积/(m²/A)	单具灭火器最小灭火级别	单位灭火级别最大保护面积/(m²/B)
易燃易爆危险品存放及使用场所	3A	50	89B	0.5
固定动火作业场	3A	50	89B	0.5
临时动火作业点	2A	50	55B	0.5
可燃材料存放、加工及使用场所	2A	75	55B	1.0
厨房操作间、锅炉房	2A	75	55B	1.0
自备发电机房	2A	75	55B	1.0
变配电房	2A	75	55B	1.0
办公用房、宿舍	1A	100	—	—

(3)灭火器的配置数量应按现行国家标准《建筑灭火器配置设计规范》GB 50140的有关规定经计算确定,且每个场所的灭火器数量不应少于2具。

（4）灭火器的最大保护距离应符合表4-5-4的规定。

表4-5-4　　　　　　　　　　　　　灭火器的最大保护距离　　　　　　　　　　　　单位：m

灭火器配置场所	固体物质火灾	液体或可熔化固体物质火灾、气体火灾
易燃易爆危险品存放及使用场所	15	9
固定动火作业场	15	9
临时动火作业点	10	6
可燃材料存放、加工及使用场所	20	12
厨房操作间、锅炉房	20	12
放电机房、变配电房	20	12
办公用房、宿舍等	25	—

4.《施工现场》6.1.6　施工单位应编制施工现场灭火及应急疏散预案。灭火及应急疏散预案应包括下列主要内容：

（1）应急灭火处置机构及各级人员应急处置职责。

（2）报警、接警处置的程序和通信联络的方式。

（3）扑救初起火灾的程序和措施。

（4）应急疏散及救援的程序和措施。

5.《施工现场》6.1.9　施工过程中，施工现场的消防安全负责人应定期组织消防安全管理人员对施工现场的消防安全进行检查。消防安全检查应包括下列主要内容：

（1）可燃物及易燃易爆危险品的管理是否落实。

（2）动火作业的防火措施是否落实。

（3）用火、用电、用气是否存在违章操作，电、气焊及保温防水施工是否执行操作规程。

（4）临时消防设施是否完好有效。

（5）临时消防车道及临时疏散设施是否畅通。

问题解析

问题1：该建设项目的消防备案是否正确？会带来哪些后果？

【解析】1.实行消防备案是错误的：

（1）该建设项目建筑总面积为20万m²＞10 000 m²，属于大型人员密集场所，应实行消防设计审核制度，不能进行备案。

（2）消防设计审核应由建设单位提请，不应由施工单位进行。

（3）备案抽查制度是由建设单位在取得施工许可7个工作日内向公安机关消防机构进行备案，案例中的15天已超过期限。

2.依法应当经公安机关消防机构进行消防设计审核的建设工程，未经依法审核或者审核不合格，擅自施工的，责令停止施工，并处三万元以上三十万元以下罚款。

问题2：按灾害损失程度，该火灾事故属于哪类火灾？相关人员应承担何种处罚？

【解析】1.该火灾属于较大火灾。

2.火灾导致3人重伤、5人轻伤，直接经济损失500万元。符合刑法立案标准，相关单位和责任人员承担重大劳动安全事故罪。处三年以下有期徒刑或者拘役；情节特别恶劣的，处三年以上七年以下有期徒刑。

问题3：该动火现场灭火器应如何配置？

【解析】1. 临时动火作业场所配备不少于2具灭火器，每具灭火器的最小灭火级别为2A，保护面积50 m²/A，最大保护距离10 m。

2. 固定动火作业场所配备不少于2具灭火器，每具灭火器的最小灭火级别为3A，保护面积50 m²/A，最大保护距离15 m。

问题4：施工现场应急预案内容包括哪些？

【解析】施工单位应编制施工现场灭火及应急疏散预案。灭火及应急疏散预案应包括下列主要内容：

(1) 应急灭火处置机构及各级人员应急处置职责。

(2) 报警、接警处置的程序和通信联络的方式。

(3) 扑救初起火灾的程序和措施。

(4) 应急疏散及救援的程序和措施。

问题5：施工现场动火作业应如何管理？

【解析】施工现场用火应符合下列规定：

(1) 动火作业应办理动火许可证；动火许可证的签发人收到动火申请后，应前往现场查验并确认动火作业的防火措施落实后，再签发动火许可证。(2) 动火操作人员应具有相应资格。(3) 焊接、切割、烘烤或加热等动火作业前，应对作业现场的可燃物进行清理；作业现场及其附近无法移走的可燃物应采用不燃材料对其覆盖或隔离。(4) 施工作业安排时，宜将动火作业安排在使用可燃建筑材料的施工作业前进行。确需在使用可燃建筑材料的施工作业之后进行动火作业时，应采取可靠的防火措施。(5) 裸露的可燃材料上严禁直接进行动火作业。(6) 焊接、切割、烘烤或加热等动火作业应配备灭火器材，并应设置动火监护人进行现场监护，每个动火作业点均应设置1个监护人。(7) 五级（含五级）以上风力时，应停止焊接、切割等室外动火作业；确需动火作业时，应采取可靠的挡风措施。(8) 动火作业后，应对现场进行检查，并应在确认无火灾危险后，动火操作人员再离开。(9) 具有火灾、爆炸危险的场所严禁明火。(10) 施工现场不应采用明火取暖。(11) 厨房操作间炉灶使用完毕后，应将炉火熄灭，排油烟机及油烟管道应定期清理油垢。

问题6：施工现场安全检查的内容有哪些？

【解析】施工过程中，施工现场的消防安全负责人应定期组织消防安全管理人员对施工现场的消防安全进行检查。消防安全检查应包括下列主要内容：

(1) 可燃物及易燃易爆危险品的管理是否落实。

(2) 动火作业的防火措施是否落实。

(3) 用火、用电、用气是否存在违章操作，电、气焊及保温防水施工是否执行操作规程。

(4) 临时消防设施是否完好有效。

(5) 临时消防车道及临时疏散设施是否畅通。

案例 6　高层民用建筑消防安全管理案例分析

>> **情景描述**

　　某高层办公楼 2014 年开始动工建设,地下 3 层,地上 56 层,建筑高度 186 m,建筑面积 12 万 m²,未经消防审核、验收。

　　消防监督人员在检查中发现,大楼有一处安全出口上锁;大楼东侧袋形走道尽端两侧的房间距最近楼梯间超过 20 m;大楼室内消火栓系统仅有一根竖管,且未置双阀双出口型消火栓;室内消火栓管径不符合消防技术标准;设备层未安装室内消火栓;防烟楼梯间与消防电梯合用前室未用乙级防火门进行分隔;大楼西侧大部分楼层的疏散楼梯的疏散门上锁;部分楼层的办公室隔断、顶棚和墙面采用了大量可燃材料装修;大楼内部电气线路明敷,未使用阻燃套管;防烟楼梯间及各楼层走道内未设置应急照明灯及疏散指示标志;未按一级负荷要求供电,消防用电未采用单独的供电回路;物业服务企业未履行消防安全管理责任,消防管理混乱。

　　根据上述材料,回答以下问题。

　　1. 何为重大火灾隐患?不应判定为重大火灾隐患的情形有哪些?

　　2. 重大火灾隐患判定的程序有哪些?

　　3. 采用综合判定方法判定重大火灾隐患的步骤有哪些?

　　4. 直接判定为重大火灾隐患的判定要素有哪些?

　　5. 达到城市建成区内的加油站、天然气或液化石油加气站、加油加气合建站重大火灾隐患直接判定标准的条件有哪些?

>> **关键考点依据**

　　本案例主要依据《重大火灾隐患判定方法》GB 35181—2017,简称《判定方法》。

一　术语和定义

　　《判定方法》3.1　重大火灾隐患　违反消防法律法规、不符合消防技术标准,可能导致火灾发生或火灾危害增大,并由此可能造成重大、特别重大火灾事故或严重社会影响的各类潜在不安全因素。

　　《判定方法》3.2　公共娱乐场所　具有文化娱乐、健身休闲功能并向公众开放的室内场所,包括影剧院、录像厅、礼堂等演出、放映场所,舞厅、卡拉 OK 厅等歌舞娱乐场所,具有娱乐功能的夜总会、音乐茶座和餐饮场所,游艺、游乐场所,保龄球馆、旱冰场、桑拿浴室等营业性健身、休闲场所。

《判定方法》3.3　公众聚集场所　宾馆、饭店、商场、集贸市场、客运车站候车室、客运码头候船厅、民用机场航站楼、体育场馆、会堂以及公共娱乐场所等。

《判定方法》3.4　人员密集场所　公众聚集场所,医院的门诊楼、病房楼,学校的教学楼、图书馆、食堂和集体宿舍,养老院,福利院,托儿所,幼儿园,公共图书馆的阅览室,公共展览馆、博物馆的展示厅,劳动密集型企业的生产加工车间和员工集体宿舍,旅游、宗教活动场所等。

《判定方法》3.5　易燃易爆危险品场所　生产、储存、经营易燃易爆危险品的厂房和装置、库房、储罐(区)、商店、专用车站和码头,可燃气体储存(储配)站、充装站、调压站、供应站,加油加气站等。

《判定方法》3.6　重要场所　发生火灾可能造成重大社会、政治影响和经济损失的场所,如国家机关,城市供水、供电、供气和供暖的调度中心,广播、电视、邮政和电信建筑,大、中型发电厂(站)、110 kV 及以上的变配电站,省级及以上博物馆、档案馆及国家文物保护单位,重要科研单位中的关键建筑设施,城市地铁与重要的城市交通隧道等。

二　判定原则和程序

4.1　重大火灾隐患判定应坚持科学严谨、实事求是、可观公正的原则。

4.2　重大火灾隐患判定适用下列程序:

(1) 现场检查:组织进行现场检查,核实火灾隐患的具体情况,并获取相关影像和文字资料。

(2) 集体讨论:组织对火灾隐患进行集体讨论,做出结论性判定意见,参与人数不应少于 3 人。

(3) 专家技术论证:对于涉及复杂疑难的技术问题,按照本标准判定重大火灾隐患有困难的,应组织专家成立专家组进行技术论证,形成结论性判定意见。结论性判定意见应有三分之二以上的专家同意。

三　判定方法

《判定方法》5.1　一般要求

5.1.1　重大火灾隐患判定应按照第 4 章规定的判定原则和程序实施,并根据实际情况选择直接判定方法或综合判定方法。

5.1.2　直接判定要素和综合判定要素均应为不能立即改正的火灾隐患要素。

5.1.3　下列情形不应判定为重大火灾隐患:

(1) 依法进行了消防设计专家评审,并已采取相应技术措施的。

(2) 单位、场所已停产停业或停止使用的。

(3) 不足以导致重大、特别重大火灾事故或严重社会影响的。

《判定方法》5.2　直接判定

5.2.1　重大火灾隐患直接判定要素见第 6 章。

5.2.2　符合第 6 章任意一条直接判定要素的,应直接判定为重大火灾隐患:

(1) 生产、储存和装卸易燃易爆危险品的工厂、仓库和专用车站、码头、储罐区,未设置在城市的边缘或相对独立的安全地带。

(2) 生产、储存、经营易燃易爆危险品的场所与人员密集场所、居住场所设置在同一建筑物内,或与人员密集场所、居住场所的防火间距小于国家工程建设消防技术标准规定值的 75%。

(3) 城市建成区内的加油站、天然气或液化石油加气站、加油加气合建站的储量达到或超过 GB 50156 对一级站的规定。

（4）甲、乙类生产场所和仓库设置在建筑的地下室或半地下室。

（5）公共娱乐场所、商店、地下人员密集场所的安全出口数量不足或其总净宽度小于国家工程建设消防技术标准规定值的 80%。

（6）旅馆、公共娱乐场所、商店、地下人员密集场所未按国家工程建设消防技术标准的规定设置自动喷水灭火系统或火灾自动报警系统。

（7）易燃可燃液体、可燃气体储罐（区）未按国家工程建设消防技术标准的规定设置固定灭火、冷却、可燃气体浓度报警、火灾报警设施。

（8）在人员密集场所违反消防安全规定使用、储存或销售易燃易爆危险品。

（9）托儿所、幼儿园的儿童用房以及老年人活动场所，所在楼层位置不符合国家工程建设消防技术标准的规定。

（10）人员密集场所的居住场所采用彩钢夹芯板搭建，且彩钢夹芯板芯材的燃烧性能等级低于 GB 8624 规定的 A 级。

5.2.3 不符合第 6 章任意一条直接判定要素的，应按 5.3 的规定进行综合判定。

《判定方法》5.3 综合判定

5.3.1 重大火灾隐患综合判定要素见《判定方法》第 7 章。

5.3.2 采用综合判定方法判定重大火灾隐患时，应按下列步骤进行：

（1）确定建筑或场所类别。

（2）确定该建筑或场所是否存在第 7 章规定的综合判定要素的情形和数量。

（3）按第 4 章规定的原则和程序，对照 5.3.3 进行重大火灾隐患综合判定。

（4）对照 5.1.3 排除不应判定为重大火灾隐患的情形。

5.3.3 符合下列条件应综合判定为重大火灾隐患：

1. 人员密集场所存在 7.3.1～7.3.9 和 7.5、7.9.3 规定的综合判定要素 3 条以上（含本数，下同）：

（1）建筑内的避难走道、避难间、避难层的设置不符合国家工程建设消防技术标准的规定，或避难走道、避难间、避难层被占用。

（2）人员密集场所内疏散楼梯间的设置形式不符合国家工程建设消防技术标准的规定。

（3）除公共娱乐场所、商店、地下人员密集场所外的其他场所或建筑物的安全出口数量或宽度不符合国家工程建设消防技术标准的规定，或既有安全出口被封堵。

（4）按国家工程建设消防技术标准的规定，建筑物应设置独立的安全出口或疏散楼梯而未设置。

（5）商店营业厅内的疏散距离大于国家工程建设消防技术标准规定值的 125%。

（6）高层建筑和地下建筑未按国家工程建设消防技术标准的规定设置疏散指示标志、应急照明，或所设置设施的损坏率大于标准规定要求设置数量的 30%；其他建筑未按国家工程建设消防技术标准的规定设置疏散指示标志、应急照明，或所设置设施的损坏率大于标准规定要求设置数量的 50%。

（7）设有人员密集场所的高层建筑的封闭楼梯间或防烟楼梯间的门的损坏率超过其设置总数的 20%，其他建筑的封闭楼梯间或防烟楼梯间的门的损坏率大于其设置总数的 50%。

（8）人员密集场所内疏散走道、疏散楼梯间、前室的室内装修材料的燃烧性能不符合 GB 50222 的规定。

（9）人员密集场所的疏散走道、楼梯间、疏散门或安全出口设置栅栏、卷帘门。

（10）防烟排烟设施：人员密集场所、高层建筑和地下建筑未按国家工程建设消防技术标准的规定设置防烟、排烟设施，或已设置但不能正常使用或运行。

（11）违反国家工程建设消防技术标准的规定使用燃油、燃气设备，或燃油、燃气管道敷设和紧急切断装置不符合标准规定。

2. 易燃、易爆危险品场所存在 7.1.1～7.1.3、7.4.5 和 7.4.6 规定的综合判定要素 3 条以上：

（1）按国家工程建设消防技术标准的规定或城市消防规划的要求设置消防车道或消防车道被堵塞、占用。

（2）建筑之间的既有防火间距被占用或小于国家工程建设消防技术标准的规定值的 80%，明火和散发火花地点与易燃易爆生产厂房、装置设备之间的防火间距小于国家工程建设消防技术标准的规定值。

(3)在厂房、库房、商场中设置员工宿舍,或是在居住等民用建筑中从事生产、储存、经营等活动,且不符合GA 703的规定。

(4)未按国家工程建设消防技术标准的规定设置除自动喷水灭火系统外的其他固定灭火设施。

(5)已设置的自动喷水灭火系统或其他固定灭火设施不能正常使用或运行。

3.人员密集场所、易燃易爆危险品场所、重要场所存在第7章规定的任意综合判定要素4条以上。

4.其他场所存在第7章规定的任意综合判定要素6条以上。

5.3.4 发现存在第7章以外的其他违反消防法律法规、不符合消防技术标准的情形,技术论证专家组可视情节轻重,结合5.3.3做出综合判定。

四 直接判定要素

《判定方法》6.1 生产、储存和装卸易燃易爆危险品的工厂、仓库和专用车站、码头、储罐区,未设置在城市的边缘或相对独立的安全地带。

《判定方法》6.2 生产、储存、经营易燃易爆危险品的场所与人员密集场所、居住场所设置在同一建筑物内,或与人员密集场所、居住场所的防火间距小于国家工程建设消防技术标准规定值的75%。

《判定方法》6.3 城市建成区内的加油站、天然气或液化石油加气站、加油加气合建站的储量达到或超过GB 50156对一级站的规定:

1.《加油加气站》3.0.9:加油站的等级划分,应符合下表的规定。

表 4-6-1 加油站的等级划分

级别	油罐容积/m³	
	总容积	单罐容积
一级	$150 < V \leqslant 210$	$V \leqslant 50$
二级	$90 < V \leqslant 150$	$V \leqslant 50$
三级	$V \leqslant 90$	汽油罐 $V \leqslant 30$,柴油罐 $V \leqslant 50$

注:柴油罐容积可折半计入油罐总容积。

2.《加油加气站》3.0.10:LPG加气站的等级划分应符合下表的规定。

表 4-6-2 LPG加气站的等级划分

级别	LPG罐容积/m³	
	总容积	单罐容积
一级	$45 < V \leqslant 60$	$V \leqslant 30$
二级	$30 < V \leqslant 45$	$V \leqslant 30$
三级	$V \leqslant 30$	$V \leqslant 30$

《判定方法》6.4 甲、乙类生产场所和仓库设置在建筑的地下室或半地下室。

《判定方法》6.5 公共娱乐场所、商店、地下人员密集场所的安全出口数量不足或其总净宽度小于国家工程建设消防技术标准规定值的80%。

《判定方法》6.6 旅馆、公共娱乐场所、商店、地下人员密集场所未按国家工程建设消防技术标准的规定设置自动喷水灭火系统或火灾自动报警系统。

《判定方法》6.7 易燃可燃液体、可燃气体储罐(区)未按国家工程建设消防技术标准的规定设置固定灭火、冷却、可燃气体浓度报警、火灾报警设施。

《判定方法》6.8　在人员密集场所违反消防安全规定使用、储存或销售易燃易爆危险品。

《判定方法》6.9　托儿所、幼儿园的儿童用房以及老年人活动场所,所在楼层位置不符合国家工程建设消防技术标准的规定。

《判定方法》6.10　人员密集场所的居住场所采用彩钢夹芯板搭建,且彩钢夹芯板芯材的燃烧性能等级低于 GB 8624 规定的 A 级。

五　综合判定要素

《判定方法》7.1　总平面布置

7.1.1　按国家工程建设消防技术标准的规定或城市消防规划的要求设置消防车道或消防车道被堵塞、占用。

7.1.2　建筑之间的既有防火间距被占用或小于国家工程建设消防技术标准的规定值的 80%,明火和散发火花地点与易燃易爆生产厂房、装置设备之间的防火间距小于国家工程建设消防技术标准的规定值。

7.1.3　在厂房、库房、商场中设置员工宿舍,或是在居住等民用建筑中从事生产、储存、经营等活动,且不符合 GA 703 的规定。

7.1.4　地下车站的站厅乘客疏散区、站台及疏散通道内设置商业经营活动场所。

《判定方法》7.2　防火分隔

7.2.1　原有防火分区被改变并导致实际防火分区的建筑面积大于国家工程建设消防技术标准规定值的 50%。

7.2.2　防火门、防火卷帘等防火分隔设施损坏的数量大于该防火分区相应防火分隔设施总数的 50%。

7.2.3　丙、丁、戊类厂房内有火灾或爆炸危险的部位未采取防火分隔等防火防爆技术措施。

《判定方法》7.3　安全疏散设施及灭火救援条件

7.3.1　建筑内的避难走道、避难间、避难层的设置不符合国家工程建设消防技术标准的规定,或避难走道、避难间、避难层被占用。

7.3.2　人员密集场所内疏散楼梯间的设置形式不符合国家工程建设消防技术标准的规定。

7.3.3　除 6.5 规定外的其他场所或建筑物的安全出口数量或宽度不符合国家工程建设消防技术标准的规定,或既有安全出口被封堵。

7.3.4　按国家工程建设消防技术标准的规定,建筑物应设置独立的安全出口或疏散楼梯而未设置。

7.3.5　商店营业厅内的疏散距离大于国家工程建设消防技术标准规定值的 125%。

7.3.6　高层建筑和地下建筑未按国家工程建设消防技术标准的规定设置疏散指示标志、应急照明,或所设置设施的损坏率大于标准规定要求设置数量的 30%;其他建筑未按国家工程建设消防技术标准的规定设置疏散指示标志、应急照明,或所设置设施的损坏率大于标准规定要求设置数量的 50%。

7.3.7　设有人员密集场所的高层建筑的封闭楼梯间或防烟楼梯间的门的损坏率超过其设置总数的 20%,其他建筑的封闭楼梯间或防烟楼梯间的门的损坏率大于其设置总数的 50%。

7.3.8　人员密集场所内疏散走道、疏散楼梯间、前室的室内装修材料的燃烧性能不符合 GB 50222 的规定。

7.3.9　人员密集场所的疏散走道、楼梯间、疏散门或安全出口设置栅栏、卷帘门。

7.3.10　人员密集场所的外窗被封堵或被广告牌等遮挡。

7.3.11　高层建筑的消防车道、救援场地设置不符合要求或被占用,影响火灾扑救。

7.3.12　消防电梯无法正常运行。

《判定方法》7.4　消防给水及灭火设施

7.4.1　未按国家工程建设消防技术标准的规定设置消防水源、储存泡沫液等灭火剂。

7.4.2　未按国家工程建设消防技术标准的规定设置室外消防给水系统,或已设置但不符合标准的规定或不能正常使用。

7.4.3　未按国家工程建设消防技术标准的规定设置室内消火栓系统,或已设置但不符合标准的规定或不能正常使用。

7.4.4　除旅馆、公共娱乐场所、商店、地下人员密集场所外,其他场所未按国家工程建设消防技术标准的规定设置自动喷水灭火系统。

7.4.5　未按国家工程建设消防技术标准的规定设置除自动喷水灭火系统外的其他固定灭火设施。

7.4.6　已设置的自动喷水灭火系统或其他固定灭火设施不能正常使用或运行。

《判定方法》7.5　防烟排烟设施

人员密集场所、高层建筑和地下建筑未按国家工程建设消防技术标准的规定设置防烟、排烟设施,或已设置但不能正常使用或运行。

《判定方法》7.6　消防供电

7.6.1　消防用电设备的供电负荷级别不符合国家工程建设消防技术标准的规定。

7.6.2　消防用电设备未按国家工程建设消防技术标准的规定采用专用的供电回路。

7.6.3　未按国家工程建设消防技术标准的规定设置消防用电设备末端自动切换装置,或已设置但不符合标准的规定或不能正常自动切换。

《判定方法》7.7　火灾自动报警系统

7.7.1　除旅馆、公共娱乐场所、商店、其他地下人员密集场所以外的其他场所未按国家工程建设消防技术标准的规定设置火灾自动报警系统。

7.7.2　火灾自动报警系统不能正常运行。

7.7.3　防烟排烟系统、消防水泵以及其他自动消防设施不能正常联动控制。

《判定方法》7.8　消防安全管理

7.8.1　社会单位未按消防法律法规要求设置专职消防队。

7.8.2　消防控制室操作人员未按 GB 25506 的规定持证上岗。

《判定方法》7.9　其他

7.9.1　生产、储存场所的建筑耐火等级与其生产、储存物品的火灾危险性类别不相匹配,违反国家工程建设消防技术标准的规定。

7.9.2　生产、储存、装卸和经营易燃易爆危险品的场所或有粉尘爆炸危险场所未按规定设置防爆电气设备和泄压设施,或防爆电气设备和泄压设施失效。

7.9.3　违反国家工程建设消防技术标准的规定使用燃油、燃气设备,或燃油、燃气管道敷设和紧急切断装置不符合标准规定。

7.9.4　违反国家工程建设消防技术标准的规定在可燃材料或可燃构件上直接敷设电气线路或安装电气设备,或采用不符合标准规定的消防配电线缆和其他供配电线缆。

7.9.5　违反国家工程建设消防技术标准的规定在人员密集场所使用易燃、可燃材料装修、装饰。

问题解析

问题1:何为重大火灾隐患?不应判定为重大火灾隐患的情形有哪些?

【解析】1. 重大火灾隐患:违反消防法律法规、不符合消防技术标准,可能导致火灾发生或火灾危害增大,并由此可能造成重大、特别重大火灾事故或严重社会影响的各类潜在不安全因素。

2. 下列情形不应判定为重大火灾隐患:

(1)依法进行了消防设计专家评审,并已采取相应技术措施的;

(2)单位、场所已停产停业或停止使用的;

(3)不足以导致重大、特别重大火灾事故或严重社会影响的。

问题2：重大火灾隐患判定的程序有哪些？

【解析】重大火灾隐患判定适用下列程序：

(1) 现场检查：组织进行现场检查，核实火灾隐患的具体情况，并获取相关影像和文字资料；

(2) 集体讨论：组织对火灾隐患进行集体讨论，做出结论性判定意见，参与人数不应少于3人；

(3) 专家技术论证：对于涉及复杂疑难的技术问题，按照本标准判定重大火灾隐患有困难的，应组织专家成立专家组进行技术论证，形成结论性判定意见。结论性判定意见应有三分之二以上的专家同意。

问题3：采用综合判定方法判定重大火灾隐患的步骤有哪些？

【解析】采用综合判定方法判定重大火灾隐患时，应按下列步骤进行：

(1) 确定建筑或场所类别；

(2) 确定该建筑或场所是否存在规定的综合判定要素的情形和数量；

(3) 按规定的原则和程序，对照判定条件进行重大火灾隐患综合判定；

(4) 对照排除不应判定为重大火灾隐患的情形。

问题4：直接判定为重大火灾隐患的判定要素有哪些？

【解析】符合下列任意一条直接判定要素的，应直接判定为重大火灾隐患：

(1) 生产、储存和装卸易燃易爆危险品的工厂、仓库和专用车站、码头、储罐区，未设置在城市边缘或相对独立的安全地带。

(2) 生产、储存、经营易燃易爆危险品的场所与人员密集场所、居住场所设置在同一建筑物内，或与人员密集场所、居住场所的防火间距小于国家工程建设消防技术标准规定值的75%。

(3) 城市建成区内的加油站、天然气或液化石油加气站、加油加气合建站的储量达到或超过GB 50156对一级站的规定。

(4) 甲、乙类生产场所和仓库设置在建筑的地下室或半地下室。

(5) 公共娱乐场所、商店、地下人员密集场所的安全出口数量不足或其总净宽度小于国家工程建设消防技术标准规定值的80%。

(6) 旅馆、公共娱乐场所、商店、地下人员密集场所未按国家工程建设消防技术标准的规定设置自动喷水灭火系统或火灾自动报警系统。

(7) 易燃可燃液体、可燃气体储罐(区)未按国家工程建设消防技术标准的规定设置固定灭火、冷却、可燃气体浓度报警、火灾报警设施。

(8) 在人员密集场所违反消防安全规定使用、储存或销售易燃易爆危险品。

(9) 托儿所、幼儿园的儿童用房以及老年人活动场所，所在楼层位置不符合国家工程建设消防技术标准的规定。

(10) 人员密集场所的居住场所采用彩钢夹芯板搭建，且彩钢夹芯板芯材的燃烧性能等级低于GB 8624规定的A级。

问题5：达到城市建成区内的加油站、天然气或液化石油加气站、加油加气合建站重大火灾隐患直接判定标准的条件有哪些？

【解析】1. 一级加油站的油罐总容积大于210 m³，单罐容积大于50 m³。

2. 一级LPG加气站的LPG罐总容积大于60 m³，单罐容积大于30 m³。

案例 7　多产权单位消防安全管理案例分析

》 情景描述

　　某大型综合体地下 3 层、地上 56 层,建筑高度 186 m,地下 1—2 层为车库、设备用房,地下三层为车库。地上一至六层建有裙房,为大型百货商场。七至二十层为写字间,二十一层及以上部分为酒店客房。

　　该建筑的产权属于零售集团所有,零售集团同时对地上一至六层进行商业经营,七至五十六层由旅游集团租赁经营,旅游集团同时租用地下 3 层的车库。根据消防安全管理需要,零售集团、旅游集团共同委托同一家物业公司对整栋建筑进行消防安全统一管理。

　　根据上述材料,回答下列问题。

　　1.《多产权建筑消防安全管理》GA/T 1245—2015 的适用范围有哪些?

　　2. 什么是统一管理单位? 其职责有哪些?

　　3. 多产权建筑的产权方、使用方应严格遵循的消防安全管理要求有哪些?

　　4. 多产权建筑如何组织消防安全培训?

》 关键考点依据

　　本考点主要依据《多产权建筑消防安全管理》GA/T 1245—2015,简称《多产权管理》;《人员密集场所消防安全管理》GA 654—2006,简称《密集场所管理》。

一　范围

　　本标准规定了多产权建筑消防安全管理中产权方、使用方和统一管理单位的消防安全职责,并对多产权建筑消防安全管理提出相应的管理措施。

　　本标准适用于多产权建筑的消防安全管理。单一产权多使用方建筑的消防安全管理可参照本标准。

二　规范性引用文件

　　下列文件对于本文件的应用是必不可少的。凡是注日期的引用文件,仅注日期的版本适用于本文件。凡是不注日期的引用文件,其最新版本(包括所有的修改单)适用于本文件。

GB/T 5907(所有部分) 消防词汇

GB 25201 建筑消防设施的维护管理

GB 25506 消防控制室通用技术要求

GB 50016 建筑设计防火规范

GB 50720 建设工程施工现场消防安全技术规范

GA 503 建筑消防设施检测技术规程

GA 654 人员密集场所消防安全管理

住宅专项维修资金管理办法(中华人民共和国建设部、财政部〔2007〕165 号)

三 术语和定义

GB/T 5907 和 GB 50016 界定的以及下列术语和定义适用于本文件。

1.《多产权管理》3.1 多产权建筑

有两个或两个以上产权方的公共建筑、居住建筑及工业建筑。

2.《多产权管理》3.2 产权方

依法登记取得或者依据生效法律文书、继承或者受遗赠,以及合法建造房屋等事实行为取得专有部分所有权的人或单位。

3.《多产权管理》3.3 统一管理单位

由产权方、使用方确立或委托的,对多产权建筑内的消防安全工作进行统一管理的机构、单位或组织。其形式可以是物业服务企业、其中的一个产权或使用方、消防技术服务机构,或由产权方、使用方协商成立的消防管理组织。

4.《多产权管理》3.4 共用消防设施

多产权建筑内共同使用的消防设施。

5.《多产权管理》3.5 消防共用部位

消防车通道、共用疏散走道、疏散楼梯、避难层或避难间、消防救援场地等及共用消防设施配套使用的部位。

6.《多产权管理》3.6 消防维修资金

用于多产权建筑内消防共用部位及共用消防设施的保养、维修、更新和改造的资金。

四 消除安全职责

《多产权管理》4.1 一般规定

4.1.1 多产权建筑的产权方、使用方应协商确定或委托统一管理单位,明确消防安全管理职责,对多产权建筑的消防安全实行统一管理。

4.1.2 多产权建筑的产权方、使用方、统一管理单位应制定统一的消防安全管理规章制度并认真遵守有关消防安全管理规定。

4.1.3 多产权建筑的产权人、产权单位的法定代表人或主要负责人均应为消防安全责任人。实行承包、租赁或委托经营、管理时,承包、租赁场所的承租人是其承包、租赁范围的消防安全责任人。消防安全责任人应履行有关规定中单位消防安全责任人的职责,对专有、共用部分的消防安全负责。实行承包、租赁或委托经营、管理时,当事人在订立的相关租赁、委托等合同中应明确第一消防安全责任人及各方的消防安全责任。没有约定或约定不明的,产权方为第一消防安全责任人,消防安全责任由产权方和使用方共同承担。

4.1.4　多产权建筑实行委托统一管理单位管理消防安全工作时,当事人各方应签订合同并在合同中明确消防安全工作的权利、义务及违约责任,明确对消防设施的管理职责,明确对消防设施保养、维修、更新或改造所需经费的管理办法。

4.1.5　统一管理单位根据服务合同履行消防安全职责,提供有效服务。各使用方应指定其使用区域的消防安全管理人,配合统一管理单位实施消防安全管理。

4.1.6　多产权建筑应有消防维修资金,并按《住宅专项维修资金管理办法》或地方出台的相关管理办法执行。多产权建筑设立消防维修资金时,各产权方、使用方应签订书面合同,约定由各自承担的消防维修资金缴纳方式、比例和管理等内容。鼓励多产权建筑投保火灾公众责任保险。

《多产权管理》4.2　产权方的职责

4.2.1　实行承包、租赁或委托经营、管理时,产权方应提供符合消防安全要求的建筑物。产权方应提供经公安机关消防机构验收合格或竣工验收备案抽查合格或已备案的证明文件资料。

4.2.2　统一管理单位发生变更时,产权方应协助对消防共用部位、共用消防设施进行查验,确保交接前各种消防设施、器材完好有效,并填写交接记录,存档备查。

4.2.3　实行承包、租赁或委托经营、管理时,产权方应核实使用方的用途,同时书面告知承包、租赁、受委托经营管理方不应擅自改变建筑物原有的使用性质和结构。如确需改变原使用性质或结构,产权方应督促承包、租赁、受委托经营管理方依法办理相关消防手续。

4.2.4　当与使用方签订合同时,明确消防专有、共用部位,以及专有、共用消防设施的消防安全责任、义务。

4.2.5　督促并配合统一管理单位配置、更新消防设施、器材,协助统一管理单位制定火灾隐患整改方案,及时落实建筑火灾隐患整改措施,消除火灾隐患。

4.2.6　对产权区域定期开展消防安全检查,督促使用方加强消防安全管理。

4.2.7　协助统一管理单位组建专职或志愿消防队。

4.2.8　履行合同中约定的其他消防安全职责。

4.2.9　履行消防法律、法规及规章规定的其他消防安全职责。

《多产权管理》4.3　使用方的职责

4.3.1　遵守统一的消防安全管理规章制度。

4.3.2　对经营、使用区域的消防安全负责。建立和落实经营、使用区域的岗位消防安全责任制。

4.3.3　定期组织开展使用区域的防火巡查检查,及时消除火灾隐患。

4.3.4　督促并配合统一管理单位做好消防安全管理工作,协助统一管理单位制定火灾隐患整改方案、落实整改措施。

4.3.5　定期对专用消防设施进行检查、维护,确保疏散通道、安全出口畅通,专用消防设施完好有效。

4.3.6　对专有、专用部分进行装修和使用时,不应影响消防设施和器材的正常使用和维护保养。

4.3.7　协助统一管理单位组建专职或志愿消防队。

4.3.8　履行合同中约定的其他消防安全职责。

4.3.9　履行消防法律、法规及规章规定的其他消防安全职责。

《多产权管理》4.4　统一管理单位的职责

4.4.1　指定专人或成立专职部门负责消防安全管理工作。确保多产权建筑的自动消防系统的操作人员取得消防行业特有工种职业资格证书。

4.4.2　建立健全统一的消防安全制度,拟订年度消防安全工作计划、消防安全工作的资金预算和组织保障方案。

4.4.3　建立完善的消防档案,妥善保管建设工程消防设计审核、消防验收和备案、抽查资料,消防设施、灭火器材等相关资料。

4.4.4 按照约定,对管理区域内的消防设施进行日常维护管理。每年组织或委托具有相关资质的单位对多产权建筑消防设施进行全面检测,检测记录应完整准确,存档备查。消防设施的检测应按 GA 503 的规定进行。

4.4.5 组织开展包括消防共用部位及使用方专用部位在内的建筑整体的防火巡查、检查。对占用、堵塞、封闭疏散走道、安全出口、消防车通道等违法行为予以制止;确保共用消防设施完好、有效。

4.4.6 发现不能及时消除的隐患及涉及公共消防安全的重大问题,应及时向产权方、使用方报告有关情况。牵头制定火灾隐患整改方案,落实火灾隐患整改并在整改期间采取防护措施。

4.4.7 督促产权方、使用方履行消防安全职责。

4.4.8 配合公安机关消防机构或公安派出所的消防监督检查工作。对拒不消除火灾隐患的,应及时向公安机关消防机构或公安派出所报告。

4.4.9 组织开展消防安全宣传教育培训,制定灭火和应急疏散预案并定期组织演练。

4.4.10 应按照规定或根据需要建立专职、志愿消防队等多种形式的消防组织,开展日常消防业务训练及群众性自防自救等活动。

4.4.11 履行合同中约定的其他消防安全职责。

4.1.12 履行消防法律、法规及规章规定的其他消防安全职责。

五 消防安全管理

《多产权管理》5.1 一般要求

5.1.1 多产权建筑的统一管理单位应按照国家有关规定,组织各产权方、使用方结合本建筑的特点,建立统一的消防安全管理制度和保障消防安全的操作规程,并公布执行。

消防安全管理制度应包括:

(1) 消防安全管理职责。

(2) 消防安全例会制度。

(3) 消防安全教育、培训制度。

(4) 防火巡查、检查制度。

(5) 安全疏散设施管理制度。

(6) 消防(控制室)值班制度。

(7) 消防设施、器材维护管理制度。

(8) 火灾隐患整改制度。

(9) 用火、用电安全管理制度。

(10) 易燃易爆危险品和场所防火防爆管理制度。

(11) 专职或志愿消防队的组织管理制度。

(12) 灭火和应急疏散预案演练制度。

(13) 燃气和电气设备的检查和管理(包括防雷、防静电)制度。

(14) 消防安全工作考评和奖惩制度。

(15) 消防安全管理档案和其他必要的消防安全管理制度。

5.1.2 多产权建筑的产权方、使用方应严格遵循以下要求:

(1) 不应改变消防验收或竣工验收消防备案时确定的建筑使用性质。

(2) 不应擅自改变建筑内部结构、防火分区、防烟分区。

(3) 不应降低装修材料的燃烧性能等级。

(4) 不应损坏、挪用、圈占、分隔、拆除或停用原有消防设施。

（5）不应妨碍消防共用部位的正常使用，堵塞、锁闭消防安全疏散走道、疏散楼梯和安全出口，占用、堵塞消防车通道及消防救援场地，确保防火间距。

（6）不应设置影响消防扑救或遮挡排烟窗（口）的架空管线、广告牌等障碍物。

（7）人员密集场所不应在门窗上设置影响逃生和灭火救援的障碍物。

5.1.3　统一管理单位应按照 GA 654 的规定组织开展防火巡查和防火检查。

5.1.4　使用方在实施建筑内部装修前，应事先告知统一管理单位，并提供依法办理消防手续的证明文件。统一管理单位应将装修中涉及消防安全的禁止行为和注意事项告知使用方。

5.1.5　多产权建筑维修改造施工现场的消防安全管理由施工单位负责，统一管理单位应督促施工单位按 GB 50720 的要求进行防火管理。

5.1.6　产权方、使用方应加强防火管理，及时消除火灾隐患。统一管理单位发现火灾隐患时，应确定责任方、责任人，并立即通知有关人员进行整改；不能立即整改的，应报告相应的消防安全管理人并协商提出整改方案。整改方案应包括整改措施、期限以及负责整改的部门、人员，并落实整改资金。各相关方应配合落实隐患整改方案。整改期间应采取临时防范措施，确保消防安全。

5.1.7　在火灾隐患未消除之前，统一管理单位应落实防范措施，保障消防安全。不能确保消防安全、随时可能引发火灾或一旦发生火灾将严重危及人身安全的，应督促使用方将危险部位停产停业进行整改。

《多产权管理》5.2　防火巡查、检查

5.2.1　统一管理单位应组织各使用区域的消防安全管理人每月至少开展一次联合防火检查；重要节日或重要活动之前应组织一次联合防火检查。

5.2.2　各使用区域的消防安全管理人应确保联合防火检查正常进行，并应按照 GA 654 的规定对消防共用部位和共用消防设施进行重点检查。

5.2.3　各使用区域的消防安全管理人应对本防火责任区域每日组织防火巡查。多产权建筑内的公众聚集场所在营业时间的防火巡查应至少每 2h 一次；营业结束后应对营业现场进行检查，消除遗留火种。

5.2.4　防火巡查、检查人员应及时纠正违章行为。无法当场处置的，应立即报统一管理单位或使用方。防火巡查、检查应填写巡查、检查记录。巡查、检查人员和被检查区域的消防安全责任人或管理人应在巡查、检查记录上签字，存档备查。

《多产权管理》5.3　防火管理

5.3.1　统一管理单位应依法加强易燃易爆危险品管理。

需要使用易燃易爆危险品时，使用方应根据需要限量使用。在进场前应首先落实防护措施并向统一管理单位提出书面申请，经统一管理单位书面确认后登记备案。

5.3.2　建筑内部装修、改造时，统一管理单位应对动用明火实行严格的消防安全管理。

需要使用明火时，使用方应按照用火管理制度办理审批手续，落实现场监护责任人。施工单位和使用方应共同采取措施，将施工区和使用区进行防火分隔，清除动火区域的易燃、可燃物，配置消防器材，设置临时消防用水，保证施工及使用范围的消防安全。进行电气焊作业时，应对动火人员资格进行审查。公共娱乐场所在营业期间禁止动火施工。

5.3.3　统一管理单位应组织有资格的电工作业人员，对建筑内的电气设施进行定期巡查，确保电气线路消防安全。

5.3.4　多产权建筑中有炉具、烟道等设施的场所，使用方应每季度至少对炉具、烟道进行一次检查，每年至少进行一次清洗和保养。炉具、烟道等设施使用频率较高的场所，可酌情增加频次。

《多产权管理》5.4　消防设施管理

5.4.1　多产权建筑消防设施的维护管理应执行 GB 25201 的相关规定。

5.4.2　统一管理单位应指定专人负责消防控制室日常管理，消防控制室的日常管理应符合 GB 25506 的有关要求。

5.4.3 对多产权建筑消防设施存在的问题和故障,统一管理单位应及时与产权方或使用方共同协商解决;建筑消防设施因改造或检修需要停用时,统一管理单位应采取相应的应对措施并在建筑内公告,同时报告当地公安机关消防机构。

5.4.4 对建筑消防设施故障及消除情况,统一管理单位应建立报告和登记制度。

《多产权管理》5.5 安全疏散管理

5.5.1 统一管理单位对搭盖违章建筑或堆放杂物占用、堵塞、封闭疏散走道、安全出口、消防车通道的行为,应予以劝阻、制止;对不听劝阻、制止的,统一管理单位可就相关情况予以公示,并应及时向公安机关消防机构、公安派出所报告。

5.5.2 任何产权方、使用方不应封堵安全出口和疏散走道,锁闭疏散出口、安全出口,或在安全出口、疏散走道上安装栅栏、卷帘门。

5.5.3 多产权建筑安全疏散管理的其他要求应按照 GA 654 执行。

《多产权管理》5.6 消防安全培训教育

5.6.1 统一管理单位负责组织开展经常性的消防安全宣传教育,普及消防安全知识和灭火、逃生技能。

5.6.2 统一管理单位对消防安全管理人员、消防控制室值班人员的消防安全培训应每半年至少进行一次。

5.6.3 统一管理单位应组织新上岗和换岗的职工进行上岗前的消防安全培训;对在岗职工的消防安全培训应每年至少进行一次。

5.6.4 统一管理单位对公众开展消防安全宣传教育可采取以下形式:

(1) 在公共活动场所的醒目位置设置消防安全宣传栏;

(2) 在建筑消防设施和器材的显著部位设置消防安全标识,告知维护、使用的方法和要求;

(3) 根据需要编印场所消防安全、火灾报警、自救逃生等宣传资料供公众取阅;

(4) 利用单位广播、视频设备播放消防安全知识。

《多产权管理》5.7 灭火和应急准备

5.7.1 发生火灾后,各使用方应立即组织初期火灾扑救、引导人员疏散,并协助统一管理单位做好应急处置工作。

5.7.2 统一管理单位应根据多产权建筑的实际情况,制订统一的灭火和应急疏散预案。预案的内容、实施程序及消防演练的组织应按照 GA 654 的要求。

5.7.3 统一管理单位应定期督促使用方熟悉灭火和应急疏散预案,每半年至少组织一次灭火和应急疏散演练,并逐步修改完善灭火和应急疏散预案。

7.5.1 安全疏散设施管理制度的内容应明确消防安全疏散设施管理的责任部门和责任人,定期维护、检查的要求,确保安全疏散设施的管理要求。

7.5.2 安全疏散设施管理应符合下列要求:

(1) 确保疏散通道、安全出口的畅通,禁止占用、堵塞疏散通道和楼梯间。

(2) 人员密集场所在使用和营业期间疏散出口、安全出口的门不应锁闭。

(3) 封闭楼梯间、防烟楼梯间的门应完好,门上应有正确启闭状态的标识,保证其正常使用。

(4) 常闭式防火门应经常保持关闭。

(5) 需要经常保持开启状态的防火门,应保证其火灾时能自动关闭;自动和手动关闭的装置应完好有效。

(6) 平时需要控制人员出入或设有门禁系统的疏散门,应有保证火灾时人员疏散畅通的可靠措施。

(7) 安全出口、疏散门不得设置门槛和其他影响疏散的障碍物,且在其 1.4 m 范围内不应设置台阶。

(8) 消防应急照明、安全疏散指示标志应完好、有效,发生损坏时应及时维修、更换。

(9) 消防安全标志应完好、清晰,不应遮挡。

(10) 安全出口、公共疏散走道上不应安装栅栏、卷帘门。

（11）窗口、阳台等部位不应设置影响逃生和灭火救援的栅栏。

（12）在旅馆、餐饮场所、商店、医院、公共娱乐场等各楼层的明显位置应设置安全疏散指示图，指示图上应标明疏散路线、安全出口、人员所在位置和必要的文字说明。

（13）举办展览、展销、演出等大型群众性活动，应事先根据场所的疏散能力核定容纳人数。活动期间应对人数进行控制，采取防止超员的措施。

问题解析

问题1：《多产权建筑消防安全管理》GA/T1245-2015的适用范围有哪些？

【解析】1.《多产权建筑消防安全管理》规定了多产权建筑消防安全管理中产权方、使用方和统一管理单位的消防安全职责，并对多产权建筑消防安全管理提出相应的管理措施。

2.《多产权建筑消防安全管理》适用于多产权建筑的消防安全管理。单一产权多使用方建筑的消防安全管理可参照本标准。

问题2：什么是统一管理单位？其职责有哪些？

【解析】1. 统一管理单位：由产权方、使用方确立或委托的，对多产权建筑内的消防安全工作进行统一管理的机构、单位或组织。其形式可以是物业服务企业、其中的一个产权方或使用方、消防技术服务机构，或由产权方、使用方协商成立的消防管理组织。

2. 统一管理单位职责：

（1）指定专人或成立专职部门负责消防安全管理工作。确保多产权建筑的自动消防系统的操作人员取得消防行业特有工种职业资格证书。

（2）建立健全统一的消防安全制度，拟订年度消防安全工作计划、消防安全工作的资金预算和组织保障方案。

（3）建立完善的消防档案，妥善保管建设工程消防设计审核、消防验收和备案、抽查资料，消防设施、灭火器材等相关资料。

（4）按照约定，对管理区域内的消防设施进行日常维护管理。每年组织或委托具有相关资质的单位对多产权建筑消防设施进行全面检测，检测记录应完整准确，存档备查。消防设施的检测应按GA 503的规定进行。

（5）组织开展包括消防共用部位及使用方专用部位在内的建筑整体的防火巡查、检查。对占用、堵塞、封闭疏散走道、安全出口、消防车通道等违法行为予以制止；确保共用消防设施完好、有效。

（6）发现不能及时消除的隐患及涉及公共消防安全的重大问题，应及时向产权方、使用方报告有关情况。牵头制定火灾隐患整改方案，落实火灾隐患整改并在整改期间采取防护措施。

（7）督促产权方、使用方履行消防安全职责。

（8）配合公安机关消防机构或公安派出所的消防监督检查工作。对拒不消除火灾隐患的，应及时向公安机关消防机构或公安派出所报告。

（9）组织开展消防安全宣传教育培训，制定灭火和应急疏散预案并定期组织演练。

（10）应按照规定或根据需要建立专职、志愿消防队等多种形式的消防组织，开展日常消防业务训练及群众性自防自救等活动。

（11）履行合同中约定的其他消防安全职责。

（12）履行消防法律、法规及规章规定的其他消防安全职责。

问题3：多产权建筑的产权方、使用方应严格遵循的消防安全管理要求有哪些？

【解析】多产权建筑的产权方、使用方应严格遵循以下要求：

（1）不应改变消防验收或竣工验收消防备案时确定的建筑使用性质；

（2）不应擅自改变建筑内部结构、防火分区、防烟分区；

（3）不应降低装修材料的燃烧性能等级；

（4）不应损坏、挪用、圈占、分隔、拆除或停用原有消防设施；

（5）不应妨碍消防共用部位的正常使用，堵塞、锁闭消防安全疏散走道、疏散楼梯和安全出口，占用、堵塞消防车通道及消防救援场地，确保防火间距；

（6）不应设置影响消防扑救或遮挡排烟窗（口）的架空管线、广告牌等障碍物；

（7）人员密集场所不应在门窗上设置影响逃生和灭火救援的障碍物。

问题 4：多产权建筑如何组织消防安全培训？

【解析】

1. 统一管理单位负责组织开展经常性的消防安全宣传教育，普及消防安全知识和灭火、逃生技能。

2. 统一管理单位对消防安全管理人员、消防控制室值班人员的消防安全培训应每半年至少进行一次。

3. 统一管理单位应组织新上岗和换岗的职工进行上岗前的消防安全培训；对在岗职工的消防安全培训应每年至少进行一次。

4. 统一管理单位对公众开展消防安全宣传教育可采取以下形式：

（1）在公共活动场所的醒目位置设置消防安全宣传栏；

（2）在建筑消防设施和器材的显著部位设置消防安全标识，告知维护、使用的方法和要求；

（3）根据需要编印场所消防安全、火灾报警、自救逃生等宣传资料供公众取阅；

（4）利用单位广播、视频设备播放消防安全知识。

案例 8　施工现场消防安全管理案例分析

》 **情景描述**

　　某大型连锁企业拟新建一个大型商业综合体,主体设计层数为地上 7 层、地下 2 层,建筑高度为 30 m,总建筑面积 20 万 m²。

　　在建项目一层现场西侧有施工用临时变压器室及配电间,距离为 5 m;南侧有施工材料临时露天堆场,存放竹胶板、方木等,距离为 9 m;东侧 12 m 处为库房,存放稀料、防锈漆等;北侧 15 m 处为固定动火区域。施工现场西北侧 6 m 处为宿舍办公区的临时用房,共分 2 组,每组 8 栋:第 1 组均为 2 层建筑,每层建筑面积 200 m²,第 2 组均为 3 层建筑,每层建筑面积 300 m²。宿舍办公区西侧距离 5 m 为厨房操作间。在酒店施工现场,周围设有净宽度均为 4 m 且净空高度均不小于 4 m 的环形临时消防车道。

　　根据上述材料,回答下列问题。

　　1. 该施工现场总平面布局中,防火间距存在哪些问题?

　　2. 该施工现场如何设置临时室内、室外消防给水系统?

　　3. 在建工程及临时用房应配置灭火器的场所有哪些?

　　4. 施工现场防火技术方案主要包括哪些内容?

》 **关键考点依据**

> 本考点主要依据《建设工程施工现场消防安全技术规范》GB 50720－2011,简称《施工现场》。

一　总平面布置的原则

1.《施工现场》3.1.1　临时用房、临时设施的布置应满足现场防火、灭火及人员安全疏散的要求。

2.《施工现场》3.1.2　下列临时用房和临时设施应纳入施工现场总平面布局:

(1) 施工现场的出入口、围墙、围挡。

(2) 场内临时道路。

(3) 给水管网或管路和配电线路敷设或架设的走向、高度。

(4) 施工现场办公用房、宿舍、发电机房、变配电房、可燃材料库房、易燃易爆危险品库房、可燃材料堆场及其加工场、固定动火作业场等。

(5)临时消防车道、消防救援场地和消防水源。

3.《施工现场》3.1.3 施工现场出入口的设置应满足消防车通行的要求,并宜布置在不同方向,其数量不宜少于2个,当确有困难只能设置1个出入口时,应在施工现场内设置满足消防车通行的环形道路。

4.《施工现场》3.1.4 施工现场临时办公、生活、生产、物料存贮等功能区宜相对独立布置,防火间距应符合规定。

5.《施工现场》3.1.5 固定动火作业场应布置在可燃材料堆场及其加工场、易燃易爆危险品库房等全年最小频率风向的上风侧,并宜布置在临时办公用房、宿舍、可燃材料库房、在建工程等全年最小频率风向的上风侧。

6.《施工现场》3.1.6 易燃易爆危险品库房应远离明火作业区、人员密集区和建筑物相对集中区。

7.《施工现场》3.1.7 可燃材料堆场及其加工场、易燃易爆危险品库房不应布置在架空电力线下。

8.《施工现场》3.2.1 易燃易爆危险品库房与在建工程的防火间距不应小于15 m,可燃材料堆场及其加工场、固定动火作业场与在建工程的防火间距不应小于10 m,其他临时用房、临时设施与在建工程的防火间距不应小于6 m。

9.《施工现场》3.2.2 施工现场主要临时用房、临时设施的防火间距不应小于表4-8-1的规定,当办公用房、宿舍成组布置时,其防火间距可适当减小,但应符合下列规定:

(1)每组临时用房的栋数不应超过10栋,组与组之间的防火间距不应小于8 m。

(2)组内临时用房之间的防火间距不应小于3.5 m,当建筑构件燃烧性能等级为A级时,其防火间距可减少到3 m。

表4-8-1　　　　　施工现场主要临时用房、临时设施的防火间距　　　　　单位:m

间距名称\名称	办公用房、宿舍	发电机房、变配电房	可燃材料库房	厨房操作间、锅炉房	可燃材料堆场及其加工场	固定动火作业场	易燃易爆危险品库房
办公用房、宿舍	4	4	5	5	7	7	10
发电机房、变配电房	4	4	5	5	7	7	10
可燃材料库房	5	5	5	5	7	7	10
厨房操作间、锅炉房	5	5	5	5	7	7	10
可燃材料堆场及其加工场	7	7	7	7	7	10	10
固定动火作业场	7	7	7	7	10	10	12
易燃易爆危险品库房	10	10	10	10	10	12	12

注:① 临时用房,临时设施的防火间距应按临时用房外墙外边线或堆场、作业场、作业棚边线间的最小距离计算,当临时用房外墙有突出可燃构件时,应从其突出可燃构件的外缘算起;② 两栋临时用房相邻较高一面的外墙为防火墙时,防火间距不限;③ 本表未规定的,可按同等火灾危险性的临时用房、临时设施的防火间距确定。

10.《施工现场》3.3.1 施工现场内应设置临时消防车道,临时消防车道与在建工程、临时用房、可燃材料堆场及其加工场的距离不宜小于5 m,且不宜大于40 m;施工现场周边道路满足消防车同行及灭火救援要求时,施工现场内可不设置临时消防车道。

11.《施工现场》3.3.2 临时消防车道的设置应符合下列规定:

(1)临时消防车道宜为环形,设置环形车道确有困难时,应在消防车道尽端设置尺寸不小于12 m×12 m的回车场。

（2）临时消防车道的净宽度和净空高度均不应小于 4 m。

（3）临时消防车道的右侧应设置消防车行进路线指示标识。

（4）临时消防车道路基、路面及其下部设施应能承受消防车通行压力及工作荷载。

12.《施工现场》3.3.3 下列建筑应设置环形临时消防车道，设置环形临时消防车道确有困难时，除应按本规范第 3.2.2 条的规定设置回车场外，尚应按本规范第 3.3.4 条的规定设置临时消防救援场地：

（1）建筑高度大于 24 m 的在建工程。

（2）建筑工程单体占地面积大于 3 000 m² 的在建工程。

（3）超过 10 栋，且成组布置的临时用房。

13.《施工现场》3.3.4 临时消防救援场地的设置应符合下列规定：

（1）临时消防救援场地应在在建工程装饰装修阶段设置。

（2）临时消防救援场地应设置在成组布置的临时用房场地的长边一侧及在建工程的长边一侧。

（3）临时救援场地宽度应满足消防车正常操作要求，且不应小于 6 m，与在建工程外脚手架的净距不宜小于 2 m，且不宜超过 6 m。

二 施工现场内建筑的防火要求

1.《施工现场》4.2.1 宿舍、办公用房的防火设计应符合下列规定：

（1）建筑构件的燃烧性能等级应为 A 级。当采用金属夹芯板材时，其芯材的燃烧性能等级应为 A 级。

（2）建筑层数不应超过 3 层，每层建筑面积不应大于 300 m²。

（3）层数为 3 层或每层建筑面积大于 200 m² 时，应设置至少 2 部疏散楼梯，房间疏散门至疏散楼梯的最大距离不应大于 25 m。

（4）单面布置用房时，疏散走道的净宽度不应小于 1.0 m；双面布置用房时，疏散走道的净宽度不应小于 1.5 m。

（5）疏散楼梯的净宽度不应小于疏散走道的净宽度。

（6）宿舍房间的建筑面积不应大于 30 m²，其他房间的建筑面积不宜大于 100 m²。

（7）房间内任一点至最近疏散门的距离不应大于 15 m，房门的净宽度不应小于 0.8 m；房间建筑面积超过 50 m² 时，房门的净宽度不应小于 1.2 m。

（8）隔墙应从楼地面基层隔断至顶板基层底面。

2.《施工现场》4.2.2 发电机房、变配电房、厨房操作间、锅炉房、可燃材料库房及易燃易爆危险品库房的防火设计应符合下列规定：

（1）建筑构件的燃烧性能等级应为 A 级。

（2）层数应为 1 层，建筑面积不应大于 200 m²。

（3）可燃材料库房单个房间的建筑面积不应超过 30 m²，易燃易爆危险品库房单个房间的建筑面积不应超过 20 m²。

（4）房间内任一点至最近疏散门的距离不应大于 10 m，房门的净宽度不应小于 0.8 m。

3.《施工现场》4.2.3 其他防火设计应符合下列规定：

（1）宿舍、办公用房不应与厨房操作间、锅炉房、变配电房等组合建造。

（2）会议室、文化娱乐室等人员密集的房间应设置在临时用房的第一层，其疏散门应向疏散方向开启。

4. 组合建造功能用房的防火要求：

（1）宿舍、办公用房不应与厨房操作间、锅炉房、变配电房等组合建造。

（2）现场办公用房、宿舍不宜组合建造。如现场办公用房与宿舍的规模不大，两者的建筑面积之和不超过

300 m²，可组合建造。

（3）发电机房、变配电房可组合建造；厨房操作间、锅炉房可组合建造；餐厅与厨房操作间可组合建造。

（4）会议室宜与办公用房可组合建造；文化娱乐室、培训室与办公用房或宿舍可组合建造；餐厅与办公用房或宿舍可组合建造。

（5）施工现场人员较为密集的如会议室、文化娱乐室、培训室、餐厅等房间应设置在临时用房的第一层，其疏散门应向疏散方向开启。

5.《施工现场》4.3.1　在建工程作业场所的临时疏散通道应采用不燃、难燃材料建造，并应与在建工程结构施工同步设置，也可利用在建工程施工完毕的水平结构、楼梯。

6.《施工现场》4.3.2　在建工程作业场所临时疏散通道的设置应符合下列规定：

（1）耐火极限不应低于 0.5 h。

（2）设置在地面上的临时疏散通道，其净宽度不应小于 1.5 m；利用在建工程施工完毕的水平结构、楼梯作临时疏散通道时，其净宽度不宜小于 1.0 m；用于疏散的爬梯及设置在脚手架上的临时疏散通道，其净宽度不应小于 0.6 m。

（3）临时疏散通道为坡道，且坡度大于 25°时，应修建楼梯或台阶踏步或设置防滑条。

（4）临时疏散通道不宜采用爬梯，确需采用时，应采取可靠固定措施。

（5）临时疏散通道的侧面为临空面时，应沿临空面设置高度不小于 1.2 m 的防护栏杆。

（6）临时疏散通道设置在脚手架上时，脚手架应采用不燃材料搭设。

（7）临时疏散通道应设置明显的疏散指示标识。

（8）临时疏散通道应设置照明设施。

三　施工现场临时消防设施设置

1.《施工现场》5.1.1　施工现场应设置灭火器、临时消防给水系统和应急照明等临时消防设施。

2.《施工现场》5.1.2　临时消防设施应与在建工程的施工同步设置。房屋建筑工程中，临时消防设施的设置与在建工程主体结构施工进度的差距不应超过 3 层。

3.《施工现场》5.1.3　在建工程可利用已具备使用条件的永久性消防设施作为临时消防设施。当永久性消防设施无法满足使用要求时，应增设临时消防设施，并应符合有关规定。

4.《施工现场》5.1.4　施工现场的消火栓泵应采用专用消防配电线路。专用消防配电线路应自施工现场总配电箱的总断路器上端接入，且应保持不间断供电。

5.《施工现场》5.1.5　地下工程的施工作业场所宜配备防毒面具。

6.《施工现场》5.1.6　临时消防给水系统的贮水池、消火栓泵、室内消防竖管及水泵接合器等应设置醒目标识。

7.《施工现场》5.2.1　在建工程及临时用房的下列场所应配置灭火器：

（1）易燃易爆危险品存放及使用场所。

（2）动火作业场所。

（3）可燃材料存放、加工及使用场所。

（4）厨房操作间、锅炉房、发电机房、变配电房、设备用房、办公用房、宿舍等临时用房。

（5）其他具有火灾危险的场所。

8.《施工现场》5.2.2　施工现场灭火器配置应符合下列规定：

（1）灭火器的类型应与配备场所可能发生的火灾类型相匹配。

（2）灭火器的最低配置标准应符合表 4-8-2 的规定。

表 4-8-2 灭火器的最低配置标准

项目	固体物质火灾		液体或可熔化固体物质火灾、气体火灾	
	单具灭火器最小灭火级别	单位灭火级别最大保护面积/m²/A	单具灭火器最小灭火级别	单位灭火级别最大保护面积/m²/B
易燃易爆危险品存放及使用场所	3 A	50	89B	0.5
固定动火作业场	3 A	50	89B	0.5
临时动火作业点	2 A	50	55B	0.5
可燃材料存放、加工及使用场所	2 A	75	55B	1.0
厨房操作间、锅炉房	2 A	75	55B	1.0
自备发电机房	2 A	75	55B	1.0
变配电房	2 A	75	55B	1.0
办公用房、宿舍	1 A	100	—	—

（3）灭火器的配置数量应按现行国家标准《建筑灭火器配置设计规范》GB 50140 的有关规定经计算确定，且每个场所的灭火器数量不应少于 2 具。

（4）灭火器的最大保护距离应符合表 4-8-3 的规定。

表 4-8-3 灭火器的最大保护距离 单位：m

灭火器配置场所	固体物质火灾	液体或可熔化固体物质火灾、气体火灾
易燃易爆危险品存放及使用场所	15	9
固定动火作业场	15	9
临时动火作业点	10	6
可燃材料存放、加工及使用场所	20	12
厨房操作间、锅炉房	20	12
放电机房、变配电房	20	12
办公用房、宿舍等	25	—

9.《施工现场》5.3.1 施工现场或其附近应设置稳定、可靠的水源，并应能满足施工现场临时消防用水的需要。

消防水源可采用市政给水管网或天然水源。当采用天然水源时，应采取确保冰冻季节、枯水期最低水位时顺利取水的措施，并应满足临时消防用水量的要求。

10.《施工现场》5.3.2 临时消防用水量应为临时室外消防用水量与临时室内消防用水量之和。

12.《施工现场》5.3.3 临时室外消防用水量应按临时用房和在建工程的临时室外消防用水量的较大者确定，施工现场火灾次数可按同时发生 1 次确定。

13.《施工现场》5.3.4 临时用房建筑面积之和大于 1 000 ㎡或在建工程单体体积大于 10 000 ㎥时，应设置临时室外消防给水系统。当施工现场处于市政消火栓 150 m 保护范围内，且市政消火栓的数量满足室外消防用水量要求时，可不设置临时室外消防给水系统。

14.《施工现场》5.3.5 临时用房的临时室外消防用水量不应小于表 4-8-4 的规定。

表 4-8-4 临时用房的临时室外消防用水量

临时用房的建筑面积之和	火灾延续时间/h	消火栓用水量/L/s	每支水枪最小流量/L/s
1 000 m²<面积≤5 000 m²	1	10	5
面积>5 000 m²		15	5

15.《施工现场》5.3.6   在建工程的临时室外消防用水量不应小于表 4-8-5 的规定。

表 4-8-5 在建工程的临时室外消防用水量

在建工程(单体)体积	火灾延续时间/h	消火栓用水量/L/s	每支水枪最小流量/L/s
10 000 m³<体积≤30 000 m³	1	15	5
体积>30 000 m³	2	20	5

16.《施工现场》5.3.7   施工现场临时室外消防给水系统的设置应符合下列规定:

(1)给水管网宜布置成环状。

(2)临时室外消防给水干管的管径,应根据施工现场临时消防用水量和干管内水流计算速度计算确定,且不应小于 DN100。

(3)室外消火栓应沿在建工程、临时用房和可燃材料堆场及其加工场均匀布置,与在建工程、临时用房和可燃材料堆场及其加工场的外边线的距离不应小于 5 m。

(4)消火栓的间距不应大于 120 m。

(5)消火栓的最大保护半径不应大于 150 m。

17.《施工现场》5.3.8   建筑高度大于 24 m 或单体体积超过 30 000 m³ 的在建工程,应设置临时室内消防给水系统。

18.《施工现场》5.3.9   在建工程的临时室内消防用水量不应小于表 4-8-6 的规定。

表 4-8-6 在建工程的临时室内消防用水量

建筑高度、在建工程体积(单体)	火灾延续时间/h	消火栓用水量/L/s	每支水枪最小流量/L/s
24 m<建筑高度≤50 m 或 30 000 m³<体积≤50 000 m³	1	10	5
建筑高度>50 m 或体积>50 000 m³	1	15	5

19.《施工现场》5.3.10   在建工程临时室内消防竖管的设置应符合下列规定:

(1)消防竖管的设置位置应便于消防人员操作,其数量不应少于 2 根,当结构封顶时,应将消防竖管设置成环状。

(2)消防竖管的管径应根据在建工程临时消防用水量、竖管内水流计算速度计算确定,且不应小于 DN100。

20.《施工现场》5.3.11   设置室内消防给水系统的在建工程,应设置消防水泵接合器。消防水泵接合器应设置在室外便于消防车取水的部位,与室外消火栓或消防水池取水口的距离宜为 15—40 m。

21.《施工现场》5.3.12   设置临时室内消防给水系统的在建工程,各结构层均应设置室内消火栓接口及消防软管接口,并应符合下列规定:

(1)消火栓接口及软管接口应设置在位置明显且易于操作的部位。(2)消火栓接口的前端应设置截止阀。(3)消火栓接口或软管接口的间距,多层建筑不应大于 50 m,高层建筑不应大于 30 m。

22.《施工现场》5.3.13   在建工程结构施工完毕的每层楼梯处应设置消防水枪、水带及软管,且每个设置点不应少于 2 套。

23.《施工现场》5.3.14   高度超过 100 m 的在建工程,应在适当楼层增设临时中转水池及加压水泵。中转水池的有效容积不应少于 10 m³,上、下两个中转水池的高差不宜超过 100 m。

24.《施工现场》5.3.15　临时消防给水系统的给水压力应满足消防水枪充实水柱长度不小于 10 m 的要求;给水压力不能满足要求时,应设置消火栓泵,消火栓泵不应少于 2 台,且应互为备用;消火栓泵宜设置自动启动装置。

25.《施工现场》5.3.16　当外部消防水源不能满足施工现场的临时消防用水量要求时,应在施工现场设置临时贮水池。临时贮水池宜设置在便于消防车取水的部位,其有效容积不应小于施工现场火灾延续时间内一次灭火的全部消防用水量。

27.《施工现场》5.3.17　施工现场临时消防给水系统应与施工现场生产、生活给水系统合并设置,但应设置将生产、生活用水转为消防用水的应急阀门。应急阀门不应超过 2 个,且应设置在易于操作的场所,并应设置明显标识。

28.《施工现场》5.3.18　严寒和寒冷地区的现场临时消防给水系统应采取防冻措施。

29.《施工现场》5.4.1　施工现场的下列场所应配备临时应急照明:

(1) 自备发电机房及变配电房。

(2) 水泵房。

(3) 无天然采光的作业场所及疏散通道。

(4) 高度超过 100 m 的在建工程的室内疏散通道。

(5) 发生火灾时仍需坚持工作的其他场所。

30.《施工现场》5.4.2　作业场所应急照明的照度不应低于正常工作所需照度的 90%,疏散通道的照度值不应小于 0.5 lx。

31.《施工现场》5.4.3　临时消防应急照明灯具宜选用自备电源的应急照明灯具,自备电源的连续供电时间不应小于 60 min。

四　施工现场的消防安全管理

1.《施工现场》6.1.1　施工现场的消防安全管理应由施工单位负责。

实行施工总承包时,应由总承包单位负责。分包单位应向总承包单位负责,并应服从总承包单位的管理,同时应承担国家法律、法规规定的消防责任和义务。

2.《施工现场》6.1.2　监理单位应对施工现场的消防安全管理实施监理。

3.《施工现场》6.1.3　施工单位应根据建设项目规模、现场消防安全管理的重点,在施工现场建立消防安全管理组织机构及义务消防组织,并应确定消防安全负责人和消防安全管理人员,同时应落实相关人员的消防安全管理责任。

4.《施工现场》6.1.4　施工单位应针对施工现场可能导致火灾发生的施工作业及其他活动,制订消防安全管理制度。消防安全管理制度应包括下列主要内容:

(1) 消防安全教育与培训制度。

(2) 可燃及易燃易爆危险品管理制度。

(3) 用火、用电、用气管理制度。

(4) 消防安全检查制度。

(5) 应急预案演练制度。

5.《施工现场》6.1.5　施工单位应编制施工现场防火技术方案,并应根据现场情况变化及时对其修改、完善。防火技术方案应包括下列主要内容:

(1) 施工现场重大火灾危险源辨识。

(2) 施工现场防火技术措施。

(3) 临时消防设施、临时疏散设施配备。

(4) 临时消防设施和消防警示标识布置图。

6.《施工现场》6.1.6 施工单位应编制施工现场灭火及应急疏散预案。灭火及应急疏散预案应包括下列主要内容：

(1) 应急灭火处置机构及各级人员应急处置职责。

(2) 报警、接警处置的程序和通信联络的方式。

(3) 扑救初起火灾的程序和措施。

(4) 应急疏散及救援的程序和措施。

7.《施工现场》6.1.7 施工人员进场时，施工现场的消防安全管理人员应向施工人员进行消防安全教育和培训。消防安全教育和培训应包括下列内容：

(1) 施工现场消防安全管理制度、防火技术方案、灭火及应急疏散预案的主要内容。

(2) 施工现场临时消防设施的性能及使用、维护方法。

(3) 扑灭初起火灾及自救逃生的知识和技能。

(4) 报警、接警的程序和方法。

8.《施工现场》6.1.8 施工作业前，施工现场的施工管理人员应向作业人员进行消防安全技术交底。消防安全技术交底应包括下列主要内容：

(1) 施工过程中可能发生火灾的部位或环节。

(2) 施工过程应采取的防火措施及应配备的临时消防设施。

(3) 初起火灾的扑救方法及注意事项。

(4) 逃生方法及路线。

9.《施工现场》6.1.9 施工过程中，施工现场的消防安全负责人应定期组织消防安全管理人员对施工现场的消防安全进行检查。消防安全检查应包括下列主要内容：

(1) 可燃物及易燃易爆危险品的管理是否落实。

(2) 动火作业的防火措施是否落实。

(3) 用火、用电、用气是否存在违章操作，电、气焊及保温防水施工是否执行操作规程。

(4) 临时消防设施是否完好有效。

(5) 临时消防车道及临时疏散设施是否畅通。

10.《施工现场》6.1.10 施工单位应依据灭火及应急疏散预案，定期开展灭火及应急疏散的演练。

11.《施工现场》6.1.11 施工单位应做好并保存施工现场消防安全管理的相关文件和记录，并应建立现场消防安全管理档案。

12.《施工现场》6.2.1 用于在建工程的保温、防水、装饰及防腐等材料的燃烧性能等级应符合设计要求。

13.《施工现场》6.2.2 可燃材料及易燃易爆危险品应按计划限量进场。进场后，可燃材料宜存放于库房内，露天存放时，应分类成垛堆放，垛高不应超过 2 m，单垛体积不应超过 50 m³，垛与垛之间的最小间距不应小于 2 m，且应采用不燃或难燃材料覆盖；易燃易爆危险品应分类专库储存，库房内应通风良好，并应设置严禁明火标志。

14.《施工现场》6.2.3 室内使用油漆及其有机溶剂、乙二胺、冷底子油等易挥发产生易燃气体的物资作业时，应保持良好通风，作业场所严禁明火，并应避免产生静电。

15.《施工现场》6.2.4 施工产生的可燃、易燃建筑垃圾或余料，应及时清理。

16.《施工现场》6.3.1 施工现场用火应符合下列规定：

(1) 动火作业应办理动火许可证；动火许可证的签发人收到动火申请后，应前往现场查验并确认动火作业的防火措施落实后，再签发动火许可证。

(2) 动火操作人员应具有相应资格。

(3) 焊接、切割、烘烤或加热等动火作业前,应对作业现场的可燃物进行清理;作业现场及其附近无法移走的可燃物应采用不燃材料对其覆盖或隔离。

(4) 施工作业安排时,宜将动火作业安排在使用可燃建筑材料的施工作业前进行。确需在使用可燃建筑材料的施工作业之后进行动火作业时,应采取可靠的防火措施。

(5) 裸露的可燃材料上严禁直接进行动火作业。

(6) 焊接、切割、烘烤或加热等动火作业应配备灭火器材,并应设置动火监护人进行现场监护,每个动火作业点均应设置1个监护人。

(7) 五级(含五级)以上风力时,应停止焊接、切割等室外动火作业;确需动火作业时,应采取可靠的挡风措施。

(8) 动火作业后,应对现场进行检查,并应在确认无火灾危险后,动火操作人员再离开。

(9) 具有火灾、爆炸危险的场所严禁明火。

(10) 施工现场不应采用明火取暖。

(11) 厨房操作间炉灶使用完毕后,应将炉火熄灭,排油烟机及油烟管道应定期清理油垢。

17. 《施工现场》6.3.2 施工现场用电应符合下列规定:

(1) 施工现场供用电设施的设计、施工、运行和维护应符合现行国家标准《建设工程施工现场供用电安全规范》GB 50194 的有关规定。

(2) 电气线路应具有相应的绝缘强度和机械强度,严禁使用绝缘老化或失去绝缘性能的电气线路,严禁在电气线路上悬挂物品。破损、烧焦的插座、插头应及时更换。

(3) 电气设备与可燃、易燃易爆危险品和腐蚀性物品应保持一定的安全距离。

(4) 有爆炸和火灾危险的场所,应按危险场所等级选用相应的电气设备。

(5) 配电屏上每个电气回路应设置漏电保护器、过载保护器,距配电屏2 m范围内不应堆放可燃物,5 m范围内不应设置可能产生较多易燃、易爆气体、粉尘的作业区。

(6) 可燃材料库房不应使用高热灯具,易燃易爆危险品库房内应使用防爆灯具。

(7) 普通灯具与易燃物的距离不宜小于300 mm,聚光灯、碘钨灯等高热灯具与易燃物的距离不宜小于500 mm。

(8) 电气设备不应超负荷运行或带故障使用。

(9) 严禁私自改装现场供用电设施。

(10) 应定期对电气设备和线路的运行及维护情况进行检查。

18. 《施工现场》6.3.3 施工现场用气应符合下列规定:

(1) 储装气体的罐瓶及其附件应合格、完好和有效;严禁使用减压器及其他附件缺损的氧气瓶,严禁使用乙炔专用减压器、回火防止器及其他附件缺损的乙炔瓶。

(2) 气瓶运输、存放、使用时,应符合下列规定:

① 气瓶应保持直立状态,并采取防倾倒措施,乙炔瓶严禁横躺卧放。

② 严禁碰撞、敲打、抛掷、滚动气瓶。

③ 气瓶应远离火源,与火源的距离不应小于10 m,并应采取避免高温和防止曝晒的措施。

④ 燃气储装瓶罐应设置防静电装置。

(3) 气瓶应分类储存,库房内应通风良好;空瓶和实瓶同库存放时,应分开放置,空瓶和实瓶的间距不应小于1.5 m。

(4) 气瓶使用时,应符合下列规定:

① 使用前,应检查气瓶及气瓶附件的完好性,检查连接气路的气密性,并采取避免气体泄漏的措施,严禁使用已老化的橡皮气管。

② 氧气瓶与乙炔瓶的工作间距不应小于5 m,气瓶与明火作业点的距离不应小于10 m。

③冬季使用气瓶,气瓶的瓶阀、减压器等发生冻结时,严禁用火烘烤或用铁器敲击瓶阀,严禁猛拧减压器的调节螺丝。

④氧气瓶内剩余气体的压力不应小于0.1 MPa。

⑤气瓶用后应及时归库。

6.4 其他防火管理

19.《施工现场》6.4.1 施工现场的重点防火部位或区域应设置防火警示标识。

20.《施工现场》6.4.2 施工单位应做好施工现场临时消防设施的日常维护工作,对已失效、损坏或丢失的消防设施应及时更换、修复或补充。

21.《施工现场》6.4.3 临时消防车道、临时疏散通道、安全出口应保持畅通,不得遮挡、挪动疏散指示标识,不得挪用消防设施。

22.《施工现场》6.4.4 施工期间,不应拆除临时消防设施及临时疏散设施。

23.《施工现场》6.4.5 施工现场严禁吸烟。

问题解析

问题1:该施工现场总平面布局中防火间距存在哪些问题?

【解析】1.临建用房与在建工程的防火间距存在的问题有:

(1)东侧存放稀料、防锈漆等库房,距离12 m。不符合要求。

原因:易燃易爆危险品库房与在建工程的防火间距不应小于15 m。

(2)南侧有施工材料临时露天堆场,存放竹胶板、方木等,距离为9 m。不符合要求。

原因:可燃材料堆场及其加工场、固定动火作业场与在建工程的防火间距不应小于10 m。

(3)在建项目一层现场西侧有施工用临时变压器室及配电间,距离为5 m。不符合要求。

原因:其他临时用房、临时设施与在建工程的防火间距不应小于6 m。

问题2:该施工现场总平面布局中防火间距存在哪些问题?

【解析】1.临时用房建筑面积之和大于1 000 m²或在建工程单体体积大于10 000 m³时,应设置临时室外消防给水系统;建筑高度大于24 m或单体体积超过30 000 m²的在建工程需要设置室内临时消防给水系统。

(1)临时用房共分2组,每组8栋,第1组均为2层建筑,每层建筑面积200 m²,第2组均为3层建筑,每层建筑面积300 m²:总建筑面积为8×2×200+8×3×300=10 400 m²,大于1 000 m²。应设置临时室外消防给水系统。

(2)在建工程建筑高度29 m>24 m,应设置室内临时消防给水系统。

2.消防给水系统用水量

(1)因临时用房面积大于5 000 m²,临时用房临时室外消防用水量不应小于15 L/s;

因在建工程体量大于30 000 m³,在建工程的临时室外消防用水量不应小于20 L/s。

临时室外消防用水量应按临时用房和在建工程的临时室外消防用水量的较大者确定,施工现场火灾次数可按同时发生1次确定。故临时室外消防用水量不应小于20 L/s。

(2)因在建工程体量大于50 000 m³,在建工程的临时室内消防用水量不应小于15 L/s。

(3)临时消防用水量应为临时室外消防用水量与临时室内消防用水量之和。故临时消防用水量不应小于35 L/s。

问题3:在建工程及临时用房应配置灭火器的场所有哪些?

【解析】在建工程及临时用房的下列场所应配置灭火器:

(1)易燃易爆危险品存放及使用场所。

(2)动火作业场所。

（3）可燃材料存放、加工及使用场所。

（4）厨房操作间、锅炉房、发电机房、变配电房、设备用房、办公用房、宿舍等临时用房。

（5）其他具有火灾危险的场所。

问题4：施工现场防火技术方案主要包括哪些内容？

【解析】防火技术方案应包括下列主要内容：

（1）施工现场重大火灾危险源辨识。

（2）施工现场防火技术措施。

（3）临时消防设施、临时疏散设施配备。

（4）临时消防设施和消防警示标识布置图。